SUITES

A

BUFFON,

FORMANT,

avec les œuvres de cet auteur,

UN COURS COMPLET D'HISTOIRE NATURELLE.

Collection

accompagnée de Planches.

PARIS

A LA LIBRAIRIE ENCYCLOPÉDIQUE DE RORET,

Rue Hautefeuille, N.º 10 bis.

POURRAT Frères, Rue des Petits Augustins, N.º 5.

HISTOIRE NATURELLE

DES

VÉGÉTAUX.

—

PHANÉROGAMES.

V.

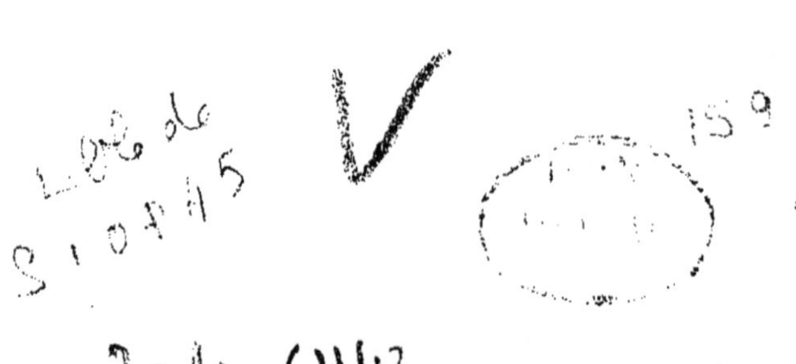

IMPRIMERIE D'ÉVERAT ET COMP.,
Rue du Cadran, n° 16.

HISTOIRE NATURELLE

DES

VÉGÉTAUX.

PHANÉROGAMES.

Par M. Édouard SPACH,

AIDE-NATURALISTE AU MUSÉUM D'HISTOIRE NATURELLE, MEMBRE
DE PLUSIEURS SOCIÉTÉS SAVANTES.

TOME CINQUIÈME.

OUVRAGE ACCOMPAGNÉ DE PLANCHES.

PARIS.

LIBRAIRIE ENCYCLOPÉDIQUE DE RORET,

RUE HAUTEFEUILLE, N° 10 BIS.

JUIN 1836.

VÉGÉTAUX PHANÉROGAMES

DICOTYLÉDONES.

VEGETABILIA DICOTYLEDONEA.

DOUZIÈME CLASSE.

LES SUCCULENTES.

SUCCULENTÆ Bartl.

CARACTÈRES.

Herbes, ou *arbrisseaux* (très-rarement *arbres*). Tiges et rameaux cylindriques ou anguleux, quelquefois noueux avec articulation.

Feuilles éparses ou opposées, simples (rarement composées), entières, ou palmatifides, ou pennatifides, très-souvent charnues. Stipules le plus souvent nulles.

Fleurs hermaphrodites (rarement polygames), régulières, terminales-solitaires, ou en cyme, ou en grappe, ou en panicule, ou en capitule.

Calice inadhérent ou adhérent, persistant (rarement non-persistant), 4-12-fide (le plus souvent 5-fide) ou denté; éstivation imbricative, ou quelquefois valvaire.

Disque adné au fond ou à la gorge du calice, ou au sommet de l'ovaire.

Pétales insérés au disque (périgynes, ou épigynes, ou hypogynes), souvent en même nombre que les segments calicinaux et alternes avec ceux-ci, ou en nombre indéfini et plurisériés, quelquefois soudés en corolle tubuleuse ou rotacée, marcescents, ou caducs (rarement nuls).

Étamines insérées au disque ou à la corolle, en même nombre que les pétales et interpositives, ou en nombre double des pétales, ou en nombre indéfini. Filets le plus souvent libres. Anthères incombantes, à 2 bourses longitudinalement déhiscentes (rarement à une seule bourse).

Pistil : un seul ovaire uni-ou pluri-loculaire, ou bien plusieurs ovaires libres soit dès la base, soit vers leur sommet, ou cohérents seulement par leur angle interne. Ovules le plus souvent en nombre indéfini, attachés à l'angle interne des loges. Styles libres (très-rarement soudés), persistants.

Péricarpe : Étairion à follicules déhiscents par la suture antérieure (rarement par la suture postérieure), ou capsule septicide (rarement loculicide). Par exception baie, ou drupe, ou carcérule.

Graines non-arillées, ou recouvertes d'un arille membraneux réticulé. Périsperme farineux ou charnu. Embryon rectiligne et axile (quelquefois minime apiciJaire), ou bien périphérique et arqué, ou annulaire : radicule appointante; cotylédons foliacés en germination.

La classe des *Succulentes* (vulgairement plantes grasses) appartient en grande partie aux zones tempérées; les familles qui la constituent sont les Cunoniacées (parmi lesquelles nous rangeons les Hydrangéacées et les Philadelphées), les Saxifragées, les Crassulacées et les Ficoïdées.

SOIXANTE-SEPTIÈME FAMILLE.

LES CUNONIACÉES. — *CUNONIACEÆ.*

(Genera Saxifragis affinia, Juss. Gen. —*Cunoniaceæ* R. Brown, Gen.
Rem. in Flind. Voy. II, p. 548, et ejusdem *Escalloneæ* in Frankl.
Journ. p. 766. — Bartl. Ord. Nat. p. 312. — *Philadelpheæ* et *Saxifragacearum* tribus I (*Escalloneæ*), II (*Cunonieæ*), III (*Bauereæ*),
et IV (*Hydrangeæ*), De Cand. Prodr. vol. 4.)

Ce groupe, dont les caractères distinctifs sont loin
d'être explorés, renferme une centaine d'espèces, en
grande partie indigènes dans la zone équatoriale, ou
dans les régions tempérées peu éloignées des tropiques.
Une seule espèce (le *Seringat commun*) habite l'Europe.
Beaucoup de *Cunoniacées* se font remarquer par des
fleurs élégantes, et plusieurs espèces se cultivent comme
plantes d'agrément.

Caractères de la Famille.

Arbres, ou *arbrisseaux*, ou *sous-arbrisseaux*. Rameaux cylindriques ou anguleux.

Feuilles opposées, ou moins souvent alternes, imparipennées, ou ternées, ou simples (dentelées ou dentées) : pétiole commun souvent foliacé et articulé. Stipules nulles, ou grandes, caduques, interpétiolaires.

Fleurs hermaphrodites, régulières (quelquefois irrégulières et stériles à la circonférence des cymes), axillaires et solitaires, ou disposées soit en grappe, soit en
cyme, soit en capitule.

Calice inadhérent ou plus ou moins adhérent : partie
inadhérente persistante ou caduque, à 4-10 lobes valvaires en préfloraison.

Disque hypogyne, ou épigyne, ou périgyne, annulaire.

Pétales en même nombre que les lobes du calice, interpositifs, insérés au disque, caducs (par exception nuls); estivation imbricative ou valvaire.

Étamines insérées au disque, en même nombre que les pétales et alternes avec ces derniers, ou bien en nombre soit double, soit multiple des pétales (10-40). Filets libres, infléchis en préfloraison. Anthères ovales ou orbiculaires, subbasifixes, à 2 bourses contiguës ou écartées, obtuses aux 2 bouts, déhiscentes chacune antérieurement par une fente longitudinale.

Pistil : Ovaire libre ou adhérent soit en tout, soit seulement par sa partie inférieure, 3-10-loculaire. Placentaires axiles, bi- ou pluri-ovulés. Styles et stigmates (en même nombre que les loges de l'ovaire et alternes avec les cloisons) libres ou soudés, persistants.

Péricarpe 2-10- loculaire, capsulaire, ou carcérulaire, ou baccien; cloisons formées par le rentrement des bords des valves; placentaires adnés aux cloisons, souvent libres après la déhiscence.

Graines appendantes ou suspendues, le plus souvent minimes, quelquefois enveloppées dans un ample arille réticulé : funicule court ou nul. Périsperme charnu. Embryon axile, presque aussi long que le périsperme, rectiligne, ou subcurviligne : radicule contiguë au hile; chalaze et raphé le plus souvent inapparents.

Voici les tribus et genres qui composent la famille des Cunoniacées :

Ire TRIBU. **LES CUNONIÉES.** — *CUNONIEÆ* De Cand.

(*Cunoniaceæ veræ* R. Brown.)

Feuilles opposées, stipulées, souvent composées. Pétales

*4 ou 5 (par exception nuls), imbriqués en préfloraison.
Ovaire libre ou adhérent, 2- ou 3- loculaire.*

Codia Forst. — *Callicoma* Andr. (Calycomis R. Br.)
— *Dieterica* Sering. — *Weinmannia* Linn. — *Belangera*
Cambess. — *Cunonia* Linn. — *Arnoldia* Blum. — *Ceratopetalum* Smith.

IIe TRIBU. **LES BAUÉRÉES.** — *BAUEREÆ* De Cand.

(*Cunoniacearum* sect. R. Brown.)

*Feuilles opposées, non-stipulées, sessiles, composées.
Pétales 7-9, imbriqués en préfloraison. Ovaire semiadhérent, biloculaire.*
Bauera Andr.

IIIe TRIBU. **LES PHILADELPHÉES.** — *PHILADELPHEÆ*
(Don) Lindl.

*Feuilles opposées, non-stipulées, pétiolées, simples. Pétales
4 ou 5, imbriqués en préfloraison. Ovaire adhérent,
3-5- loculaire.*
Philadelphus Linn. — *Deutzia.* Thunb.

IVe TRIBU. **LES HYDRANGÉES.** — *HYDRANGEÆ* De Cand.
(exclusa *Deutzia.*)

Feuilles opposées, non-stipulées, simples. Pétales 5-
10, valvaires eu préfloraison. Ovaire adhérent, 5-10-
loculaire.

Decumaria Linn.—*Hydrangea* Linn.(Hortensia Lamk).
— *Sarcostyles* Presl. — *Cyanitis* Reinw. — *Adamia* Wallich. — ? *Broussaisia* Gaudich.

Ve TRIBU. **LES ESCALLONIÉES.** — *ESCALLONIEÆ*
De Cand.

Feuilles alternes, non-stipulées, simples. Pétales 5 ou 6, valvaires ou imbriqués en préfloraison. Étamines en même nombre que les pétales. Ovaire 2-ou 3-loculaire, adhérent, ou semi-adhérent.

Escallonia Mutis. (Stereoxylon Ruiz et Pav.) — *Quintinia* De Cand. fil. — *Forgesia* Commers. (Defforgia Lamk.) — *Anopterus* Labill.— *Itea* Linn. (Diconangia Adans.) — *Cyrilla* Linn.

Ire TRIBU. **LES CUNONIÉES.** — *CUNONIEÆ* De Cand.

Feuilles opposées, stipulées, persistantes, composées; stipules libres ou soudées, interpétiolaires. Pétales 4 ou 5 (par exception nuls), imbriqués en préfloraison. Étamines en nombre double des pétales (par exception en nombre multiple). Ovaire 2- ou 3-loculaire, adhérent, ou semi-adhérent, ou libre. Styles libres ou soudés. Péricarpe capsulaire. — Fleurs en panicule, ou en épi, ou en grappe, ou en capitule : pédoncules axillaires ou terminaux.

Genre CALLICOMA. — *Callicoma* Andr.

Calice 4- ou 5- parti; segments ovales-oblongs. Pétales nuls. Étamines 8 ou 10, insérées au fond du calice, trèssaillantes. Filets subulés. Anthères ovales, versatiles. Ovaire adhérent par la base, velu, 2-loculaire : loges 2-ovulées. Styles 2, filiformes, pointus. (Péricarpe inconnu.)

L'espèce suivante constitue à elle seule ce genre : .

CALLICOMA A FEUILLES DENTELÉES. — *Callicoma serratifolia* Andr. Bot. Rep. tab. 566. — Bot. Mag. tab. 1811. — Delaun. Herb. de l'Amat. tab. 299.

Arbrisseau. Feuilles simples, penninervées, lancéolées, grossement dentelées, incanes en dessous. Stipules elliptiques. Pédoncules géminés, axillaires, plus longs que le pétiole. Fleurs petites, jaunâtres, sessiles, agrégées en capitules globuleux accompagnés d'un involucre commun 4-phylle, chacune entourée de 4-6-bractées membranacées : réceptacle velu.

Cette plante, originaire de la Nouvelle-Hollande, se cultive dans les collections de serre tempérée.

Genre WEINMANNIA. — *Weinmannia* Linn.

Calice 4-parti, persistant. Pétales 4 ou 5, sessiles, insérés au fond du calice. Étamines 8 ou 10, insérées entre le disque et les pétales. Disque urcéolaire, hypogyne. Ovaire inadhérent, non-stipité, 2-loculaire; loges pauci-ovulées. Ovules bisériés. Capsule birostrée, biloculaire, bivalve. Graines subréniformes, minimes, souvent poilues.

Arbres ou arbrisseaux. Feuilles simples ou composées. Grappes axillaires ou terminales, solitaires. Fleurs petites, régulières, rougeâtres, ou jaunâtres.

Ce genre, en grande partie propre à la région équatoriale de l'Amérique du Sud, renferme une trentaine d'espèces. On en cultive plusieurs comme plantes d'agrément, en serre chaude ou tempérée. En voici les plus notables :

a) *Feuilles simples.*

WEINMANNIA A GRAPPES. — *Weinmannia racemosa* Forst. Prodr.

Feuilles elliptiques ou elliptiques-obovales, dentelées, glabres de même que les grappes. Stipules très-caduques. Grappes fort longues. Pédicelles filiformes.

Cette espèce est originaire de la Nouvelle-Zélande.

WEINMANNIA A FEUILLES OVALES. — *Weinmannia ovata* Cavan. Ic. 6, tab. 566.

Feuilles ovales-elliptiques ou ovales, pointues ou obtuses, cunéiformes à la base, crénelées. Stipules caduques. Grappes hérissées, aussi longues que les feuilles.

Arbre haut d'environ 20 pieds. Feuilles longues de 2 pouces, larges de plus de 1 pouce. Pétiole brun, épaissi à la base. Stipules ovales. Fleurs brunâtres.

Cette espèce croît au Pérou.

b) *Feuilles 3-foliolées.*

WEINMANNIA TRIFOLIOLÉ. — *Weinmannia trifoliata* Thunb. Prodr. — Lamk. Ill. tab. 313, fig. 2.

Feuilles 3-foliolées : folioles elliptiques, dentelées, nerveuses, glabres : pétiole aptère. Panicules axillaires, composées. Pétales 3-fides, aussi longs que le calice. Ovaire glabre.

Arbrisseau glabre. Pétioles très-longs. Fleurs petites, blan-châtres.

Cette espèce habite le Cap de Bonne-Espérance.

c) *Feuilles impari-pennées.*

WEINMANNIA HÉRISSÉ. — *Weinmannia hirta* Swartz, Prodr. Flor. Ind. Occid.

Feuilles à folioles ovales, obtuses, crénelées, hérissées en dessous de même que les pétioles et les grappes; entre-nœuds du pétiole commun obovales. Grappes un peu plus longues que les feuilles.

Arbrisseau. Grappes denses. Pédicelles fasciculés. Fleurs blan-châtres. Capsules petites, ovales-oblongues, longuement acu-minées.

WEINMANNIA GLABRE. — *Weinmannia glabra* Linn. fil. — Lamk. Ill. tab. 313, fig. 1.

Feuilles à 11-15 folioles obovales, crénelées, glabres. Rameaux et pétioles pubescents. Entre-nœuds des pétioles obovales. Stipules aussi longues que les folioles. Grappes plus longues que les feuilles.

Arbrisseau. Grappes subterminales, solitaires, très-glabres, simples. Pédicelles courts, fasciculés. Fleurs blanchâtres. Capsule ovale.

Cette espèce est indigène à la Jamaïque.

Genre BÉLANGÉRA. — *Belangera* Cambess.

Calice 6-parti, réfléchi, caduc. Corolle nulle. Étamines plus longues que le pistil, en nombre indéterminé, insérées au fond du calice. Filets libres. Disque enveloppant la base de l'ovaire, plus ou moins adhérent, persistant; ovaire inadhérent, 2-loculaire; loges pluri-ovulées. Styles 2, presque libres, divergents. Ovules ascendants, bisériés. Capsule birostrée, septicide - bivalve : valves bipartiles. Graines aplaties, glabres, ailées au sommet.

Arbres. Feuilles pétiolées, 3- ou 5- foliolées; folioles sessiles. Grappes simples, pédonculées, multiflores, axillaires.

Les *Bélangera* habitent le Brésil méridional. On en connaît quatre espèces, dont les trois suivantes se font remarquer par l'élégance de leur feuillage et de leur inflorescence.

BÉLANGÉRA GLABRE. — *Belangera glabra* Cambess. in Flor. Brasil. Merid. v. 2, tab. 115.

Feuilles à 3 folioles lancéolées-oblongues ou lancéolées-obovales, pointues, dentées, glabres. Stipules oblongues, pointues, subfalciformes, caduques. Sépales lancéolés-linéaires, pointus, réfléchis. Capsule oblongue, glabre.

Arbre. Rameaux cylindriques, glabres. Jeunes pousses poilues. Folioles inégales : la terminale plus grande, longue de 2 à 4 pouces, large de 9 à 15 lignes. Pétiole commun long d'un pouce. Grappes longues de 3 à 5 pouces. Fleurs rapprochées, longues d'environ 5 lignes. Calice pubescent, de couleur orange.

BÉLANGÉRA COTONNEUX. — *Belangera tomentosa* Camb. l. c. tab. 116.

Feuilles à 3 folioles lancéolées ou lancéolées-oblongues, acuminées, dentelées, glabres en dessus, pubescentes-cotonneuses en dessous. Stipules oblongues, pointues, falciformes, pubérules. Sépales lancéolés-linéaires, pointus. Capsule oblongue, cotonneuse.

Petit arbre tortueux, très-rameux. Rameaux cotonneux vers le sommet. Folioles inégales : l'intermédiaire plus grande, longue de 2 à 4 pouces, large de 10 à 20 lignes; pétiole commun long de 6 à 15 lignes. Grappes lâches, longues de 4 à 6 pouces. Fleurs blanchâtres, longues d'environ 5 lignes.

BÉLANGÉRA ÉLÉGANT. — *Belangera speciosa* Camb. l. c. tab. 117.

Feuilles ovales-oblongues, pointues, dentelées, glabres. Stipules persistantes, cultriformes, pointues. Sépales linéaires-lancéolés, pointus.

Rameaux cylindriques, glabres. Folioles inégales : la terminale plus grande, longue d'environ 2 pouces, large de 1 pouce; pétiole commun long de 12 à 15 lignes. Grappes lâches, longues de 3 à 4 pouces. Fleurs longues de $^1/_2$ pouce. Calice couvert d'un duvet blanchâtre.

Genre CUNONIA. — *Cunonia* Linn.

Calice 5-parti : segments caducs. Pétales 5, obtus. Étamines 10. Filets planes, linéaires, alternes avec des glandules. Anthères orbiculaires. Ovaire inadhérent, 2-loculaire. Styles 2, libres, obtus. Capsule ovale, acuminée, polysperme, à 2 coques se séparant l'une de l'autre de la base au sommet. Graines comprimées, bordées d'une aile membraneuse, attachées aux bords rentrants des coques.

Arbrisseaux. Feuilles opposées, impari-pennées, coriaces. Stipules grandes, ovales. Fleurs en grappe ou en panicule : pédoncules axillaires.

Outre l'espèce dont nous allons parler, ce genre en renferme deux autres, indigènes aux îles de la Sonde.

CUNONIA DU CAP. — *Cunonia capensis* Linn. — Lodd. Bot. Cab. tab. 826. — Bot. Reg. tab. 828. — Burm. Afr. tab. 296. — Pluck. Alm. tab. 191, fig. 4.

Arbre. Rameaux rougeâtres, noueux. Feuilles opposées, impari-pennées, longues de 1 pied; folioles 5-7, opposées, lancéolées, ou lancéolées-elliptiques, dentées, très-glabres, pétiolulées, ongues d'environ 2 pouces. Grappes opposées (naissant entre les pétioles et la stipule terminale), presque aussi longues que les feuilles, multiflores, spiciformes. Fleurs petites, blanches, fas-ciculées. Pédicelles filiformes. Sépales ovales, beaucoup plus petits que la corolle. Pétales ovales-oblongs, étalés.

Cet arbre, originaire du cap de Bonne-Espérance, et remar-quable par l'élégance de son feuillage, est souvent cultivé dans les collections de serre tempérée.

Genre CÉRATOPÉTALE. — *Ceratopetalum* Smith.

Tube calicinal turbiné, adhérent; limbe 5-parti, persis-tant : segments grands, oblongs, nerveux. Pétales 5, laci-niés, persistants. Étamines 10, marcescentes. Anthères sub-orbiculaires, pointues à la base. Ovaire biloculaire, 10-costé, polysperme, couronné par le limbe du calice étalé en étoile.

L'espèce suivante constitue à elle seule ce genre :

CÉRATOPÉTALE GUMMIFÈRE. — *Ceratopetalum gummiferum* Smith, Nov. Holl. I, p. 9, tab. 3.

Arbrisseau glabre. Feuilles pétiolées, 3-foliolées; folioles lan-céolées, dentelées, coriaces, réticulées. Fleurs petites, jaunes, disposées en panicules terminales. Pétales plus courts que le calice.

Cette plante, indigène dans la Nouvelle-Hollande, se cultive quelquefois dans les collections de serre tempérée.

IIᵉ TRIBU. LES BAUÉRÉES. — *BAUEREÆ*
De Cand. Prodr.

Feuilles opposées, non-stipulées, sessiles, composées. Pé-tales 7-9, imbriqués en préfloraison. Étamines 50-60. Ovaire semi-adhérent, 2- ou 3-loculaire. Styles 2 ou 3, libres. Capsule 2- ou 3-loculaire. — Fleurs solitaires, axillaires.

Genre BAUÉRA. — *Bauera* Andr.

Calice 7-9-parti, persistant : tube adhérent par la base ; segments linéaires. Pétales 7-9. Étamines 50 à 60, insérées au tube calicinal. Filets filiformes. Anthères ovales. Ovaire 2- ou 5-loculaire, adhérent par la base. Styles 2 ou 3, libres, longs, divergents. Stigmates subglobuleux. Capsule presque libre, 2- ou 5-loculaire, un peu renflée, 2-ou 3-valve, déhiscente entre les styles. Graines attachées vers le milieu des loges, oblongues : raphé saillant, ponctué.

Arbuscules. Feuilles sessiles, 5-foliolées ; folioles oblongues, entières, ou dentées, simulant une feuille verticillée. Pédicelles solitaires, axillaires, un peu penchés. Corolle pourpre.

Ce genre, propre à la Nouvelle-Hollande, renferme quatre espèces dont les deux suivantes se cultivent fréquemment comme plantes d'ornement, en serre tempérée :

BAUÉRA FAUSSE GARANCE. — *Bauera rubicides* Andr. Bot. Rep. tab. 198. — Bot. Mag. tab. 715. — Vent. Malm. tab. 96. — *Bauera rubiæfolia* Salisb. Annal. Bot. 1, tab. 10.

Tige dressée. Folioles lancéolées-oblongues, pointues, recourbées au sommet, dentelées. Pédoncules pubescents, plus longs que les feuilles. Capsules poilues.

Tige haute d'environ 3 pieds, très-rameuse. Ramules feuillus, pubescents. Feuilles petites, pubescentes en dessous. Pétales obovales, réfléchis, d'un rose vif, longs de 2 à 3 lignes. Segments calicinaux dentelés au sommet.

BAUÉRA NAIN. — *Bauera humilis* Sweet, Hort. Suburb. — Lodd. Bot. Cab. tab. 1197.

Tige diffuse. Folioles oblongues, crénelées. Pédicelles pubescents, un peu plus longs que les feuilles.

IIIᵉ TRIBU. **LES PHILADELPHÉES.** — *PHILADEL-PHEÆ* (Don) Lindl.

Feuilles opposées, non-stipulées, simples, pétiolées, dentelées, triplinervées. Pétales 4 ou 5, imbriqués en préfloraison. Étamines en nombre double ou multiple des pétales (10-40). Disque épigyne. Ovaire 3- 5-loculaire, adhérent; loges multi-ovulées. Styles libres ou plus ou moins soudés. Stigmates allongés, comprimés (rarement soudés en un seul). Capsule 3- 5-loculaire. Graines scobiformes, enveloppées dans un grand arille membraneux, réticulé. — Fleurs grandes, blanches, odorantes, axillaires et terminales ; pédoncules ordinairement 1-flores.

MM. Don, De Candolle et Lindley envisagent les *Philadelphées* comme famille distincte, en y comprenant le *Decumaria*, lequel, selon nous, offre des rapports beaucoup plus intimes avec les *Hydrangea*, tant par le port et l'inflorescence, que par la préfloraison également valvaire dans ces deux genres. Le *Deutzia*, au contraire, que M. De Candolle range dans sa tribu des Hydrangées, ne diffère des *Philadelphus* que par ses étamines en nombre déterminé et à filets tricuspidés. — M. de Jussieu classe les *Philadelphus* à la suite des Myrtacées, et, suivant M. Bartling, ce genre constituerait une section dans la famille des Onagraires.

Genre SERINGAT. — *Philadelphus* Linn.

Tube calicinal turbiné, adhérent; limbe 4- ou 5-parti, persistant. Pétales 4 ou 5, obovales, multinervés, plus longs que les étamines : onglets très-courts. Étamines 20-40, bisériées : filets filiformes; anthères suborbiculaires : connectif linéaire, obtus. Ovaire 4- ou 5-loculaire. Styles 4 ou 5, libres ou plus ou moins soudés, dressés. Stigmates ordinairement libres. Capsule cortiquée, couronnée, lisse, 4- ou 5-loculaire, loculicide et 4- ou 5-valve, ou bien à la fois loculicide et septicide, 8- ou 10-valve. Graines très-nombreuses, imbriquées, scobiformes, enveloppées dans un arille membraneux, réticulé, prolongé en appendice fimbrié.

Arbrisseaux. Ramules anguleux, subarticulés. Épiderme des pousses de l'année précédente se détachant par plaques. Bourgeons petits, non-écailleux, renfermés pendant l'été dans la cavité de la base des pétioles. Feuilles grandes, membranacées, courtement pétiolées. Ramules florifères opposés, feuillés, 1-11-flores, naissant sur les pousses de l'année précédente. Fleurs grandes, odorantes, pédicellées, tantôt solitaires ou ternées, terminales, tantôt axillaires et terminales, disposées en grappe feuillée, lâche, simple inférieurement, terminée en cymule triflore : pédoncules axillaires presque toujours solitaires. Bractéoles subulées. Pétales et filets blancs. Anthères jaunes.

Les *Seringats* ou *Philadelphus* sont, comme l'on sait, des arbrisseaux d'agrément très-recherchés. Ils forment des buissons d'un aspect agréable, et leurs fleurs, qui s'épanouissent au commencement de l'été, répandent une odeur de Jasmin. Les espèces d'Amérique exhalent un parfum plus suave que celui du *Seringat commun*.

Les Seringats se multiplient de drageons, de boutures et de graines; ils prospèrent dans presque toute espèce de terrain; leur végétation vigoureuse les rend très-propres à former des palissades et des clôtures vivantes.

Voici les espèces que renferme ce genre :

a) *Fleurs en grappe; pédicelles inférieurs axillaires, ordinairement très-écartés des supérieurs.*

SERINGAT COMMUN. — *Philadelphus coronarius* Linn. — Lamk. Ill. tab. 420. — Gærtn. Fruct. tab. 35, fig. 2. — Schk. Handb. tab. 121. — Bot. Mag. tab. 391.

Feuilles ovales, ou ovales-elliptiques, ou ovales-oblongues, dentelées, ou denticulées, acuminées, glabres en dessus, pubérules en dessous aux nervures. Grappes 5-ou 7-flores, subthyrsiformes. Lobes calicinaux acuminés. Styles libres presque dès leur base, plus courts que les étamines.

Buisson très-touffu, haut de 6 à 10 pieds. Ramules rougeâtres. Feuilles longues de 2 à 3 pouces, larges de 8 à 12 lignes. Fleurs larges de 1 pouce.

Cette espèce, qui croît spontanément dans l'Europe australe et en Orient, est la plus commune dans les jardins. Le *Seringat nain* (*Philadelphus nanus* Mill.) en est une variété. L'on cultive aussi une variété à fleurs doubles ou semi-doubles, et une autre à feuilles panachées de jaune.

Seringat de Zeyher. — *Philadelphus Zeyheri* Schrad. in De Cand. Prodr.

Feuilles ovales, acuminées, dentelées, poilues en dessous. Grappes pauciflores. Lobes calicinaux longuement acuminés. Styles soudés par la base.

Cette espèce passe pour originaire de l'Amérique septentrionale.

Seringat verruqueux. — *Philadelphus verrucosus* Schrad. in De Cand. Prodr. — *Philadelphus grandiflorus* Lindl. in Bot. Reg. tab. 570. — Wats. Dendr. Brit. tab. 46 (non Willd.)

Feuilles ovales, ou ovales-elliptiques, ou elliptiques, acuminées, sinuolées-dentelées, ou denticulées, pubérules en dessous aux nervures : poils glanduleux à la base. Lobes calicinaux acuminés. Grappes courtes, 5-ou 7-flores, subthyrsiformes. Styles à peu près aussi longs que les étamines, soudés presque jusqu'au sommet.

Buisson ayant le port du *Seringat commun*. Ramules rougeâtres. Fleurs un peu plus grandes, légèrement odorantes.

Cette espèce, originaire de l'Amérique septentrionale, est commune dans les jardins.

Seringat multiflore. — *Philadelphus floribundus* Schrad. in De Cand. Prodr.

Feuilles ovales-elliptiques, longuement acuminées, dentelées, triplinervées, pubescentes en dessous. Grappes 5-ou 7-flores.

Lobes calicinaux très-longuement acuminés. Styles soudés jusqu'au-delà du milieu.

Cette espèce, dont on ignore la patrie, n'est pas rare dans les jardins.

SERINGAT A LARGES FEUILLES. — *Philadelphus latifolius* Schrad. in De Cand. Prodr. — *Philadelphus pubescens* Herb. de l'Amat. tab. 208.

Feuilles ovales, ou ovales-elliptiques, ou ovales-oblongues, ou lancéolées-oblongues, acuminées, légèrement dentelées, nerveuses, pubescentes en dessous. Grappes 7-13-flores, très-lâches, feuillées presque jusqu'au sommet; pédicelles plus courts que les pétioles. Calice pubescent : lobes acuminés. Styles courts, soudés jusqu'au-delà du milieu.

Buisson haut d'une douzaine de pieds. Écorce des vieux ramules grisâtre ou blanchâtre. Feuilles longues de 2 à 3 pouces, larges de 1 1/2 à 2 pouces : les florales supérieures lancéolées, étroites. Fleurs presque inodores, larges de 15 à 18 lignes.

Cette espèce, originaire de l'Amérique septentrionale, est probablement la plus belle du genre; elle se recommande par l'abondance et la grandeur de ses fleurs, qui ne s'épanouissent qu'un mois plus tard que celles du *Seringat commun*.

b) *Fleurs solitaires ou en cymules terminales.*

SERINGAT GRANDIFLORE.—*Philadelphus grandiflorus* Willd. Enum. — Guimp. et Hayn. Fremd. Holz. tab. 44. — Don, in Sweet, Brit. Flow. Gard. ser. 2, tab. 8 (non Bot. Reg.) — *Philadelphus inodorus* Hortul.

Feuilles ovales, ou ovales-elliptiques, ou ovales-oblongues, acuminées, légèrement denticulées, pubescentes en dessous aux nervures. Cymes 3-5-flores. Calice glabre : lobes acuminés. Style indivisé, plus long que les étamines.

Arbuste haut de 6 à 8 pieds. Ramules d'un brun de Châtaigne. Feuilles longues d'environ 3 pouces, sur 1 1/2 à 2 pouces de large. Fleurs légèrement odorantes, larges d'environ 18 lignes.

Cette espèce, indigène aux États-Unis, n'est pas rare dans les jardins.

SERINGAT ÉLÉGANT. — *Philadelphus speciosus* Schrad. in De Cand. Prodr.

Feuilles ovales, ou ovales-oblongues, ou ovales-elliptiques, longuement acuminées, sinuolées-dentées, légèrement pubérules en dessous. Fleurs subsolitaires. Calice pubérule : lobes longuement acuminés. Styles soudés jusqu'au milieu. Stigmates saillants.

Tiges s'élevant jusqu'à 15 pieds. Ramules grêles, d'un brun de Châtaigne. Feuilles fortement dentées. Fleurs légèrement odorantes, larges de 18 à 20 lignes.

Cette espèce est assez rare dans les jardins.

SERINGAT A FLEURS LACHES. — *Philadelphus laxus* Schrad. in De Cand. Prodr.

Feuilles ovales-elliptiques, dentées, pubescentes en dessous, longuement acuminées de même que les lobes du calice. Styles soudés jusqu'au milieu. Stigmates non-saillants. — Arbrisseau peu élevé.

Cette espèce nous est inconnue.

SERINGAT HÉRISSÉ. — *Philadelphus hirsutus* Nuttal. Gen. — Wats. Dendr. Brit. tab. 47. — Don, in Sweet, Brit. Flow. Gard. ser. 2, tab. 119. — *Philadelphus gracilis* Hortul.

Feuilles ovales, ou elliptiques, ou ovales-elliptiques, acuminées, sinuolées-denticulées, ou dentelées, nerveuses, fortement pubescentes aux 2 faces (les jeunes cotonneuses en dessous). Ramules florifères très-courts. Fleurs solitaires ou ternées. Calice strigueux : lobes acuminés. Styles et stigmates soudés, non-saillants.

Tiges grêles, effilées, peu rameuses, rougeâtres, s'élevant jusqu'à 5 pieds. Feuilles des pousses stériles atteignant jusqu'à 3 pouces de long, sur 2 pouces de large. Fleurs odorantes, de la grandeur de celles du *Seringat commun*.

Cette espèce, découverte par Nuttall au Tennessée, est assez répandue dans les jardins. Elle fleurit plus tard que toutes ses congénères.

Seringat de Lewis. — *Philadelphus Lewisii* Pursh, Flor. Amer. Sept.

Feuilles ovales, pointues, presque entières, ciliées. Trois styles soudés jusque au-delà du milieu, aussi longs que les étamines.

Cette espèce croît à l'ouest des Rocheuses, dans les contrées arrosées par la rivière de Clark.

Seringat inodore. — *Philadelphus inodorus* Linn. — Bot. Mag. tab. 1478.

Feuilles ovales, larges, acuminées, très-entières, subpenni-nervées. Styles soudés presque jusqu'au sommet.

Cette espèce, indigène en Caroline, ne nous est point connue.

Genre DEUTZIA. — *Deutzia* Thunb.

Tube calicinal turbiné, adhérent : limbe 5-parti. Pétales 5, lancéolés-oblongs, obtus, dressés. Étamines 10, insérées au disque : filets aplatis, larges, tricuspidés au sommet ; anthères petites, didymes. Ovaire 3-5-loculaire, multiovulé. Styles 3-5, libres de même que les stigmates. Péricarpe chartacé, ombiliqué, couronné par le disque et les styles, 3-5-loculaire, polysperme, déhiscent à la base.

Arbrisseaux. Feuilles non-persistantes, opposées, dentelées, couvertes d'une pubescence étoilée. Fleurs en grappe. Corolle blanche. Anthères jaunes.

Ce genre, propre aux régions tempérées de l'Asie orientale, renferme trois espèces.

Deutzia scabre. — *Deutzia scabra* Thunb. Flor. Jap. p. 10, et 185 ; tab. 24. — Lindl. in Bot. Reg. tab. 1718.

Feuilles ovales ou ovales-oblongues, acuminées, dentelées, pubescentes aux 2 faces. Grappes cotonneuses, un peu rameuses à la base. Fleurs ordinairement trigynes.

Rameaux grêles , un peu grimpans : écorce d'un brun châtain.
Feuilles un peu scabres, longues de 2 à 3 pouces ; dentelures
très-pointues ; pétiole court, cotonneux. Grappes dressées , multiflores, un peu lâches, plus longues que les feuilles. Calice cotonneux , plus long que les pédicelles. Pétales longs de 6 à 7 lignes , pubescents. Étamines dressées , plus courtes que les pétales.
Styles filiformes , presque aussi longs que les pétales.

Cet élégant arbrisseau , introduit très-récemment dans le jardin de la société horticulturale de Londres , croît dans les montagnes du Japon , où les habitans le désignent sous le nom de *Ut-*
sugi. Suivant M. Lindley, il résiste parfaitement aux hivers de
l'Angleterre , et prospère dans tout sol favorable à la culture.

IVe TRIBU. **LES HYDRANGÉES.** — *HYDRANGEÆ*
De Cand. Prodr. (exclus. *Deutzia.*)

Feuilles opposées, non-stipulées, simples, dentelées, pétio-
lées , ordinairement membranacées. Pétales 5-10, val-
vaires en préfloraison. Étamines en nombre double ou
multiple des pétales (10-40). Ovaire 2-10-loculaire,
plus ou moins adhérent. Disque épigyne. Styles et stig-
mates libres ou soudés. Capsule (rarement baie) 2-10-
loculaire. Graines réticulées ou enveloppées dans un
arille membraneux. — Fleurs en cyme ou en panicule :
celles de la circonférence de l'inflorescence (quelquefois
presque toutes) souvent irrégulières, grandes, stériles.

Genre DÉCUMARIA. — *Decumaria* Linn.

Calice turbiné, adhérent, 7-10-denté. Pétales 7-10, oblongs-
obovales, obtus, beaucoup plus longs que les dents du calice.
Étamines en nombre quadruple des pétales : 8 antépositives ;
les autres interpositives 3 à 3. Filets filiformes. Anthères petites, suborbiculaires. Ovaire 7-10-loculaire. Styles soudés
en un seul court, conique, épais. Stigmate pelté, disciforme,

à 7-10 rayons. Capsule semi-ovale, tronquée, adhérente, couronnée par le style et par les dents calicinales, multicostée, 7-10-loculaire, polysperme, déhiscente entre les côtes. Graines obliquement appendantes, imbriquées, scobiformes, anguleuses, recouvertes d'un arille membraneux.

Sous-arbrisseaux. Feuilles grandes, coriaces, dentelées. Fleurs petites, blanches, odorantes, toutes régulières, disposées en cymes trichotomes terminales.

Ce genre, propre aux contrées chaudes de l'Amérique septentrionale, ne renferme que les deux espèces dont nous allons traiter : ces végétaux se cultivent comme arbustes d'agrément, en pleine terre ; mais ils ne prospèrent qu'en terre de bruyère et produisent rarement des graines, sous le climat de Paris.

DÉCUMARIA A TIGES DRESSÉES. — *Decumaria Barbara* Linn.

Tiges dressées. Feuilles ovales, ou ovales-elliptiques, acumi-nées, dentelées, arrondies ou cunéiformes à la base : pétiole presque velouté.

Arbuste assez touffu, haut de 2 à 3 pieds. Feuilles longues de 3 à 4 pouces, larges de 1 à 2 pouces, luisantes, presque persistantes, glabres excepté au pétiole. Cymes larges de 2 à 4 pouces, subfastigiées ou paniculées, dressées. Fleurs larges d'environ 3 lignes, d'un blanc jaunâtre, très-odorantes. Dents calicinales petites, pointues, dressées. Étamines à peu près aussi longues que les pétales, 2 fois plus longues que le style. Capsule brune, luisante, de la grosseur d'un pois.

Cette espèce habite les États-Unis, au nord de la Caroline.

DÉCUMARIA SARMENTEUX. — *Decumaria sarmentosa* Bosc, in Mém. de la Soc. d'Hist. Nat. de Paris, v. 1, tab. 13.

Tiges sarmenteuses. Feuilles obovales, ou lancéolées-elliptiques, ou lancéolées-oblongues, courtement acuminées, dentelées : pétiole glabre.

Tige radicante, grimpant à des hauteurs très-considérables (en Caroline ; dans les jardins des environs de Paris, elle ne prend pas de développement considérable). Feuilles longues de 2 à 4 pouces, larges de 1 à 2 pouces. Dents calicinales petites, pointues. Étamines à peu près aussi longues que les pétales, 2 fois plus longues que le style. Capsule semblable à celle de l'espèce précédente.

Cette espèce croît en Géorgie et dans les deux Carolines ; elle se plaît dans les terrains fertiles et humides.

Genre HYDRANGÉA. — *Hydrangea* Linn.

Calice adhérent, hémisphérique, 8-10-costé, 4-5-denté ; dents petites, persistantes. Pétales 4 ou 5, quelquefois soudés par la base, beaucoup plus longs que les dents du calice. Étamines 8-10 (rarement un plus grand nombre), inégales, divariquées, plus longues que les pétales : filets filiformes ; anthères globuleuses. Ovaire 2-5- (ordinairement 2- ou 3-) loculaire. Styles libres, subulés, divariqués, persistants. Stigmates obtus, obliques. Capsule petite, couronnée par le style et les dents calicinales, 2-5-loculaire, déhiscente entre les styles par des fentes transversales ; cloisons membraneuses, adnées aux placentaires. Graines imbriquées, ovoïdes, acuminées, réticulées.

Sous-arbrisseaux. Feuilles opposées (rarement alternes), dentelées, ou quelquefois lobées, grandes, ordinairement membranacées. Fleurs petites, blanches, ou roses, ou bleues, disposées en cymes corymbiformes, ou en panicules : les fleurs de la circonférence (ou quelquefois toutes, dans des variétés obtenues par la culture) souvent difformes, stériles ; pédoncules terminaux, ou axillaires et terminaux.

Ce genre renferme une vingtaine d'espèces, indigènes en Chine, au Japon, au Népaul, aux îles de la Sonde, et aux États-Unis d'Amérique. Tous les *Hydrangéa* offrent un feuillage élégant et une inflorescence souvent magnifique. Plusieurs espèces sont très-recherchées en Europe, pour la décoration des jardins ; mais les Chinois surtout et les Japonais, au témoignage du docteur Siebold, en possèdent une foule de variétés dignes de l'attention des horticulteurs.

Nous allons faire connaître les espèces les plus remarquables :

a.) *Fleurs en cyme corymbiforme, subtrichotome : les 2 ou 4 pédoncules inférieurs partant chacun de l'aisselle d'une feuille ; pédicelles non-bractéolés. Feuilles dentelées ou dentées, non-lobées.*

Hydrangéa Hortensia. —*Hydrangea Hortensia* Sering. in De Cand. Prodr. — Siebold, in Act. Nat. Cur. v. 12, p. 686. — *Hydrangea hortensis* Smith, Ic. Pict. 1, tab. 12. — *Hortensia opuloides* Lamk. Dict. —Duham. ed. nov. v. 3, tab. 24. — *Hortensia speciosa* Pers. Ench.

Feuilles opposées, ovales, ou ovales elliptiques, acuminées, dentelées, très-glabres. Cymes denses. Fleurs ordinairement toutes difformes, 5-parties. Fleurs fertiles 2-ou 3-styles : lobes calicinaux suborbiculaires, très-entiers.

Arbuste haut de 2 à 3 pieds. Tiges rameuses, épaisses. cylindriques, dressées. Feuilles longues de 6 à 9 pouces, presque coriaces, luisantes, d'un beau vert : pétiole court, épais. Fleurs rouges ou bleues.

Le *Hortensia*, aujourd'hui si commun, n'est introduit en Europe que depuis 1788. Le célèbre voyageur Commerson le fit connaître en France et le dédia à madame Hortense Lepeau. De temps immémorial cette belle plante se cultive dans les jardins en Chine et au Japon ; mais, suivant le docteur Siebold, elle n'est point indigène dans ces contrées. Les Chinois lui donnent le nom de *Fun Dan Kiva*, et les Japonais celui de *Témarihana*, ce qui, dans les deux langues, veut dire *boule fleurie*.

A Paris et dans ses environs, le Hortensia ne résiste guère en plein air aux hivers ; mais il prospère sans abri sur le littoral de toute la France, ainsi que dans le midi de l'Angleterre. Il aime une terre substantielle, et des arrosemens abondans pendant l'été. Ses fleurs sont toujours stériles, mais on le multiplie très-facilement soit de boutures, soit de marcottes. La variété à fleurs bleues est le produit de certaines conditions du sol dans lequel elle végète ; Sweet assure que la terre de bruyère seule suffit pour l'obtenir; suivant d'autres, on arrive au même résultat avec un sol tourbeux imprégné d'alun, ou bien avec des cendres soit de tourbe, soit de bois de Sapin, mêlées à la terre. M. Poiteau dit que les fleurs du Hortensia deviennent bleues par la culture dans une terre ferrugineuse.

HYDRANGÉA AZISAÏ. — *Hydrangea Azisai* Siebd. l. c.

Feuilles opposées, ovales, acuminées, rétrécies à la base, crénelées, dentelées. Corolles des fleurs difformes 4-8-parties.

Arbrisseau haut de 2 à 3 pieds. Fleurs ordinairement bleuâtres ou rarement blanches. Cymes très-amples.

Cette espèce, nommée en japonais *Azisaï*, et en chinois *Zu Hats Sen*, est cultivée dans ces contrées aussi généralement que le Hortensia.

HYDRANGÉA DU JAPON. — *Hydrangea japonica* Siebd. l. c.

Feuilles opposées, ovales-oblongues, acuminées, finement dentelées, très-glabres. Cymes denses. Corolle des fleurs difformes à 6-10 lanières ovales-rhomboïdales, inégales.

Cette espèce, qui varie aussi à fleurs roses et bleues, se cultive dans plusieurs provinces du Japon, sous le nom de *Kakusoo*. Au dire des Japonais, elle croît spontanément dans le pays.

HYDRANGÉA DE THUNBERG. — *Hydrangea Thunbergii* Siebd. l. c. — *Viburnum serratum* Thunb. Prodr.

Feuilles opposées, oblongues, dentelées, entières vers la base, discolores. Cymes denses. Corolle des fleurs difformes à 4-8 lanières obcordiformes.

Arbrisseau grimpant. Fleurs toujours d'un bleu tirant sur le lilas.

Cet arbrisseau croît au Japon, dans les montagnes élevées de l'île de Sikok, où on le nomme vulgairement *Ancats Ja*, c'est-à-dire *Thé doux*, parce que ses feuilles s'emploient en guise de Thé.

HYDRANGÉA VERDATRE. — *Hydrangea virens* Siebd. l. c.—

Viburnum virens Thunb. Prodr. — *Viburnum scandens* **Pers.**
Ench.

Feuilles ovales-oblongues, acuminées, dentelées vers le sommet, pubescentes en dessus. Cymes lâches. Corolle des fleurs difformes à 2 ou 3 lanières inégales.

Arbrisseau quelquefois grimpant, haut de 2 à 6 pieds. Fleurs blanches.

Cette espèce croît au Japon, sur les sommets des montagnes avec les *Azalea*, les *Eurya* et les Andromèdes; son nom vulgaire est *Jamotoosin*.

Hydrangéa paniculé. — *Hydrangea paniculata* Siebd. l. c.

Feuilles opposées ou ternées, elliptiques, acuminées, scabres, à dentelures glanduleuses. Cymes lâches, paniculiformes, subunilatérales. Corolle des fleurs difformes à 3 ou 4 lanières obovales.

Arbrisseau grimpant, haut d'environ 6 pieds. Fleurs blanches ou roses.

Cet arbrisseau croît dans les montagnes du Japon; on le nomme *Tsurudémari*, et en chinois *Too Siu Kiun*. On en cultive dans les jardins d'Oosaka une variété à fleurs stériles très-nombreuses et de couleur rose, appelée *Jamadémari*.

Hydrangéa involucré. — *Hydrangea involucrata* Siebd. l. c.

Feuilles opposées, ovales, acuminées, réticulées, hispides aux 2 faces, à dentelures glanduleuses. Cymes denses, involucrées. Corolle des fleurs difformes à 8 lanières suborbiculaires.

Sous-arbrisseau haut à peine de 1 pied. Cymes munies avant l'épanouissement de 2 ou 3 bractées caduques. Fleurs roses ou jaunâtres.

Cette espèce croît dans les montagnes du Japon. Dans les jardins d'Oosaka on en cultive, sous le nom de *Ginbaisoo*, une variété à fleurs roses. La variété à fleurs jaunâtres est appelée *Kinbaisoo*.

Hydrangéa a feuilles alternes. — *Hydrangea alternifolia* Siebd. l. c.

Feuilles alternes. Fleurs polyandres. Corolle des fleurs difformes à 2-6 lanières, dont 3 ovales, pointues.

Sous-arbrisseau, fleurissant en août et septembre, cultivé dans les jardins japonais.

Hydrangéa gigantesque. — *Hydrangea altissima* Wallich, Tent. Flor. Nepal. 2, tab. 5o.

Feuilles ovales, acuminées, dentelées, presque glabres. Corymbes subfastigiés. Fleurs difformes peu nombreuses, à pédoncules poilus. Boutons des fleurs fertiles obconiques.—Pétales des fleurs difformes obovales, très-obtus, très-entiers. Styles 2, épais.

Cette espèce habite les montagnes du Népaul.

Hydrangéa cotonneux. — *Hydrangea vestita* Wall. l. c. tab. 49.

Feuilles ovales-lancéolées, acuminées, finement dentelées, glabres en dessus, cotonneuses (de même que les ramules) en dessous. Corymbes amples, subfastigiés. Pédoncules velus. Fleurs stériles peu nombreuses, glabres. Boutons des fleurs fertiles subglobuleux. — Pétales des fleurs difformes ovales ou obovales, acuminés, réticulés, très-entiers, ou denticulés.

Cette espèce habite les montagnes du Népaul.

Hydrangéa discolore. — *Hydrangea nivea* Michx. Flor. Amer. Bor. — Wats. Dendr. Brit. tab. 43. — *Hydrangea radiata* Willd. Spec. (non Smith.)

Feuilles ovales-elliptiques, ou elliptiques, ou elliptiques-oblongues, acuminées, denticulées, arrondies ou subcordiformes à la base, glabres en dessus, cotonneuses-blanchâtres en dessous. Cymes pubérules, subfastigiées, divariquées. Fleurs difformes 2-ou 4-pétales, peu nombreuses : pétales obovales, subacuminés, entiers. Boutons des fleurs fertiles subglobuleux.

Buisson s'élevant (en Amérique) à 6 ou 8 pieds. Feuilles longues de 2 à 4 pouces, larges de 1 $\frac{1}{2}$ à 2 $\frac{1}{2}$ pouces, membranacées, couvertes en dessous d'un coton velouté, très-blanc; pétiole long de 8 à 12 lignes, grêle. Cymes larges de 3 à 4 pouces. Fleurs stériles larges de 8 à 10 lignes. Fleurs fertiles très-petites, serrées : pétales lancéolés. Styles 2, courts. Stigmates obtus, épais.

Cette espèce, qui croît dans les montagnes de la Géorgie et des deux Carolines, n'est pas rare dans les jardins.

HYDRANGÉA COMMUN. — *Hydrangea arborescens* Linn. — Bot. Mag. tab. 437. — Mill. Ic. tab. 251. — Schk. Handb. tab. 119. — Lamk. Ill. tab. 370, fig. 1. — *Hydrangea frutescens* Mœnch. Meth.

> — α : A FEUILLES PRESQUE GLABRES. — *Hydrangea arborescens vulgaris* Sering. in De Cand. Prodr. — Feuilles glabres excepté en dessous aux nervures.

> — β : A FEUILLES DISCOLORES. — *Hydrangea arborescens discolor* Sering l. c. — Feuilles légèrement veloutées et blanchâtres en dessous.

Feuilles ovales, ou ovales-elliptiques, ou elliptiques, arrondies ou subcordiformes à la base, acuminées, grossement dentelées, glabres en dessus, plus ou moins pubérules ou veloutées en dessous. Cymes pubérules, subfastigiées, divariquées. Fleurs difformes nulles ou peu nombreuses, à 2-4 pétales obovales, obtus, entiers. Boutons des fleurs fertiles subglobuleux.

Buisson atteignant (en Amérique) 6 à 8 pieds de haut (sous-arbrisseau presque herbacé dans les jardins des environs de Paris). Feuilles longues de 3 à 4 pouces, larges de 2 à 2 ¹/₂ pouces, très-minces, d'un vert gai; pétiole long de 4 à 18 lignes, grêle. Cymes larges de 3 à 4 pouces. Fleurs stériles (le plus souvent nulles) larges de 4 à 6 lignes.

Cette espèce, indigène dans les montagnes des États-Unis, se cultive fréquemment comme plante d'ornement.

HYDRANGÉA A FEUILLES CORDIFORMES. — *Hydrangea cordata* Pursh, Flor. Amer. Sept. — Wats. Dendr. Brit. tab. 42. — *Hydrangea vulgaris* Michx. Flor. Amer. Bor.

Feuilles suborbiculaires, ou ovales-elliptiques, ou ovales, acuminées, grossement et inégalement dentelées, profondément

cordiformes à _a base, très-glabres aux 2 faces. Cymes pubérules,
fastigiées, non-divariquées. Fleurs difformes peu nombreuses ou
nulles. Boutons des fleurs fertiles subglobuleux.

Buisson s'élevant plus haut que le *Hydrangéa* commun (à
peine ligneux à la base, dans les jardins des environs de Paris).
Feuilles longues de 3 ¹/₂ à 5 pouces, larges de 3 ¹/₂ à 4 ¹/₂ pouces,
membranacées, d'un vert gai en dessus, pâles en dessous; pétiole
long de 4 à 12 lignes. Cymes larges de 3 à 4 pouces. (Nous
n'avons point observé de fleurs difformes.) Styles 2, épais,
coniques.

b) *Fleurs en panicule subthyrsiforme ou oblongue, dense,*
   tres-ample, feuillée à la base ; pédoncules secondaires bi-
   partis ou bifides : chaque bifurcation terminée à son som-
   met par 1 ou 3 grandes fleurs difformes, stériles ; fleurs
   fertiles en cymules trichotomes, subsessiles, dichotoméaires
   et alternes le long des bifurcations ; pédicelles accompagnés
   chacun d'une bractéole caduque, minime, subulée. Feuilles
   profondément sinuées-lobées (presque palmées ; les florales
   beaucoup plus petites, indivisées): lobes sinuolés-denticulés.

HYDRANGÉA A FEUILLES LOBÉES. — *Hydrangea quercifolia*
Bartr. Itin. ed. germ. p. 366, tab. 7. — Bot. Mag. tab. 975.
Feuilles subrhomboïdales, cunéiformes à la base, 5-lobées :
les jeunes laineuses-subferrugineuses aux 2 faces; les adultes
glabres en dessus, floconneuses en dessous; lobes oblongs, ou
triangulaires, acuminés, sinuolés-denticulés, souvent tricuspidés
au sommet. Pétales des fleurs difformes suborbiculaires ou obovales, très-obtus, entiers.

Arbrisseau haut de 3 à 5 pieds. Jeunes pousses recouvertes
d'un duvet ferrugineux très-épais. Feuilles membranacées, mais
fermes, d'un vert foncé en dessus, pâles en dessous (nervures
couvertes d'un duvet plus ou moins ferrugineux), longues de 4
à 7 pouces, sur autant de large, ou un peu moins larges que
longues; pétiole long de 1 à 2 pouces, laineux. Panicule laineuse,
longue de ¹/₂ à 1 pied. Feuilles florales longues de 3 à 4 pouces,
obovales ou oblongues-obovales, sinuolées-denticulées, tricus-

pidées (rarement réduites à 2 bractées obovales, entières, beaucoup plus courtes que les pédoncules secondaires). Fleurs stériles
larges de 6 à 12 lignes, d'abord blanches, puis roses, marcescentes. Fleurs fertiles petites : pédicelles filiformes, un peu plus
longs que les fleurs. Styles 2, courts, divergents. Stigmates globuleux, épais.

Cette plante magnifique, originaire de la Floride, supporte en
pleine terre les hivers du nord de la France; mais elle n'y produit
jamais de fruits. Le terreau de bruyère est indispensable à sa
culture; on la multiplie de marcottes.

Genre ADAMIA. — *Adamia* Wallich.

Calice adhérent, 4-denticulé. Pétales 5. Étamines 10.
Ovaire semi-supère. Styles 5. Stigmates claviformes, subbi-
lobés. Baie couronnée par les dents du calice, subquinqué-
loculaire, polysperme. Graines petites, pyriformes, striées.

L'espèce dont nous allons traiter constitue à elle seule le
genre.

ADAMIA A BAIES BLEUES. — *Adamia cyanea* Wall. Tent. Flor.
Nep. p. 46, tab. 36. — Hook. in Bot. Mag. tab. 3046.

Arbrisseau très-rameux, paniculé, haut de 3 à 4 pieds. Tige
faible, couverte d'une écorce spongieuse, blanchâtre, glabre.
Rameaux subtétragones, glabres. Ramules jeunes et feuilles pubescentes. Feuilles opposées, étalées, rapprochées, lancéolées,
acuminées aux deux bouts, dentelées : dentelures pointues, inclinées; pétiole long de 1 pouce. Panicule grande, corymbiforme,
plus courte que la dernière paire de feuilles : ramifications opposées, subtrichotomes. Bractées nulles. Fleurs très-nombreuses,
d'un bleu tirant sur le rose. Dents calicinales petites, ovales,
pointues, étalées. Pétales lancéolés, pointus, trinervés, étalés.
Étamines de la longueur de la corolle. Filets subulés, bleuâtres.
Anthères grandes, ovales. Baies globuleuses, glabres, d'un bleu
vif, de la grosseur d'un pois.

Cet arbrisseau élégant, originaire du Népaul, où il porte le nom de *Bansouk*, est cultivé depuis quelques années au Jardin de Kew.

Ve TRIBU. **LES ESCALLONIÉES.** — *ECALLONIEÆ*
De Cand. Prodr.

Feuilles alternes, non-stipulées, simples, pétiolées, dente-lées. Pétales 5 (rarement 6), imbriqués ou valvaires en préfloraison. Etamines en même nombre que les pétales. Ovaire plus ou moins adhérent (rarement libre), 2- ou 3-loculaire. Style indivisé. Stigmate biparti, ou capitellé et 2- 5-lobé. Capsule 1- 3-loculaire, 2- ou 3-valve, septicide, polysperme (par exception oligosperme). — Fleurs blanches ou rouges, disposées en grappe, ou en panicule, ou en cyme corymbiforme.

Genre ESCALLONIA. — *Escallonia* Mutis.

Calice turbiné, pentagone, adhérent., 5- (rarement 6-) denté, ou 5-lobé. Pétales 5 (rarement 6), spathulés, insérés à la gorge du calice : onglets larges, dressés; lames étalées. Étamines 5 (rarement 6); anthères obtuses aux 2 bouts, bifides à la base. Disque épigyne. Ovaire 2- (rarement 5-) loculaire, adhérent presque jusqu'au sommet; ovules suspendus. Style indivisé, terminal. Stigmate entier, ou bilobé, ou biparti. Capsule polysperme, couronnée, nutante, sèche, ou légèrement drupacée, incomplétement 2- ou 5-loculaire, indéhiscente au sommet, bivalve de la base jusque vers le milieu. Graines minimes, suspendues, striées longitudinalement.

Arbres, ou arbrisseaux, ou sous-arbrisseaux. Feuilles penninervées, dentelées, coriaces, persistantes. Fleurs blanches, ou rouges, bractéolées, terminales, solitaires, ou disposées en cyme, ou en panicule.

Les *Escallonia* méritent d'être cultivés à cause de la beauté de leurs fleurs. On en connaît trente-cinq espèces, toutes indigènes dans l'Amérique méridionale, soit équatoriale, soit extra-tropicale. Dans les contrées voisines de l'équateur, situées dans la partie occidentale de l'Amérique, les Escallonia croissent à la hauteur de 1,100 à 2,460 toises, et y constituent, d'après les observations de MM. de Humboldt et Bonpland, une région végétale particulière, avec les Chênes et les *Wintera*. Au Chili et à la terre de Magellan, plusieurs espèces croissent au niveau même de la mer. Les espèces observées au Brésil par M. Aug. de Saint-Hilaire, habitent aussi des régions assez élevées pour que les produits coloniaux n'y réussissent plus.

Voici les espèces les plus notables :

Escallonia a fleurs rouges. — *Escallonia rubra* Pers. Ench. — Hook. in Bot. Mag. tab. 2890. — *Stereoxylon rubrum* Ruiz et Pav. Flor. Peruv. tab. 236, fig. *b*.

Presque glabre. Rameaux dressés : les jeunes couverts de poils glanduleux. Feuilles obovales-oblongues, acuminées, dentelées, ponctuées en dessous. Pédoncules 2-7-flores, bractéolés. Lobes calicinaux denticulés. Pétales spathulés.

Cette espèce, indigène dans les montagnes du Chili, se cultive dans les collections d'orangerie.

Escallonia nain. — *Escallonia humilis* Aug. Saint-Hil. Flor. Brasil. Merid. vol. 3, p. 87.

Feuilles courtement pétiolées, cunéiformes-obovales, ou oblongues-obovales, très-obtuses, courtement cuspidées, dentelées au sommet, médiocrement rugueuses, glabres. Panicule très-courte, simple. Calice parsemé de poils épars : dents allongées, linéaires, pointues, glanduleuses aux bords.

Sous-arbrisseau peu rameux, haut d'environ 2 pieds. Feuilles longues de 1 à 1 ½ pouce, larges de 4 à 6 lignes, cartilagineuses aux bords. Calice rougeâtre. Corolle pourpre.

M. Aug. de Saint-Hilaire a trouvé cette espèce au Brésil, dans les hautes montagnes de la province des Mines.

Escallonia Fausse Airelle. — *Escallonia vaccinioides* Aug. Saint-Hil. l. c. p. 87.

Feuilles obovales-oblongues, cunéiformes à la base, mucronées, très-obtuses, denticulées, glabres, pontuées de noir en dessous. Fleurs en grappe ou en panicule. Calice glabre : dents distantes, triangulaires, courtes, légèrement glanduleuses aux bords. Capsule à peu près aussi longue que le style.

Grand arbrisseau rameux. Feuilles longues de 1 à 1 $^1/_2$ pouce, larges de 3 à 5 lignes. Panicule courte, feuillée à la base. Fleurs longues de 2 à 3 lignes; pédicelles souvent 3-bractéolés. Calice libre presque jusqu'à son milieu. Pétales 2 fois plus longs que le calice, très-obtus, glabres, blancs. Capsule subhémisphérique.

Cette espèce a été trouvée par M. Aug. de Saint-Hilaire au Brésil, dans la province des Mines.

Escallonia Faux Spiréa. — *Escallonia spiræoides* Aug. Saint-Hil. l. c. p. 88

Feuilles obovales, ou oblongues-obovales, subcunéiformes à la base, obtuses, dentelées au sommet, mucronées, glabres, ponctuées en dessous. Panicule allongée, rameuse. Calice glabre : dents très-distantes, très-courtes, triangulaires, glanduleuses aux bords. Capsule obovale-globuleuse, plus longue que le style.

Feuilles écartées, longues de 15 à 20 lignes, sur 9 lignes de large. Panicule lâche, feuillée à la base. Fleurs longues de 2 à 3 lignes. Pétales glabres, blancs.

Cette espèce a été trouvée par M. Aug. de Saint-Hilaire, au Brésil, dans la province de Rio-Grande.

Escallonia de Sellow. — *Escallonia Sellowiana* Aug. Saint-Hil. l. c. p. 88. — *Escallonia resinosa* var. Cham. et Schlecht. in Linnæa, v. 1, p. 545.

Feuilles cunéiformes-oblongues, ou lancéolées, ou presque linéaires, obtuses ou un peu pointues, doublement dentelées au sommet, glabres, ponctuées en dessous, non-visqueuses. Panicule simple ou composée. Calice glabre : dents très-courtes, larges, non-glanduleuses.

Ramules grêles, étalés. Feuilles longues d'environ 18 lignes, sur 9 lignes de large. Panicules ou grappes très-courtes. Fleurs longues d'environ 4 lignes. Pétales glabres, blancs.

Cette espèce croît dans la république Cis-Platine.

ESCALLONIA RÉSINEUX. — *Escallonia resinosa* Pers. Ench. — *Stereoxylon resinosum* Ruiz et Pav. Flor. Peruv. tab. 235.

Rameaux dressés. Ramules résineux. Feuilles oblongues-obovales, peu rétrécies à la base, subsessiles, bordées de dents glanduleuses. Panicules pauciflores. Lobes calicinaux très-entiers. Pétales obovales-oblongs. Style persistant, à peine plus long que la capsule.

Cette espèce, très-voisine de la precédente, croît dans les hautes Andes du Pérou; on la possède dans les collections d'orangerie.

ESCALLONIA MULTIFLORE. — *Escallonia floribunda* Sellow, ex Chamiss. et Schlecht. in Linnæa, 1, p. 543. — Aug. Saint-Hil. l. c. p. 89. — *Escallonia bifida* Link et Otto, Abbild. tab. 23. — *Escallonia montevidensis* De Cand. Prodr.

Feuilles oblongues, cunéiformes à la base, obtuses, ou rétuses, dentelées, glabres. Panicules simples, subcorymbiformes. Calice glabre : dents glanduleuses aux bords ainsi que les bractées.

Arbrisseau haut de 8 à 10 pieds, grêle, très-rameux. Feuilles recouvrantes, longues d'environ 3 pouces, sur 9 lignes de large. Panicules longues de 1 à 4 pouces, lâches ou denses, feuillées à la base. Fleurs longues d'environ 5 lignes. Pétales blancs.

Cette espèce, qu'on cultive depuis plusieurs années dans les jardins, croît aux environs de Monté-Vidéo, et au Brésil méridional. Elle résiste en plein air aux hivers des environs de Paris, et se recommande par son port élégant, ainsi que par la longue durée de sa floraison.

ESCALLONIA FARINEUX. — *Escallonia farinosa* Aug. Saint-Hil. Flor. Brasil. Merid. vol. 3, p. 90

Feuilles cunéiformes-obovales, obtuses, courtement mucronées, farineuses et ponctuées aux 2 faces. Panicules simples, très-courtes. Capsule subhémisphérique, incluse, plus longue que le style.

Tige frutescente. Rameaux et ramules farineux. Feuilles longues de 1 ¹/₂ à 2 ¹/₂ pouces, larges de 4 à 10 lignes.

Cette espèce a été observée par M. Aug. de Saint-Hilaire au Brésil, dans la province de Saint-Paul.

ESCALLONIA DISCOLORE. — *Escallonia discolor* Vent. Malm. tab. 54.

Ramules légèrement pubescents. Feuilles cunéiformes-lancéolées, légèrement crénelées, discolores en dessous et poilues à la côte. Panicules multiflores. Calice pubérule. Pétales obovales. Style conique, très-court.

Cette espèce habite les Andes de la Nouvelle-Grenade.

ESCALLONIA GRISATRE. — *Escallonia canescens* Aug. Saint-Hil. l. c. tab. 181.

Feuilles oblongues-obovales, ou oblongues-elliptiques, obtuses, denticulées-spinelleuses au sommet, mucronées, cotonneuses-incanes en dessous. Grappes denses, rameuses à la base. Calice cotonneux : dents allongées, subulées, non-glanduleuses. Capsule subovale.

Arbrisseau haut de 4 à 5 pieds, peu rameux. Feuilles longues de 1 ¹/₂ à 3 pouces, larges de 1 pouce. Grappes sessiles, dressées, denses. Fleurs courtement pédicellées, tribractéolées, longues d'environ 3 lignes. Calice cotonneux. Pétales blancs.

Cette espèce a été trouvée par M. Aug. de Saint-Hilaire au Brésil, dans les montagnes des environs de la ville de Saint-Paul.

Genre ANOPTÈRE. — *Anopterus* Labill.

Tube calicinal turbiné, adhérent par la base; limbe à 6 lobes pointus, persistants. Pétales 6, insérés au calice. Étamines 6, plus courtes que les pétales. Style court. Stigmate bifide. Capsule oblongue, 1-loculaire, bivalve, déhiscente de haut en bas ; placentaires marginaux. Graines ovales, comprimées, ailées au sommet.

L'espèce suivante constitue à elle seule le genre :

ANOPTÈRE GLANDULEUX — *Anopterus glandulosa* Labill. Nov. Holl. 1, tab 112.

Arbuscule très-glabre. Feuilles alternes ou subopposées, ovales-oblongues, rétrécies aux 2 bouts, subsessiles, coriaces, bordées de dents calleuses. Grappes simples, terminales, solitaires, ou réunies 2 à 4. Fleurs blanches.

Cette plante, indigène à la terre de Diémen, se cultive dans les collections d'orangerie.

Genre ITÉA. — *Itea* Linn.

Calice persistant, campanulé, 5-fide, inadhérent : segments lancéolés-subulés : sinus obtus. Pétales 5, linéaires, dressés, insérés à la gorge du calice, valvaires en préfloraison. Étamines 5, plus courtes que les pétales; filets capillaires; anthères oblongues, bifides à la base. Ovaire oblong, 2-loculaire. Style filiforme, court, indivisé. Stigmate bifide. Capsule biloculaire, comprimée, bisulquée, bivalve de bas en haut, polysperme. Graines bisériées, attachées aux bords rentrants des valves.

Arbrisseau. Feuilles membranacées, alternes. Fleurs petites, en grappes simples terminales subsessiles et quelquefois feuillées à la base; pédicelles non-bractéolés.

L'espèce que nous allons décrire est la seule qu'on puisse rapporter avec certitude à ce genre.

ITÉA DE VIRGINIE. — *Itea virginica* Linn. — Lamk. Ill. 1, tab. 147, fig. 1. — Loisel. in Duham. ed. nov. v. 6, tab. 9. — L'hérit. Stirp. 1, p. 138. — Wats. Dendr. Brit. tab. 12.

Buisson haut de 3 à 6 pieds. Branches grêles, verdâtres, effilées, flexibles. Ramules pubérules : les florifères courts, presque horizontaux, alternes-distiques. Feuilles oblongues, ou lancéolées-oblongues, ou lancéolées, courtement acuminées, finement denticulées, glabres et d'un vert gai en dessus, pâles et légèrement pubescentes en dessous, longues de 1 à 3 pouces, larges de 6 à 12 lignes; pétiole long de 2 à 5 lignes. Grappes solitaires, dressées, spiciformes, pubérules, assez denses, longues de 2 à 4 pouces : pédicelles alternes, subhorizontaux, plus courts que les fleurs. Fleurs longues d'environ 3 lignes. Pétales pubescents en dessus, 3 fois plus longs que le calice. Ovaire pubescent.

Cet arbrisseau abonde dans les États-Unis, au bord des fossés et des ruisseaux, depuis la Géorgie jusqu'à la Pensylvanie; en Europe on le cultive fréquemment dans les jardins, en terre de bruyère; il fleurit au commencement de l'été.

Genre CYRILLA. — *Cyrilla* Linn.

Calice petit, 5-parti, subturbiné, adhérent par la base. Pétales 5, insérés au fond du calice, valvaires en préfloraison. Étamines 5, plus courtes que les pétales : anthères bifides à la base. Style court, épais, renflé au milieu, comprimé et bifide au sommet. Stigmates obtus. Baie sèche, biloculaire : loges monospermes. Graines suspendues à de courts funicules.

Feuilles alternes, coriaces, très-entières, courtement pétiolées. Grappes simples, spiciformes, aphylles, subverticillées au sommet des ramules de l'année précédente; pédicelles dibractéolés. Fleurs petites, blanches.

L'espèce que nous allons décrire constitue à elle seule ce genre, classé par la plupart des auteurs parmi les Éricinées, mais ayant la plus grande affinité avec l'*Itéa*.

CYRILLA A GRAPPES. — *Cyrilla racemiflora* Linn. — Bot. Mag. tab. 2456. — Jacq. Ic. Rar. 1, tab. 47. — *Cyrilla caroliniana* Michx. Flor. Amer. Bor. — *Itea Cyrilla* Linn. Spec.

Buisson atteignant jusqu'à 15 pieds de haut. Rameaux et ramules verticillés. Ramules anguleux. Feuilles lancéolées-oblongues, ou spathulées, ou oblongues-obovales, obtuses, très-glabres, réticulées et d'un vert foncé en dessus, lisses et presque blanchâtres en dessous, longues de 1 ¼ à 2 ½ pouces, larges de 10 lignes; pétiole long de 3 à 4 lignes. Grappes grêles, pendantes, longues de 2 à 3 pouces. Pédicelles plus courts que les fleurs. Pétales 3 fois plus longs que le calice.

Cette espèce croît dans le midi des États-Unis, aux bords des étangs et des ruisseaux; elle fleurit en été; son port est très-élégant, mais on la voit rarement dans nos jardins, parce qu'elle ne résiste guère aux hivers du nord de la France.

« L'écorce extérieure de la base des troncs des vieux *Cyrilla*, » dit Elliot, est extrêmement légère et friable; elle absorbe » si bien l'humidité, qu'on peut s'en servir en guise d'Aga- » ric ou de toute autre substance styptique. Froissée entre les » mains, elle produit une sensation semblable à celle que fait » éprouver un liquide fortement astringent; c'est un fort bon » remède pour cicatriser les blessures et ulcères. »

SOIXANTE-HUITIÈME FAMILLE.

LES SAXIFRAGÉES. — *SAXIFRAGEÆ*.

(*Saxifrageæ* Juss. Gen. (excl. genn. quibusd.) — *Saxifrageæ* R. Br.
in Frankl. Narrat. p. 765. — Bartl. Ord. Nat. p. 311. — *Saxifragacearum* trib. 5 (*Saxifrageæ*) De Cand. Prodr. v. 4 , p. 17. —
Cfr. *Francoaceæ* Juss. fil. in Annal. des Scienc. Nat. série 2 , v. 3.)

Les *Saxifragées*, en général peu importantes sous le
rapport de l'utilité , offrent une foule de plantes d'a-
grément que leur port nain et touffu, ainsi que l'ex-
trême délicatesse de leurs fleurs , rendent précieuses
aux amateurs. Les racines de quelques espèces sont plus
ou moins astringentes.

On connaît environ deux cents espèces de cette famille : la plupart font l'ornement de la Flore arctique,
ou des régions alpines de l'hémisphère septentrional, dont
elles composent souvent presque à elles seules toute la
végétation phanérogame. Les Saxifragées manquent dans
les contrées chaudes de la zone équatoriale.

CARACTÈRES DE LA FAMILLE.

Herbes terrestres , le plus souvent vivaces. Tiges inarticulées, ordinairement cylindriques, souvent aphylles.

Feuilles éparses (rarement opposées), simples (rarement composées), très-entières , ou dentelées , ou crénelées , ou lobées, ou palmatiparties , ou pennatifides,
sessiles , ou rétrécies en pétiole , non-stipulées (par exception stipulées), très - souvent plus ou moins charnues.

Fleurs hermaphrodites, régulières (par exception irrégulières), blanches, ou moins souvent soit jaunes,

soit rougeâtres, terminales, le plus souvent disposées en grappe simple ou composée, ou en panicule, ou en cyme.

Calice plus ou moins adhérent, ou inadhérent; 4- ou 5-lobé ou denté, persistant, ou marcescent; éstivation imbricative.

Disque adné au fond du calice ou au sommet de l'ovaire.

Pétales (rarement nuls) insérés au disque, en même nombre que les segments calicinaux, interpositifs, courtement onguiculés, marcescents, ou caducs; éstivation imbricative, ou quelquefois valvaire.

Étamines insérées au disque, en nombre double des segments calicinaux (rarement en nombre quadruple des segments calicinaux et alternativement stériles), ou moins souvent en même nombre que les segments calicinaux et insérées devant ces derniers (par exception en même nombre que les segments calicinaux et insérées devant les pétales), libres. Anthères suborbiculaires, ou ovales, à 2 bourses longitudinalement deshiscentes (par exception à une seule bourse).

Pistil: Ovaire à 2 (rarement 3-5) coques libres au sommet, à autant de loges qu'il y a de coques, ou moins souvent soit à loges incomplètes, soit à une seule loge; placentaires multiovulés, adnés aux bords infléchis des valves, axiles lorsque les loges sont complètes, pariétaux lorsque les loges sont incomplètes. Styles 2-5 (le plus souvent 2), libres, persistants. Stigmates subglobuleux.

Péricarpe capsulaire, polysperme, 2- ou moins souvent 1- loculaire (rarement 3-5- loculaire), 2-5-céphale, septicide (coques déhiscentes au-dessous du sommet par la suture antérieure), ou rarement loculicide.

Graines en nombre indéfini , inarillées , souvent réticulées , ou striées longitudinalement, ou rugueuses. Périsperme charnu. Embryon axile , rectiligne , court : radicule appointante.

La famile des Saxifragées se compose comme suit :

Iʳᵉ TRIBU. **LES SAXIFRAGÉES VRAIES.** — *SAXIFRAGEÆ VERÆ* Nob.

Étamines en même nombre que les segments du calice, ou plus souvent en nombre double des segments du calice, toutes fertiles , de longueur égale. Styles 2 (rarement 5-5), terminaux. Déhiscence septicide.

Saxifraga Linn. (Leiogyne , Gymnopera et Micranthes Don ; Robertsonia Haw. Diptera Bork.) — *Leptarrhena* R. Br. — *Bergenia* Mœnch. (Geryonia Schrank ; Megasea Haw.)—*Chrysosplenium*Tourn.—*Mitella*Tourn. — *Tellima* R. Br. — *Drummondia* De Cand. — *Tiarella* Linn. — *Astilbe* Hamilt. — *Hoteia* Decaisne. — *Heuchera* Linn. — *Donatia* Forst.—*Lepuropetalum* Elliot.— *Vahlia* Thunb.

II* TRIBU. **LES FRANCOACÉES.** — *FRANCOACEÆ* Juss. fil.

Etamines en nombre quadruple (rarement quintuple ou sextuple) des segments calicinaux (16-24), alternativement stériles : les stériles beaucoup plus courtes que les fertiles. Un seul style, très-court, infra-apicilaire. Déhiscence loculicide.

Francoa Cavan. — *Tetilla* de Cand.

Ire TRIBU. **LES SAXIFRAGÉES VRAIES.** — *SAXI-FRAGEÆ VERÆ* Nob.

(Saxifragacearum trib. V (*Saxifrageæ*) De Cand. Prodr.

Calice inhadhérent ou plus ou moins adhérent, à 4 ou 5 divisions plus ou moins profondes. Étamines en même nombre que les segments calicinaux, ou plus souvent en nombre double des segments calicinaux, toutes fertiles. Ovaire 1- loculaire ou plus souvent 2- loculaire (rarement 3-5-loculaire). Styles 2 (rarement 3-5), terminaux. Stigmates capitellés ou obliquement tronqués. Capsule septicide.

Genre SAXIFRAGE. — *Saxifraga* Linn.

Calice semi-adhérent et 5-fide, ou inadhérent et 5-parti, persistant. Pétales 5, courtement onguiculés, ou sessiles, entiers, quelquefois inégaux. Étamines 10, insérées alternativement devant les pétales et les segments du calice : filets claviformes ou subulés, capillaires; anthères cordiformes ou suborbiculaires. Disque hypogyne (lorsque l'ovaire est libre), ou périgyne, ou épigyne, annulaire, ou laminaire. Ovaire 2-loculaire, souvent dicéphale. Styles 2, d'abord dressés, divergents après l'anthèse. Stigmates capitellés ou obliquement tronqués. Capsule libre, ou semi-adhérente, dicéphale, ou biacuminée, 2-loculaire, déhiscente entre les 2 styles soit par une ouverture circulaire, soit plus ou moins profondément par la suture antérieure des coques; cloisons placentifères. Graines petites, très-nombreuses, ovales, ou oblongues, ponctuées, ou tuberculeuses.

Herbes annuelles ou vivaces, le plus souvent basses et touffues. Tiges florifères souvent aphylles. Feuilles alternes (rarement opposées), très-entières, ou dentées, ou crénelées, ou lobées, ou palmatifides, souvent un peu charnues ou coriaces.

Fleurs solitaires-subterminales, ou plus souvent en panicule, blanches, ou jaunes, ou rougeâtres.

Ce genre renferme à lui seul les trois-quarts des Saxifragées connues, car on en compte près de cent cinquante espèces. La plupart croissent dans les régions alpines et polaires de l'hémisphère septentrional, et surtout dans l'ancien continent.

Nous ne pouvons décrire ici que les Saxifrages cultivées pour l'agrément; on les plante souvent en bordures, en glacis, ou sur les rochers artificiels; en général, elles aiment les expositions fraîches et humides; toutefois, plusieurs espèces ne s'accommodent que des localités sèches et découvertes.

Section I.

Calice inadhérent. Capsule vésiculeuse, membranacée, finement nerveuse, beaucoup plus grande que le calice. Pétales onguiculés, non-calleux à la base, étroits.

A. *Calice réfléchi. Filets des étamines élargis supérieurement, subulés aux 2 bouts. — Racine vivace, poussant un grand nombre de souches dressées ou ascendantes, garnies à leur sommet d'une rosette de feuilles planes, persistantes, longuement pétiolées : pétiole aplati. Tiges florifères grêles, aphylles, dressées. Fleurs blanches, disposées en panicule: ramifications éparses, distantes, munies à leur base d'une courte bractée. Bractéoles des pédicelles minimes.*

a) *Pétales inégaux, parsemés en dessus de points scabres; les 2 pétales inférieurs plus grands, déclinés de même que les styles; les 3 supérieurs plus petits, ascendants. — Racine stolonifère. Feuilles un peu épaisses mais non coriaces et sans rebord cartilagineux. Panicule très-lâche, composée de cymules pauciflores : pédicelles inclinés avant l'anthèse.*

Saxifrage sarmenteuse. — *Saxifraga sarmentosa* Linn. fil. — Bot. Mag. tab. 92. — *Saxifraga stolonifera* Jacq. Ic.

Rar. 1, tab. 80. — *Saxifraga ligulata* Murr. in Comm. Gœtt. 1781, p. 26, tab. 1. — *Ligularia sarmentosa* Haw. Enum.

Racine stolonifère. Feuilles orbiculaires, ou cordiformes-orbiculaires, ou subréniformes, inégalement crénelées ou sinuolées, légèrement poilues aux 2 faces; pétioles et hampes presque laineux. Pétales lancéolés : les 2 inférieurs 3 fois plus longs que les étamines.

Souches courtes, épaisses. Feuilles larges de 1 ¹/₂ à 3 pouces, d'un vert sombre, souvent marbrées de rouge, parsemées de poils courts, roides, apprimés, enflés à la base : les jeunes violettes en dessous; pétioles longs de 3 à 4 pouces, engaînants par la base, couverts (ainsi que la partie inférieure de la hampe) de poils laineux de couleur roussâtre; crénelures larges, mucronulées. Hampe longue de 6 à 12 pouces (y compris la panicule). Panicule pubérule, glanduleuse. Pédicelles filiformes, allongés.

Cette espèce est indigène en Chine et au Japon.

b) *Fleurs régulières. Pétales petits, obovales, onguiculés, parsemés en dessus de points scabres rougeâtres, maculés de jaune à la base. Panicule pubescente-glanduleuse, très-lâche, composée de cymes irrégulières nutantes avant l'anthèse. Feuilles coriaces, cartilagineuses aux bords et offrant un point transparent au dessous du sommet de chaque dentelure ou crénelure; pétioles et partie inférieure de la hampe ordinairement hérissés de poils crépus, non-glanduleux. Racine non-stolonifère.*

Saxifrage a feuilles réniformes. — *Saxifraga Geum* Linn. — Engl. Bot. tab. 1561. — Reichenb. Plant. Crit. fig. 847 et 849. — Lapeyr. Flore des Pyrén. tab. 24.

Feuilles réniformes ou réniformes-orbiculaires, rétuses, profondément crénelées, parsemées aux 2 faces de poils courts; pétiole linéaire, hérissé, 3 à 4 fois plus long que la lame.

Souches assez épaisses, hautes de 3 à 4 pouces. Feuilles larges de 1 à 1 ¹/₂ pouce, ordinairement un peu moins longues que larges; crénelures très-obtuses ou mucronulées; pétiole étroit, long de 2 à 4 pouces. Hampes longues de 6 à 12 pouces (y compris la panicule). Sépales oblongs, obtus, 2 fois plus courts que les pétales. Pétales blancs, à peine longs de 1 ligne.

Cette espèce croît dans les endroits humides des Alpes et des Pyrénées, ainsi qu'en Irlande.

Saxifrage hérissée.—*Saxifraga hirsuta* Linn.—Engl. Bot. tab. 2322. — Reichenb. Plant. Crit. fig. 842. — Lapeyr. Flore des Pyrén. tab. 23.—*Saxifraga polita* Link, Enum.—Reichenb. Plant. Crit. fig. 848 (var.) — *Saxifraga elegans* Mack. — Reichenb. l. c. fig. 846 (var.) — *Saxifraga dentata* Link, Enum. (var.)

Feuilles elliptiques, ou elliptiques-obovales, ou suborbiculaires, cunéiformes ou arrondies ou légèrement cordiformes à la base, rétuses, ou tronquées, ou pointues, profondément crénelées ou dentées, glabres aux 2 faces, ou parsemées de poils en dessous; pétiole linéaire, hérissé, 2 à 3 fois plus long que la lame.

Souches longues de 1 à 2 pouces. Feuilles longues de 10 à 15 lignes, ordinairement moins longues que larges; crénelures arrondies ou triangulaires. Hampes longues de 1 pied et plus. Cymules 5-20-flores. Pédicelles filiformes, plus ou moins allongés.

Cette espèce croît dans les mêmes contrées que la précédente.

Saxifrage Mignonnette. — *Saxifraga umbrosa* Linn. — Engl. Bot. tab. 663. — Reichenb. Ic. Plant. Crit. fig. 841. — Mill. Ic. tab. 141, fig. 2.

Feuilles obovales, ou elliptiques-obovales, ou suborbiculaires, tronquées au sommet, rétuses, profondément crénelées ou dentées, glabres, décurrentes sur le pétiole; pétiole marginé, élargi au sommet, cilié, ordinairement plus court que la lame.

Espèce très-semblable à la précédente. Feuilles souvent marbrées de violet en dessous.

Cette Saxifrage, qui habite les régions subalpines de presque toute l'Europe, est l'une des plus communes dans les jardins. Les noms vulgaires de *Mignonette* et *Amourette* sous lesquels elle est connue, s'appliquent également aux deux espèces précédentes.

Saxifrage a feuilles cunéiformes. — *Saxifraga cuneifolia* Linn, — Sturm, Deutsch. Flor. fasc. 35. — Waldst. et Kit. Plant. Rar. Hung. tab. 44.

Souches décombantes ou ascendantes. Feuilles spathulées, ou obovales, ou obovales-orbiculaires, cunéiformes à la base, sinuolées-crénelées, souvent tronquées au sommet, très-glabres; pétiole plane, élargi au sommet, glabre, ordinairement plus long que la lame. Panicule très-lâche : cymules pauciflores.

Plante plus petite dans toutes ses parties que les deux précédentes. Feuilles papilleuses en dessus, ordinairement rouges en dessous. Pédicelles presque capillaires.

Cette espèce croît dans les Alpes et les Pyrénées. Elle est fort touffue et se multiplie très-vite, ce qui la rend propre à garnir des glacis ou des rocailles. De même que les espèces précédentes, elle aime une exposition fraîche et ombragée.

c) *Fleurs régulières. Pétales petits, lancéolés, ponctués de jaune à la base. Panicule lâche, composée de cymes. multiflores, trichotomes, subpyramidales, non-penchées avant la floraison. Feuilles membranacées, non-cartilagineuses aux bords, ponctuées au sommet de chaque dentelure.*

Saxifrage a feuilles sinuolées. — *Saxifraga erosa* Pursh, Flor. Amer. Sept. — *Aulaxis nuda* et *Aulaxis micranthifolia* Haw. Syn.

Feuilles lancéolées, sinuolées-dentelées, pubérules aux 2 faces; pétiole marginé, aplati, ordinairement plus court que la lame. Capsule à 2 coques libres presque dès la base.

Souches courtes, feuillues, dressées. Feuilles longues de 3 à 6 pouces (y compris le pétiole), d'un vert pâle. Hampe glanduleuse, haute de 1 pied et plus. Fleurs petites, blanches.

Cette espèce est originaire des États-Unis.

B. *Calice non-réfléchi. Filets des étamines capillaires, non-dilatés au sommet. — Racine vivace, non-stolonifère; collet non-allongé en souche. Feuilles non-persistantes, subcartilagineuses aux bords, submembranacées, planes, dentelées, ou crénelées : les radicales longuement pétiolées; les caulinaires peu nombreuses, très-écartées, à pétioles graduellement plus courts. Fleurs en panicule terminale, composée de cymules irrégulières.*

Saxifrage a feuilles rondes. — *Saxifraga rotundifolia*
Linn. — Lapeyr. Flore des Pyrén. tab. 26. — Bot. Mag.
tab. 424. — Mill. Ic. tab. 141, fig. 1. — *Saxifraga repanda*
Sternb. Rev. Saxifr. tab. 5 (var.) — *Miscopetalum rotundi-*
folium Haw. Syn.

Feuilles réniformes ou réniformes - orbiculaires, légèrement
poilues en dessous : les radicales profondément crénelées ; les
caulinaires incisées-dentées. Pétales lancéolés, ponctués, 2 fois
plus longs que les segments calicinaux. Stigmates capitellés.
Capsule 2-rostrée.

Tige dressée, paniculée au sommet, haute de 1 à 2 pieds,
poilue inférieurement, pubescente et glanduleuse supérieurement.
Feuilles d'un vert foncé en dessus, souvent rougeâtres en dessous,
subcartilagineuses aux bords : les radicales larges de 1 ½ à 2 pouces ; pétiole long de 2 à 4 pouces. Panicule multiflore, lâche,
feuillée à la base. Pédicelles filiformes, dibractéolés. Pétales
longs de 4 lignes, larges de 1 ligne, blancs, ponctués de violet
et de jaune.

Cette espèce est commune dans les endroits ombragés des
Alpes.

Section II.

Calice plus ou moins adhérent : limbe dressé ou étalé. Capsule presque recouverte par le calice. Pétales non-calleux
à la base, larges, obtus.

A. *Racine annuelle ou vivace ; collet non-développé en souches*
persistantes. Tiges feuillées. — Feuilles lobées, non-co-
riaces : les radicales longuement pétiolées, en rosette ; les
caulinaires distantes. Pédoncules pauciflores.

Saxifrage a racine grumeuse. — *Saxifraga granulata*
Linn. — Schk. Handb. tab. 119. — Flor. Dan. tab. 514. —
Engl. Bot. tab. 500.

Tige dressée, paniculée supérieurement. Feuilles pubérules
aux 2 faces : les radicales et les caulinaires inférieures réniformes,
très-profondément crénelées ; les supérieures cunéiformes, pal-

matifides. Pétales oblongs-obovales, 2 fois plus longs que le calice.

Racine fibreuse, vivace, entremêlée de tubercules globuleux de la grosseur d'un Pois. Tige dressée, haute de $^1/_2$ à 2 pieds, peu feuillée, parsemée de courts poils glanduleux. Feuilles radicales larges de 10 à 15 lignes : pétiole étroit, canaliculé, cunéiforme au sommet, long d'environ 2 pouces ; feuilles caulinaires divisées en 3 ou 5 lobes pointus. Calice campanulé, 5-fide : segments oblongs, obtus. Pétales presque dressés, blancs, 3-ou 5-nervés.

Cette espèce, connue sous les noms vulgaires de *Perce-pierre, Casse-pierre,* ou *Rompt-pierre,* est commune dans presque toute l'Europe, au bord des bois et sur les pelouses sèches. Les tubercules de sa racine, appellés *grains* ou *semences de Saxifrage,* passent pour apéritifs, diurétiques, et emménagogues. On cultive dans les parterres une variété de cette Saxifrage à fleurs doubles.

B. *Racine vivace, poussant un gazon de souches persistantes. Feuilles des souches marcescentes, ou persistantes, ordinairement roselées.*

a) *Feuilles non-ponctuées ni coriaces , toutes ou presque toutes palmatifides : les inférieures longuement pétiolées ; pubescence composée de poils mous , articulés , ordinairement glandulifères.*

1) Pétales onguiculés , presque dressés.

SAXIFRAGE FAUX GÉRANIUM. — *Saxifraga geranioides* Linn. — Gouan. Ill. p. 28, tab. 18, fig. 2. — Lapeyr. Flore des Pyrén. tab. 43.

Feuilles des souches cordiformes-orbiculaires ou réniformes-orbiculaires, 5-ou 7-fides, peu nerveuses : lobes larges, oblongs-cunéiformes, subobtus, souvent trifides au sommet. Panicule subcorymbiforme, multiflore. Lobes calicinaux linéaires-lancéolés, pointus, dressés, plus longs que le tube, un peu plus courts que les styles. Pétales oblongs-obovales, 3-nervés, 2 fois plus longs que les sépales.

Plante couverte d'une pubescence glandulifère et visqueuse.

Feuilles inférieures larges de 6 à 8 lignes, marcescentes, décurrentes sur le pétiole : pétiole plus ou moins élargi ; feuilles caulinaires cunéiformes, 3-ou 5-fides : lobes linéaires. Tiges florifères dressées, longues de 5 à 8 pouces. Pétales longs de 5
à 6 lignes, 2 fois plus longs que les étamines.

Cette espèce croît dans les Pyrénées.

SAXIFRAGE PÉDATIFIDE. — *Saxifraga pedatifida* Ehrh. —
Engl. Bot. tab. 2278. — *Saxifraga ladanifera* Lapeyr. Flore
des Pyrén. tab. 42. — *Saxifraga fragilis* Schrank, Hort. Monac. tab. 92.

Cette Saxifrage, qui n'est peut-être qu'une variété de la précédente, en diffère par ses feuilles fortement nerveuses et à lobes
linéaires, beaucoup plus allongés ; elle habite les Pyrénées, les
Cévennes, et les Alpes d'Écosse.

SAXIFRAGE ASCENDANTE. — *Saxifraga adscendens* Vahl. —
Saxifraga aquatica Lapeyr. Flore des Pyrén. tab. 28 et 29.—
Sternb. Rev. Saxifr. tab. 19, fig. 2. — *Saxifraga petræa*
Gouan, Ill. tab. 18, fig. 3 (non Linn.)

Feuilles 3-ou 5-parties, suborbiculaires, décurrentes sur le
pétiole, nerveuses : lobes incisés-dentés ou trifides, obtus, sub
cunéiformes. Tiges florifères ascendantes. Panicule lâche ou subcorymbiforme. Segments calicinaux triangulaires-lancéolés, après
l'anthèse plus courts que le tube. Pétales obovales, onguiculés,
2 à 3 fois plus longs que les pétales.

Plante couverte d'une courte pubescence glanduleuse et visqueuse. Feuilles inférieures larges de 8 à 15 lignes : pétiole ordinairement large de 1 à 2 lignes. Pétales blancs ou jaunâtres,
longs de 3 à 4 lignes. Tige florifère ferme, haute de 8 à
15 pouces.

Cette espèce croît dans les Pyrénées.

SAXIFRAGE DU CAUCASE. — *Saxifraga irrigua* Marsch.
Flor. Taur. Cauc.; Cent. Plant. Ross. 2, tab. 73. — Bot. Mag.
tab. 2207.

Feuilles 3-ou 5-parties, réniformes-orbiculaires, ou suborbi-

culaires, décurrentes sur le pétiole : segments cunéiformes, 3-ou
5-fides : lobes 5-dentés ou incisés. Tige paniculée, dressée. Fleurs
souvent éparses. Segments calicinaux linéaires-oblongs, obtus,
mucronulés, dressés, 2 fois plus longs que le tube. Pétales
oblongs-obovales, onguiculés, 3-nervés, 2 fois plus longs que
les sépales.

Plante plus ou moins velue, visqueuse supérieurement. Feuilles inférieures larges de 1 à 2 pouces : pétiole large d'environ
1 ligne. Tiges florifères hautes d'environ 1 pied, ordinairement
rameuses dès la base. Pétales blancs, longs de 4 à 5 lignes.

Cette espèce croît au Caucase, près des sources et des ruisseaux.

Saxifrage du Piémont. — *Saxifraga pedemontana* Allion.
Flor. Pedemont. tab. 21, fig. 6. — *Saxifraga cymosa* Waldst.
et Kit. Plant. Hungar. Rar. tab. 88.— *Saxifraga heterophylla*
Sternb. Rev. Saxifr. tab. 20, fig. 1 et 2.

Feuilles 3-fides, cunéiformes, nerveuses : segments 2-ou 3-fi-
des : lobes obtus. Tiges florifères presque nues, peu rameuses.
Panicule subcorymbiforme. Segments calicinaux linéaires-lancéolés, pointus, 2 fois plus longs que le tube. Pétales oblongs-
obovales, trinervés, onguiculés, 2 fois plus longs que les segments calicinaux.

Plante couverte d'une pubescence visqueuse très-courte. Souches fermes, très-touffues. Feuilles larges de 4 à 5 lignes, en rosettes très-denses : pétiole plane, large de 2 lignes ou moins.
Tiges florifères grêles, hautes de 3 à 4 pouces. Pétales blancs,
longs de 5 à 6 lignes.

Cette espèce croît dans les Alpes du midi de l'Europe.

2) Pétales sessiles, étalés.

Saxifrage a feuilles palmées. — *Saxifraga palmata*
Smith, Engl. Bot. tab. 455. — *Saxifraga cœspitosa* Flor. Dan.
tab. 71. — *Saxifraga petræa* Roth, Flor. Germ. (non Linn.)
— *Saxifraga decipiens* Ehrh. Beitr. — Sternb. Rev. Saxifr.
tab. 23. — *Saxifraga uniflora* Sternb. Rev. Saxifr. Suppl.

tab. 9 (var). — *Saxifraga hirta* Smith, Engl. Bot. tab. 2291. (var.)

Feuilles pubescentes, ou ciliées, ou presque glabres, cunéiformes : celles des rosettes 5-9-fides ; celles des drageons et des tiges florifères 3-fides : segments linéaires ou linéaires-oblongs, obtus ou mucronés ; pétiole aplati, nerveux. Tiges simples ou rameuses, 3-9-flores au sommet. Segments calicinaux ovales ou elliptiques, obtus, ou mucronés. Pétales obovales ou elliptiques, 3-ou 5-nervés, 2 fois plus longs que les sépales.

Plante très-touffue, plus ou moins velue, ou presque glabre. Feuilles inférieures larges de 4 à 10 lignes : pétiole large de 1 $^1/_2$ à 2 lignes. Tiges hautes de 4 à 8 pouces, pauciflores ou en panicule très-lâche. Corolle blanche, large d'environ 6 lignes.

Cette espèce croît dans les montagnes d'une grande partie de l'Europe.

SAXIFRAGE HYPNOÏDE. — *Saxifraga hypnoides* Linn. — Flor. dan. tab. 348. — Engl. Bot. tab. 454. — Lapeyr. Flore des Pyrén. tab. 32. — *Saxifraga platypetala* Smith, Engl. Bot. tab. 2296. (var.)

Feuilles glabres ou pubérules, cunéiformes, peu nerveuses : celles des rosettes 5-fides ; celles des drageons et des tiges florifères 3-fides ou indivisées : segments lancéolés ou linéaires, étroits, subulés-cuspidés. Tiges simples ou paniculées, 2-9-flores. Pétales-elliptiques ou obovales, obtus, 2 fois plus longs que les sépales et les étamines. Sépales triangulaires ou ovales-triangulaires, cuspidés.

Plante presque glabre, ou pubérule et glanduleuse, très-touffue, poussant le plus souvent un très-grand nombre de drageons déjà avant la floraison, au sommet desquels se développent, en automne, des rosettes de nouvelles feuilles d'abord recouvertes d'écailles membraneuses carénées. Feuilles des rosettes larges de 4 à 6 lignes ; pétiole aplati, large de 1 ligne ou moins, peu nerveux. Corolle blanche, large de 4 à 5 lignes.

Cette espèce croît dans les Alpes-Maritimes, dans les Basses-Pyrénées, ainsi qu'en Angleterre et en Allemagne.

Saxifrage a feuilles de Bugle. — *Saxifraga ajugifolia*
Linn. — Lapeyr. Flore des Pyrén. tab. 31.

Souches grêles, décombantes. Feuilles cunéiformes, pubérules, presque innervées : celles des souches et des drageons 3-ou
5-fides : segments linéaires ou ovales, mucronulés ; celles des
tiges florifères souvent indivisées. Tiges florifères ascendantes,
pauciflores. Sépales ovales, pointus, 2 fois plus courts que les
pétales. Pétales obovales, 3-nervés, à peine plus longs que les
étamines.

Plante très-touffue, glabre ou légèrement pubérule et visqueuse. Feuilles inférieures larges de 4 à 6 lignes : pétiole court,
aplati. Tiges 2-5-flores, hautes de 2 à 4 pouces, axillaires sur les
souches. Pétales blancs, longs de 2 lignes.

Cette espèce habite les Pyrénées.

Saxifrage sillonnée. — *Saxifraga exarata* Vill. Dauph.
— Allion. Pedem. tab. 21, fig. 4. — *Saxifraga intricata* Lapeyr. Flore des Pyrén. tab. 33 (var.) — *Saxifraga nervosa*
Lapeyr. l. c. tab. 39. — *Saxifraga pubescens* De Cand. Fl.
Franç.

Feuilles pubérules ou fortement pubescentes, cunéiformes,
nerveuses : celles des rosettes 5-fides ; celles des tiges florifères
et des drageons 5-fides ou rarement indivisées : segments linéaires ou oblongs, obtus, mutiques. Tiges pauciflores ou paniculées, presque nues. Sépales oblongs, obtus. Pétales obovales, 3-nervés, 2 fois plus longs que les sépales.

Plante basse, très-touffue, le plus souvent couverte d'une
courte pubescence glanduleuse. Feuilles plus ou moins pétiolées,
plus ou moins serrées : les inférieures larges de 4 à 8 lignes. Tiges florifères grêles, hautes de 2 à 6 pouces. Pétales blancs ou
jaunâtres, longs d'environ 2 lignes.

Cette Saxifrage croît dans les Pyrénées et les Alpes de l'Europe méridionale.

Saxifrage Fausse-Mousse. — *Saxifraga muscoides* Wulff.
in Jacq. Misc. — *Saxifraga cœspitosa* Scopol. Carn. tab. 14.

— Lapeyr. Flor. des Pyrén. tab. 34 et 35. — *Saxifraga mos-chata* Engl. Bot. tab. 2314. — Wulff. in Jacq. Misc. 2, tab. 21 fig. 21 (var.) — *Saxifraga atropurpurea* Sternb. (var.)

Feuilles linéaires et indivisées, ou linéaires-cunéiformes et trifides, non-sillonnées (celles des jeunes pousses toujours indi-visées) : segments linéaires, obtus, mutiques. Tiges florifères 1-5-flores au sommet, presque nues. Sépales ovales, obtus. Pé-tales linéaires-obovales, de moitié plus longs que les sépales.

Plante basse, très-touffue, plus ou moins couverte d'une pu-bescence glanduleuse. Feuilles longues de 3 à 4 lignes, larges de $^1/_2$ à 3 lignes, d'un vert gai, planes, non-sillonnées à l'état frais, presque innervées à l'état sec. Tiges florifères hautes de $^1/_2$ à 5 pouces. Fleurs larges de 4 à 5 lignes. Pétales d'un jaune sale ou d'un violet noirâtre, à peine plus larges que les sépales.

Cette espèce croît dans les hautes Alpes de presque toute l'Eu-rope.

b) *Feuilles non-ponctuées ni coriaces, toutes très-entières, rétrécies en pétiole; pubescence composée de poils mous, articulés, ordinaire-ment glandulifères.*

SAXIFRAGE FAUX-SÉDON. — *Saxifraga sedoides* Linn. — Jacq. Miscell. 2, tab. 21, fig. 2. — Stern. Rev. Saxifr. tab. 7, fig. 2, a, b. — Sturm, Deutschl. Flor. fasc. 35, tab. 10. — Scop. Carn. tab. 15.

Feuilles lancéolées, pointues, mucronées, 3-nervées. Tiges florifères nues, 1-5-flores. Sépales ovales, pointus. Pétales ova-les, pointus, plus étroits et plus courts que les sépales.

Souches touffues, décombantes, allongées; drageons ascendans ou dressés. Feuilles glabres ou légèrement pubérules, petites. Ti-ges longues de 1 à 2 pouces, grèles. Fleurs larges de 3 lignes. Sépales et pétales étalés.

Cette espèce habite les hautes Alpes de l'Europe méridionale.

SAXIFRAGE A FEUILLES PLANES. — *Saxifraga planifolia* La-peyr. — Sternb. Rev. Saxifr. tab. 7, fig. 3. — *Saxifraga mus-coides* Allion. Flor. Pedem. tab. 61, fig. 2. — Sturm, Deutschl.

Flor. fasc. 40.—*Saxifraga tenera* Sternb. Rev. Saxifr. tab. 9,
fig. 4.

Feuilles linéaires-oblongues, ou oblongues-spathulées, obtuses, mutiques, trinervées. Tiges feuillues, 1-5 flores. Sépales
ovales-oblongs. Pétales obovales, ou obovales-oblongs, rétus, presque 2 fois plus longs que le calice.

Plante basse, très-touffue, couverte d'une pubescence glanduleuse. Feuilles petites, d'un vert jaunâtre : les anciennes imbriquées, grisâtres. Tiges hautes de 1 à 2 pouces. Pétales longs de
2 lignes, divergents, jaunâtres, ou blanchâtres.

Cette espèce croît dans les Alpes, au bord des neiges persistantes.

SAXIFRAGE FAUSSE ANDROSACE. — *Saxifraga androsacea*
Linn. — Jacq. Austr. tab. 389. — Sturm, Deutschl. Flor.
fasc. 33. — Sternb. Rev. Saxifr. tab. 11, fig. a. — *Saxifraga
pyrenaica* Scopol. Carn. 1, tab. 16.

Feuilles lancéolées-spathulées ou obovales, obtuses, nerveuses
(quelquefois tridentées au sommet). Tiges 2-5-flores, presque
nues. Sépales ovales-oblongs, obtus. Pétales obovales, rétus,
2 fois plus longs que les sépales.

Souches très-courtes, touffues. Feuilles d'un vert gai, pubescentes : celles des rosettes longues de 4 à 6 lignes. Tiges hautes
de 1 à 4 pouces. Pétales longs de 2 lignes, blancs, connivents
inférieurement, étalés au sommet.

Cette Saxifrage croît dans les hautes Alpes.

c) *Feuilles très-entières ou dentelées, coriaces, perforées aux bords,
recouvertes en dessus (ou seulement aux bords) d'une peau crustacée
qui se détache par plaques; feuilles des souches imbriquées, roselées, beaucoup plus grandes que les caulinaires, bordées à la base
de poils roides non-glandulifères; pétiole nul ou confondu avec la
lame; feuilles caulinaires éparses, petites, ordinairement distantes.*

SAXIFRAGE PYRAMIDALE. — *Saxifraga Cotyledon* Linn. —
Sternb. Rev. Saxifr. tab. 2.

Feuilles obovales-spathulées ou liguliformes, obtuses, dente -

lées; dentelures acérées, cartilagineuses. Tige florifère presque
dès la base : panicule pyramidale, feuillée, à ramules multiflores. Sépales linéaires-oblongs, mucronés, glanduleux. Pétales
obovales, obtus, trinervés, distants, longuement onguiculés,
4 fois plus longs que les sépales.

Feuilles des rosettes étalées, longues de 1 à 2 pouces, larges
de 5 à 7 lignes, obtuses, ou mucronées, planes, charnues, ciliolées à la base; feuilles caulinaires graduellement plus courtes :
les supérieures ciliolées, non-dentelées. Tige (y compris la panicule) haute de 1 pied, florifère presque dès la base. Rameaux
de la panicule 5-20-flores, presque horizontaux; ramules 2-ou
3-flores, filiformes; bractéoles subulées. Segments calicinaux
souvent rougeâtres. Pétales longs de 3 à 4 lignes, d'un blanc pur,
quelquefois rougeâtres à la base. Anthères roses.

Cette espèce, l'une des plus élégantes du genre, croît dans
les Alpes et les Pyrénées.

Saxifrage a longues feuilles.— *Saxifraga longifolia* Lapeyr. Flore des Pyrén. tab. 11.

Feuilles crénelées, obtuses, lingulées, ou obovales-spathulées, ou oblongues-spathulées. Tige corymbifère au sommet
ou paniculée, velue et glanduleuse de même que les pédoncules
et calices : ramules 6-12-flores. Sépales elliptiques ou oblongs,
obtus. Pétales oblongs-obovales, obtus, trinervés, contigus, sessiles, 3 fois plus longs que les sépales.

Feuilles des rosettes longues de 3 à 6 pouces, larges de 4 à
5 lignes, ciliées à la base; feuilles caulinaires courtes, peu nombreuses, ciliées, crénelées seulement au sommet. Tige dressée,
haute de 1 à 3 pieds, quelquefois paniculée dès la base : ramules
florifères seulement au sommet. Pétales blancs, longs d'environ
3 lignes, souvent ponctués de rouge.

Cette espèce croît dans les Pyrénées.

Saxifrage Aïzoon. — *Saxifraga Aizoon* Jacq. Flor. Austr.
tab. 438. — Sternb. Rev. Saxifr. tab. 3, fig. *a*, et *b*. —
Saxifraga recta Lapeyr. Flore des Pyrén. tab. 15. — *Saxifraga*

intacta Willd. Hort. Berol. v. 2, tab. 75. — *Saxifraga carti-laginea* Sternb. l. c. tab. 3, fig. *c.*

Feuilles obtuses, finement dentelées : celles des rosettes lin-gulées ou obovales - spathulées ; les caulinaires - obovales, ou oblongues-obovales, ou oblongues. Tige corymbifère, ou racémi-fère au sommet, ou paniculée : ramules 1-3-flores. Sépales ellip-tiques ou oblongs, très-obtus. Pétales obovales, subsessiles, ob-tus, subtrinervés, subsessiles, contigus, ponctués, 2 fois plus longs que les sépales.

Feuilles des rosettes imbriquées ou étalées, longues de 4 à 15 lignes, larges de 2 à 3 lignes, ciliées à la base, d'un vert glau-que. Tiges hautes de 4 à 15 pouces, grèles, dressées, presque glabres ou couvertes d'une pubescence glanduleuse et visqueuse. Panicule pauciflore ou plus souvent multiflore. Pétales longs de 2 lignes, blancs, ponctués de jaune et de rouge.

Cette Saxifrage est commune dans presque toutes les monta-gnes de l'Europe.

Saxifrage lingulée. — *Saxifraga lingulata* Bellard. — Reichenb. Plant. Crit. v. 10, Ic. — *Saxifraga crustata* Vest.—*Saxifraga longifolia minor* Sternb. Rev. Saxifr. tab. 1, fig. 6.

Feuilles très - entières : celles des rosettes linéaires - lingu-lées, ou linéaires-spathulées, ou spathulées-obovales ; les cauli-naires oblongues-obovales, ou linéaires-oblongues. Ramules 1-5-flores, disposés en panicule allongée. Sépales oblongs, très-obtus. Pétales spathulés, obtus, subtrinervés, distants, 3 à 4 fois plus longs que les sépales.

Feuilles des rosettes longues de 6 à 18 lignes, larges de 1 à 2 lignes, ordinairement imbriquées. Tiges hautes de 6 à 12 pou-ces, dressées, grèles, glabres ou plus ou moins glanduleuses. Panicule oblongue ou corymbiforme, assez dense. Pétales blancs, non-ponctués, longs d'environ 2 lignes.

Cette Saxifrage croît dans les Alpes de l'Europe australe.

Saxifrage ciliée. — *Saxifraga mutata* Linn. — Jacq. Ic. Rar. tab. 466. — Bot. Mag. tab. 351. — Hall. Helv. tab. 16.

Feuilles cartilagineuses aux bords ou ciliées, obtuses : les radicales lingulées ou spathulées; les caulinaires cunéiformes spathulées ou oblongues. Panicule racémiforme, lâche, multi-flore : ramules 1-3-flores. Sépales ovales, obtus. Pétales lancéo-lés, ou lancéolés-linéaires, pointus, 2 fois plus longs que les sépales.

Rosettes ordinairement solitaires, non-persistantes. Feuilles des rosettes longues de 6 à 15 pouces, larges de 3 à 4 lignes, d'un vert foncé; feuilles caulinaires supérieures linéaires-oblongues, bordées de poils glandulifères. Tige haute de 4 à 12 pouces, ferme, dressée, ou ascendante, feuillue, couverte (ainsi que les ra-mules et les calices) d'une forte pubescence ferrugineuse et glan-dulifère. Ramules florifères courts, disposés en grappe. Pétales longs de 3 lignes, plus étroits que les sépales, d'un jaune foncé.

Cette espèce croît dans les Alpes de l'Europe moyenne et de l'Europe australe, ainsi que dans les Pyrénées.

Saxifrage intermédiaire. — *Saxifraga media* Gouan, Ill. — Lamk. Ill. tab. 273, fig. 6. — *Saxifraga calyciflora* Lapeyr. Flor. des Pyrén. tab. 12.

Feuilles très-entières, marginées, mucronées : celles des ro-settes spathulées ou linguiformes-spathulées, ciliées à la base; les caulinaires obovales ou obovales-oblongues, glanduleuses. Tige pauciflore au sommet : ramules 1-ou 2-flores, en grappe ou en corymbe. Sépales oblongs, obtus. Pétales obovales, inclus.

Souches épaisses, longues de 1 à 2 pouces. Feuilles glauques, coriaces : celles des rosettes imbriquées ou réfléchies, longues de 4 à 12 lignes, larges de 1 à 2 lignes. Tiges hautes de 1 à 4 pou-ces, fermes, dressées, fortement pubescentes et glanduleuses (de même que les pédoncules et calices), 5-15-flores. Calice long de 1 ½ à 2 lignes. Pétales pourpres de même que les étamines.

Cette espèce tapisse les rochers calcaires des Pyrénées.

Saxifrage Faux Arétia. — *Saxifraga aretioides* Lapeyr. Flore des Pyrén. tab. 13.

Feuilles obtuses, cuspidées, carénées en dessus : celles des souches très-serrées, imbriquées, linéaires-linguliformes, marginées. Tige 2-6-flore, glanduleuse, velue. Pétales obovales, crénelés, 3 ou 5-nervés, plus longs que les sépales.

Souches cylindriques, touffues, hautes d'environ 1 pouce. Feuilles glauques, épaisses : celles des souches ciliolées à la base ; les caulinaires bordées de poils glandulifères. Tiges longues de 1 à 2 pouces. Fleurs en grappe. Calice pourpre : segments ovales, obtus. Pétales d'un jaune vif : nervures non-convergentes. Filets et stigmates pourpres. Anthères jaunes.

Cette Saxifrage croît sur les rochers calcaires, dans les Pyrénées et les Alpes de l'Europe australe.

Saxifrage glauque. — *Saxifraga cæsia* Linn. — Sternb. Rev. Saxifr. tab. 11, fig. 1, 2. — Jacq. Flor. Austr. tab. 374. — Lodd. Bot. Cab. tab. 421. — *Saxifraga recurvifolia* Lapeyr.

Feuilles linéaires-oblongues, subobtuses, très-entières, ciliolées inférieurement, convexes et carénées au dos, immarginées : celles des souches très-serrées, recourbées. Tige glabre ou parsemée de poils courts, 2-6-flore. Pétales obovales, 3-ou 5-nervés, 2 fois plus longs que les sépales.

Souches basses, touffues. Feuilles d'un glauque bleuâtre, longues de 2 lignes, larges de ¹/₂ ligne, perforées en dessus de 7 points contigus aux bords. Tige filiforme, haute de 1 à 3 pouces, médiocrement feuillée. Sépales ovales, obtus. Corolle infondibulaire, large de 3 à 4 lignes : pétales blancs, verdâtres à la base. Anthères jaunes.

Cette espèce est commune dans les régions subalpines de l'Europe moyenne et de l'Europe australe ; elle croît de préférence sur les rochers calcaires.

d) *Souches presque ligneuses, décombantes, très-rameuses : ramules ascendants, garnis de feuilles non-roselées, imbriquées, carénées, coriaces, sessiles, opposées, décussées, ciliées inférieurement de poils roides, perforées au-dessous du sommet de 1 à 3 points d'abord recouverts d'une squamule crustacée non-persistante. Tiges nues ou médiocrement feuillées (quelquefois réduites au pédoncule), pauciflores. — Fleurs pourpres.*

Saxifrage a feuilles opposées. — *Saxifraga oppositifolia* Linn. Flor. Lapp. tab. 2, fig. 1. — Allion. Pedem. tab. 21,

fig. 3. — Engl. Bot. tab. 9. — Flor. Dan. tab. 34. — Lapeyr.
Flore des Pyrén. tab. 16.

Feuilles obovales, ou ovales, ou oblongues, obtuses, épaissies
au sommet, recourbées, trigones en dessous. Fleurs terminales,
subsessiles, solitaires. Sépales ovales, obtus, ciliés, débordant
le sommet de l'ovaire. Pétales oblongs ou oblongs-obovales, plus
longs que les sépales et les étamines.

Racine longue, noirâtre, ligneuse. Souches touffues, diffuses,
longues de 2 à 6 pouces. Feuilles petites, d'un vert foncé. Ramules florifères longs au plus de 1 pouce. Pétales longs de 2 à
4 lignes, d'un rose vif (bleuâtres après l'anthèse), obtus ou un
peu pointus, 5-ou 7-nervés. Anthères de couleur orange. Capsule
bicorne, semi-supère.

Cette espèce abonde dans les Alpes de toute l'Europe, au voisinage des neiges persistantes; c'est aussi l'une des plantes les
plus communes dans les régions hyperboréennes des deux continents.

Saxifrage biflore. — *Saxifraga biflora* Allion. Pedem.
tab. 21, fig. 1. — Lapeyr. Flore des Pyrén. tab. 17.

Feuilles un peu lâches, obovales, obtuses, ciliées, presque
planes. Tiges 2-5-flores, raccourcies. Sépales ovales, obtus, débordant le pistil, bordés de poils glanduleux. Pétales lancéolés-
oblongs, un peu plus courts que les étamines, plus longs que les
sépales.

Plante semblable à la précédente par le port. Pétales roses
(blanchâtres après l'anthèse), obtus ou pointus, 3-ou 5-nervés.

Cette espèce croît dans les mêmes localités que la précédente.

Saxifrage rétuse. — *Saxifraga retusa* Gouan, Ill. tab. 18,
fig. 1. — Lapeyr. Flore des Pyrén. tab. 18. — *Saxifraga imbricata* Lamk. Flor. Franç.

Feuilles très-serrées, ovales, obtuses, trièdres au dos, recourbées, ciliolées à la base, triperforées en dessus. Tiges 3-5-flores,
allongées, presque nues. Sépales oblongs, obtus, glabres, débordés par l'ovaire. Pétales lancéolés, pointus, plus courts que
les étamines, plus longs que les sépales.

Souches ascendantes, très-touffues, courtes. Feuilles petites, très-épaisses, d'un vert glauque. Tiges longues de 1 à 2 pouces. Pétales roses ou violets, longs de 2 à 3 lignes.

Cette espèce croît dans les Pyrénées et dans les Alpes du Piémont.

e) *Feuilles éparses, raides, un peu charnues, sessiles, plus ou moins ciliées de poils roides, munies au-dessous du sommet d'une petite fossette glanduleuse non-recouverte par une écaille crustacée. Tiges florifères feuillues. Calice libre presque dès la base.*

Saxifrage a cils roides. — *Saxifraga aspera* Linn. — Jacq. Flor. Austr. App. tab. 31.— Sternb. Rev. Saxifr. tab. 81. — *Saxifraga bryoides* Linn. — Jacq Misc. 2, tab. 5. — Sternb. Rev. Saxifr. tab. 8, fig. 2.

Souches dressées ou ascendantes. Feuilles lancéolées-linéaires, cuspidées, bordées de cils roides. Tiges filiformes, 3-5-flores. Segments calicinaux lancéolés, pointus. Pétales obovales, obtus, 2 fois plus longs que les sépales.

Souches plus ou moins touffues, gemmifères aux aisselles des feuilles. Feuilles d'un vert jaunâtre, luisantes, raides, canaliculées en dessus, convexes en dessous, trinervées : celles des rosettes plus ou moins serrées, élargies à la base; les caulinaires lâches, linéaires. Tiges florifères ascendantes ou dressées, hautes de 3 à 6 pouces. Fleurs pédonculées, larges de $^1/_2$ pouce. Pétales d'un blanc jaunâtre, 5- ou 7-nervés. Anthères de couleur orange.

Cette espèce croît sur les rochers des Alpes de l'Europe moyenne et de l'Europe australe.

Saxifrage autumnale. — *Saxifraga aizoides* Linn. — Flor. Dan. tab. 72. — Sternb. Rev. Saxifr. tab. 8, fig. 1. — Engl. Bot. tab. 39. — *Saxifraga autumnalis* Willd.

Souches et tiges ascendantes, feuillues. Feuilles linéaires ou linéaires-oblongues, mucronées, planes en dessus, convexes en dessous, bordées de cils roides. Panicule pauciflore, subcorymbiforme. Calice semi-adhérent : sépales ovales, obtus, presque étalés. Pétales linéaires-spathulés ou lancéolés, obtus, ou pointus, un peu plus longs que le calice. Capsule dicéphale.

Souches nombreuses, très-rameuses, plus ou moins allongées. Feuilles longues de 4 à 12 lignes, larges de ½ à 1 ligne, recourbées, ou étalées, plus ou moins rapprochées, d'un vert foncé, un peu charnues. Tiges hautes de 3 à 6 pouces, 3-15-flores, pubescentes de même que les pédoncules et la base des calices. Fleurs inclinées avant l'anthèse. Pétales d'un jaune citron ou orange, ou quelquefois rougeâtres. Filets jaunes. Anthères rougeâtres.

Cette espèce abonde dans les endroits humides des Alpes et des Pyrénées.

Section III.

Calice inadhérent, réfléchi. Pétales sessiles, munis à leur base de deux callosités mucronulées. — Feuilles planes, alternes, très-entières, non coriaces ni charnues, 1-glanduleuses au sommet.

Saxifrage a fleurs jaunes. — *Saxifraga Hirculus* Linn. — Engl. Bot. tab. 1009. — Flor. Dan. tab. 200. — Hall. Helv. tab. 8.

Souches décombantes, filiformes. Tiges dressées, feuillues, pauciflores. Feuilles lancéolées ou lancéolées-linéaires, subobtuses, ciliolées à la base : les inférieures rétrécies en pétiole velu aux bords; les supérieures sessiles. Sépales oblongs, obtus, ciliés. Pétales lancéolés-elliptiques, obtus, plus longs que les sépales.

Souches radicantes, persistantes de même que les feuilles qui les garnissent. Tiges dressées, longues de 6 à 8 pouces, grèles, flexueuses, laineuses au sommet. Fleurs larges de 8 à 10 lignes, très-ouvertes. Pétales d'un jaune vif, ponctuées en dessus de couleur orange. Étamines jaunes.

Cette espèce habite les tourbières du nord de l'Europe, ainsi que les Alpes et les Pyrénées.

Genre BERGÉNIA. — *Bergenia* Mœnch.

Calice inadhérent, campanulé, 5-fide : lobes obtus, dres-

sés, imbriqués par les bords. Pétales 5, onguiculés, elliptiques, imbriqués par les bords, étalés au sommet. Étamines
10, alternativement plus longues et plus courtes; filets linéaires; anthères suborbiculaires, très-petites. Disque périgyne,
fovéolé. Ovaire dicéphale. Styles longs. Stigmates réniformes. Capsule à 2 coques cohérentes seulement par la base.

Souches suffrutescentes. Feuilles amples, coriaces, persistantes, dentelées, ponctuées en dessous, toutes radicales :
pétiole dilaté à la base en gaîne membraneuse. Hampes
nues, multiflores. Fleurs roses ou blanches, grandes, disposées en cyme terminale, aphylle, composée de grappes subunilatérales, nutantes, bifurquées; pédicelles non-bractéolés.

Ce genre, propre à l'Asie tempérée, ne renferme que les
deux espèces que nous allons signaler, et qui se cultivent
fréquemment comme plantes de parterre.

BERGÉNIA DE SIBÉRIE. — *Bergenia sibirica* Mœnch, Meth.
— *Saxifraga crassifolia* Linn. — Bot. Mag. tab. 196. — *Megasea crassifolia, media, et cordifolia* Haw. Syn.

Feuilles elliptiques, ou obovales, ou cordiformes-orbiculaires,
obtuses, sinuolées-denticulées, ou crénelées, glabres.

Souche basse, épaisse. Feuilles longues de 3 à 6 pouces, d'un
vert gai, luisantes. Hampes épaisses, dressées, hautes de 5 à
12 pouces. Fleurs subcampanulées. Pétales longs de 4 à 6 lignes,
d'un rose vif, violets après l'anthèse, 3 à 4 fois plus longs que les
lobes du calice. Étamines 2 fois plus courtes que les pétales :
filets d'un rose pâle; anthères violettes. Styles à peine débordés
par la corolle.

Cette espèce croît dans les montagnes de la Sibérie et sur les
plateaux de l'Asie centrale. Elle fleurit dès le commencement du
printemps. Ses feuilles sont fortement astringentes : les Kalmouks
s'en servent en guise de Thé.

BERGÉNIA A FLEURS BLANCHES. — *Saxifraga ligulata* Wallich, in Asiat. Res. v. 13, p. 398, Ic. — Loddig. Bot. Cab.

tab. 747. — Sweet, Brit. Flow. Gard. tab. 59. — *Megasea ciliata* Haw. Syn.

Feuilles obovales, cordiformes à la base, dentées, ciliées: pétiole fimbrié aux bords.

Plante semblable à la précédente par le port. Fleurs grandes, blanches, plus ou moins serrées.

Cette espèce croît dans l'Himalaya.

Genre DORINE. — *Chrysosplenium* Linn.

Calice semi-adhérent, presque plane, 4- ou 5-lobé : lobes obtus, inégaux. Disque plane, adhérent à l'ovaire. Pétales nuls. Étamines 8 ou 10 : filets courts, subulés, dressés; anthères minimes, suborbiculaires. Styles 2. Capsule birostrée, 1-loculaire, bivalve du sommet jusqu'au milieu : valves bilobées. Graines nombreuses, luisantes, attachées au fond de la capsule.

Racines rampantes, vivaces. Feuilles alternes ou opposées, un peu charnues, crénelées, pétiolées. Tiges subdichotomes, presque nues. Fleurs petites, jaunâtres, terminales, en cymules triflores, chacune accompagnée d'une grande bractée colorée, subsessile, conforme aux feuilles.

Ce genre, qui renferme cinq espèces, est propre aux contrées froides ou tempérées de l'hémisphère septentrional. On attribue aux *Dorines* des qualités vulnéraires, apéritives et diurétiques; mais ces plantes ne sont guère en usage dans la thérapeutique moderne.

Voici les deux espèces indigènes en Europe; elles abondent dans les montagnes de toute la France, au bord des sources et des ruisseaux :

DORINE A FEUILLES ALTERNES. — *Chrysosplenium alternifo lium* Linn. — Flor. Dan. tab. 366. — Engl. Bot. tab. 541 — Gærtn. Fruct. tab. 44, fig. 7.

Feuilles profondément crénelées : les radicales réniformes-orbiculaires, longuement pétiolées; les caulinaires alternes, semi orbiculaires.

Tige triédre, dressée, haute de 3 à 6 pouces, poilue inférieurement. Feuilles d'un vert gai, parsemées de poils épars.

DORINE A FEUILLES OPPOSÉES. — *Chrysosplenium oppositifolium* Linn. — Flor. Dan. tab, 365. — Engl. Bot. tab. 490.

Feuilles subsinuolées : les radicales suborbiculaires, échancrées à la base ; les caulinaires ovales-orbiculaires, opposées.

. Plante plus petite que l'espèce précédente. Tiges procombantes
et radicantes à la base, stolonifères, tétragones. Feuilles presque
glabres, d'un vert foncé.

Genre MITELLA. — *Mitella* Linn.

Calice campanulé, 5-fide, adhérent par la base. Pétales 5,
laciniés ou fimbriés, plus longs que le calice, réfléchis. Étamines 10. Un seul style. Stigmates 2, peu apparents. Capsule 1-loculaire, bivalve au sommet, presque libre, polysperme. Graines luisantes, attachées au fond de la capsule.

Herbes vivaces. Racines rampantes. Feuilles indivisées ou
lobées : les radicales longuement pétiolées ; les caulinaires
(quelquefois nulles) opposées, subsessiles. Fleurs roses ou
blanchâtres, petites, nutantes, disposées en grappe terminale spiciforme : pédicelles courts, épars, non-bractéolés.

Ce genre, propre à l'Amérique septentrionale, renferme
cinq espèces; les deux suivantes se cultivent comme plantes d'agrément :

MITELLA DIPHYLLE. — *Mitella diphylla* Linn. — Lamk. Ill.
tab. 375, fig. 1.— Gærtn. Fruct. 1, tab. 44, fig. 6. — Bot. Reg.
tab. 166.

Feuilles cordiformes, pointues, inégalement dentées, ou incisées-dentées, poilues aux nervures, subtrilobées. Tige nue inférieurement, diphylle. Pétales pennatipartis.

Feuilles molles, membranacées, d'un vert gai : les radicales
longues de 6 à 18 lignes : pétiole long de 2 à 3 pouces, poilu;
les caulinaires plus petites. Tige longue de 4 à 6 pouces, grèle.

Grappes multiflores, longues de 4 à 5 pouces. Fleurs blanchâtres. Capsule dicéphale.

Cette espèce habite les États-Unis et le Canada.

Mitella a feuilles cordiformes. — *Mitella cordifolia* Lamk. Dict.; Ill. tab. 373, fig. 3.

Feuilles radicales cordiformes, subtrilobées, dentelées. Tige monophylle, squamifère inférieurement. Pétales fimbriés.

Cette espèce est originaire du Canada.

Genre TELLIMA. — *Tellima* R. Br.

Calice campanulé, renflé, adhérent par la base; partie adhérente turbinée. Pétales 5, onguiculés, fimbriés, insérés entre les dents du calice. Étamines 10, petites, insérées un peu plus bas que les pétales. Ovaire adhérent par la base. Styles 2. Stigmates capitellés. Capsule 1-loculaire, bivalve, polysperme, adhérente par la base : placentaires pariétaux.

L'espèce suivante constitue à elle seule le genre :

Tellima a grandes fleurs. — *Tellima grandiflora* Lindl. in Bot. Reg. tab. 1178.

Herbe vivace. Souches courtes, feuillues. Feuilles membranacées, d'un vert gai, parsemées de poils épars : les radicales longuement pétiolées, cordiformes, ou cordiformes-orbiculaires, obtuses, incisées-crénelées, larges de 2 à 5 pouces : pétiole long de 4 à 6 pouces, hérissé de poils réfléchis. Tiges simples, dressées, pubescentes, hautes de 1 à 2 pieds, nues inférieurement, munies vers leur sommet de 2 ou de 3 feuilles courtement pétiolées, cordiformes-orbiculaires, ou réniformes, 3-ou 5-lobées, incisées-crénelées. Grappe terminale, nue, multiflore, spiciforme : pédicelles penchés, ébractéolés, plus courts que les fleurs. Calice long d'environ 4 lignes, jaunâtre : dents triangulaires, obtuses, dressées. Pétales petits, d'abord jaunes, puis d'un violet livide. Étamines plus courtes que les dents calicinales. Styles inclus.

Cette espèce, originaire du nord-ouest de l'Amérique, se cultive comme plante d'agrément.

Genre DRUMMONDIA. — *Drummondia* De Cand.

Tube calicinal obconique, adhérent presque jusqu'au sommet; limbe à 5 lobes réfléchis, triangulaires, valvaires en éstivation. Pétales 5, réfléchis, pectinés, onguiculés. Étamines 5, insérées devant les onglets : filets très-courts. Styles 2, très-courts. Stigmates bilobés. Capsule 1-loculaire, bivalve au sommet, déhiscente avant la maturité des graines, polysperme : placentaires pariétaux.

L'espèce suivante constitue à elle seule le genre :

DRUMMONDIA FAUX MITELLA. — *Drummondia mitelloides* De Cand. Prodr. — *Mitella trifida* Graham. — *Mitella pentandra* Hook. in Bot. Mag. tab. 2933.

Herbe vivace, scabre, poilue. Feuilles (toutes radicales) larges de 1 à 2 pouces, longuement pétiolées, d'un vert gai, cordiformes, lobées, crénelées. Hampes longues de $^1/_2$ pied. Pétales jaunes.

Cette plante, trouvée par Douglas dans les Rocheuses, se cultive dans les jardins.

Genre TIARELLA. — *Tiarella* Linn.

Calice 5-parti, adhérent par la base : lobes obtus. Pétales 5, onguiculés, indivisés. Étamines 10, saillantes : filets subulés; anthères suborbiculaires. Ovaire 2-loculaire. Styles 2. Capsule membranacée, 1-loculaire, adhérente par la base, déhiscente entre les styles : placentaires marginaux. Graines ovales, luisantes.

Herbes vivaces. Feuilles longuement pétiolées, membranacées, ordinairement toutes radicales, simples, ou composées. Hampes nues. Fleurs petites, blanches, disposées en grappe terminale ébractéolée; pédicelles réfléchis après l'anthèse.

Ce genre, propre à l'Asie tempérée et à l'Amérique septentrionale, ne renferme que cinq espèces, dont voici la plus remarquable :

TIARELLA A FEUILLES CORDIFORMES. — *Tiarella cordifolia*
Linn. — Lamk. Ill. tab. 73, fig. 1. — Bot. Mag. tab. 1589.

Feuilles cordiformes ou cordiformes-orbiculaires, lobées, dentelées : lobes et dentelures pointus. Hampes nues, plus longues
que les feuilles. Pétales longuement onguiculés.

Souche stolonifère. Feuilles larges de 1 à 2 pouces, pubescentes; pétiole poilu, long de 2 à 4 pouces. Hampes grêles, dressées, hautes de 4 à 6 pouces. Grappes longues de 6 à 15 lignes :
pédicelles plus longs que les fleurs.

Cette espèce, originaire des États-Unis, forme une plante touffue très-élégante, qui fleurit au printemps, et qu'on cultive souvent en bordure, dans les jardins.

Genre HOTÉIA. — *Hoteia* Decaisne.

Calice 5-parti, adhérent par la base : lobes dressés, obtus,
imbriqués en préfloraison. Pétales 5, linéaires ou spathulés.
Étamines 10 : filets subulés; anthères suborbiculaires ou elliptiques. Ovaire semi-adhérent ou presque libre, biloculaire : ovules nombreux, ascendants. Styles 2. Stigmates obtus. Capsule semi-adhérente, ou adhérente par la base, biloculaire, birostrée, bivalve au sommet; loges oligospermes
par avortement. Graines scobiformes, enveloppées dans un
arille réticulé, prolongé aux 2 bouts.

Herbes vivaces, ayant le port des Spiréa. Feuilles grandes,
biternées, ou triternées : folioles dentelées; pétiole commun
bistipulé à la base, ou nu. Fleurs petites, bractéolées, blanches, disposées en panicule feuillée à la base et composée de
grappes spiciformes.

Voici les deux espèces qui constituent ce genre :

a) *Feuilles biternées, non-stipulées.*

HOTÉIA DE CAROLINE. — *Tiarella biternata* Vent. Malm.
tab. 54. — *Astilbe decandra* Don, Prodr. Flor. Nepal.

Folioles cordiformes-ovales, obliques, incisées-lobées : pétiole
non-poilu à la base. Pétales linéaires.

Herbe vivace. Tige rameuse, anguleuse. Feuilles un peu scabres, obliques, incisées-lobées, dentées. Panicule feuillée à la base, biternée, divariquée : pédoncules pubescents. Segments calicinaux ovales. Pétales beaucoup plus longs que le calice. Étamines aussi longues que les pétales.

Cette plante croît dans les montagnes du midi des États-Unis.

b) *Feuilles triternées : pétiole bistipulé à la base, muni aux entre-nœuds d'une collerette de poils.*

Hotéia du Japon. — *Hoteia japonica* Decaisne, in Annales des Sciences Nat. ser. 2, vol. 2, p. 317; tab. 2.

Folioles lancéolées ou lancéolées-oblongues, pointues, dentelées (les terminales plus grandes que les latérales). Pétales spathulés.

Herbe grêle, ayant le port du *Spiræà Aruncus*. Tige rameuse, cylindrique, feuillue, dressée, glabre. Stipules lancéolées ou ovales, pointues, membranacées, presque scarieuses. Pétioles violets aux entrenœuds. Panicule irrégulièrement rameuse, pubérule, munie d'une feuille à sa base. Lobes calicinaux ovales, obtus. Pétales 2 fois plus longs que le calice.

Cette plante, que les Japonais cultivent pour l'ornement de leurs jardins, a été récemment introduite en Belgique par le docteur de Siebold.

Genre HEUCHÉRA. — *Heuchera* Linn.

Tube calicinal turbiné, adhérent; limbe campanulé, 5-fide : lobes dressés. Pétales 5, spathulés, petits. Étamines 5, saillantes, insérées devant les dents du calice : filets subulés; anthères petites, globuleuses. Styles 2, longs, subulés. Stigmates petits, tronqués. Capsule semi-adhérente, 1-loculaire, 2-valve entre les styles, polysperme ; placentaires marginaux. Graines scabres ou rugueuses.

Herbes vivaces. Tiges nues ou peu feuillées. Feuilles cordiformes, palmatinervées, lobées : les radicales longuement pétiolées; les caulinaires subsessiles, munies de stipules membraneuses adnées. Fleurs verdâtres ou blanches, petites, disposées en panicule très-rameuse, composée de cymes dichotomes ; pédoncules et pédicelles bractéolés.

Ce genre, dont on connaît une douzaine d'espèces, appartient à l'Amérique et à l'Asie septentrionales. Voici les espèces qu'on cultive comme plantes d'agrément :

Heuchéra commun. — *Heuchera americana* Linn.

Feuilles radicales suborbiculaires, lobées, crénelées, cordiformes à la base, pubescentes en dessous aux nervures. Tige et panicule nues, scabres, pubescentes, visqueuses.

Feuilles radicales larges de 2 à 3 pouces, un peu visqueuses, d'un vert gai : lobes peu profonds, obtus ; crénelures mucronées ; pétiole pubescent, grêle, long de 4 à 8 pouces. Tige cylindrique, haute de 2 à 3 pieds. Fleurs verdâtres. Anthères d'un jaune orange.

Cette espèce est indigène aux États-Unis.

Heuchéra velu. — *Heuchera villosa* Michx. Flor. Amer. Bor.

Feuilles radicales 5-ou 7-angulaires, cordiformes-orbiculaires, inégalement crénelées, pointues, poilues aux bords et aux nervures. Pétioles et tiges hérissés de longs poils étalés. Panicule très-rameuse, feuillée ; pédoncules presque glabres. Calices pubérules.

Feuilles radicales larges de 3 à 6 pouces, d'un vert gai, souvent marbrées de violet en dessus : lobes pointus ; pétioles longs de 6 pouces à 1 pied. Tige haute de 2 à 3 pieds, dressée, florifère dès sa moitié supérieure, garnie de feuilles 3-ou 5-lobées, beaucoup plus petites que les radicales. Fleurs plus petites que celles de l'espèce précédente : filets et pétales blancs ; anthères jaunes.

Cette espèce croît dans les montagnes du midi des États-Unis.

IIe TRIBU. LES FRANCOACÉES. — *FRANCOACEÆ* Juss. fil.

Calice inadhérent, 4-parti. Étamines insérées au fond du calice, en nombre quadruple (rarement en nombre quintuple ou sextuple) des sépales, alternativement fertiles et stériles . les stériles beaucoup plus courtes que les fertiles. Ovaire 4-loculaire , 4-céphale : loges opposées aux sépales, biovulées : ovules bisériés. Un seul style, infra-apicilaire, très-court, épais. Stigmate 4-lobé : lobes alternes avec les loges. Capsule 4-céphale , 4-valve , loculicide. Embryon petit, apicilaire.

Genre FRANCOA. — *Francoa* Cavan.

Calice 4-parti, régulier. Pétales 4, égaux, insérés un peu au-dessus de la base du calice. Étamines 16 (rarement 20 ou 24) : 8 ou 10 fertiles, à filets subulés et à anthères oblongues; 8 ou 10 dépourvues d'anthères, très-courtes, presque dentiformes ou subulés. Ovaire inadhérent, 1-loculaire ; ovules subhorizontaux. Style court, épais , infra-apicilaire. Stigmate à 4 lobes épais, obtus. Capsule oblongue , membranacée , 4-céphale, polysperme, 4-loculaire , 4-valve. Graines scobiformes.

Herbes vivaces, à souche suffrutescente. Feuilles lyrées , presque toutes radicales ; dents glandulifères au sommet. Tiges florifères simples ou paniculées, presque nues. Fleurs roses ou blanches, disposées en grappes terminales; pédicelles courts, 1-bractéolés à la base.

Ce genre, propre au Chili, ne renferme que les trois espèces que nous allons décrire. Ces végétaux se font remarquer par la beauté de leurs fleurs, et se cultivent comme plantes d'agrément, en orangerie.

FRANÇOA A FEUILLES LYRÉES. — *Francoa appendiculata*

Cavan. Ic. 6, tab. 596. — Don, in Sweet, Brit. Flow. Gard.
ser. 2, tab. 151. — Hook. in Bot. Mag. tab. 3178. — *Francoa sonchifolia* Juss. fil. in Annales des Sciences. Nat. sér. 2,
v. 3, p. 192; tab. 12.

Souche presque nulle. Tige subaphylle, peu rameuse. Feuilles
lyrées, cotonneuses; lobes denticulés : les latéraux suborbiculaires ; le terminal très-grand, ovale-orbiculaire, ou ovale-oblong,
cordiforme à la base. Sépales lancéolés. Pétales obovales, spathulés. Filets stériles courts, dentiformes.

Souche haute de 3 à 4 pouces, polycéphale, charnue, feuillée.
Feuilles radicales longues de 4 à 7 pouces, décurrentes sur le
pétiole, subsessiles, visqueuses. Tiges simples, ou médiocrement
rameuses à la base, roides, pubescentes, ou veloutées, hautes de
1 à 2 pieds, ordinairement solitaires au sommet d'une touffe de
feuilles. Grappes denses, cotonneuses : les inférieures longues de
2 à 3 pouces; la terminale longue de 5 à 8 pouces. Pétales longs
de 5 à 6 lignes, presque étalés, 2 à 3 fois plus longs que les
sépales, penniveinés, d'un rose vif, maculés de pourpre vers la
base. Étamines fertiles aussi longues que le calice. Lobes du
stigmate cunéiformes, échancrés.

Cette espèce se recommande par son port élégant et ses grappes
d'un beau rose, lesquelles se succèdent pendant toute la belle
saison ; elle résiste en pleine terre aux hivers des environs de
Paris et s'accommode de tout terrain.

Francoa a feuilles de Laiteron. — *Francoa sonchifolia*
Cavan. — Don, in Sweet, Brit. Flow. Gard. ser. 2, tab. 169.
— Feuill. Peruv. 2, p. 742, tab. 31.

Souche suffrutescente, allongée. Feuilles pubescentes, ronci-
nées ; lobes sinuolés-denticulés : les latéraux triangulaires, pointus ; le terminal ovale-oblong ou suborbiculaire, cordiforme à la
base. Sépales ovales-lancéolés, pointus, presque aussi longs que
les pétales. Pétales lancéolés-oblongs, obtus. Filets stériles subulés, 3 fois plus courts que les filets anthérifères.

Souche suffrutescente, rameuse, haute de 1 à 2 pieds. Feuilles
longues de 6 à 12 pouces, un peu coriaces ; pétiole largement

ailé à la base. Tige presque nue, rameuse inférieurement, cylindrique, veloutée, haute de 1 ¹/₂ à 2 pieds. Grappes denses, longues de 5 à 8 pouces. Calice cotonneux. Pétales d'un pourpre violet, maculés de blanc à la base, longs de 6 à 7 lignes. Étamines fertiles presque aussi longues que le calice. Lobes du stigmate elliptiques, obtus.

FRANCOA PANICULÉ. — *Francoa ramosa* Don, in Sweet, Brit. Flow. Gard. ser. 2, tab. 223.

Souche presque nulle. Feuilles pubescentes, lyrées : segments suborbiculaires, ou ovales-triangulaires, sinuolés, Tige presque nue, paniculée au sommet. Sépales ovales-lancéolés, pointus, 2 fois plus courts que les pétales. Pétales obovales-spathulés. Étamines stériles très-courtes, dentiformes.

Souche haute de 2 à 3 pouces. Feuilles longues de 3 à 7 pouces, d'un vert pâle : pétiole ailé jusqu'à la base. Tige haute de 2 à 3 pieds, dressée, cylindrique, pubescente à la base, presque glabre au sommet. Grappes longues de 3 à 4 pouces, lâches, rapprochées en panicules terminales ; pédicelles très-courts; bractéoles linéaires, plus longues que les pédicelles. Calice lisse. Pétales blancs, obtus, longs de 5 à 6 lignes. Anthères d'un pourpre pâle. Lobes du stigmate suborbiculaires.

SOIXANTE-NEUVIÈME FAMILLE.

LES CRASSULACÉES. — *CRASSULACEÆ*,

(*Crassulaceæ* De Cand. in Bullet. Philom. 1804 ; Flor. Franç. ed. 3, v. 4, p. 382 ; et Prodr. v. 3, p. 381. — Bartl. Ord. Nat. p. 309.—*Sempervivæ* Juss. Gen. — *Succulentæ* Vent. Tabl.)

Cette famille renferme un grand nombre des végétaux auxquels la consistance charnue de toutes les parties herbacées, a fait appliquer le nom vulgaire de *plantes grasses*, et qui, en général, offrent un aspect très-original.

Beaucoup de *Crassulacées* croissent dans le nord des deux continents ; mais la plupart des espèces habitent les contrées voisines de la Méditerranée, ou les extrémités australes de l'Afrique. Organisés de manière à puiser dans l'air presque toute leur nourriture, ces végétaux savent braver les expositions les plus brûlantes et prospérer dans les terrains les plus ingrats.

Les sucs des Crassulacées sont en général ou insipides, ou légèrement acides ; mais quelques espèces offrent un principe très-âcre ; leur emploi est à peu près nul dans la thérapeutique moderne.

Caractères de la Famille.

Herbes, ou *sous-arbrisseaux*. Tiges et rameaux cylindriques, inarticulés.

Feuilles éparses, ou rarement opposées, charnues, simples, ou très-rarement 3-foliolées, ou imparipennées. Stipules nulles.

Fleurs régulières, hermaphrodites (par exception dioïques par avortement), disposées en cyme, ou moins souvent en épi, ou rarement solitaires-axillaires.

Calice inadhérent, persistant, plus ou moins profondément divisé én 3-12 (le plus souvent en 5) segments (rarement dents) ordinairement imbriqués en préfloraison.

Disque peu apparent , adné au fond du calice.

Pétales insérés au fond du calice (par exception nuls), en même nombre que les segments de celui-ci et alternes avec eux , égaux, entiers, sessiles, quelquefois soudés en corolle rotacée ou hypocratériforme ; éstivation imbricative.

Étamines soit en même nombre que les pétales et insérées au fond du calice, soit en nombre double des pétales : les interpositives adhérentes à la base des pétales. (Lorsque les pétales sont soudés, toutes les étamines sont insérées à la base de la corolle.) Filets libres, glabres, subulés au sommet. Anthères cordiformes ou cordiformes-arrondies, basifixes, à 2 bourses contiguës, chacune déhiscente longitudinalement par une fente latérale.

Pistil : Ovaires en même nombre que les segments du calice, alternes avec ceux-ci, libres ou moins souvent soudés par leur bord antérieur ; axe central nul ; placentaires suturaux, multiovulés. Styles en même nombre que les ovaires, libres, courts, très-simples, persistants. Stigmates subglobuleux ou tronqués, petits. Une squamule nectarifère à la base de chaque ovaire.

Péricarpe à 3-12 follicules déhiscents par la suture antérieure, ou très-rarement par la suture postérieure, uniloculaires, polyspermes, libres, ou moins souvent soudés en capsule étoilée.

Graines horizontales, attachées aux bords de la suture antérieure des follicules, inarillées, glabres. Périsperme mince. Embryon rectiligne : radicule pointant vers le hile.

Voici les genres dont se compose la famille des Crassulacées :

Tillæa Linn. — *Bulliarda* De Cand. — *Dasystemon* De Cand. — *Septas* Linn. — *Crassula* Linn. (Pomara Adans. Turgosea Haw.) — *Globulea* Haw. — *Curtogyne* Haw. — *Grammanthes* De Cand. (Vauanthes Haw.) — *Rochea* De Cand. (Larochea Pers. Kalosanthes Haw. Dietrichia Tratt.)— *Kalanchoë* Adans. (Calanchoë Pers. Vereia Andr. Verea Willd.) — *Bryophyllum* Salisb. (Physocalycium Vest.) — *Cotyledon* Linn. — *Pistorinia* De Cand. — *Umbilicus* De Cand. — *Echeveria* De Cand. — *Sedum* Linn. (Rhodiola Linn. Anacampseros Adans. Haw.)— *Sempervivum* Linn. (Monanthes Haw.) — *Diamorpha* Nutt. — *Penthorum* Linn.

Genre SEPTAS. — *Septas* Linn.

Calice 5-9-parti, plus court que la corolle. Pétales 5-9. Étamines 5-9 : filets grêles, acuminés. Nectaire à 5-9 squamules suborbiculaires. Péricarpe à 5-9 follicules polyspermes.

Herbes. Racines composées de tubercules subglobuleux, garnis de fibrilles capillaires. Tiges simples, cylindriques. Feuilles opposées ou verticillées. Fleurs blanches, presque en ombelle.

Ce genre, propre au cap de Bonne-Espérance, ne renferme que les deux espèces dont nous allons faire mention.

SEPTAS DU CAP. — *Septas capensis* Linn. — Andr. Bot. Rep. tab. 98. — *Septas globiflora* Sims, Bot. Mag. tab. 1472.

Feuilles suborbiculaires, largement crénelées, rétrécies à la base : pétioles connés. Pétales étalés.

Tige grêle, nue supérieurement. Ombelles simples ou composées, lâches, ou denses. Organes floraux en nombre 7-9-aire.

SEPTAS A OMBELLES. — *Septas Umbella* Haw. Syn. — *Crassula Umbella* Jacq. Ic. Rar. tab. 352.

Tige à une seule paire de feuilles connées en disque orbiculaire, crénelé, perfolié. Pétales réfléchis.

Feuilles rouges en dessous. Organes floraux en nombre quinaire ou sénaire,

Cette espèce et la précédente se cultivent comme plantes d'agrément, en serre tempérée.

Genre CRASSULA. — *Crassula* (Linn.) Haw.

Calice 5-parti, beaucoup plus court que la corolle : sépales presque planes. Pétales 5, étalés. Étamines 5. Filets subulés. Nectaire à 5 écailles courtes, ovales. Péricarpe à 5 follicules polyspermes.

Arbrisseaux ou herbes. Feuilles très-entières ou crénelées, opposées. Fleurs blanches ou quelquefois roses.

On connaît environ quatre-vingts espèces de *Crassula*, presque toutes indigènes au cap de Bonne-Espérance. Nous allons donner une description abrégée de celles qui se cultivent le plus souvent dans les collections de plantes grasses.

a) *Tiges frutescentes; feuilles plus ou moins larges, planes, lisses aux 2 faces ainsi qu'aux bords.*

CRASSULA ARBORESCENT. — *Crassula arborescens* Willd. — *Crassula Cotyledon* Curt. Bot. Mag. tab. 384. — Jacq. Misc. Bot. 2, tab. 19.

Tige dressée, cylindrique. Feuilles opposées, suborbiculaires, mucronées, charnues, glauques, glabres, ponctuées en dessous. Fleurs (roses, assez grandes) en cymes trichotomes.

CRASSULA POURPIER. — *Crassula portulacacea* Lamk. — De Cand. Plantes Grasses, tab. 79. — *Crassula obliqua* Ait. Hort. Kew.

Tige charnue, dressée. Feuilles opposées, obliques, pointues, non-connées, glabres, luisantes, ponctuées. Fleurs (roses) en cymes trichotomes.

CRASSULA LACTÉ. — *Crassula lactea* Ait. Hort. Kew. — De

Cand. Plant. Gr. tab. 37. — Smith, Exot. Bot. tab. 33. — Bot.
Mag. tab. 1771. — Jacq. Hort. Schœnbr. tab. 430.

Tige ligneuse, cylindrique, rameuse, tortueuse inférieurement.
Feuilles ovales, rétrécies à la base, connées, ponctuées le long
des bords, glabres. Cymes multiflores, paniculées. — Feuilles
d'un vert gai. Fleurs blanches, étoilées.

b) *Tiges frutescentes; feuilles subulées.*

Crassula rameux. — *Crassula ramosa* Ait. Hort. Kew.
Tige frutescente, glabre, rameuse inférieurement. Feuilles
planes en dessus, perfoliées, lisses, très-étalées. Cymes corymbiformes, pédonculées.

Crassula fruticuleux. — *Crassula fruticulosa* Linn.

Tige frutescente ou suffrutescente, lisse. Feuilles opposées,
pointues, très-étalées, un peu recourbées. Pédoncules solitaires,
presque en ombelle. — Fleurs petites, blanches, campanulées.
Anthères pourpres.

Crassula tétragone. — *Crassula tetragona* Linn. — De
Cand. Plant. Gr. tab. 19.

Tige dressée, frutescente, cylindrique. Feuilles opposées en
croix, déprimées en dessus, subtétragones, étalées, réfléchies.
Fleurs (petites, blanches, presque urcéolées) en cyme fastigiée:

Crassula a feuilles pointues.— *Crassula acutifolia* Lamk.
— De Cand. Plant. Gr. tab. 2.

Tige suffrutescente, décombante, rameuse, cylindrique. Feuilles
opposées, charnues, cylindriques, étalées, glabres, souvent réfléchies. Fleurs blanches, en cyme peu fournie.

c) *Tiges frutescentes; feuilles linéaires-lancéolées, parsemées de papilles scabres.*

Crassula scabre. — *Crassula scabra* Linn. — Dill. Hort.
Elth. tab. 99, fig. 117.

Tige suffrutescente, dressée, cylindrique, rameuse, scabre de
bas en haut. Feuilles opposées, étalées, connées, pointues,

scabres, ciliées. Fleurs (d'abord blanchâtres, puis rougeâtres, étoilées) en corymbe terminal.

d) Tige frutescente; feuilles larges, imbriquées.

CRASSULA COLUMNAIRE. — *Crassula columnaris* Linn. — Burm. Afr. tab. 9, fig. 2.

Tige naine, simple, dressée. Feuilles connées, suborbiculaires, glabres. Fleurs (blanches, petites, très-nombreuses) en fascicule terminal, subglobuleux.

CRASSULA FAUX LYCOPODE.— *Crassula lycopodioides* Lamk. — *Crassula imbricata* Ait.

Tige fruticuleuse, rameuse. Feuilles recouvrantes, opposées en croix, ovales, pointues, imbriquées sur 4 rangs, lisses. Fleurs axillaires, sessiles, bractéolées. Corolle minime, pourpre à la base.

CRASSULA FAUSSE BRUYÈRE. — *Crassula ericoides* Haw.

Ascendant, rameux. Feuilles ovales-oblongues, petites, planes, recouvrantes, imbriquées sur 4 rangs. Fleurs en cyme ombelliforme (petites, blanches).

CRASSULA PULVÉRULENT. — *Crassula vestita* Linn. fil.

Feuilles connées, deltoïdes, obtuses, très-entières, pulvérulentes (blanchâtres), très-rapprochées. Fleurs sessiles (jaunâtres), terminales, en capitule. — Tige rameuse, haute de ¹/₂ pied.

e) Tiges frutescentes ou herbacées; feuilles planes, assez larges, glabres, connées.

CRASSULA PERFOLIÉ.— *Crassula perfossa* Lamk.— De Cand. Pl. Gr. tab. 25. — Jacq. Hort. Schœnbr. tab. 432. — *Crassula perfilata* Scopol. Del. Insubr. 3, tab. 6.

Tige fruticuleuse, décombante, grêle, peu rameuse. Feuilles suborbiculaires, pointues, ponctuées en dessus. Fleurs (blanches) en thyrse allongé composé de cymes opposées, pédonculées.

CRASSULA MARGINÉ. — *Crassula marginalis* Ait. Hort. Kew. — Jacq. Hort. Schœnbr. 4, tab. 471.

Tige vivace, herbacée, glabre, transparente. Feuilles ovales-arrondies, mucronées, étalées, ponctuées le long des bords. Fleurs (blanchâtres) en ombelles corymbiformes. — Feuilles à rebord rougeâtre ou blanchâtre. Pétales lancéolés.

CRASSULA TRANSPARENT. — *Crassula pellucida* Linn. — Dill. Hort. Elth. tab. 100, fig. 119.

Tige herbacée, flasque, rampante. Feuilles opposées, obovales, rétrécies à la base, bordées de glandules dentiformes. Cymes ombelliformes.

f) *Tiges ligneuses; feuilles planes, assez larges, pétiolées.*

CRASSULA A FEUILLES CORDIFORMES. — *Crassula cordata* Ait. — De Cand. Plant. Gr. tab. 121. — Jacq. Hort. Schœnbr. tab. 131.

Tige frutescente. Feuilles opposées, pétiolées, cordiformes, obtuses, très-entières, ponctuées, glabres. Fleurs (roses) en cymes paniculées.

CRASSULA A FEUILLES SPATHULÉES. — *Crassula spathulata* Thunb. Prodr. — De Cand. Plant. Gr. tab. 49. — *Crassula cordata* Lodd. Bot. Cab. tab. 359. — *Crassula lucida* Lamk.

Tige suffrutescente, décombante. Feuilles pétiolées, suborbiculaires, crénelées, glabres, luisantes en dessus. Fleurs (roses) en corymbes paniculés. Pétales pointus.

g) *Tiges suffrutescentes; feuilles deltoïdes, sessiles.*

CRASSULA DELTOÏDE. — *Crassula deltoidea* Linn. fil.

Tige basse, dressée, rameuse. Feuilles connées, rapprochées, étalées, glabres, couvertes d'une poussière glauque. Corymbes subfastigiés, pauciflores.

h) *Tiges herbacées, presque nues; feuilles presque toutes radicales.*

CRASSULA A FEUILLES LINGUIFORMES. — *Crassula linguœfolia* Haw.

Tige simple, feuillée. Feuilles inférieures non-connées, opposées, linguiformes, ciliées, pubescentes. Fleurs rapprochées, sessiles. — Tige haute de 1 pied. Corolle d'un blanc verdâtre.

CRASSULA CILIÉ. — *Crassula ciliata* Linn. — Dill. Hort. Elth. tab. 98, fig. 116. — De Cand. Plant. Gr. tab. 7.

Tige suffrutescente, peu rameuse, cylindrique. Feuilles presque planes, non-connées, opposées, elliptiques, obtuses. Fleurs (petites, jaunâtres) en corymbe terminal. — Feuilles bordées de cils blancs souvent recourbés.

CRASSULA A PETITS CORYMBES. — *Crassula corymbulosa* Link et Otto, Plant. Select. tab. 16.

Tige dressée, suffrutescente. Feuilles opposées, non-connées, lancéolées, convexes en dessous, papilleuses aux bords. Corymbes axillaires. Pétales (blancs) lancéolés, dressés, aussi longs que les étamines.

CRASSULA RAMULIFLORE. — *Crassula ramuliflora* Link et Otto, Plant. Select. tab. 17.

Tige suffrutescente, garnie de poils dirigés de haut en bas. Feuilles opposées, presque connées, obovales, pointues, ciliées. Ramules axillaires pauciflores. Pétales (blancs) lancéolés, dressés, étalés au sommet.

CRASSULA A THYRSE. — *Crassula turrita* Thunb. Flor. Cap. — Jacq. Hort. Schœnbr. 1, tab. 52.

Feuilles radicales opposées, connées, imbriquées sur 4 rangs, ovales-oblongues, pointues, velues, ciliées. Tige presque nue. Fleurs (roses ou blanches) verticillées, en thyrses. — Tige simple, haute d'environ 1 pied.

i) *Herbes vivaces, à hampes presque nues. Feuilles radicales roselées, planes. Fleurs petites, glomérulées.*

CRASSULA ORBICULAIRE. — *Crassula orbicularis* Linn. — Dill. Hort. Elth. tab. 100, fig. 118. — De Cand. Plant. Gr. tab. 43.

Feuilles radicales oblongues, obtuses, planes, ciliées de poils roides. Souche stolonifère. Hampe presque nue. Glomérules floraux opposés, pédonculés. — Herbe haute de 4 à 5 pouces. Pétales d'un blanc verdâtre, roses au sommet. Stigmates pourpres.

Genre GLOBULÉA. — *Globulea* Haw.

Calice 5-parti. Pétales 5, dressés, chacun muni au sommet d'une glandule globuleuse, cireuse. Étamines 5, plus courtes que les pétales. Nectaire à 5 écailles courtes, larges, obtuses. Péricarpe à 5 follicules polyspermes.

Herbes vivaces, quelquefois suffrutescentes. Feuilles planes, subcultriformes : les caulinaires peu nombreuses ; les radicales agrégées, opposées : les paires presque spiralées au bas des tiges. Fleurs petites, d'un jaune pâle, en corymbe très-dense.

Ce genre, dont on connaît seize espèces, appartient aussi au cap de Bonne-Espérance. Voici les *Globulea* qu'on cultive dans les collections de plantes grasses :

a) *Feuilles cunéiformes-obovales, cultriformes ; tiges suffrutescentes.*

Globuléa cultriforme. — *Globulea cultrata* Haw. Syn. — *Crassula cultrata* Linn. — Dill. Hort. Elth. tab. 97, fig. 114. — Bot. Mag. tab. 1940.

Tige dressée. Feuilles elliptiques-obovales, un peu pointues, obliques, connées, luisantes.

Globuléa pourpre-noir. — *Globulea atropurpurea* Haw. Feuilles obliquement cunéiformes-obovales, d'un prourpre noirâtre. Hampe très-longue, paniculée.

b) *Feuilles liguliformes, obtuses, convexes en dessous, imbriquées sur 4 rangs, presque toutes radicales, touffues ; tiges très-courtes ou herbacées ; hampes florifères nues.*

Globuléa linguiforme. — *Globulea Lingua* Haw. Syn. Feuilles allongées, semi-lancéolées, ventrues, ciliées de même que les calices, non-ponctuées. Hampe paniculée.

Globuléa a feuilles de Joubarbe. — *Globulea obvallata* Haw. Syn. — *Crassula obvallata* Linn. — De Cand. Plant. Gr. tab. 61.

Feuilles opposées, connées, sublancéolées, ciliées de poils roides. Panicule allongée, composée de cymes denses, pédonculées.

GLOBULÉA GRISATRE. — *Globulea canescens* Haw.. Syn.

Feuilles toutes radicales, imbriquées, décussées, ciliées, sublancéolées-cultriformes, pubescentes-incanes.

c) *Feuilles linéaires, sillonnées, cylindriques ou semi-cylindriques ; tiges gazonnantes; hampes nues.*

GLOBULÉA NUDICAULE. — *Globulea nudicaulis* Haw. — *Crassula nudicaulis* Linn. — Dill. Hort. Elth. tab. 99. fig. 115. — De Cand. Plant. Gr. tab. 133.

Feuilles radicales roselées, touffues, semi-cylindriques, subulées, pointues, subpubescentes. Hampes presque nues. Fleurs en capitules terminaux subverticillés.

GLOBULÉA SILLONNÉ. — *Globulea sulcata* Haw.

Feuilles courbées en dedans, subulées, semi-cylindriques, luisantes, profondément canaliculées.

d) *Feuilles liguliformes, rétrécies au sommet, convexes en-dessous, imbriquées sur 4 rangs, touffues; tiges herbacées; hampes feuillées.*

GLOBULÉA PONCTUÉ. — *Globulea impressa* Haw. in Phil. Mag.

Acaule. Feuilles liguliformes-lancéolées, vertes, parsemées de forts points enfoncés.

GLOBULÉA PANICULÉ. — *Globulea paniculata* Haw. l. c.

Feuilles liguliformes, acuminées, vertes, parsemées de très-petits points enfoncés, ciliées de poils roides. Panicule à rameaux spiciformes.

e) *Feuilles subulées, charnues, presque planes en-dessus ; tiges suffrutescentes, rameuses ; fleurs terminales, en cymes denses subcapitellées.*

GLOBULÉA FAUX MÉSEMBRYANTHE.—*Globulea mesembryanthemoides* Haw. in Phil. Mag.

Tige suffrutescente, très-rameuse, dressée. Feuilles, rameaux, ramules et calices hispides.*

GLOBULÉA INCANE. — *Globulea subincana* Haw. l. c.
Tige dressée ou décombante, suffrutescente. Feuilles semi-cylindriques, pointues, étalées, courbées en dedans, pubescentes-incanes de même que les ramules.

Genre CURTOGYNE. — *Curtogyne* Haw.

Calice 5-parti, beaucoup plus court que la corolle. Pétales 5, soudés par la base. Étamines 5. Nectaire à 5 écailles courtes. Styles longs, sublatéraux. Péricarpe à 5 follicules cylindriques, gibbeux au sommet, polyspermes.

Sous-arbrisseaux. Feuilles opposées, planes, un peu charnues, bordées de cils cartilagineux. Fleurs blanches, en cyme ombelliforme.

Ce genre ne renferme que les deux espèces suivantes :

CURTOGYNE DÉJETÉ. — *Curtogyne dejecta* De Cand. Prodr. — *Crassula dejecta* Jacq. Hort. Schœnbr. tab. 423.
Tige débile, très-rameuse. Feuilles ovales-oblongues, ou ovales-linguiformes, étalées : les supérieures ondulées.

CURTOGYNE ONDULÉ. — *Curtogyne undulata* Haw. Syn. — Lodd. Bot. Cab. tab. 584.
Tige dichotome, très-rameuse. Feuilles ovales, ou ovales-elliptiques, ondulées, bordées de crénelures cartilagineuses.

Cette espèce ainsi que la précédente, se cultive dans les collections de plantes grasses ; l'une et l'autre croissent au cap de Bonne-Espérance.

Genre GRAMMANTHE. — *Grammanthes* De Cand.

Calice campanulé, 5-fide, dressé. Corolle hypocratériforme : tube aussi long que le calice ; limbe à 5 ou 6 segments elliptiques-oblongs, étalés. Étamines 5 ou 6, insérées au tube de la corolle, incluses. Nectaire nul. Péricarpe à 5 follicules.

Herbes annuelles. Feuilles opposées, écartées, planes, sessiles. Fleurs jaunes, en cyme corymbiforme.

Ce genre appartient au cap de Bonne-Espérance et renferme trois espèces, dont la suivante se cultive comme plante d'agrément :

GRAMMANTHE A FLEURS DE CHLORA. — *Grammanthes chloræflora* De Cand. Prodr. — *Vauanthes chloræflora* Haw. Revis. — *Crassula dichotoma* Linn.

Tige menue, dichotome supérieurement, haute de 4 à 6 pouces. Feuilles oblongues ou ovales-oblongues, un peu charnues. Pédoncules 1-flores. Segments de la corolle marqués à leur base d'une tache pourpre en forme de V renversé.

Genre ROCHÉA. — *Rochea* De Cand.

Calice 5-lobé. Corolle hypocratériforme : tube allongé; limbe à 5 segments étalés. Étamines 5. Nectaire à 5 glandules. Péricarpe à 5 follicules polyspermes.

Sous-arbrisseaux charnus. Feuilles opposées, subconnées, très-entières. Fleurs rouges, ou jaunes, ou blanches, disposées en cyme.

On connaît environ douze espèces de *Rochéa,* toutes indigènes au cap de Bonne-Espérance; elles sont très-recherchées par les amateurs de plantes grasses, à cause de l'élégance de leurs fleurs; voici les espèces les plus notables :

a) *Tube de la corolle à peu près aussi long que le limbe, ou plus court; étamines peu saillantes ; tiges presque simples ; feuilles connées par la base, charnues, blanchâtres ; cymes corymbiformes; bractées peu nombreuses.* (LAROCHÉA Haw.)

ROCHÉA A FEUILLES FALCIFORMES. — *Rochea falcata* De Cand. Plant. Gr. tab. 103. — *Larochea falcata* Haw. Syn. — *Crassula falcata* Willd. — Bot. Mag. tab. 2035. — *Crassula obliqua* Andr. Bot. Rep. tab. 414 (excl. syn.)

Feuilles épaisses, glauques, oblongues, obtuses, courbées en faux. Fleurs écarlates. Tiges dressées, hautes de 2 à 3 pieds.

Rochéa perfolié. — *Larochea perfoliata* Haw. l. c. — *Crassula perfoliata* Linn. — De Cand. Plant. Gr. tab. 13 (var. flor. alb.) — Mill. Ic. tab. 108.

Feuilles connées, glauques, lancéolées, acuminées, subcanaliculées en dessus, convexes en dessous. — Tiges faibles, hautes de 1 pied. Fleurs écarlates ou blanches.

Rochéa a fleurs blanches. — *Rochea albiflora* De Cand. Prodr. — *Crassula albiflora* Sims, Bot. Mag. tab. 2391.

Feuilles non-connées, ovales, acuminées, étalées, cartilagineuses aux bords et ciliées de poils roides.

b) *Tube de la corolle cylindracé, 2 à 3 fois plus long que le limbe; étamines incluses; feuilles cartilagineuses aux bords et ciliées de poils roides; cymes ombelliformes ou capitellées; fleurs bractéolées.* (Kalosanthes Haw.)

Rochéa écarlate. — *Rochea coccinea* De Cand. Plant. Gr. tab. 1. — *Crassula coccinea* Linn. — Bot. Mag. tab. 495. — *Kalosanthes coccinea* Haw. — *Dietrichia coccinea* Tratt. Thes. tab. 19.

Feuilles ovales-oblongues, pointues, engaînantes et connées par la base.

Tige frutescente, cylindrique, peu rameuse, haute de 2 à 3 pieds. Feuilles très-rapprochées, presque imbriquées. Fleurs grandes, écarlates, ou quelquefois roses, ou blanches.

Rochéa versicolore. — *Rochea versicolor* De Cand. Prodr. — *Crassula versicolor* Bot. Reg. tab. 320.

Feuilles oblongues-lancéolées, pointues, engaînantes et connées par la base. Fleurs en cyme subcapitellée. Corolle grande : tube blanc, plus long que le calice; segments du limbe elliptiques, blancs au milieu, pourpres aux bords.

Rochéa odorant. — *Rochea odoratissima* De Cand. Prodr. — *Crassula odoratissima* Andr. Bot. Rep. tab. 26. — Jacq. Hort. Schœnbr. tab. 434. — *Kalosanthes odoratissima* et *K. bicolor* Haw.

Feuilles linéaires-lancéolées, acuminées, amplexicaules, connées. Cymes subcapitellées. Fleurs jaunes, ou panachées de jaune
et d'écarlate. Segments de la corolle oblongs, pointus.

Les fleurs de cette espèce ont une odeur semblable à celle de
la Tubéreuse.

ROCHÉA A FLEURS DE JASMIN. — *Rochea jasminea* De Cand.
Prodr. — *Kalosanthes jasminea* Haw. — *Crassula jasminea*
Sims, Bot. Mag. tab. 2178. — Lodd. Bot. Cab. tab. 1040.

Tige suffrutescente, décombante. Feuilles oblongues, sessiles,
obtuses. Capitules pauciflores. Fleurs inodores, de la forme de
celles du Jasmin, blanches : tube de la corolle presque 3 fois
plus long que le calice.

Genre KALANCHOÉ. — *Kalanchoë* Adans.

Calice à 4 sépales pointus, écartés. Corolle hypocratériforme : tube cylindracé; limbe 4-parti, étalé. Étamines 8,
adnées au fond du tube de la corolle. Nectaire à 4 écailles
linéaires. Styles filiformes. Péricarpe à 4 follicules.

Sous-arbrisseaux charnus. Feuilles opposées, irrégulièrement laciniées, ou ovales et dentées, charnues. Fleurs jaunes, ou rougeâtres, ou blanchâtres, disposées en panicules.

On trouve des *Kalanchoé* en Afrique, ainsi que dans
l'Arabie, dans l'Inde et dans la Chine; ce genre renferme
neuf espèces, dont les suivantes se cultivent dans les collections de plantes grasses :

KALANCHOÉ SPATHULÉ. — *Kalanchoë spathulata* De Cand.
Plant. Gr. tab. 65. — *Cotyledon hybrida* Desfont. Hort. Par.

Feuilles obovales-spathulées, crénelées, glabres : les inférieures
obtuses ; les supérieures pointues. Fleurs jaunes, en cyme lâche
paniculée.

Cette espèce est originaire de la Chine.

KALANCHOÉ D'ÉGYPTE. — *Kalanchoë ægyptiaca* De Cand.
Plant. Gr. tab. 64. — *Cotyledon nudicaulis* Vahl, Symb.

Feuilles obovales-spathulées, crénelées, glabres : les inférieures obtuses, subconcaves; les supérieures pointues. Fleurs d'un jaune orange, disposées en cyme paniculée assez dense.

KALANCHOÉ A FLEURS POINTUES. — *Kalanchoë acutiflora* De Cand. Prodr. — *Vereia acutiflora* Andr. Bot. Rep. tab. 560.

Feuilles lancéolées-oblongues, crénelées. Fleurs blanchâtres, en cyme paniculée. Segments de la corolle pointus.

Cette espèce habite l'Inde.

KALANCHOÉ CRÉNELÉ. — *Kalanchoë crenata* Haw. Syn. — *Vereia crenata* Andr. Bot. Rep. tab. 21. — *Cotyledon crenata* Vent. Malm. tab. 49. — Sims, Bot. Mag. tab. 1436.

Feuilles ovales, ou oblongues, ou sublancéolées, crénelées, ou doublement crénelées, glabres. Fleurs jaunes, en cyme paniculée à rameaux longs et dressés.

Cette espèce croît en Afrique, aux environs de Sierra-Léone.

KALANCHOÉ LACINIÉ. — *Kalanchoë laciniata* De Cand. Plant. Gr. tab. 100. — Rumph. Amb. v. 5, tab. 95.

Feuilles irrégulièrement pennatiparties : segments suboblongs, pointus, grossement dentés, ou entiers. Fleurs jaunes, en cyme paniculée.

Ceste espèce croît à Java, aux Moluques, et à l'Ile de France.

Genre BRYOPHYLLE. — *Bryophyllum* Salisb.

Calice renflé, 4-fide ; lobes valvaires. Corolle hypocratériforme : tube long, cylindracé, tétragone à la base ; limbe à 4 segments ovales-triangulaires, pointus. Étamines 8, adnées à la base du tube de la corolle. Nectaire à 4 glandules oblongues. Péricarpe à 4 follicules polyspermes.

Feuilles opposées, pétiolées, charnues, ordinairement imparipennées, 3- ou 5-foliolées, quelquefois 1-foliolées. Fleurs d'un jaune tirant sur le rouge, disposées en cymes paniculées terminales.

L'espèce suivante constitue à elle seule le genre :

BRYOPHYLLE A GROS CALICE. — *Bryophyllum calycinum* Sa-

lisb. Parad. — Sims, Bot. Mag. tab. 1409. — Herb. de l'A-
mat. v. 5, Ic. — *Cotyledon pinnata* Lamk. Dict.

Sous-arbrisseau charnu, dressé, rameux, glabre, haut de 2 à
3 pieds. Folioles inégales, ovales, crénelées. Fleurs pendantes.
Calice grand, semblable à celui du *Silene inflata.*

. · Cette plante, indigène aux Moluques et à l'Ile de France, se
cultive dans les collections de plantes grasses.

Genre COTYLET. — *Cotyledon* (Linn.) De Cand.

Calice 5-parti, beaucoup plus court que le tube de la corolle. Corolle monopétale : tube ovale-cylindracé; limbe à 5
lobes réfléchis ou révolutés, obtus. Étamines 10, insérées au
fond du tube de la corolle, saillantes, ou presque incluses.
Nectaire à écailles ovales. Styles subulés. Péricarpe à 5 follicules polyspermes.

Arbrisseaux charnus. Feuilles le plus souvent éparses.
Fleurs pourpres ou d'un jaune orange, disposées en panicules lâches.

Ce genre, qui renferme une trentaine d'espèces, est propre au cap de Bonne-Espérance ; nous allons faire mention
des *Cotylets* qui se cultivent dans les collections de plantes
grasses.

a) *Feuilles opposées.*

Cotylet orbiculaire. — *Cotyledon orbiculata* Linn. — De
Cand. Plant. Gr. tab. 76. — Bot. Mag. tab. 321. — *Cotyledon
orbiculata, ovata, oblonga, elata,* et *ramosa* Haw. Syn. —
Herb. de l'Amat. v. 1, Ic.

Feuilles suborbiculaires, ou obovales-orbiculaires, ou obovales, ou ovales-spathulées, ou oblongues, obtuses, acuminées,
glauques, farineuses, bordées d'une ligne rouge.

Tige épaisse, dressée, plus ou moins rameuse, haute de 2 à
3 pieds. Fleurs grandes, pendantes, rougeâtres. Segments de la
corolle révolutés.

Cotylet éclatant. — *Cotyledon coruscans* Haw. Suppl.

— Sims, Bot. Mag. tab. 2601. — Loddig. Bot. Cab. tab. 1030.

Feuilles décussées, agrégées, cunéiformes-oblongues, canaliculées, épaissies aux bords, apiculées, farineuses. Fleurs de couleur orange, pendantes, disposées en panicule ombelliforme.

COTYLET PAPILLAIRE. — *Cotyledon papillaris* Linn. fil. — *Cotyledon decussata* Sims , Bot. Mag. tab. 2518. — Lindl. in Bot. Reg. tab. 915.

Feuilles opposées, charnues, ovales, cylindriques, glabres, pointues, dressécs. Fleurs glabres, subpaniculées. Souche décombante, pubescente. — Corolle rouge : tube pentagone ; segments oblongs, pointus, réfléchis.

b) *Feuilles alternes, marcescentes.*

COTYLET A FLEURS COURBÉES. — *Cotyledon curviflora* Sims, Bot. Mag. tab. 2044.

Feuilles semi-cylindriques, glabres. Fleurs (longues de 1 pouce) d'un jaune lavé de rouge, nutantes, en panicule.

COTYLET TUBERCULEUX. — *Cotyledon tuberculosa* Lamk. Dict. — De Cand. Plant. Gr. tab. 86.

Feuilles subcylindriques, linéaires-oblongues, pointues. Fleurs (longues de plus de 1 pouce) subpaniculées, dressées. Pédoncules et calices pubescents. Corolle d'un jaune orange : limbe étalé , non-réfléchi.

COTYLET FASCICULAIRE. — *Cotyledon fascicularis* Ait. Hort. Kew. — *Cotyledon tardiflorum* Bonpl. Nav. tab. 37.

Souche épaisse , rameuse. Feuilles cunéiformes , obtuses , planes, charnues , fasciculées au sommet des ramules. Fleurs paniculées, pendantes. Tube de la corolle court , verdâtre, pentagone ; limbe rougeâtre, révoluté.

c) *Feuilles éparses, persistantes.*

COTYLET HÉMISPHÉRIQUE. — *Cotyledon hemisphærica* Linn. — Dill. Hort. Elth. 2 , tab. 95, fig. 111. — De Cand. Plant. Gr. tab. 87.

Feuilles ovales-orbiculaires, charnues, ponctuées, glabres.
Fleurs en épi allongé, dressées. Corolle petite : tube verdâtre;
limbe étalé, d'un blanc lavé de rouge.

Genre OMBILIC. — *Umbilicus* De Cand.

Calice 5-parti. Corolle campanulée, 5-fide : segments
ovales, pointus, dressés, à peu près aussi longs que le tube.
Étamines 10, insérées à la corolle. Nectaire à 5 écailles obtuses. Styles subulés. Péricarpe à 5 follicules polyspermes,
rétrécis au sommet.

Herbes vivaces ou annuelles. Racine souvent tubéreuse.
Feuilles roselées ou alternes, très-entières, ou dentées. Fleurs
blanchâtres ou jaunes, disposées en grappe.

Ce genre se compose de douze espèces réparties entre l'Europe australe, l'Orient et la Sibérie.

OMBILIC COMMUN. — *Umbilicus pendulinus* De Cand. Plant.
Gr. tab. 156. — *Cotyledon Umbilicus* Linn. — Engl. Bot.
tab. 325. — Blackw. Herb. tab. 263.

Feuilles inférieures pétiolées, concaves, peltées, suborbiculaires, sinuées-crénelées. Bractées entières. Fleurs étalées ou pendantes, tubuleuses.

Racine tubéreuse, charnue, garnie de fibres capillaires. Tige
haute de ¹/₂ pied à 1 pied, cylindrique, dressée, glabre, rameuse supérieurement ou simple, presque nue. Feuilles un peu
charnues. Grappes terminales, spiciformes, denses. Fleurs d'un
jaune pâle. Bractées linéaires-lancéolées.

Cette plante abonde dans l'ouest et dans le midi de la France,
où on la connaît sous les noms vulgaires de *Grand Cotylédon*,
Nombril, *Écuelle commune*, et *Escude*; elle croît sur les
vieux murs et sur les rochers; la médecine populaire en fait un
remède rafraîchissant et détersif.

OMBILIC JAUNE. — *Umbilicus erectus* De Cand. Fl. Franç.
— *Cotyledon luteum* Smith, Engl. Bot. tab. 1522. — *Cotyledon lusitanica* Lamk. Dict.

Feuilles inférieures pétiolées, peltées, suborbiculaires, profondément dentées. Bractées dentées. Fleurs dressées.

Racine tubéreuse, rampante. Tige haute de 1 pied et plus, dressée, ordinairement rameuse. Grappes denses, terminales. Bractées ovales. Fleurs d'un jaune assez vif.

Cette espèce, indigène en Angleterre et en Portugal, mérite d'être cultivée dans les parterres.

Genre ÉCHÉVÉRIA. — *Echeveria* De Cand.

Calice 5-parti. Segments dressés, foliacés. Corolle campanulée, profondément 5-fide; segments dressés, épais, trigones à la base, pointus. Étamines 10, soudées avec la base des pétales et plus courts que ceux-ci. Nectaire à 5 écailles courtes. Style subulé. Péricarpe à 5 follicules polyspermes.

Sous-arbrisseaux charnus. Feuilles alternes ou roselées, très-entières, innervées. Fleurs écarlates ou jaunes, sessiles, disposées en cyme ou en épi.

Ce genre, qui appartient au Mexique, renferme quatre espèces, dont voici les plus notables :

ÉCHÉVÉRIA ÉCARLATE. — *Echeveria coccinea* De Cand. Prodr. — *Cotylédon coccinea* Cav. Ic. 2, tab. 170. — Lodd. Bot. Cab. tab. 832.

Feuilles éparses, cunéiformes-obovales, pointues, charnues. Fleurs en épi terminal allongé. Corolle jaunâtre en dessus, écarlate en dessous, plus courte que le calice.

Souche très-basse, épaisse; rameaux pubescents ainsi que le reste de la plante, longs d'environ 2 pieds. Feuilles d'un vert brun. Bractées linéaires, pointues, rabattues. Segments calicinaux linéaires.

ÉCHÉVÉRIA GAZONNANT. — *Echeveria cæspitosa* De Cand. Prodr. — *Cotyledon cæspitosa* Haw. Misc. — *Sedum Cotyledon* Jacq. fil. Ecl. 1, tab. 17.

Feuilles roselées, subopposées, linguiformes, charnues, glauques. Fleurs en panicule corymbiforme. Bractées subsagittiformes. Corolle jaune.

Cette espèce est originaire de la Californie.

Genre SÉDUM. — *Sedum* Linn.

Calice profondément 5-fide (quelquefois 4-10-fide). Pétales 5 (quelquefois 4-10), ordinairement étalés. Étamines en nombre double des pétales : filets élargis à la base, subulés au sommet; anthères suborbiculaires. Nectaire à 5 squamules entières ou échancrées. Péricarpe à 5 (quelquefois 6-10) follicules polyspermes, acuminés par les styles.

Herbes vivaces (quelquefois suffrutescentes) ou annuelles. Souches souvent munies de ramules stériles recouverts de feuilles imbriquées. Feuilles alternes ou rarement opposées, charnues, cylindriques ou planes, entières ou dentées. Fleurs jaunes, ou blanches, ou pourpres, ou roses, ou bleues, disposées en cyme terminale.

Ce genre renferme environ quatre-vingts espèces, la plupart indigènes dans la zone tempérée de l'ancien continent. Plusieurs *Sedum* sont précieux comme plantes d'agrément, parce que, indépendamment de l'élégance de leur port, ils offrent l'avantage de végéter avec vigueur dans les sols les plus arides, et se prêtent à merveille à la décoration des rocailles.

Voici les espèces qui méritent d'être signalées :

A. *Plantes multicaules. Feuilles planes : celles des ramules stériles souvent rapprochées, mais non imbriquées.*

a) *Fleurs jaunes.*

Sédum Aïzoon. — *Sedum Aizoon* Linn. — De Cand. Plant. Gr. tab. 101.

Tiges dressées, anguleuses, frutescentes à la base. Feuilles éparses, sessiles, lancéolées, subobtuses, dentelées. Cyme corymbiforme, feuillée, 5-6-radiée : cymules planes, très-denses. Segments calicinaux ovales-triangulaires, longuement cuspidés. Pétales ovales-lancéolés , mucronés, un peu plus longs que les étamines. Capsule étoilée : follicules courtement mucronés.

Tiges simples, hautes d'environ 1 pied, glabres ainsi que toute la plante. Feuilles vertes , longues d'environ 2 pouces. Fleurs sessiles ou subsessiles, petites, d'un jaune vif.

Cette espèce, indigène en Sibérie, se cultive souvent dans les parterres.

Sédum hybride.— *Sedum hybridum* Willd.— Murr. Comm. Gœtt. v. 6, tab. 5. — *Sedum altaicum* Besser.

Feuilles éparses, subsessiles, subconcaves, obovales-spathulées, ou cunéiformes, très-obtuses, grossement dentées : celles des rameaux stériles rapprochées. Tiges ascendantes, radicantes à la base. Cymes paniculées , subdichotomes. Segments calicinaux oblongs, obtus. Pétales lancéolés-oblongs, mucronés, un peu plus longs que les étamines. Follicules libres presque dès la base, subulés au sommet, d'abord un peu divergents, connivents au sommet après la déhiscence.

Plante très-touffue, glabre dans toutes ses parties. Tiges basses, poussant inférieurement un grand nombre de ramules stériles feuillus. Feuilles d'un vert foncé et un peu luisantes en dessus, longues de 12 à 18 lignes : dents obtuses. Fleurs petites, sessiles, d'un jaune de Citron. Bractées spathulées , ordinairement entières.

Cette espèce, qui croît en Sibérie, mérite aussi d'être cultivée comme plante d'agrément.

b) *Fleurs blanches, ou roses, ou pourpres.*

Sédum a feuilles opposées. — *Sedum oppositifolium* Sims, Bot. Mag. tab. 1807. — *Anacampseros ciliaris* Haw. Syn.

Tiges pubescentes, ascendantes, très-rameuses, radicantes à la base. Feuilles cunéiformes-obovales ou obovales-spathulées, crénelées au sommet, ciliolées, subsessiles : les inférieures opposées; les supérieures éparses. Cymes 3-7-radiées, dichotomes, subfastigiées, feuillées à la base. Segments calicinaux oblongs, obtus. Pétales oblongs-lancéolés, subobtus, mutiques, presque dressés, un peu plus longs que les étamines. Follicules presque libres, divergents, subulés au sommet.

Plante très-touffue. Tiges florifères rameuses, longues d'environ 8 pouces; rameaux stériles courts, très-feuillus. Feuilles d'un vert glauque, longues d'environ 8 lignes. Pétales longs de 4 lignes, d'un blanc lavé de rose. Anthères rouges avant l'anthèse.

Cette espèce, originaire du Caucase, n'est pas rare dans les jardins.

SÉDUM A FLEURS ROSES. — *Sedum spurium* Marsch. Bieb. Flor. Taur. Cauc. — Sims, Bot. Mag. tab. 2370.

Tiges pubescentes, ascendantes, très-rameuses, radicantes à la base. Feuilles cunéiformes-obovales, ou obovales-spathulées, profondément crénelées, ciliolées, subsessiles, opposées. Cymes 3-7-radiées, dichotomes, subfastigiées, feuillées à la base. Segments calicinaux oblongs, obtus. Pétales linéaires-lancéolés, finement mucronés, presque dressés, de moitié plus longs que les étamines. Follicules presque libres, divergents, subulés au sommet.

Plante très-semblable à la précédente par le port. Feuilles d'un vert gai. Corolle longue de 6 lignes, d'un rose vif ainsi que les filets; anthères rouges avant l'anthèse.

Cette espèce, l'une des plus élégantes du genre, est également indigène au Caucase.

SÉDUM A FEUILLES DE PEUPLIER. — *Sedum populifolium* Linn. — Bot. Mag. tab. 211. — Pall. It. v. 3, App. tab. O, fig. 2. — De Cand. Plant. Gr. tab. 110.

Tiges dressées, glabres, frutescentes à la base. Feuilles pétiolées, éparses, glabres, ovales, ou ovales-triangulaires, subcordiformes à la base, pointues, inégalement incisées-dentées. Cyme irrégulière, subpaniculée. Pétales ovales-lancéolés.

Tiges fermes, presque cylindriques, touffues, hautes d'environ 1 pied, rameuses au sommet. Feuilles longues de 1 à 2 pouces, d'un vert gai : dents triangulaires ou oblongues, subobtuses, très-inégales. Fleurs petites, blanches, très-nombreuses. Anthères rouges.

Cette espèce, qui se cultive quelquefois comme plante de parterre, est originaire de Sibérie.

SÉDUM A LARGES FEUILLES. — *Sedum latifolium* Bertol. Amœn. Ital. — *Sedum Telephium maximum* Linn. — Clus. Hist. 2, p. 66, fig. 2.

Tiges glabres, dressées. Feuilles oblongues, ou elliptiques-oblongues, ou ovales-oblongues, obtuses, sinuolées-dentelées, cordiformes à la base, sessiles, subamplexicaules : les inférieures verticillées-ternées ou quaternées; les supérieures éparses. Panicule subpyramidale, feuillée, composée de cymes irrégulières très-denses. Segments calicinaux ovales-lancéolés, pointus. Pétales ovales-lancéolés, cuculliformes au sommet, mucronés, un peu plus courts que les étamines.

Tiges fermes, cylindriques, simples, hautes de 2 pieds et plus. Feuilles très-rapprochées, longues de 1 ½ à 2 ½ pouces, d'un vert foncé tirant quelquefois sur le violet. Fleurs petites, d'un jaune verdâtre, pédicellées, très-serrées. Pétales étalés. Anthères d'un jaune tirant sur le brun. Follicules libres, dressés, divergents et subulés au sommet.

Cette espèce habite les mêmes contrées que la suivante, avec laquelle elle est confondue sous les mêmes noms vulgaires.

SÉDUM ORPIN. — *Sedum Telephium* Linn. — De Cand. Plant. Gr. tab. 92. — Engl. Bot. tab. 1519. — *Anacampseros vulgaris*, *A. purpurea*, *A. albicans*, et *A. triphylla* Haw. Syn.

Tiges glabres, dressées. Feuilles éparses, ou verticillées-ternées, ou opposées, lancéolées, ou lancéolées-oblongues, ou oblongues-lancéolées, ou obovales, obtuses ou pointues, inégalement dentelées, ou dentées, ou crénelées, entières vers leur base : les inférieures rétrécies à la base; les supérieures arrondies à la base, sessiles, non-amplexicaules. Panicule subpyramidale, feuillée, composée de cymes irrégulières très-denses. Segments calicinaux oblongs-lancéolés, pointus. Pétales recourbés en dehors, ovales-lancéolés, acuminés, planes et mutiques au sommet, à peu près aussi longs que les étamines.

Plante semblable à la précédente par le port., mais ordinairement plus petite dans toutes ses parties. Feuilles luisantes, d'un vert glauque ou tirant sur le rouge. Fleurs petites, très-nombreuses, pourpres, ou blanches. Calice beaucoup plus petit que la corolle.

Cette espèce et la précédente croissent dans les endroits secs et pierreux de presque toute l'Europe. L'une et l'autre sont connues en France sous les noms vulgaires d'*Orpin*, *Reprise*, *Grassette*, *Herbe aux charpentiers*, etc. Leurs racines et leurs feuilles jouissent, parmi le peuple, d'une grande réputation comme remède rafraîchissant et vulnéraire; mais leur emploi est à peu près nul en thérapeutique; autrefois elles entroient dans la composition de l'onguent dit *Populeum*. Les deux espèces méritent d'être cultivées dans les parterres.

Sédum Rhodiole.— *Sedum Rhodiola* De Cand. Flor. Franç. — *Rhodiola rosea* Linn. — Engl. Bot. tab. 508. — De Cand. Plant. Gr. tab. 143.

Tiges simples, dressées. Feuilles éparses, sessiles, non-amplexicaules, glauques, glabres, oblongues, ou oblongues-lancéolées, ou lancéolées-obovales, acuminées, dentelées. Cyme nue ou feuillée, corymbiforme, très-dense. Fleurs dioïques par avortement, pédicellées, 4-pétales. Follicules dressés, apiculés.

Racine multicaule, subtubéreuse. Tiges hautes de 6 à 18 pouces, fermes, cylindriques, feuillées, dépourvues de ramules stériles. Feuilles longues d'environ 1 pouce, peu charnues. Fleurs petites, nombreuses, d'un jaune verdâtre. Étamines des fleurs mâles à filets capillaires, plus longs que les pétales.

Cette espèce, semblable par le port au *Sédum Orpin*, croît dans les Alpes de l'Europe centrale. Ses racines ont une odeur de Rose assez prononcée.

Sédum d'Éwers. — *Sedum Ewersii* Ledeb. Ic. Plant. Alt. tab. 58.

Tiges ascendantes, rameuses, radicantes et suffrutescentes à la base. Feuilles opposées-croisées, étalées, sessiles, glabres, glauques, sinuolées, très-obtuses, ponctuées en dessus, papilleuses en dessous : les inférieures elliptiques ou obovales ; les supérieures ovales-orbiculaires ou suborbiculaires, cordiformes à la base. Cyme feuillée à la base, subcorymbiforme. Segments calicinaux linéaires. Pétales lancéolés, pointus, un peu plus longs que les étamines. Follicules dressés.

Tiges très-touffues, longues d'environ ¹/₂ pied, glabres comme toute la plante, poussant inférieurement un grand nombre de rameaux stériles. Feuilles épaisses, concaves ; les plus grandes atteignant environ 1 pouce de large ; celles des ramules stériles très-rapprochées, beaucoup plus longues que les entrenœuds ; côte médiane inapparente. Fleurs pédicellées, de couleur pourpre.

Cette espèce élégante croît dans la Sibérie méridionale.

Sédum Anacampséros. — *Sedum Anaçampseros* Linn. — De Cand. Plant. Gr. tab. 33. — Bot. Mag. tab. 118. — *Anacampseros sempervirens* Haw. Syn.

Tiges radicantes à la base, ascendantes, rameuses inférieurement. Feuilles elliptiques-obovales ou spathulées-obovales, très-obtuses, très-entières, submarginées, glauques, sessiles, éparses, prolongées postérieurement au-delà de leur base : celles des ramules stériles très-rapprochées, rétrécies à la base ; les supérieures des tiges florifères subcordiformes à la base, semi-amplexicaules. Cyme terminale, très-dense, ombelliforme, irrégulière, feuillée. Segments calicinaux linéaires-lancéolés, pointus. Pétales planes, ovales-lancéolés, subobtus, mutiques, à peu près aussi longs que les étamines. Follicules courts, libres, dressés, apiculés.

Tiges hautes de 6 à 10 pouces, glabres comme toute la plante, poussant inférieurement un grand nombre de rameaux stériles, procombants, recouverts de feuilles persistantes. Feuilles longues de 6 à 12 lignes, assez épaisses : celles des rameaux stériles persistantes. Fleurs petites : pédicelles d'un pourpre violet.

Cette espèce, qui habite les Alpes de l'Europe australe, se cultive dans les jardins, à cause de l'élégance de son feuillage.

B. *Herbes vivaces, à souches radicantes poussant un grand nombre de ramules stériles recouverts de feuilles persis-*

*tantes et le plus souvent imbriquées sur plusieurs rangs.
Feuilles cylindriques ou semi-cylindriques, très-épaisses.*

a) *Fleurs blanches, pédicellées; cymes irrégulières, paniculées; feuilles
sessiles, adnées par tous les points de leur base et non-prolongées
postérieurement.*

Sédum a fleurs blanches. — *Sedum album* Linn. — Flor.
Dan. tab. 66. — De Cand. Plant. Gr. tab. 22. — Engl. Bot.
tab. 1578. — *Sedum teretifolium* Lamk.

Tiges florifères ascendantes ; ramules stériles radicants. Feuilles
éparses, presque étalées, glabres, subcylindriques, planes en dessus, linéaires-oblongues, obtuses. Segments calicinaux elliptiques,
obtus. Pétales planes, étalés, oblongs, obtus, mutiques, 3 fois
plus longs que le calice, un peu plus longs que les étamines. Follicules libres, connivents, subulés au sommet.

Tiges florifères hautes de 4 à 10 pouces, grêles, rougeâtres,
glabres comme toute la plante ; ramules stériles courts, touffus,
garnis de feuilles très-rapprochées mais le plus souvent étalées.
Feuilles succulentes, très-obtuses, longues d'environ 6 lignes. Cymes à 3 ou 4 rayons écartés, irrégulièrement dichotomes. Corolle
petite, d'un blanc pur. Anthères d'un pourpre violet.

Cette plante abonde dans presque toute l'Europe, sur les rochers, les toits, les vieux murs, et en général dans les endroits
arides et pierreux ; on la connaît en France sous les noms vulgaires de *Petite Joubarbe, Vermiculaire* et *Tripe Madame.*
Ses feuilles, qui sont légèrement acidules, se mangent en salade
dans quelques contrées, et le peuple les emploie comme remède
rafraîchissant.

Sédum a feuilles épaisses. — *Sedum dasyphyllum* Linn.
— Jacq. Hort. Vindob. tab. 153. — Engl. Bot. tab. 656. —
De Cand. Plant. Gr. tab. 93.

Tiges florifères ascendantes, filiformes, pubescentes et glanduleuses vers le haut ; ramules stériles procombants. Feuilles subopposées, glauques, pubérules, elliptiques, ou ovales-elliptiques,
ou ovales-globuleuses, obtuses : celles des tiges florifères très-

écartées; celles des ramules stériles imbriquées. Segments calicinaux ovales, apiculés. Pétales elliptiques, obtus, 3 fois plus longs que le calice. Follicules libres, dressés, subulés au sommet.

Ramules stériles formant un gazon bas, très-serré. Tiges florifères hautes de 2 à 3 pouces. Feuilles longues de 1 à 2 lignes, très-épaisses. Cyme à 2-4 rayons racémiformes. Fleurs très-petites, subunilatérales. Pétales blancs, à côte médiane pourpre. Anthères d'un pourpre noirâtre.

Cette plante mignonne croît sur les rochers, dans les Alpes de l'Europe australe et de l'Europe moyenne. Ses petites feuilles presque globuleuses, qui forment un tapis d'un vert glauque, ainsi que ses nombreuses fleurs lavées de blanc et de rose, produisent un effet très-agréable.

b) *Fleurs jaunes; cymes simples ou dichotomes et ombelliformes; feuilles sessiles, adnées seulement par le milieu de leur base et prolongées postérieurement en un petit appendice; celles des ramules stériles imbriquées sur 6 ou 7 rangs spiralés; celles des tiges florifères éparses.*

SÉDUM ACRE. — *Sedum acre* Linn. — Flor. Dan. tab. 1457. — Schk. Handb. tab. 123. — Engl. Bot. tab. 839. — De Cand. Plant. Gr. tab. 117.

Tiges florifères et ramules stériles dressés. Feuilles ovales, obtuses, convexes en dessous, presque planes en dessus. Cyme à 2 ou 3 rayons simples, divergents, subfastigiés. Fleurs subsessiles, subunilatérales. Segments calicinaux ovales, obtus. Pétales lancéolés, mucronés, étalés, 2 fois plus longs que le calice. Capsule étoilée : follicules finement mucronés.

Tiges florifères hautes de 3 à 4 pouces, glabres de même que toute la plante; ramules stériles formant un gazon touffu, d'un vert gai. Feuilles à peine longues de plus de 1 ligne, souvent ponctuées de rouge. Rameaux de la cyme 3-5-flores, feuillés. Fleurs petites, d'un jaune de Citron.

Cette plante, nommée vulgairement *Poivre de muraille*, *Vermiculaire brûlante*, ou *Pain d'oiseau*, abonde dans les endroits arides et pierreux de presque toute l'Europe. Elle a une saveur âcre très-prononcée. Le suc des tiges et des feuilles est un drastique violent dont on ne fait guère usage en thérapeutique; mais plusieurs médecins célèbres ont recommandé la décoction du *Sedum acre*, à petites doses, dans de la bière, comme un excellent antiscorbutique.

SÉDUM A FEUILLES RÉFLÉCHIES. — *Sedum reflexum* Linn. — Flor. Dan. tab. 1818. — De Cand. Plant. Gr. tab. 115. — Engl. Bot. tab. 695. — *Sedum rupestre* De Cand. Plant. Gr. tab. 116. — *Sedum glaucum* Engl. Bot. tab. 2477.

Feuilles semi-cylindriques, mucronées : celles des tiges florifères linéaires-lancéolées, souvent recourbées; celles des ramules stériles linéaires-subulées. Cyme dense, ombelliforme, à 5-7 rayons bifurqués. Fleurs courtement pédicellées. Segments calicinaux triangulaires, pointus. Pétales divergents, concaves, lancéolés, subobtus, 2 fois plus longs que le calice, un peu plus longs que les étamines. Follicules libres, dressés, subulés au sommet.

Tiges florifères glabres de même que toute la plante, cylindriques, ascendantes, fermes, souvent rougeâtres, hautes de 6 à 12 pouces. Ramules stériles dressés, plus ou moins touffus, recouverts de feuilles plus ou moins rapprochées. Feuilles glauques ou d'un vert gai, longues de 4 à 8 lignes, larges de $\frac{1}{3}$ de ligne à 1 ligne, plus ou moins planes en dessus. Cyme multiflore, feuillée. Pétales longs d'environ 4 lignes, d'un jaune vif.

Cette espèce est commune dans presque toute l'Europe; on l'emploie quelquefois à border les parterres.

SÉDUM DES ROCHERS. — *Sedum rupestre* Smith, Flor. Brit. — Engl. Bot. tab. 170. — Dill. Hort. Elth. tab. 256.

Cette espèce diffère de la précédente par ses fleurs plus grandes à segments calicinaux elliptiques, obtus, et par ses pétales oblongs, obtus, très concaves, étalés horizontalement; son feuillage est d'un glauque fortement bleuâtre.

Ce Sédum croît en France et en Angleterre; il se cultive aussi comme plante de bordure.

SÉDUM ÉLANCÉ. — *Sedum altissimum* Poir. — De Cand.

Plant. Gr. tab. 40. — *Sempervivum sediforme* Jacq. Hort. Vindob. tab. 81.

Feuilles semi-cylindriques, oblongues-lancéolées, pointues, mucronées, glauques. Cyme dense, ombelliforme, à 3-5 rameaux bifurqués. Fleurs subsessiles, ordinairement 8-10-fides. Segments calicinaux elliptiques ou ovales, acuminés. Pétales spathulés, cuculliformes, obtus, étalés horizontalement, 5 fois plus longs que le calice, un peu plus courts que les étamines. Follicules libres, dressés, subulés au sommet.

Plante ayant le même port que les deux précédentes, mais beaucoup plus forte dans toutes ses parties. Tiges florifères ascendantes, hautes de 12 à 18 pouces. Feuilles caulinaires atteignant jusqu'à 15 lignes de long, sur 4 lignes de large, et près de 2 lignes d'épaisseur à leur base. Cyme atteignant 3 pouces de diamètre. Pétales d'un jaune très-pâle, longs de 3 à 4 lignes. Follicules au nombre de 8 à 10 dans chaque fleur, longs de 5 lignes.

Cette espèce, indigène dans l'Europe australe, se cultive comme plante d'agrément.

SÉDUM A PÉTALES DRESSÉS. — *Sedum anopetalum* De Cand. Fl. Franç. Suppl.

Feuilles cylindracées, pointues, mucronulées, glauques. Cyme dense, ombelliforme, à 3-5 rayons bifurqués, pauciflores. Fleurs subpédicellées. Segments calicinaux linéaires-lancéolés, pointus. Pétales lancéolés, acuminés, dressés. Follicules libres, dressés, subulés au sommet.

Plante semblable par le port au *Sedum reflexum*. Tiges florifères hautes de 4 à 6 pouces. Feuilles d'un glauque fortement bleuâtre, très-serrées sur les ramules. Fleurs d'un jaune pâle.

Cette espèce croît dans le midi de la France.

Genre JOUBARBE. — *Sempervivum* Linn.

Calice 6-20-parti, ou cupuliforme et denté. Pétales en même nombre que les segments calicinaux, quelquefois soudés par la base. Étamines en nombre double des pétales (filets soudés inférieurement avec la base des pétales lorsque ceux-ci cohèrent entre eux.) Squamules nectarifères entières, ou échancrées, ou dentées. Follicules en même nombre que les pétales, libres, disposés en rond.

Sous-arbrisseaux charnus, ou herbes le plus souvent stolonifères: stolons grêles, munis à leur sommet d'une rosette de feuilles imbriquées, laquelle finit par s'enraciner. Feuilles très-charnues, entières, souvent ciliées, éparses et sessiles sur les tiges ou rameaux florifères, imbriquées en rosette au sommet des souches. Inflorescence paniculée ou cymeuse. Fleurs jaunes, ou blanchâtres, ou d'un pourpre violet.

Ce genre renferme environ trente espèces, la plupart indigènes dans les Canaries et à Madère; six espèces croissent en Europe, sur les rochers des montagnes. Les *Joubarbes* africaines, caractérisées par un port très-original, se cultivent en serre tempérée, et plusieurs d'entre elles sont communes dans toutes les collections de plantes grasses. Les espèces d'Europe forment d'épais gazons de rosettes fort élégantes; on en garnit les rocailles artificielles, les vieux murs ou autres localités arides.

Voici les espèces les plus remarquables du genre :

Section I.

Tige ou souche non-stolonifère, ordinairement frutescente. Fleurs jaunes, ou rarement blanches. Pétales libres.

JOUBARBE TORTUEUSE. — *Sempervivum tortuosum* Ait. Hort. Kew. — Bot. Mag. tab. 296. — De Cand. Plant. Gr. tab. 156.

Tiges frutescentes, dressées, rameuses, subdichotomes, tortueuses. Feuilles obovales-spathulées, éparses, convexes en dessous, velues. Cymes paniculées, subdichotomes. Calice 7-ou 8-parti. Pétales lancéolés, cuspidés, 2 fois plus longs que les étamines. Squamules hypogynes minimes, fimbriées.

Plante assez touffue, haute d'environ ½ pied. Feuilles longues de 6 à 12 lignes, larges de 2 à 4 lignes. Cyme à rameaux bifurqués : pédicelles plus longs que le calice, disposés en grappes lâches, unilatérales, subbractéolées. Fleurs jaunes, de la grandeur de celles du *Sédum ácre*.

Cette espèce est indigène aux Canaries.

JOUBARBE VELUE. — *Sempervivum villosum* Haw. Syn. — Bot. Reg. tab. 1553.

Tiges frutescentes, rameuses, subdichotomes, tortueuses. Feuilles presque imbriquées, elliptiques ou obovales, subcylindriques, gibbeuses en dessous, pubescentes. Cymes subcorymbiformes. Calice 7-ou 8-fide : segments oblongs, pointus. Pétales lancéolés, cuspidés, étalés, 2 fois plus longs que les étamines. Squamules hypogynes minimes, fimbriolées.

Plante touffue, haute de ¹/₂ pied à 1 pied. Feuilles longues au plus de 4 lignes, épaisses de 1 à 2 lignes, succulentes, d'un vert jaunâtre ou rougeâtre, roselées au sommet des ramules non-florifères. Fleurs jaunes, de la grandeur de celles du *Sédum ácre*.

Cette espèce habite les Canaries.

JOUBARBE VISQUEUSE. — *Sempervivum glutinosum* Ait. Hort. Kew. — Jacq. Hort. Schœnbr. 4, tab. 464. — Bot. Mag. tab. 1963. — Bot. Reg. tab. 278.

Tige frutescente, rameuse. Feuilles visqueuses (de même que les rameaux et calices), charnues, courtement acuminées, bordées de cils cartilagineux apprimés : celles des rosettes et du bas des rameaux florifères obovales - spathulées; les supérieures ovales ou elliptiques, subconcaves; les florales cymbiformes. Panicule lâche, composée de cymes bifurquées, nues, longuement pédonculées. Calice hémisphérique, à 10 dents obtuses. Pétales étalés ou réfléchis, oblongs, obtus, mucronulés, à peu près aussi longs que les étamines. Squamules hypogynes minimes, tronquées, ou échancrées.

Tige haute de 2 à 3 pieds. Rameaux florifères tortueux, longs de 1 à 2 pieds. Feuilles d'un vert gai: celles des rosettes longues d'environ 2 pouces; celles des rameaux florifères diminuant graduellement vers le haut; celles de la panicule longues de 1 à 2 lignes. Rameaux de la panicule longs de 2 à 3 pouces, presque

étalés. Pédicelles disposés en grappe unilatérale; bractéoles minimes, caduques. Fleurs d'un jaune vif, larges de 6 à 7 lignes.

Cette espèce croît aux Canaries.

JOUBARBE ARBORESCENTE. — *Sempervivum arboreum* De
Cand. Plant. Gr. tab. 125 et 125*. — Bot. Reg. tab. 99.

Tige rameuse, arborescente. Feuilles cunéiformes-spathulées,
ciliées de poils mous, mucronulées, étalées et roselées au sommet
des rameaux. Panicule subthyrsiforme, composée de cymes nues
bifurquées. Calice 10-ou 12-fide : segments pointus. Pétales linéaires-lancéolés, pointus.

Tige quelquefois de la grosseur du bras, cylindrique, charnue,
haute de 2 à 4 pieds, divisée au sommet en plusieurs rameaux.
Feuilles charnues, succulentes, verdâtres. Panicule ample. Pédicelles en grappe unilatérale; bractéoles petites, caduques. Fleurs
d'un jaune vif, larges de près de 1 pouce.

Cette belle plante croît en Portugal, en Barbarie, dans l'Archipel et en Orient.

JOUBARBE THYRSIFLORE. — *Sempervivum urbicum* Lindl. in
Bot. Reg. tab. 1741. (an Horn?)

Tige frutescente. Feuilles ciliées de poils cartilagineux : celles
des rosettes obovales-spathulées, mucronées. Fleurs glabres, en
thyrse pyramidal, très-ample. Calice hémisphérique, 10-12-
denté. Pétales lancéolés, 2 fois plus longs que les étamines.
Squamules hypogynes larges, tronquées, un peu échancrées.

Feuilles d'un vert foncé : celles des rosettes longues d'environ
2 pouces. Thyrse long de près de 1 pied, sur environ 8 pouces de
large à la base. Fleurs d'un jaune vif, larges d'environ 8 lignes.

Cette espèce, sans contredit l'une des plus élégantes du genre,
a été trouvée à Ténériffe par MM. Webb et Berthelot.

JOUBARBE A ROSETTES PLANES. — *Sempervivum tabulæforme*
Haw. Suppl. — Lodd. Bot. Cab. tab. 1328.

Souche simple, caulescente, frutescente. Feuilles spathulées-
cunéiformes, mucronées, longuement ciliées, glabres aux 2 faces,
étalées en rosette plane et disciforme. Panicule assez dense,

composée de cymes bifurquées. Calice 10-parti : segments linéaires, pointus. Pétales linéaires-lancéolés, très-pointus, pubescents et visqueux de même que le calice, étalés, un peu plus longs que les étamines. Squamules hypogynes linéaires-spathulées, recourbées au sommet.

Souche haute d'environ 1 pied, charnue, nue inférieurement, garnie au sommet d'une rosette de feuilles étalées, d'un demi-pied de diamétre. Feuilles rougeâtres ou d'un vert pâle, longues d'environ 3 pouces, bordées de longs poils blancs. Rameaux florifères longs d'environ 1 pied. Pédicelles plus longs que le calice, disposés en grappe unilatérale. Pétales d'un jaune verdâtre, longs d'environ 3 lignes.

Cette espèce, très-remarquable par ses larges rosettes planes, est originaire de Madère.

JOUBARBE DES CANARIES. — *Sempervivum canariense* Linn. — De Cand. Plant. Gr. tab. 141.

Souche courte, frutescente. Feuilles pubescentes-incanes, mucronées : les radicales roselées, obovales-spathulées ; celles de la tige florifère éparses, ovales. Panicule subpyramidale. Pétales 9 ou 10, linéaires.

Feuilles radicales grandes, nombreuses, formant une rosette de 7 à 10 pouces de diamétre. Panicule ample, à rameaux étalés. Fleurs blanchâtres.

Cette espèce se cultive fréquemment dans les collections, mais elle fleurit très-rarement.

JOUBARBE DE SMITH. — *Sempervivum Smithii* Sims, Bot. Mag. tab. 1980.

Tige frutescente, dressée, hispide. Feuilles éparses, obovales, acuminées, concaves, submaculées. Panicule composée de grappes unilatérales. Pétales 12, ovales-oblongs, étalés. Glandules hypogynes nulles. Fleurs subsessiles, d'un jaune pâle.

Cette espèce croît aux Canaries.

SECTION II.

Souche courte, charnue, stolonifère, couverte de feuilles linguiformes, persistantes, imbriquées en rosette hémisphérique ou subglobuleuse, produisant au bout d'un certain nombre d'années une seule tige florifère qui périt, de même que la racine, après la fructification. Stolons grêles (naissant soit vers la base de la souche, soit aux aisselles de la rosette), munis à leur sommet d'une petite rosette qui s'enracine dans le voisinage de la plante-mère, d'où résulte un gazon très-touffu de rosettes plus ou moins grosses. Racine des vieilles rosettes composée de fibres charnues pivotantes. Inflorescence cymeuse ou paniculée, composée de grappes unilatérales, recourbées, rarement bifides; pédicelles très-courts, naissant sur la partie antérieure des pédoncules; bractées petites, éparses sur la partie postérieure des pédoncules. Pétales et filets (rougeâtres ou d'un pourpre violet) soudés par la base, ou par exception libres. Calice, corolle et pistil couverts d'une pubescence glandulifère.

A. *Pétales étalés en roue. Follicules un peu arqués, divergents au sommet, rangés en rond de manière à laisser au milieu une cavité circulaire.*

a) *Pétales et étamines libres.*

Joubarbe commune.—*Sempervivum tectorum* Linn.— Flor. Dan. tab. 601. — Engl. Bot. tab. 1320. — Blackw. Herb. tab. 366. — De Cand. Plant. Gr. tab. 104.

Feuilles glabres aux 2 faces, ciliées, obtuses, mucronées : celles des rosettes oblongues-obovales; celles de la tige oblongues. Cyme subpaniculée. Calice profondément 9-12-fide (rarement 5- ou 6-fide). Pétales lancéolés, acuminés, 2 fois plus longs que les segments du calice. Squamules minimes, adnées.

Feuilles d'un vert gai , luisantes, rougeâtres vers leur sommet : celles des rosettes adultes longues d'environ 2 pouces , étalées. Tige haute de 1 pied à 1 ¹/₂ pied, épaisse, cylindrique, rougeâtre, garnie de longs poils glandulifères, feuillue, quelquefois paniculée au sommet; ramules florifères divergents ou étalés, subterminaux. Calice d'un rouge verdâtre. Pétales d'un rouge pâle ;

parsemés d'une foule de points linéaires, d'un pourpre foncé. Étamines de moitié plus courtes que les pétales : filets roses; anthères violettes avant l'anthèse. (Dans la plante cultivée, les étamines se transforment très souvent en ovaires.)

La *Joubarbe commune,* nommée vulgairement *Grande Joubarbe,* croît spontanément sur les rochers des Alpes; on la rencontre très-fréquemment dans les campagnes, plantée sur les toits ou les vieux murs. Ses feuilles sont légèrement acides et jouissent de propriétés rafraîchissantes; les médecins d'autrefois en prescrivaient le suc dans les fièvres inflammatoires, la dyssenterie, l'esquinancie et autres maladies; on attribue aussi aux feuilles fraîches, écrasées et triturées avec du beurre frais, des qualités très-efficaces contre les brûlures; enfin beaucoup de personnes ont coutume d'appliquer une feuille de Joubarbe sur les cors.

b) *Pétales et filets des étamines soudés par la base.*

JOUBARBE DES MONTAGNES. — *Sempervivum montanum* Linn. — Jacq. Flor. Austr. tab. 41. — De Cand. Plant. Gr. tab. 105.

Feuilles oblongues-liguliformes, courtement acuminées, mucronées, ciliées : celles des rosettes glabres aux 2 faces; celles de la tige pubérules aux 2 faces. Rosettes subglobuleuses. Cyme subtriradiée. Calice profondément 10-14- (le plus souvent 12) fide. Pétales linéaires ou linéaires-lancéolés, acuminés, 3 fois plus longs que le calice. Squamules minimes, tronquées.

Tige haute de 3 à 6 pouces, ordinairement rougeâtre, hérissée de poils glanduleux. Feuilles vertes ou rougeâtres, 3 à 4 fois plus petites que celles de la *Joubarbe commune.* Pétales longs d'environ 4 lignes, d'un rose vif, avec une ligne pourpre au milieu. Filets pourpres, de moitié plus courts que les étamines. Anthères jaunes.

Cette espèce croît sur les rochers des Alpes.

JOUBARBE ARANÉEUSE. — *Sempervivum arachnoideum* Linn. — De Cand. Plant. Gr. tab. 106.

Feuilles des rosettes ovales ou oblongues, courtement acuminées, mucronées, ciliées de poils roides, laineuses au sommet

Cyme subtriradiée. Calice profondément 9-12-fide. Pétales lancéolés ou lancéolés-oblongs, acuminés, 3 fois plus longs que le calice. Squamules hypogynes oblongues, obtuses.

Plante semblable à la précédente par le port. Jeunes rosettes globuleuses : poils des barbes de la sommité des feuilles entre-croisés, rayonnants, d'un blanc brillant. Tige haute de 4 à 6 pouces, rougeâtre, couverte d'une pubescence glanduleuse. Pétales roses, avec une ligne médiane pourpre. Étamines 2 fois plus courtes que la corolle : filets pourpres; anthères violettes avant l'anthèse.

Cette espèce habite les Alpes de l'Europe méridionale.

B. *Pétales dressés, connivents en cloche, blanchâtres, soudés par la base.*

Joubarbe hérissée. — *Sempervivum hirtum* Linn. — Jacq. Flor. Austr. tab. 12. — De Cand. Plant. Gr. tab. 107. — Allion. Pedem. tab. 65, fig. 1.

Feuilles des rosettes lancéolées-oblongues, pointues, ciliées, glabres aux 2 faces; feuilles caulinaires cordiformes-ovales, acuminées, ciliées, courtement hérissées aux 2 faces. Cyme 4-ou 5-radiée. Calice 6-fide. Pétales linéaires-lancéolés, subtridentés au sommet, fimbriés aux bords, 2 fois plus longs que le calice. Squamules hypogynes tronquées.

Rosettes subglobuleuses, stolonifères aux aisselles. Feuilles glauques, maculées de brun vers leur sommet. Tige haute de 4 à 8 pouces, feuillue, d'un vert tirant sur le blanc, fortement pubescente et visqueuse. Pétales longs de 8 lignes, d'un blanc verdâtre, 2 fois plus longs que les étamines.

Cette espèce croît sur les rochers des Alpes.

Joubarbe sobolifère. — *Sempervivum soboliferum* Sims, Bot. Mag. tab. 1457.

Feuilles toutes glabres aux 2 faces, ciliées : celles des rosettes cunéiformes-oblongues, pointues; les caulinaires inférieures oblongues, acuminées; les supérieures ovales. Calice 6-fide. Pétales fimbriés, pointus.

Plante semblable à l'espèce précédente par le port. Rosettes globuleuses, stolonifères aux aisselles. Feuilles glauques. Segments calicinaux glabres excepté aux bords.

Cette espèce habite les Alpes.

SOIXANTE-DIXIÈME FAMILLE.

LES FICOIDÉES. — *FICOIDEÆ*.

(*Ficoideæ* Juss. Gen. — De Cand. Prodr. v 3, p. 415. — Bartl. Ord. Nat. p. 308.)

De même que les Crassulacées, les *Ficoïdées* sont des plantes charnues, remarquables par un feuillage à formes bizarres, et parées le plus souvent d'une inflorescence très-brillante. Les feuilles de plusieurs espèces se mangent en guise d'Épinards ; d'autres contiennent beaucoup de substances salines.

La famille appartient presque en totalité à la zone tempérée ; elle domine surtout dans la flore de l'extrémité australe de l'Afrique : car plus des quatre cinquièmes des espèces connues naissent dans les environs du cap de Bonne-Espérance.

Caractères de la Famille.

Herbes, ou *sous-arbrisseaux*. Tige et rameaux le plus souvent noueux avec articulation.

Feuilles opposées, ou rarement éparses, charnues, simples, très-rarement incisées, planes, ou plus souvent soit prismatiques, soit cylindracées. Stipules nulles.

Calice plus ou moins adhérent, ou moins souvent inadhérent, charnu, persistant (coloré en dedans lorsque les fleurs sont apétales), plus ou moins profondément fendu en 4-8 (ordinairement 5) segments égaux ou inégaux ; estivation quinconciale ou subvalvaire.

Pétales (quelquefois nuls) en nombre indéfini, plurisériés, insérés à la gorge du calice, non-persistants, quelquefois soudés par la base.

Etamines insérées à la gorge du calice, plurisériées, en nombre indéterminé, ou en nombre multiple des segments calicinaux. Filets libres, subulés, souvent connivents. Anthères elliptiques ou oblongues, incombantes ou subincombantes, à 2 bourses contiguës, longitudinalement déhiscentes.

Pistil : Ovaire adhérent ou rarement inadhérent, pluriloculaire (loges en même nombre que les segments calicinaux et opposées à ceux-ci ; rarement en plus grand nombre que les segments calicinaux); ovules en nombre indéfini, attachés à l'angle interne des loges. Styles en même nombre que les loges de l'ovaire, courts, libres. Stigmates simples.

Péricarpe : Capsule adhérente inférieurement ou inadhérente, 5- ou pluri-loculaire, étoilée et déhiscente au sommet par les sutures antérieures, ou rarement déhiscente soit circulairement, soit par des sutures longitudinales postérieures. (Quelquefois le péricarpe est drupacé.)

Graines en nombre indéfini (rarement solitaires par avortement), inarillées, attachées à l'angle interne des loges moyennant des funicules plus ou moins allongés. Périsperme farineux, central. Embryon périphérique, curviligne (spiralé par exception); radicule pointant vers le hile.

La famille est constituée par les genres suivants :

Mesembryanthemum Linn. (Hymenogyne Haw.) — *Tetragonia* Linn. — *Aizoon* Linn. (Veslingia Fabr.) — *Sesuvium* Linn. — *Trianthema* Sauv. (Zaleya Burm. Rocama Forsk. Papularia Forsk.) — *Miltus* Lour. — *Glinus* Linn. (Rolofa Adans. Plenckia Rafin.) — *Orygia* Forsk.

A l'exemple de M. Bartling, nous plaçons dans les Tamariscinées les genres *Reaumuria* et *Nitraria*.

Genre FICOÏDE. — *Mesembryanthemum* Linn.

Tube calicinal adhérent; limbe subcampanulé, à 2-8 (ordinairement 5) segments soudés par la base, inégaux, le plus souvent foliiformes. Pétales 1-sériés ou plus souvent plurisériés, en nombre indéfini, linéaires, soudés par la base. Étamines plurisériées, en nombre indéfini. Ovaire adhérent ou semi-adhérent, 4-20- (le plus souvent 5-) loculaire. Styles en même nombre que les loges de l'ovaire. Capsule 5- ou pluriloculaire, adhérente inférieurement, étoilée et déhiscente au sommet, polysperme. Embryon arqué, périphérique.

Sous-arbrisseaux ou moins souvent herbes. Feuilles planes, ou cylindriques, ou prismatiques, charnues, succulentes, le plus souvent opposées. Fleurs blanches, ou jaunes, ou roses, ou pourpres, ou violettes, terminales (soit subsolitaires, soit en cyme dichotome ou trichotome), méridiennes, ou rarement vespertines.

MM. le Prince de Salm-Dyck et Haworth, dont les savantes recherches ont eu pour objet spécial l'étude des plantes grasses, portent le nombre des *Ficoïdes* jusqu'à plus de trois cents, toutes indigènes au cap de Bonne-Espérance, à l'exception de trois espèces de la Flore Méditerranéenne, et de six autres de l'Australasie.

Les fleurs des Ficoïdes, en général très-belles, très-abondantes et de longue durée, ne s'épanouissent qu'au grand soleil, vers l'heure de midi; elles se referment le soir; le nom de *Mesembryanthemum*, qui signifie *fleur de midi*, fait allusion à ce phénomène. Les capsules de ces plantes, quelquefois semblables à une petite figue, sont hygrométriques : leurs valves s'écartent lorsque l'air est chargé d'humidité, et elles se resserrent dans un atmosphère sec.

Une foule de Ficoïdes se cultivent comme plantes d'agrément; beaucoup d'entre elles se conservent sans peine durant l'hiver, en bâche, ou même dans une chambre, pourvu qu'elles se trouvent à l'abri d'un froid rigoureux, et surtout qu'on les tienne sèches.

Voici les espèces que l'on rencontre le plus souvent dans les collections de plantes grasses :

SECTION I. (*Acaulia* Haw.)

Tige nulle ou très-courte. Racine vivace. Feuilles de formes diverses, mais non cylindriques.

A. *Feuilles opposées, très-obtuses, d'abord connées en globe, puis se séparant irrégulièrement au sommet, engaînantes, marcescentes. Fleurs solitaires, sessiles. Pétales soudés en tube. Calice 4-ou 5-fide. Stigmates 4 ou 5.* — (SPHÆROIDEA Salm-Dyck. — MINIMA *et* SPHÆROIDEA Haw.)

FICOÏDE NAINE.—*Mesembryanthemum minimum* Haw. Obs. — Bot. Mag. tab. 1376.

Obconique, glauque, lisse, immaculé. Fleur longuement tubuleuse (tube grêle, long de $^1/_2$ pouce : limbe pourpre). Ovaire inclus. — Toute la plante à peine de la grosseur d'une Fève.

FICOÏDE OBCORDIFORME.—*Mesembryanthemum obcordellum* Haw. Misc. — Bot. Mag. tab. 1647.

Obconique, glauque, marbré. Fleur petite, sessile, blanchâtre. Ovaire inclus.

B. *Subacaules. Feuilles 4-6, opposées en croix, très-entières, obtuses, planes en dessus, convexes en dessous. Fleurs subsessiles, solitaires. Calice 4-6-fide. Styles 4-6.* — (SUBQUADRIFOLIA Salm-Dyck. — SEMIOVATA *et* OBTUSA Haw.)

FICOÏDE OCTOPHYLLE. — *Mesembryanthemum octophyllum* Haw. Rev. — *Mesembryanthemum testiculare :* ♀, Sims, Bot. Mag. tab. 1573.

Feuilles ovales-oblongues, blanchâtres, lisses, presque dressées. Calice 6-fide, 2-bractéolé. — Fleur jaune, large de 8 à 10 lignes.

FICOÏDE OBTUSE. — *Mesembryanthemum obtusum* Haw. Misc.

Feuilles inégales , semi-cylindriques, acinaciformes, obtuses.
Fleur subsessile, dibractéolée. Calice à 6 lobes. Corolle pourpre,
longue d'environ 1 pouce.

C. *Souches très-courtes , moniliformes, aphylles à l'état
adulte. La première paire de feuilles connée jusqu'au
sommet, non-persistante; celles de la seconde paire allongées, soudées par la base, marcescentes. Calice 4-6-fide,
couvert (ainsi que les feuilles) de papilles cristallines.
Styles 7 ou 8. —* (MONILIFORMIA Haw. et Salm-Dyck.)

FICOÏDE MONILIFORME. —*Mesembryanthemum moniliforme*
Haw.

Feuilles primordiales connées en globe ; feuilles supérieures
semi-cylindriques , subulées , très-longues, un peu recourbées.
Calice 4-fide. Pétales blancs. Styles 7.

FICOÏDE PISIFORME. —*Mesembryanthemum pisiforme* Haw.
Misc.

Feuilles cristallines : les primordiales connées en globule pisiforme ; les supérieures semi-cylindriques. Souche naine, très-rameuse.

D. *Acaules. Feuilles triédres , épaissies ou gibbeuses au sommet, le plus souvent ciliées de poils roides, non-papilleuses.
Fleurs jaunes, s'épanouissant après midi. Calice 4-ou 5-
fide. Stigmates 4 ou 5.* (RINGENTIA Haw. Syn. — RINGENTIA
CILIATA Salm-Dyck.)

FICOÏLE RINGENTE. — *Mesembryanthemum felinum* Haw.
—*Mesembryanthemum ringens :* β, Linn. — De Cand. Plant.
Gr. tab. 158.

Acaule, glauque. Feuilles longuement ciliées , ponctuées au
sommet et munies d'une carène cartilagineuse. Fleur sessile, jaune.
Styles 5 , filiformes, aussi longs que les étamines.

FICOÏDE TIGRÉE.—*Mesembryanthemum tigrinum* Haw. Obs.
— Bot. Reg. tab. 280.

Acaule, non-glauque. Feuilles amplexicaules, cordiformes-ovales, étalées, marbrées de blanc, longuement ciliées, munies au sommet d'une carène cartilagineuse. Fleur sessile, jaune. Styles 4, filiformes, aussi longs que les étamines.

FIGOÏDE CANINE.—*Mesembryanthemum caninum* Haw. Obs. — De Cand. Plant. Gr. tab. 95. — Dill. Hort. Elth. fig. 231. — *Mesembryanthemum ringens* α Linn.

Subacaule. Feuilles glauques, triédres-carénées, subclaviformes, dentées vers leur sommet. Pédoncules plus longs que la feuille. — Fleurs d'un jaune orange.

E. *Acaules ou subacaules. Feuilles 4 ou 6, presque dressées, connées, semi-cylindriques, rétrécies à la base, subcarénées et subdenticulées au sommet. Fleurs solitaires, pédonculées, jaunes. Calice 4-8-fide. Stigmates 8-12. (*ROSTRATA *Haw. Salm-Dyck.)*

FICOÏDE BLANCHATRE. — *Mesembryanthemum albidum* Linn. — Dill. Hort. Elth. fig. 232. — Bot. Mag. tab. 1824.

Acaule, lisse, blanchâtre. Feuilles subulées, triédres, obtuses, apiculées, semi-cylindriques à la base, très-entières. Fleurs grandes, jaunes, odorantes. Stigmates 11.

FICOÏDE DENTICULÉE. — *Mesembryanthemum denticulatum* Haw. Obs.

Feuilles très-glauques ou incanes, subulées-triédres, comprimées, munies au sommet d'une crête denticulée. Hampe 2-bractéolée, 1-flore. Styles 15. — Fleurs d'un jaune pâle, larges de 3 pouces.

F. *Acaules ou subacaules. Feuilles plus ou moins linguiformes, planes en dessus, convexes en dessous, molles, luisantes. Fleurs sessiles ou pédonculées, grandes, solitaires. Calice ordinairement 4-fide (rarement 5-fide). Pétales luisants, jaunes, assez larges. Styles 8 ou 10. Capsule à 8 ou 10 loges. (*LINGUIFORMIA *Haw. — Salm-Dyck.*

a) *Feuilles exactement distiques.*

FICOÏDE OBLIQUE. — *Mesembryanthemum scalpratum* Haw.
Obs. — Dill. Hort. Elth. fig. 224. — *Mesembryanthemum
obliquum* Willd.

Acaule. Feuilles très-obliques, très-larges, inéquilatérales,
gibbeuses en dessus à la base. Fleur sessile.

FICOÏDE ODORANTE. — *Mesembryanthemum fragrans* Salm-
Dyck. Obs. — Link et Otto, Ic. Sel. tab. 43.

Subacaule. Feuilles épaisses : l'une convexe, obtuse au sommet; l'autre fortement carénée. Fleur subpédonculée (odorante,
large de 3 pouces). Calice 5-fide.

FICOÏDE CULTRIFORME. — *Mesembryanthemum cultratum*
Salm-Dyck. Obs.

Feuilles exactement linguiformes, tranchantes aux bords et au
sommet. Pédoncule comprimé, un peu plus long que la fleur.
Calice 5-fide. — Feuilles longues de 3 à 4 pouces. Pétales d'un
jaune vif, rougeâtres en dessous.

FICOÏDE A LONGUES FEUILLES. — *Mesembryanthemum lon-
gum* Haw. Obs. — Dill. Hort. Elth. fig. 227. — De Cand. Plant.
Gr. tab. 71. — β: *Mesembryanthemum depressum* Sims, Bot.
Mag. tab. 1866.

Acaule. Feuilles allongées, linguiformes, luisantes, très-vertes.
Fleurs pédonculées ou subsessiles.

FICOÏDE LINGUIFORME. — *Mesembryanthemum linguæforme*
Haw. Obs. — Dill. Hort. Elth. fig. 226.

Acaule. Feuilles inégalement linguiformes, épaisses, vertes,
quelquefois carénées. Fleur subsessile, 4-fide.

FICOÏDE A LARGES FEUILLES. — *Mesembryanthemum latum*
Haw. Obs. — Dill. Hort. Elth. fig. 225.

Acaule. Feuilles linguiformes, vertes, épaisses, obtuses, souvent obliques et canaliculées. Fleur subsessile. Calice 4-fide.
Capsule grosse, conique.

b) *Feuilles opposées en croix.*

FICOÏDE DE SALM. — *Mesembryanthemum Salmii* Haw. Suppl. — Link et Otto, Ic. Sel. tab. 44.

Subacaule. Feuilles décussées, semi-cylindriques, rétrécies à la base, pointues au sommet, ou subobtuses. Fleur sessile, 4-fide, grande. Capsule semi-incluse.

FICOÏDE DIFFORME. — *Mesembryanthemum difforme* Linn. — Dill. Hort. Elth. fig. 242.

Subacaule. Feuilles obliquement décussées, allongées, semi-cylindriques, obliques, obscurément 1-ou 2-dentées au sommet. Fleurs subsessiles, 4-fides, très-grandes, d'abord jaunes, puis d'un jaune orange. Styles 8. — Tiges adultes décombantes, longues de 2 à 3 pouces.

FICOÏDE BIDENTÉE. — *Mesembryanthemum bidentatum* Haw. Syn. — Dill. Hort. Elth. fig. 241.

Acaule. Feuilles semi-cylindriques, épaisses, molles, obliques et difformes au sommet, munies vers leur milieu de 2 dents charnues subopposées. Fleurs grandes, courtement pédonculées. Pétales jaunes, fimbriés au sommet. Capsule un peu déprimée.

G. *Acaules ou courtement caulescentes. Feuilles décussées, munies d'un angle caréné gibbeux. Fleurs jaunes. Calice 5-fide. Stigmates 5. Capsule 5-loculaire.* (DOLABRIFORMIA Salm-Dyck.)

FICOÏDE DOLABRIFORME. — *Mesembryanthemum dolabriforme* Linn. — Dill. Hort. Elth. fig. 237. — De Cand. Plant. Gr. tab. 6. — Bot. Mag. tab. 32.

Caulescente, dressée. Feuilles glauques, ponctuées, dolabriformes, déprimées à la base, comprimées au sommet, obtuses, subéchancrées. Fleurs subsessiles, vespertines. Styles filiformes, plus longs que les étamines.

H. *Subacaules. Feuilles connées dans une grande partie de leur longueur, difformes, grosses, inégales : l'une courte,*

*gibbeuse ; l'autre oblique, plus longue. Fleurs sessiles ou
courtement pédicellées, rougeâtres, petites. Calice 6-fide.
Styles 6. (*Gibbosa et Abbreviata *Haw. — *Inæqualifolia
gibbosa *Salm-Dyck.)

Ficoïde gibbeuse. — *Mesembryanthemum gibbosum* Haw.
Obs.

Subacaule. Feuilles étalées, ovales, semi-cylindriques, quelquefois carénées au sommet. Pédoncule court, ancipité. Calice à
6 lobes inégaux. Styles très-courts.

I. *Subacaules. Feuilles nombreuses, subcylindriques, ponctuées. Fleurs courtement pédonculées, d'un blanc sale.
Calice 5-fide. Styles *8. (*Calamiformia *Haw.)

Ficoïde calamiforme.—*Mesembryanthemum calamiforme*
Linn. — Dill. Hort. Elth. fig. 228. — De Cand. Pl. Gr.
tab. 5.

Feuilles subulées, ponctuées, planes en dessus, un peu glauques. Fleur subsessile.

J. *Acaules ou caulescentes. Feuilles subcylindracées, ponctuées. Fleurs pédonculées, d'un rouge vif. Calice 4-fide.
Styles *12. (*Teretifolia *Haw.)

Ficoïde cylindracée. — *Mesembryanthemum cylindricum*
Haw. Obs.

Subacaule. Feuilles cylindracées-triédres, un peu glauques.
Pédoncule dibractéolé, comprimé à la base. — Tige adulte haute
de 2 pouces : rameaux touffus.

Ficoïde a feuilles cylindriques. — *Mesembryanthemum
teretifolium* Haw. Syn.

Caulescente. Feuilles cylindriques, verdâtres. Pédoncule subcylindrique, dibractéolé. Rameaux procombants, longs de ¹/₂ pied.

K. *Acaules ou caulescentes. Feuilles triédres, dentées au
sommet aux angles. Fleurs solitaires, pédicellées. Calice*

5-*fide. Pétales pourpres au milieu , blancs aux bords. Capsule 5-loculaire. Styles filiformes , très-nombreux. (Belli-
diflora Haw. Rev.)*

FICOÏDE A FLEURS DE PAQUERETTE. — *Mesembryanthemum
bellidiflorum* Linn. — Dill. Hort. Elth. fig. 233.

Souche courte, suffrutescente. Feuilles triédres, comprimées,
subacinaciformes , denticulées au sommet. Pédicelle court.

FICOÏDE SUBULÉE. — *Mesembryanthemum subulatum* Mill.
Dict. — *Mesembryanthemum bellidiflorum simplex* De Cand.
Plant. Gr. tab. 41.

Souche ramuleuse. Feuilles triédres-subulées, denticulées au
sommet, un peu glauques.

Section II. CEPHALOPHYLLA Haw. Rev.

Tiges suffrutescentes, décombantes. Feuilles longues , agré-
gées presque en capitule, triédres , ou subcylindracées.
Fleurs pédonculées, jaunes. Calice 5-fide. Styles 10-20.
Ovaire déprimé.

A. *Souche rameuse , fortement renflée aux articulations.
Feuilles non-papilleuses*. (CALAMIFORMIA PROSTRATA Salm-
Dyck.)

FICOÏDE A FEUILLES LORIFORMES. — *Mesembryanthemum
loreum* Haw. Syn.

Tige adulte subcylindrique. Feuilles semi cylindriques, triédres,
recourbées, un peu glauques.

FICOÏDE HÉTÉROPHYLLE. — *Mesembryanthemum diversifo-
lium* Haw. Syn. — Dill. Hort. Elth. fig. 252.

Tige adulte robuste, anguleuse, rougeâtre. Feuilles très-longues, triédres, semi-cylindriques, un peu recourbées, vertes.

FICOÏDE CORNICULÉE. — *Mesembryanthemum corniculatum*
Haw. — Dill. Hort. Elth. fig. 254. — De Cand. Plant. Gr.
tab. 108.

Tiges étalées, anguleuses : nœuds distants. Feuilles semi-cylindriques, triédres, très-longues, courbées en dedans, glauques.
Pédoncules grêles, aussi longs que les feuilles.

FICOÏDE TRICOLORE.—*Mesembryanthemum tricolorum* Haw.
Obs.

Tiges procombantes : ramules distants. Feuilles cylindriques,
pointues, vertes. Pétales d'un jaune pâle vers le haut, d'un
pourpre foncé à la base. Anthères rousses. Styles verdâtres.

B. *Souche dressée, presque simple. Feuilles alternes, très-
longues, triédres, ou semi-cylindriques, non-ponctuées ni
papilleuses. Rameaux florifères subverticillés, décombants.
Pédoncules bractéolés à la base. Fleurs grandes. Pétales
ciliés à la base.* (CAPITATA Haw. — Salm-Dyck.)

FICOÏDE A FEUILLES PUGIONIFORMES. — *Mesembryanthemum
pugioniforme* Linn. — Dill. Hort. Elth. fig. 269. — De Cand.
Plant. Gr. tab. 82.

Souche suffrutescente. Rameaux cylindriques. Feuilles glauques, triédres. Pétales plus courts que le calice. Stigmates 15,
étalés. — Feuilles longues de près de 1 pied.

FICOÏDE A FEUILLES CAPITELLÉES. — *Mesembryanthemum
capitatum* Haw. Misc. — Bot. Reg. tab. 494.

Souche suffrutescente. Feuilles triédres, un peu glauques.
Pétales aussi longs que le calice. Stigmates 16, dressés.—Feuilles
longues de 6 à 7 pouces.

FICOÏDE ALLONGÉE. — *Mesembryanthemum elongatum* Haw.
Obs. — Bot. Reg. tab. 493. — De Cand. Pl. Gr. tab. 72.

Souche débile, flexueuse. Feuilles semi-cylindriques ou subtrigones, canaliculées. Racine grosse, tubéreuse. Styles 12-19.

SECTION III. REPTANTIA Haw.

Tiges suffrutescentes, décombantes, rampantes. Rameaux
anguleux. Feuilles opposées, connées à la base, triédres.
Fleurs rougeâtres. Stigmates 5-20.

A. *Tiges décombantes. Rameaux radicants, sarmenteux. Feuilles ponctuées, finement dentelées. Pédoncules le plus souvent ternés, dibractéolés. Calice 5-fide. Stigmates 5.* (SARMENTOSA Haw. — Salm-Dyck.)

FICOÏDE GÉMINIFLORE.—*Mesembryanthemum geminiflorum* Haw. Rev. — *Mesembryanthemum geminatum* Jacq. Fragm. tab. 5o.

Feuilles régulièrement triédres, oncinées, scabres. Pédoncules géminés ou ternés. — Feuilles longues de 12 à 15 lignes. Fléurs larges de ½ pouce.

FICOÏDE SARMENTEUSE. —*Mesembryanthemum sarmentosum* Haw. Syn.

Feuilles agrégées, triédres, comprimées, scabres aux bords, vertes. Pédoncules claviformes.

Cette espèce habite la Nouvelle-Hollande.

B. *Tiges suffrutescentes, naines, rampantes de même que les rameaux : articulations radicantes. Feuilles lisses aux bords, souvent agrégées. Calice 5-fide. Stigmates 5.* (HU-MILLIMA Haw. — REPTANTIA Salm-Dyck.)

FICOÏDE RAMPANTE. — *Mesembryanthemum reptans* Ait. Hort. Kew.

Tige filiforme. Feuilles très-rapprochées, pointues, glauques, scabres, ponctuées.

FICOÏDE A FEUILLES ÉPAISSES. — *Mesembryanthemum crassi-folium* Linn. — Dill. Hort. Elth. fig. 257.

Tige semi-cylindrique. Feuilles non-ponctuées, lisses, très-vertes, semi-cylindriques à la base. Pédoncule comprimé (long de 1 à 2 pouces).

FICOÏDE AUSTRALE. — *Mesembryanthemum australe* Ait. Hort. Kew. — *Mesembryanthemum demissum* Willd. Enum.

Tige semi-cylindrique. Feuilles non-ponctuées, lisses, glauques, courbées en dedans. Pédoncules ancipités. Stigmates subulés.

Cette espèce est indigène dans la Nouvelle-Hollande.

C. *Tiges suffrutescentes, fortes, souvent décombantes. Rameaux anguleux, décombants. Feuilles opposées, épaisses, triédres, acinaciformes, connées par la base. Fleurs solitaires, terminales, très-grandes. Styles 6-10. Fruit charnu.* (Acinaciformia Salm-Dyck.)

Ficoïde comestible. — *Mesembryanthemum edule* Linn. — Dill. Hort. Elth. tab. 272.

Rameaux étalés : angles non-dentés. Feuilles non-ponctuées, canaliculées, rétrécies aux 2 bouts, à faces égales. Calice 5-fide. Fleur grande, jaune. Capsule 8-loculaire.

Les Hottentots mangent les fruits de cette Ficoïde.

Ficoïde acinaciforme. — *Mesembryanthemum acinaciforme* Linn. — Dill. Hort. Elth. fig. 270 et 271. — Andr. Bot. Rep. tab. 508. — Salisb. Parad. Lond. tab. 90.

Tiges très-longues. Feuilles comprimées-triédres, ondulées et scabres aux bords. Fleurs très-grandes, rougeâtres. Styles 12-17.

Ficoïde lacérée. — *Mesembryanthemum lacerum* Salm-Dyck, Obs. — *Mesembryanthemum acinaciforme* De Cand. Plant. Gr. tab. 89.

Tige dressée. Rameaux étalés, ancipités. Feuilles triédres, sub-comprimées, glauques, ponctuées : caréne fimbriolée. Styles 10, très-courts, connivents. Fleurs grandes, roses.

Section IV. PERFOLIATA Haw.

Fruticules le plus souvent dressés. Feuilles opposées-perfoliées, le plus souvent triédres vers leur sommet, oncinées. Fleurs blanches, ou roses, ou rouges. Calice 5-fide. Stigmates 5.

A. *Feuilles triédres, comprimées, dressées : angle de la caréne prolongé. Fleurs solitaires, courtement pédonculées, rougeâtres. Pétales très-étroits.* (Forficata Salm-Dyck.)

Ficoïde a pétales imbriqués. — *Mesembryanthemum in-claudens* Haw. Syn. — Andr. Bot. Rep. tab. 384. — Bot. Mag. tab. 1663.

Feuilles subdeltoïdes, lisses, très-vertes : caréne gibbeuse, crénelée. Pétales intérieurs très-courts, imbriqués.

B. *Tige dressée. Rameaux durs ; entrenœuds recouverts de gaînes obconiques formées par la base des feuilles. Feuilles pointues, subtriédres au sommet. Ramules florifères axil-laires, 1-flores. Fleurs rougeâtres, de grandeur médiocre.* (Uncinata Haw. — Perfoliata Salm-Dyck.)

Ficoïde perfoliée. — *Mesembryanthemum perfoliatum* Mill. — Dill. Hort. Elth. fig. 240.

Feuilles triédres, dures, d'un glauque blanchâtre, ponctuées, oncinées au sommet : caréne 3-dentée en dessous.

Ficoïde oncinée. — *Mesembryanthemum uncinatum* Mill. Dict. — De Cand. Plant. Gr. tab. 54.

Feuilles triédres, verdâtres, ponctuées, munies au-dessous du sommet de 2 dents spinescentes.

C. *Tige dressée. Rameaux durs. Feuilles le plus souvent glauques. Fleurs paniculées, nombreuses. Pédoncules bractéolés.* (Paniculata Haw. — Salm-Dyck.)

Ficoïde feuillue. — *Mesembryanthemum foliosum* Haw. Misc.

Tige très-rameuse. Feuilles rapprochées, lisses, obtuses, mucronulées : gaînes éparses au sommet. Pétales rougeâtres.

Ficoïde a ombelles. — *Mesembryanthemum umbellatum* Linn. — Dill. Hort. Elth. tab. 208, fig. 266.

Feuilles distantes, subcylindriques, ponctuées, scabres, un peu glauques, grêles, oncinulées au sommet : gaînes renflées au sommet. Fleurs blanches.

Ficoïde a bractées imbriquées. — *Mesembryanthemum im-brivatum* Haw. Syn.

Tige et rameaux dressés, subtétragones. Feuilles distantes, un peu ponctuées, lisses, glauques, triédres-subcomprimées. Calice turbiné. Corolle blanche.

FICOÏDE MULTIFLORE. — *Mesembryanthemum multiflorum* Haw. Obs. — Pluck. Phyt. tab. 117, fig. 1.

Tige et rameaux dressés. Feuilles distantes, glauques, lisses, ponctuées, triédres, subcomprimées. Calice cylindracé. Bractées imbriquées. Corolle blanche.

FICOÏDE DÉLICATE. — *Mesembryanthemum tenellum* Haw. Obs.

Tiges dressées, touffues. Rameaux filiformes, décombants. Feuilles presque étalées, minces, scabres aux bords. Fleurs blanches.

SECTION V. TRIQUETRA Haw.

Sous-arbrisseaux. Feuilles opposées, non-connées, plus ou moins triédres. Fleurs le plus souvent solitaires, terminales. Calice 5-fide. Stigmates 5.

A. *Tiges rameuses, dressées. Feuilles épaisses, deltoïdes, spinelleuses aux angles. Fleurs nombreuses, agrégées, petites, roses, odorantes.* (DELTOIDEA Salm-Dyck.)

FICOÏDE CAULESCENTE. — *Mesembryanthemum caulescens* Mill. — Dill. Hort. Elth. fig. 243 et 244.

Feuilles très-rapprochées, glauques, denticulées aux bords : caréne entière.

FICOÏDE DELTOÏDE. —*Mesembryanthemum deltoideum* Mill. — De Cand. Plant. Grass. tab. 53.

Feuilles rapprochées, très-glauques, dentées aux angles. Caréne des bractées et lobes calicinaux entiers.

FICOÏDE SPINELLEUSE. — *Mesembryanthemum muricatum* Haw. Obs. — Dill. Hort. Elth. fig. 246.

Feuilles rapprochées, un peu glauques, spinelleuses aux bords ainsi que les segments calicinaux et les bractées.

B. *Rameaux dressés ou divariqués. Feuilles comprimées-triédres, falciformes, glauques, souvent ponctuées. Fleurs carnées ou d'un rose pâle, pédonculées.* (FALCATA Haw.)

a) *Fleurs agrégées, rougeâtres.*

FICOÏDE ÉLANCÉE. — *Mesembryanthemum maximum* Haw. — Andr. Bot. Rep. tab. 358.

Tige ligneuse, dressée, touffue. Feuilles grandes, rapprochées, courbées en demi-lune, très-glauques, obtuses, ponctuées, semi-amplexicaules. Pédoncules dibractéolés. Fleurs petites, rougeâtres.

FICOÏDE SEMI-LUNÉE.—*Mesembryanthemum lunatum* Willd. Enum.

Tige ligneuse, dressée. Rameaux touffus. Feuilles petites, très-rapprochées, non-ponctuées, un peu connées, fortement courbées en demi-lune. Fleurs roses.

FICOÏDE A FEUILLES FALCIFORMES. — *Mesembryanthemum falcatum* Linn. — Dill. Hort. Elth. fig. 275 et 276.

Tige ligneuse, dressée. Rameaux nombreux, paniculés, filiformes. Feuilles petites, non-connées, falciformes, légèrement glauques. Fleurs petites, rouges, odorantes.

FICOÏDE EFFILÉE. — *Mesembryanthemum virgatum* Haw. Syn.

Tige suffrutescente, débile. Rameaux écartés, effilés: Feuilles distantes, triédres-comprimées, pointues, légèrement glauques, ponctuées.

b) *Fleurs solitaires, d'un rose pâle.*

FICOÏDE A FEUILLES COURBÉES. — *Mesembryanthemum incurvum* Haw. Misc. — *Mesembryanthemum multiradiatum* Jacq. Fragm. tab. 53, fig. 2.

Tige suffrutescente, dressée. Rameaux grêles, étalés, feuillus. Feuilles acinaciformes, très-glauques, rétrécies aux 2 bouts.

C. *Tiges suffrutescentes, naines, très-rameuses : ramules divariqués, courts, décombants. Feuilles minimes, connées, trièdres, mucronées, très-rapprochées, marcescentes. Fleurs petites, solitaires, rougeâtres.* (MICROPHYLLA Salm-Dyck. — Haw.)

FICOÏDE A PETITES FEUILLES. — *Mesembryanthemum microphyllum* Haw. Obs.

Tige décombante, très-ramuleuse. Feuilles acuminées, subaristées, vertes, ponctuées, pustuleuses en dessus à la base. Fleurs solitaires, courtement pédonculées.

FICOÏDE MIGNONNE. — *Mesembryanthemum pulchellum* Haw. Misc. — Willd. Enum.

Tiges décombantes. Feuilles subcymbiformes, incanes, ponctuées, ciliées aux angles et à la carène, oncinulées au sommet.

D. *Tiges ligneuses. Rameaux étalés, filiformes. Feuilles plus ou moins trièdres, subcomprimées, ponctuées, scabres, souvent courbées en dedans. Fleurs pédonculées, rougeâtres, de grandeur médiocre* (SCABRIDA Haw. — SCABRA Salm.)

a) *Étamines conniventes.*

FICOÏDE SCABRE. — *Mesembryanthemum scabrum* Linn. — Dill. Hort. Elth. fig. 251.

Feuilles vertes, verruqueuses, très-scabres, rectilignes. Lobes calicinaux ovales acuminés. Pétales crénelés au sommet.

FICOÏDE VERSICOLORE. — *Mesembryanthemum versicolor* Haw. Misc.

Feuilles légèrement glauques, verruqueuses, très-scabres. Segments calicinaux ovales, acuminés. Pétales subbidentés au sommet (d'un blanc brillant lorsque la corolle est épanouie, pendant le jour; pourpres lorsque la corolle est fermée, pendant le matin et le soir.)

FICOÏDE RÉFLÉCHIE. — *Mesembryanthemum retroflexum* Haw. Misc.

Tige suffrutescente. Rameaux décombants. Feuilles très-glauques, scabres. Segments calicinaux réfléchis. Pétales distants.

b) *Étamines divergentes.*

FICOÏDE MULTIFLORE. — *Mesembryanthemum polyanthum* Haw. Syn.

Rameaux touffus, étalés. Feuilles petites, glauques, triédres, scabres. Fleurs très-nombreuses, en panicule. Pétales imbriqués.

FICOÏDE POLYPHYLLE. — *Mesembryanthemum polyphyllum* Haw. Rev.

Rameaux touffus, décombants, assurgents. Feuilles agglomérées, arquées, subclaviformes-triédres, ponctuées, un peu scabres, glauques.

FICOÏDE A FLEURS VIOLETTES. — *Mesembryanthemum violaceum* De Cand. Plant. Gr. tab. 84. — *Mesembryanthemum puniceum* Jacq. Hort. Schœnbr. tab. 442?

Tige ligneuse, dressée. Feuilles triédres-semi-cylindriques, ponctuées, scabres. Pédoncules 1-flores. Segments calicinaux étalés.

FICOÏDE A PÉTALES ÉCHANCRÉS. — *Mesembryanthemum emarginatum* Linn. — Dill. Hort. Elth. fig. 250.

Feuilles triédres, scabres, glauques. Pédoncules 3-bractéolés. Pétales profondément échancrés.

E. *Tiges dressées, ligneuses. Ramules très-comprimés. Feuilles non-connées, triédres, oncinées au sommet, plus ou moins scabres. Fleurs solitaires, rougeâtres, épanouies à toute heure, accompagnées de 2 à 4 grandes bractées ovales, carénées, embrassant les sépales. Pétales intérieurs fibrilliformes.* (BRACTEATA Salm-Dyck. — Haw.)

FICOÏDE BRACTÉOLÉE. — *Mesembryanthemum bracteatum* Ait. Hort. Kew.

Ramules rougeâtres. Feuilles vertes, triédres. Fleurs à 4 bractées. Pétales rouges, blancs à la base.

FICOÏDE ANCIPITÉE. — *Mesembryanthemum anceps* Haw. Syn.

Ramules subincanes, ancipités. Feuilles acinaciformes, submembranacées aux bords, ponctuées.

FICOÏDE RAYONNANTE. — *Mesembryanthemum radiatum* Haw. Obs. — Dill. Hort. Elth. fig. 249.

Rameaux subagrégés, incanes. Feuilles légèrement glauques, oncinées.

FICOÏDE COMPRIMÉE. — *Mesembryanthemum compressum* Haw. Obs.

Ramules très-comprimés. Feuilles légèrement glauques, très-scabres, à 3 faces égales. Bractées pointues.

F. *Tiges ligneuses. Rameaux rapprochés, ascendants. Feuilles opposées, subconnées, rapprochées, entières, pointues, triédres, lisses aux angles. Fleurs solitaires ou ternées, pédonculées, grandes, méridiennes, rouges, ou d'un rose pâle.* (CONFERTA Haw. — Salm-Dyck.)

FICOÏDE SUPERBE. — *Mesembryanthemum formosum* Haw. Syn.

Tiges suffrutescentes, basses. Rameaux florifères subdécombants, allongés. Feuilles longues, vertes, luisantes, triédrés. Fleurs terminales, ternées, d'un rouge vif.

FICOÏDE MAGNIFIQUE. — *Mesembryanthemum spectabile* Haw. Obs. — Bot. Mag. tab. 396. — De Cand. Plant. Gr. tab. 153.

Rameaux florifères ascendants ou dressés. Feuilles triédres, glauques, rapprochées de même que les ramules. Fleurs rouges, de 2 pouces de diamétre.

FICOÏDE A CALICE TURBINÉ. — *Mesembryanthemum turbinatum* Jacq. Hort. Vindob. tab. 476.

Tige rameuse, diffuse. Feuilles longues, glauques, pointues, triédres. Fleurs longuement pédonculées, rouges.

FICOÏDE CHARMANTE.— *Mesembryanthemum blandum* Haw. Suppl. — Bot. Reg. tab. 582. — Loddig. Bot. Cab. tab. 599.

Rameaux comprimés, ascendants. Feuilles comprimées-triédres, étroites, pointues, lisses. Pédoncules plus longs que les bractées. Fleurs d'abord blanches, plus tard pourpres ou roses.

G. *Tige frutescente ou suffrutescente. Rameaux dressés, souvent opposés en croix. Feuilles petites, non-connées, triédres, renflées, obtuses, cymbiformes. Fleurs rouges, ou roses, ou jaunes, solitaires.* (CYMBIFORMIA Salm-Dyck. — Haw.)

FICOÏDE MOLLE. — *Mesembryanthemum molle* Haw. Syn.

Rameaux ancipités, décombants. Feuilles étalées, subincanes, ponctuées aux bords. Fleurs petites, rougeâtres, terminales.

FICOÏDE A FEUILLES CYMBIFORMES. — *Mesembryanthemum cymbifolium* Haw.

Rameaux ancipités, incanes. Feuilles trigones, cymbiformes, ponctuées.

H. *Tiges suffrutescentes, dressées de même que les rameaux. Feuilles non-connées, ponctuées, trigones ou triédres, longues, glauques. Fleurs jaunes ou de couleur orange, grandes, méridiennes, solitaires. Styles épais.* (AUREA Haw. — ÆQUILATERALIA Salm-Dyck.)

FICOÏDE GLAUQUE. — *Mesembryanthemum glaucum* Linn. — Dill. Hort. Elth. fig. 248. — De Cand. Plant. Gr. tab. 146.

Feuilles triédres, fortement comprimées, glauques, un peu scabres. Lobes calicinaux ovales-cordiformes. Pétalés d'un jaune de soufre. Stigmates jaunes.

FICOÏDE A FLEURS ORANGES. — *Mesembryanthemum aurantiacum* Haw. Syn. — *Mesembryanthemum aurantium* Willd. Enum.

Feuilles trigones, subcomprimées, très-glauques. Bractées semi-cylindriques. Segments calicinaux ovales-oblongs.

FICOÏDE JAUNE-VIF. — *Mesembryanthemum aureum* Linn. — Bot. Mag. tab. 262. — De Cand. Plant. Gr. tab. 11.

Feuilles subcylindriques, subconnées, étalées, pointues, ponctuées. Corolle large de 2 pouces, d'un jaune orànge. Styles pourpres.

SECTION VI. TERETIUSCULA Haw.

Sous-arbrisseaux. Feuilles subcylindracées, non-papilleuses, rarement connées. Calice 5-fide. Stigmates 5.

A. *Tiges dressées. Ramules courts. Feuilles rapprochées, connées, cylindracées, obtuses, molles, non-ponctuées, couvertes d'une poussière glauque. Fleurs jaunes ou oranges. Calice 5-fide. Stigmates 5. Capsule petite.*

FICOÏDE VERRUCULEUSE. — *Mesembryanthemum verruculatum* Linn. — Dill. Hort. Elth. fig. 259. — De Cand. Plant. Gr. tab. 36.

Feuilles très-rapprochées, très-glauques, submucronées, plus longues que les entrenœuds. Fleurs jaunes, petites, subméridiennes, presque en ombelle.

FICOÏDE A FLEURS SAFRANÉES. — *Mesembryanthemum croceum* Jacq. Fragm. tab. 11, fig. 2.

Feuilles semi-cylindriques, subobtuses, plus courtes que les entrenœuds. Segments calicinaux un peu inégaux. Pétales obtus

B. *Rameaux grêles. Feuilles non-connées, subtriédres ou subcomprimées. Fleurs jaunes ou écarlates, matinales, solitaires, pédonculées.* (TENUIFLORA Salm-Dyck. — Haw.)

FICOÏDE ÉCARLATE. — *Mesembryanthemum coccineum* Haw. Obs. — De Cand. Plant. Gr. tab. 83. — Lodd. Bot. Cab. tab. 1o33.

Feuilles subcylindracées-triédres, obtuses, un peu glauques. Pédoncules lisses à la base. Segments calicinaux obtus, presque égaux. Pétales rouges aux 2 faces.

FICOÏDE BICOLORE. — *Mesembryanthemum bicolorum* Linn. — Dill. Hort. Elth. fig. 258.

Feuilles subtriédres, pointues, vertes. Pédoncules scabres de même que les calices. Segments calicinaux inégaux. Pétales jaunes en dessus, rouges en dessous. Styles plus courts que les filets.

FICOÏDE A FEUILLES MENUES. — *Mesembryanthemum tenuifolium* Linn. — Dill. Hort. Elth. fig. 236. — De Cand. Plant. Gr. tab. 82.

Feuilles semi-cylindriques, subcomprimées, subulées, vertes, glabres, plus longues que les entre-nœuds. Pédoncules longs, nus. Pétales d'un jaune tirant sur le rouge.

C. *Tiges suffrutescentes. Feuilles subcylindriques, subulées, souvent arquées, oncinées au sommet. Fleurs solitaires, diurnes, petites, rougeâtres. Pétales souvent blanchâtres à la base, ou striés.* (ADUNCA Salm-Dyck. — Haw.).

FICOÏDE A FEUILLES SPINIFORMES. — *Mesembryanthemum spiniforme* Haw. Obs.

Feuilles cylindracées, subulées, spiniformes, dressées, recourbées au sommet. Pédoncules et carène des bractées scabres.

FICOÏDE A FEUILLES FLEXUEUSES. — *Mesembryanthemum flexifolium* Haw. Suppl.

Ramules filiformes, comprimés, flexueux, décombants, touffus. Feuilles trièdres-subulées, flexueuses, oncinées.

D. *Tiges suffrutescentes, lisses, dressées. Rameaux nombreux, opposés en croix, d'un brun de Châtaigne. Feuilles subcylindracées, subulées, longues, glauques. Fleurs grandes, rouges.* (HAWORTHIANA De Cand. Prodr. — RUBICUNDA Salm-Dyck.)

FICOÏDE STIPULAIRE. — *Mesembryanthemum stipulaceum* Linn. — Dill. Hort. Elth. fig. 267 et 268.

Feuilles courbées, glauques, ponctuées, marginées à la base, souvent fasciculées aux aisselles. Corolle large de 2 pouces, d'un rouge vif, plus pâle en dessous.

FICOÏDE LISSE. — *Mesembryanthemum læve* Haw. — Ait. Hort. Kew.

Feuilles cylindracées, obtuses, arquées, très-glauques, lisses.

E. *Tige ligneuse, dressée. Rameaux roides : les florifères souvent spinescents. Feuilles cylindriques-triédres, non-connées. Fleurs rougeâtres.* (SPINOSA Salm-Dyck. — Haw.)

FICOÏDE ÉPINEUSE. — *Mesembryanthemum spinosum* Linn. — Dill. Hort. Elth. fig. 265.

Rameaux dichotomes, spinescents après la floraison.

FICOÏDE MUCRONIFÈRE. — *Mesembryanthemum mucroniferum* Haw. — *Mesembryanthemum pulverulentum* Willd. Enum.

Feuilles un peu glauques, étalées, ponctuées, mucronées. Pédoncules spinescents après la floraison. Fleurs ternées.

SECTION VII. PAPILLOSA De Cand.

Arbrisseaux, ou sous-arbrisseaux, ou herbes. Feuilles opposées, ou rarement alternes, non-connées, subcylindriques, plus ou moins parsemées de papilles luisantes. Calice 4-6-fide. Stigmates 4-6.

A. *Tiges suffrutescentes, rameuses. Feuilles subcylindriques, papilleuses, épaissies au sommet et barbues de 5 soies étoilées. Fleurs carnées ou rarement blanches, méridiennes. Calice 5-8-fide : chaque segment muni en dedans, à sa base, d'une glandule rougeâtre. Stigmates 5-8.* (BARBATA Salm-Dyck. — BARBIFOLIA Haw.)

FICOÏDE BARBUE.—*Mesembryanthemum barbatum* Haw. — Bot. Mag. tab. 70. — Dill. Hort. Elth. fig. 234. — De Cand. Plant. Gr. tab. 28. — *Mesembryanthemum stelligerum* Haw. Syn. (non in Phil. Mag.)

Ramules procombants. Feuilles un peu écartées, étalées : soies 5-ou 6-radiées. Calice glabre à la base, à 5 lobes presque égaux.

FICOÏDE STELLIFÈRE. — *Mesembryanthemum stelligerum* Haw. in Phil. Mag. (non Syn.)

Rameaux longs, procombants. Feuilles distantes, presque dressées, 5-radiées au sommet. Calice glabre à la base, à 5 lobes très-inégaux.

FICOÏDE INTONSE. — *Mesembryanthemum intonsum* Haw. in Phil. Mag.

Ramules étalés, hispides. Feuilles sub-10-radiées au sommet. Calice barbu à la base.

FICOÏDE ÉTOILÉE. — *Mesembryanthemum stellatum* Mill. Dict.—De Cand. Plant. Gr. tab. 29.—Dill. Hort. Elth. fig. 235. — *Mesembryanthemum barbatum* Linn.

Ramules courts, épais. Feuilles touffues, incanes, très-scabres, multiradiées au sommet , ciliées à la base. Pédoncules hérissés. Calice 6-8-fide, hérissé à la base.

FICOÏDE TOUFFUE. — *Mesembryanthemum densum* Haw. Obs. — Bot. Mag. tab. 1220.

Très-touffue. Feuilles semi-cylindriques, scabres, multiradiées au sommet, subciliées à la base, verdâtres. Calice 6-fide, très-hérissé de même que les pédoncules. Fleurs pourpres, assez grandes.

B. *Tige suffrutescente, courte, très-rameuse. Feuilles subcylindriques, non-connées, hispides de même que les ramules. Calice à 5 lobes foliiformes. Corolle blanche ou d'un
jaune pâle. Stigmates 5.* (ECHINATA Salm-Dyck. — Haw.)

FICOÏDE ÉCHINÉE. — *Mesembryanthemum echinatum* Ait.
Hort. Kew. — De Cand. Plant. Gr. tab. 24.

Feuilles ovales-oblongues , subtriédres , gibbeuses , échinées.
Lobes calicinaux inégaux. Tige dressée.

FICOÏDE STRUMEUSE. — *Mesembryanthemum strumosum*
Haw. Rew.

Tige décombante. Feuilles cylindracées, déprimées, fortement
hispides. Lobes du calice presque égaux.

C. *Tiges suffrutescentes, touffues. Rameaux hérissés de soies
roides. Feuilles cylindracées, non-connées. Pédoncules
hispides. Fleurs rougeâtres, ou roses, ou blanches, matinales, de grandeur médiocre. Calice 5-fide. Stigmates 5.*
(HISPIDA De Cand. Prodr. — HISPICALLIA Haw. — Salm-
Dyck.)

FICOÏDE TUBERCULEUSE. — *Mesembryanthemum tubercula-
tum* De Cand. in Pers. Syn. — *Mesembryanthemum hispidifo-
lium* Haw. Syn.

Tige décombante, très-rameuse : rameaux ascendants. Feuilles
cylindriques , pointues, molles. Rameaux , pédoncules et calices
hispides. Calice campanulé à la base. Étamines à peine plus longues que les styles. Pétales pourpres en dessus , roses en dessous.

FICOÏDE A PÉTALES STRIÉS. — *Mesembryanthemum stria-
tum* Haw. Obs. — Dill. Hort. Elth. fig. 281. — De Cand.
Plant. Gr. tab. 132.

Tige dressée. Feuilles semi-cylindriques, subulées. Calices laineux. Pétales d'un blanc tirant sur le rose, ou blancs : côté médiane pourpre ou rouge.

Ficoïde luisante. — *Mesembryanthemum candens* Haw. Rev.

Rameaux longs; débiles, procombants. Feuilles cylindracées, obtuses, courbées en dedans, couvertes de papilles cristallines subincanes.

Ficoïde pubérule. — *Mesembryanthemum hirtellum* Haw. Obs.

Tige dressée : rameaux touffus. Feuilles cylindriques, très-obtuses, couvertes de papilles cristallines. Calice turbiné, papilleux, poilu. Étamines aussi longues que les styles. Corolle grande, rougeâtre, blanche à la base.

Ficoïde hispide. — *Mesembryanthemum hispidum* Linn. — Dill. Hort. Elth. fig. 278. — De Cand. Plant. Gr. tab. 66.

Feuilles cylindriques, très-obtuses, vertes. Calices coniques, glabres, papilleux. Étamines plus longues que les styles. Fleurs d'un pourpre vif.

D. *Tiges ligneuses, à peine longues de* $^1/_2$ *pied. Rameaux fili-formes, scabres. Feuilles non-connées, écartées, subcylin-driques, couvertes de papilles cristallines. Fleurs rougeâ-tres ou oranges, matinales. Calice 5-fide. Styles 5.* (Aspe-ricaulia Salm-Dyck. — Haw.)

a) *Fleurs rougeâtres.*

Ficoïde pulvérulente. — *Mesembryanthemum pulveru-lentum* Haw. Obs.

Tige dressée. Rameaux touffus. Feuilles cylindriques-triédres, obtuses, ponctuées, pulvérulentes, scabres. Calice 6-fide.

Ficoïde a courtes feuilles. — *Mesembryanthemum brevi-folium* Ait. Hort. Kew. — *Mesembryanthemum erigerifolium* Jacq. Hort. Vindob. tab. 477.

Rameaux diffus, filiformes. Feuilles cylindracées, obtuses, étalées.

FICOÏDE OBLIQUE. — *Mesembryanthemum obliquum* Haw.
Rev. (non Willd.) — Bot. Reg. tab. 863.

Tige dressée. Rameaux filiformes, scabres, durs, presque
dressés. Feuilles distantes, cylindracées, obtuses, petites. Étamines conniventes. — Fleurs larges de 9 à 10 lignes.

b) *Fleurs jaunes ou oranges.*

FICOÏDE A FLEURS JAUNES. — *Mesembryanthemum flavum*
Haw. Rev.

Tige presque dressée. Rameaux très-grêles, scabres. Feuilles
subcylindriques, rétrécies aux 2 bouts, curvilignes. Lobes calicinaux obtus, presque égaux. Corolle large de ¹/₂ pouce, d'un jaune
vif en dessus, rougeâtre en dessous. Filets des étamines blancs.

FICOÏDE BRILLANTE. — *Mesembryanthemum micans* Linn.
— Dill. Hort. Elth. fig. 283. — Bot. Mag. tab. 448. — De
Cand. Plant. Gr. tab. 158.

Tige dressée. Ramules scabres. Feuilles semi-cylindriques, subobtuses, recourbées. Lobes calicinaux et pétales pointus. Fleurs
larges de 18 lignes, d'un jaune orange ; filets stériles noirâtres.

FICOÏDE ÉLÉGANTE. — *Mesembryanthemum speciosum* Haw.
Obs.

Tige dressée. Ramules scabres. Feuilles semi-cylindriques,
subulées au sommet, courbées en dedans. Lobes calicinaux et pétales obtus. Corolle subinfondibuliforme, d'un pourpre noirâtre,
verdâtre à la base.

E. *Tiges suffrutescentes, dressées. Feuilles subcylindracées,
papilleuses. Fleurs en cyme trichotome. Calice 4-ou 5-fide.
Stigmates 4 ou 5.* (TRICHOTOMA Haw. — TUBEROSA Salm.)

FICOÏDE TUBÉREUSE. — *Mesembryanthemum tuberosum*
Linn. — Dill. Hort. Elth. fig. 264. — De Cand. Plant. Gr.
tab. 78.

Feuilles comprimées, subtriédres, recourbées au sommet. Racine tubéreuse, très-grosse. Pédoncules souvent spinescents. Fleurs petites, carnées.

F. *Tige suffrutescente, souvent renflée à la base ; rameaux charnus, papilleux, souvent spinelleux. Feuilles cylindracées, papilleuses, subcanaliculées. Fleurs d'un brun roux, ou d'un rouge verdâtre. Calice 5-fide. Stigmates 5.* (SPINULIFERA Haw. Rev. — Salm-Dyck.)

FICOÏDE A FLEURS VERDATRES. — *Mesembryanthemum viridiflorum* Ait. Hort. Kew. — Bot. Mag. tab. 326. — De Cand. Plant. Gr. tab. 159. — Jacq. Fragm. tab. 52, fig. 2.

Rameaux diffus, noduleux. Feuilles semi-cylindriques, poilues. Fleurs pédonculées. Calice hérissé. Pétales très-étroits, verdâtres.

FICOÏDE A FLEURS GRÊLES. — *Mesembryanthemum tenuiflorum* Jacq. Fragm. tab. 32, fig. 2.

Tiges diffuses, débiles, incanes. Feuilles semi-cylindriques, obtuses, canaliculées, étalées, cristallines. Fleurs solitaires ou géminées, terminales, courtement pédonculées. Pétales linéaires-filiformes, d'un rouge livide.

FICOÏDE A FEUILLES LUISANTES. — *Mesembryanthemum nitidum* Haw. Obs. — *Mesembryanthemum brachiatum* De Cánd. Plant. Gr. tab. 129.

Tige dressée. Rameaux diffus, grêles, noueux. Feuilles semi-cylindriques, cristallines. Fleurs terminales, subternées.

G. *Sous-arbrisseaux grêles, défoliés à la base : rameaux longs. Racines charnues. Feuilles non-connées, caduques, cylindriques, glauques, distantes, non-ponctuées. Fleurs le plus souvent ternées, terminales, vespertines. Calice turbiné, 4-fide. Corolle blanche en dessus, rose ou d'un jaune pâle en dessous. Styles 4.* (NOCTIFLORA Haw. — Salm-Dyck.)

FICOÏDE NOCTIFLORE. — *Mesembryanthemum noctiflorum* Dill. Hort. Elth. fig. 262 et 263. — De Cand. Plant. Gr. tab. 10.

Rameaux dressés, blanchâtres. Feuilles semi-cylindriques. Cyme trichotome. Fleurs blanches en dessus, pourpres ou jaunâtres en dessous.

FICOÏDE A PÉDONCULES CLAVIFORMES. — *Mesembryanthemum clavatum* Jacq. Hort. Schœnbr. tab. 108.

Feuilles subcylindriques, horizontales. Pédoncules claviformes, agrégés en cyme. Fleurs blanches ou d'un jaune pâle.

H. *Tiges frutescentes, dressées. Feuilles opposées, non-connées, papilleuses, semi-cylindriques. Fleurs sessiles dans les dichotomies des ramules, solitaires, jaunâtres, diurnes. Calice 4-fide. Stigmates 4.* (GENICULIFLORA De Cand. Prodr.)

FICOÏDE GENICULIFLORE. — *Mesembryanthemum geniculiflorum* Linn. — Dill. Hort. Elth. fig. 261. — De Cand. Plant. Gr. tab. 17.

Tige dressée. Pétales d'un jaune pâle.

I. *Tiges suffrutescentes, rameuses, dressées. Feuilles opposées, non-connées, subcylindracées: les jeunes souvent sillonnées en dessus, plus ou moins cristallines. Fleurs de grandeur médiocre, solitaires ou rarement ternées, blanches, matinales. Calice à 4-6 lobes souvent foliiformes. Stigmates 4-6.* (SPLENDENTIA De Cand. Prodr.)

FICOÏDE BRILLANTE. — *Mesembryanthemum splendens* Linn. — Dill. Hort. Elth. fig. 260. — De Cand. Plant. Gr. tab. 35.

Tiges très-rameuses. Feuilles rapprochées, semi-cylindriques, obtuses, étalées, un peu recourbées, non-ponctuées, peu papilleuses. Fleurs solitaires. Lobes calicinaux 5, digitiformes. Fleurs blanches, brillantes, de grandeur médiocre.

FICOÏDE FASTIGIÉE. — *Mesembryanthemum fastigiatum* Haw. (non Thunb.)

Tiges grêles, décombantes. Feuilles rapprochées, flexueuses, semi-cylindriques, un peu glauques. Lobes calicinaux égaux : 3 membraneux aux bords. Corolle brunâtre en dessus, blanchâtre en dessous.

FICOÏDE A LONG STYLE. — *Mesembryanthemum longistylum* De Cand. Plant. Gr. tab. 147. — *Mesembryanthemum pallens* Jacq. Hort. Schœnbr. 3, tab. 279 (non Ait.)

Tige suffrutescente. Rameaux allongés. Feuilles linéaires-filiformes, subcarénées, pointues, légèrement papilleuses. Pédoncules 1-flores. Calice 5-fide : 2 ou 3 des lobes membraneux aux bords. Styles 5, plus longs que les étamines. — Fleurs larges de $^1/_2$ pouce, d'un rose pâle, ou pourpres.

J. *Tiges suffrutescentes ou herbacées; rameaux grêles, verts. Feuilles opposées, non-connées, petites, linéaires-subulées, marcescentes, ou caduques. Fleurs blanches ou rougeâtres, petites, pédonculées. Calice 4-fide. Styles 4.* (JUNCEA Haw. — ARTICULATA Salm-Dyck.)

FICOÏDE JONCIFORME. — *Mesembryanthemum junceum* Haw. Misc.

Tige très-rameuse. Rameaux filiformes, articulés. Feuilles subulées, semi-cylindriques, pointues, distantes. Pédoncules terminaux, dichotomes. Segments calicinaux très-inégaux. Styles un peu plus longs que les étamines.

FICOÏDE A PETITES FLEURS. — *Mesembryanthemum micranthum* Haw. Syn. — *Mesembryanthemum parviflorum* Jacq. Hort. Schœnbr. 3, tab. 278.

Tige suffrutescente, faible, très-rameuse. Feuilles linéaires, carénées, non-ponctuées. Pédoncules 1-flores. Calice 4-fide; lobes inégaux : 2 très-courts; 2 très-longs. Pétales blancs, plus courts que le calice.

FICOÏDE A RACINE NAPIFORME. — *Mesembryanthemum rapaceum* Jacq. Fragm. tab. 52, fig. 1.

Racine tubéreuse. Tige herbacée, subarticulée. Feuilles cylindriques, obtuses, ponctuées, très-étalées. Pédoncules 1-flores. Segments calicinaux filiformes. Styles 5, étalés. — Fleurs blanches, larges d'environ 10 lignes.

Section VIII. PLANIFOLIA Haw.

Herbes ou sous-arbrisseaux. Feuilles planes, papilleuses.

A. *Herbes annuelles, subacaules. Feuilles linéaires ou cunéiformes, très-entières, opposées, subradicales. Pédoncules 1-flores. Fleurs diurnes. Lobes calicinaux 5, inégaux. Pétales 1-ou 2-sériés. Filets stériles nuls. Stigmates 5. (*Scaposa *De Cand. Prodr. —* Limpida *Haw.*)

Ficoïde a feuilles cunéiformes. — *Mesembryanthemum cuneifolium* Jacq. Ic. Rar. 3, tab. 488. — De Cand. Plant. Gr. tab. 134. — *Mesembryanthemum limpidum* Ait. Hort. Kew.

Tige courte, rameuse dès la base. Feuilles opposées, cunéiformes, obtuses, scabres, papilleuses. Fleurs pédonculées. Segments calicinaux 5, inégaux : les plus grands oblongs, resserrés au milieu. — Pétales pourpres. Styles dressés.

Ficoïde flamboyante. — *Mesembryanthemum pyropæum* Haw. Suppl. — *Mesembryanthemum tricolor* Willd. Hort. Berol. tab. 22. — Bot. Mag. tab. 2144 (non Haw.)

Subacaule. Feuilles linéaires, élargies au sommet, obtuses, scabres, papilleuses. Fleurs pédonculées. Lobes calicinaux 5, oblongs : l'un d'eux très-long. Pétales d'un pourpre tirant sur le vert, blanchâtres à la base (ou bien soit roses, soit blancs, dans des variétés). Anthères noires.

B. *Racine annuelle ou bisannuelle. Tiges herbacées. Feuilles planes, fortement papilleuses de même que les rameaux. Calice 5-fide. Styles 5. (* Platyphylla *Haw. Rew.)*

Ficoïde Glaciale. — *Mesembryanthemum crystallinum*

Linn. — Dill. Hort. Elth. fig. 22. '— De Cand. Plant. Grass.
tab. 128.

Tiges et rameaux procombants ou diffus. Feuilles ovales, alternes, amplexicaules., ondulées. Fleurs axillaires, subsessiles,
blanches.

Cette espèce, connue sous le nom vulgaire de *Glaciale,* est remarquable par les grosses papilles cristallines dont toutes ses
parties sont recouvertes, et qui lui donnent une apparence glacée.
Elle croît au cap de Bonne-Espérance, aux Canaries et en Grèce.
On la cultive aussi comme plante d'agrément.

C. *Tiges suffrutescentes, diffuses, ou procombantes, cylindriques. Feuilles planes, opposées, peu ou point papilleuses, amplexicaules, subcarénées. Tube calicinal subpyri-
forme ; limbe à 4 ou 5 lobes inégaux. Styles 4 ou 5.* (EXPANSA
De Cand. Prodr.)

FICOÏDE ÉTALÉE.—*Mesembryanthemum expansum* Linn.—
Dill. Horth. Elth. fig. 223. — *Mesembryanthemum tortuosum*
De Cand. Plant. Gr. tab. 94 (excl. Syn.)

Feuilles opposées et alternes, distantes, presque planes, ovales-lancéolées, non-ponctuées. Corolle grande, d'un jaune pâle.

FICOÏDE TORTUEUSE.— *Mesembryanthemum tortuosum* Linn.
— Dill. Hort. Elth. fig. 222.

Tige divariquée, procombante, tortueuse. Feuilles presque
planes, ovales-oblongues, légèrement papilleuses, rapprochées,
connées. Lobes calicinaux très-inégaux.

FICOÏDE PALE. — *Mesembryanthemum pallens* Ait. Hort.
Kew. — *Mesembryanthemum expansum* De Cand. Plant. Gr.
tab. 47.

Tiges diffuses. Feuilles amplexicaules, non-connées, glauques,
oblongues-lancéolées, concaves, obtuses, carénées, légèrement
papilleuses. Lobes calicinaux 5, ovales-oblongs. Corolle blanche,
un peu plus longue que le calice.

FICOÏDE A TIGE ÉPAISSE. — *Mesembryanthemum crassicaule*
Haw. in Phil. Mag.

Souche très-courte, épaisse. Rameaux étalés. Feuilles rapprochées, planes, liguliformes, acuminées, glabres, courbées en dedans. Pédoncules 4-6-bractéolés. Lobes calicinaux 5 : l'un plus court que les 4 autres. Styles très-courts. Fleurs matinales, d'un jaune pâle.

D. *Racine annuelle. Tige herbacée, cylindrique, rameuse. Feuilles lancéolées ou spathulées, légèrement papilleuses, planes, rétrécies à la base, opposées, non-connées. Pédoncules axillaires, très-longs. Fleurs jaunes, grandes, diurnes. Calice anguleux à la base, à 5 lobes allongés. Ovaire déprimé. Styles 10-20, quelquefois connés.* (HELIANTHOIDEA De Cand. Prodr. — POMERIDIANA et HYMENOGYNE Haw.)

FICOÏDE POMÉRIDIENNE. — *Mesembryanthemum pomeridianum* Linn. — Jacq. Ic. Rar. tab. 489. — Bot. Mag. tab. 540.

—β : *Mesembryanthemum glabrum* Haw. Rev. — Andr. Bot. Rep. tab. 57.

Feuilles lancéolées, lisses, ciliées. Tiges, pédoncules et calices hérissés de poils courts. Pétales plus courts que le calice. Styles 12.

FICOÏDE FLASQUE. — *Mesembryanthemum flaccidum* Jacq. Hort. Vindob. tab. 475.

Feuilles lancéolées, pointues, planes, glabres, très-entières. Pédoncules 1-flores, glabres, presque dressés, très-longs. Pétales linéaires, pointus aux 2 bouts. Styles 5.

FICOÏDE DE CANDOLLE. — *Mesembryanthemum Candollii* Haw. Rev. — *Mesembryanthemum helianthoides* De Cand. Plant. Gr. tab. 135.

Feuilles lancéolées, pointues, planes, un peu ciliées. Pédoncules très-longs, hérissés. Lobes calicinaux acuminés, plus longs que les pétales. Stigmates 16-20.

Genre TÉTRAGONIA. — *Tetragonia* Linn.

Calice 4-fide, ou rarement 3-fide : segments colorés en dessus; tube adhérent, muni de 4 à 8 cornes. Pétales nuls. Étamines en nombre déterminé ou en nombre indéterminé. Ovaire 3-8-loculaire. Styles 3-8, très-courts. Noix osseuse, indéhiscente, ailée, ou cornue, 3-8-loculaire. Graines solitaires dans chaque loge.

Herbes ou sous-arbrisseaux. Feuilles alternes, planes, charnues, indivisées, souvent très-entières. Fleurs pédicellées ou sessiles, axillaires.

Outre l'espèce dont nous allons parler, ce genre en renferme une dixaine d'autres, la plupart indigènes au cap de Bonne-Espérance.

TÉTRAGONIA ÉTALÉ. — *Tetragonia expansa* Ait. Hort. Kew. — Murr. Comm. Gœtt. 1783, tab. 5. — De Cand. Plant. Gr. tab. 114. — *Tetragonia cornuta* Gærtn. Fruct. 2, tab. 179, fig. 3. — *Tetragonia halimifolia* Forst. Prodr. — Roth, Abh. tab. 8. — *Demidowia tetragonoides* Pall. Hort. Demidow. tab. 1.

Herbe annuelle ou bisannuelle, flasque, succulente, glabre. Tiges diffuses, très-rameuses, longues de 2 à 3 pieds. Feuilles pétiolées, subrhomboïdales vers la base, ovales, ou ovales-lancéolées, ou triangulaires, subobtuses, subsinuolées, un peu glauques, longues de 2 à 4 pouces. Fleurs courtement pédicellées ou subsessiles, verdâtres, dressées, beaucoup plus courtes que le pétiole. Étamines insérées entre les lobes calicinaux par fascicules de 4 ou 5. Noix anguleuse, brunâtre, tronquée, subturbinée, longue de 4 à 5 lignes, 6-8-sperme, munie au sommet de 4 ou 6 cornes subulées, divergentes.

Cette plante, indigène dans la Nouvelle-Zélande, se cultive depuis une dizaine d'années dans beaucoup de potagers, sous le nom d'*Épinard de la Nouvelle-Zélande*. Ses feuilles et ses jeunes pousses, accommodées à la manière des Épinards, ont absolument le goût de ceux-ci. « L'avantage particulier de la Tétragone,

» dit M. Poiteau, est que plus il fait chaud, plus elle produit;
» tandis qu'en été l'Épinard monte si vite que l'on en peut quel-
» quefois à peine obtenir une cueillette. — On peut la semer avec
» succès en place, à la fin d'avril, en terre douce, terreautée, es-
» pacée de 2 pieds en tous sens, 3 ou 4 graines par touffe, pour
» ne laisser ensuite que le pied le mieux venant; mais il faut si
» peu de plant pour garnir le terrain, qu'il est encore plus com-
» mode de l'élever, soit sur couche, soit sur un bon ados recou-
» vert de terreau. On sème en ce cas ou en petits pots, ou
» en plein terreau, en espaçant les graines de 4 à 5 pouces,
» de façon à pouvoir relever la plante en motte; et à la fin d'a-
» vril ou au commencement de mai, on met ceux-ci en place, à
» 2 pieds de distance. »

LES CARYOPHYLLINÉES.

CARYOPHYLLINEÆ Bartl.

CARACTÈRES.

Herbes, ou *sous-arbrisseaux*, ou rarement *arbrisseaux*. Sucs aqueux. Tiges et rameaux cylindriques ou anguleux, souvent noueux avec articulation.

Feuilles opposées ou éparses, simples, souvent très-entières, quelquefois irrégulièrement dentées ou incisées.

Fleurs hermaphrodites (par exception unisexuelles), régulières, assez souvent apétales ; inflorescence très-variée, le plus souvent dichotome ou trichotome.

Calice à 2-5 sépales libres ou plus ou moins soudés, persistants (rarement non-persistants), alternativement imbriqués en préfloraison.

Réceptacle confondu avec le fond du calice, ou plus ou moins apparent, quelquefois prolongé en gynophore.

Disque adné au réceptacle ou au fond du calice, quelquefois inapparent.

Pétales (nuls dans beaucoup de genres) en même nombre que les sépales, interpositifs, périgynes, ou hypogynes, égaux, onguiculés, ou quelquefois subsessiles, souvent bifides.

Étamines périgynes ou hypogynes, en même nombre que les sépales et insérées devant ceux-ci (très-rarement en même nombre que les sépales et alternes avec ceux-ci), ou en nombre double des sépales, ou rarement soit en nombre moindre, soit en nombre indéfini. Filets libres, ou monadelphes. Anthères dressées ou incombantes, à 2 bourses connées ou disjointes, longitudinalement déhiscentes.

Pistil: Ovaire inadhérent (rarement semi-adhérent), 1-5-loculaire (très-souvent 1-loculaire). Ovules en nombre indéfini ou en nombre défini, attachés soit à un placentaire central libre, soit au fond des loges. Style indivisé ou nul. Stigmates 2-5, le plus souvent sessiles, linéaires, papilleux au sommet ou à la face antérieure : chacun communiquant avec les ovules par un fil délié prolongé jusqu'au placentaire ou jusqu'au fond de la loge.

Péricarpe capsulaire, ou carcérulaire, ou pyxidien (rarement charnu ou osseux), monosperme, ou oligosperme, ou polysperme.

Graines attachées au fond de la loge (toujours lorsqu'elles sont en nombre déterminé; très-rarement lorsqu'elles sont en nombre indéfini), ou à un placentaire central libre et hérissé d'un grand nombre de funicules filiformes persistants. Test crustacé, souvent chagriné ou tuberculeux. Hile échancré, marginal. Périsperme farineux, ou rarement soit charnu, soit réduit à une pellicule. Embryon arqué, ou annulaire, ou spiralé, périphérique (par exception intraire et subrectiligne, ou replié) : radicule appointante; cotylédons linéaires ou oblongs, entiers, foliacés en germination.

Cette classe, très-riche en espèces, prédomine surtout dans les zones tempérées. Les familles qui en font partie sont les Silénées, les Alsinées, les Portulacées, les Paronychiées, les Scléranthées, les Phytolaccées, les Amarantacées et les Chénopodées.

SOIXANTE-ONZIÈME FAMILLE.

LES SILÉNÉES. — *SILENEÆ.*

(*Sileneæ* Bartl. Ord. Nat. p. 305. — *Caryophyllearum* sect. V et VI,
Juss. Gen. — *Caryophyllearum* trib. I (*Sileneæ*), De Cand. Prodr.
vol. 1, p. 351.)

Les *Silénées* constituent l'une des familles les plus pré-
dominantes dans la flore de l'Europe et dans celle de
l'Asie extra-tropicale ; elles abondent surtout dans les
contrées voisines de la Méditerranée et de la Caspienne;
mais elles sont peu nombreuses dans l'hémisphère aus-
tral, et, s'il s'en rencontre quelques-unes dans la zone
équatoriale, c'est sur des plateaux très-élevés au-dessus
du niveau de la mer.

En général, les Silénées ne sont douées d'aucune qualité soit utile, soit nuisible ; mais elles offrent aux amateurs de fleurs un ample choix de plantes d'ornement;
certaines espèces, considérées comme fourrages, méritent de fixer l'attention des agronomes.

CARACTÈRES DE LA FAMILLE.

Herbes, ou *sous-arbrisseaux,* ou rarement *arbrisseaux.*
Tiges et rameaux noueux avec articulation, cylindriques,
ou quelquefois tétragones.

Feuilles opposées , connées à la base, simples, très-
entières (par exception bordées de dents spiniformes).
Stipules nulles.

Fleurs régulières, hermaphrodites (rarement polygames), terminales, disposées en cymes ou en panicules
dichotomes, ou fasciculées, ou glomérulées, ou subsolitaires.

Calice 5-fide ou 5-denté, persistant, accrescent; estivation subimbricative.

Réceptacle développé en gynophore stipitiforme ou raccourci.

Pétales 5, insérés autour du sommet du réceptacle, marcescents, le plus souvent longuement onguiculés : onglets dressés; lames étalées en rosace ou recourbées, souvent biappendiculées à la base, bifides, ou bilobées, ou bidentées, ou laciniées, rarement entières, souvent involutées après l'anthèse; estivation convolutive.

Étamines 10; 5 insérées à la base des onglets; les 5 autres interpositives (rarement les 5 étamines antépositives manquent). Filets filiformes ou subulés, souvent alternativement plus longs et plus courts, quelquefois monadelphes à la base. Anthères ovales, ou oblongues, ou suborbiculaires, incombantes; à 2 bourses longitudinalement déhiscentes.

Pistil : Ovaire inadhérent, 1-5-loculaire, multiovulé (par exception pauci-ovulé). Ovules horizontaux, presque toujours attachés à un placentaire central. Stigmates 2-5, filiformes, très-longs, papilleux au sommet ou à la face antérieure, divergents ou arqués après l'anthèse. Styles nuls.

Péricarpe : Capsule coriace ou chartacée (par exception baie sèche, ou pyxide), 1-5-loculaire, polysperme (par exception mono- ou oligo-sperme), déhiscente au sommet, ou du sommet jusqu'au milieu : valves en même nombre que les stigmates ou en nombre double des stigmates.

Graines attachées à un placentaire central (par exception au fond de la capsule), réniformes-orbiculaires et tuberculeuses, ou moins souvent lisses et comprimées.

Périsperme farineux. Embryon périphérique, curviligne, ou quelquefois subrectiligne : radicule allongée, dirigée vers le hile ; cotylédons (quelquefois au nombre de 3) foliacés.

La famille des Silénées renferme les genres suivants : *Dianthus* Linn. — *Tunica* Scopol. — *Velezia* Linn. — *Saponaria* Linn. (Vaccaria Dod.) — *Lychnis* Linn. (Agrostemma Linn. Githago Desfont.) — *Lychnanthus* Gmel. (Scribæa Flor. Wetter.) — *Cucubalus* Linn. — *Silene* Linn. — *Gypsophila* Linn. (Rokejeka Forsk. — *Banfya* Baumg. — *Heterochroa* Bunge.— *Drypis* Linn.

Genre OEILLET. — *Dianthus* Linn.

Calice tubuleux, 5-denté, muni à sa base de 2 à 20 bractées squamiformes, opposées, imbriquées. Pétales 5 : onglets planes, presque linéaires, munis en dessus d'une lamelle longitudinale creusée en gouttière ; lames inappendiculées, souvent barbues à la base, ordinairement fimbriées, ou crénelées, ou incisées, ou dentées. Gynophore court, columnaire. Étamines 10, saillantes, plus courtes que les pétales. Stigmates 2. Capsule subcylindrique, 1-loculaire, 5-valve au sommet, polysperme. Graines comprimées, apiculées, peltées, concaves et carénées antérieurement, convexes postérieurement : embryon subrectiligne.

Herbes vivaces, ou rarement sous-arbrisseaux. Feuilles souvent linéaires-triédres : les radicales fasciculées. Fleurs en panicule, ou en corymbe, ou en capitule, ou subsolitaires. Pétales blancs, ou roses, ou pourpres, souvent discolores.

Ce genre renferme plus de cent espèces, la plupart indigènes en Europe ou dans l'Asie tempérée ; nous allons en décrire celles qui se cultivent comme plantes d'agrément.

A. *Fleurs fasciculées, ou en corymbe dense, ou en capitule.*
Pétales dentés ou crénelés au sommet.

a) *Tige ligneuse ou suffrutescente, très-rameuse. Rameaux florifères dichotomes au sommet ; rameaux stériles courts, feuillus. Feuilles charnues, persistantes, courtement engaînantes, innervées, planes en-dessus, convexes et carénées en-dessous, glabres, lisses aux bords, glauques. Bractées 8-20, imbriquées sur 4 rangs. Fleurs sub-sessiles, fasciculées : les fascicules terminaux rapprochés en cyme.*

OEILLET ARBRISSEAU. — *Dianthus arboreus* Linn. — Sibth. et Smith, Flor. Græc. tab. 406. — Loddig. Bot. Cab. tab. 459. — Reichenb. Ic. Plant. Crit. tab. 541.

Tige ligneuse. Feuilles subcylindriques, linéaires, subobtuses, glaucescentes, arquées. Fascicules 3-8-flores. Bractées orbiculaires ou ovales-orbiculaires, courtement-mucronées, apprimées, pubes-centes aux bords, 3 à 5 fois plus courtes que le calice. Lame des pétales rhomboïdale, incisée-dentée, barbue à la base; onglets presque 2 fois plus longs que le calice.

Arbrisseau haut de 3 à 4 pieds. Ramules florifères 1 ou 2 fois bifurqués au sommet. Feuilles longues de 8 à 12 lignes, épaisses de ¹/₂ ligne à 1 ligne. Calice long de 10 à 12 lignes. Corolle rose, large de 1 pouce.

OEILLET FRUTESCENT. — *Dianthus fruticosus* Linn. — Tourn. Itin. 1, p. 183, tab. 9. — Reichenb. Ic. Plant. Crit. tab 541.

Tige ligneuse. Feuilles lancéolées, ou lancéolées-linéaires, pointues, un peu glauques. Fascicules 3-7-flores, denses, rap-prochés en corymbe. Bractées 16-20, 4 à 5 fois plus courtes que le calice, toutes apprimées, aristées : les inférieures oblongues; les supérieures elliptiques, pubescentes aux bords. Lame des pé-tales cunéiforme-obovale, incisée-dentée, pubescente à la base; onglets un peu plus longs que le calice.

Sous-arbrisseau haut de 2 à 3 pieds, très-rameux : rameaux florifères dichotomes au sommet. Feuilles longues d'environ 2 pou-ces, larges de ¹/₂ à 2 lignes. Corymbes subterminaux. Calice long de 1 pouce : dents triangulaires-lancéolées, très-pointues. Lame des pétales rose, large de 6 à 7 lignes; onglets jaunes au sommet. Fleurs légèrement odorantes.

Cette espèce et la précédente sont originaires de Candie; on les cultive dans les collections d'orangerie.

OEILLET DE ROCHE. — *Dianthus rupicola* Bivon. — *Dianthus Bisignani* Tenor. Flor. Napol. tab. 39.

Tiges ascendantes ou diffuses, suffrutescentes à la base. Feuilles lancéolées ou lancéolées-linéaires, très-glauques, pointues, rétrécies à la base. Fascicules 3-7-flores. Bractées 16-20, aristées, 2 à 4 fois plus courtes que le calice : les extérieures lancéolées, recourbées; les intérieures apprimées, elliptiques, scarieuses, ciliées aux bords. Lame des pétales rhomboïdale-oblongue, incisée-dentée, barbue à la base; onglets de moitié plus longs que le calice.

Sous-arbrisseau touffu, diffus, ou étalé : rameaux florifères dressés, dichotomes au sommet; tiges longues de 1 à 2 pieds. Feuilles longues de 1 à 2 pouces, larges de 1 à 3 lignes, très-glauques. Calice long de 12 à 15 lignes. Corolle longue de 15 à 18 lignes, rose.

Cette espèce, indigène en Sicile et dans l'Italie australe, mérite d'être cultivée comme plante d'agrément.

b) *Tiges herbacées. Bractées 2 ou 4.*

OEILLET DE POÈTE. — *Dianthus barbatus* Linn. — Bot. Mag. tab. 207. — β : *Dianthus latifolius* De Cand. — Sweet, Brit. Flow. Gard. tab. 2.

Feuilles lancéolées, pointues. planes, scabres aux bords, rétrécies en pétiole court. Fleurs en fascicules subterminaux, rapprochés en corymbe. Bractées herbacées, ovales, longuement cuspidées, subulées au sommet, plus longues que le calice. Feuilles florales linéaires-lancéolées, arquées en dehors. Lame des pétales veloutée, barbue, cunéiforme, tronquée, dentée.

Racine polycéphale. Tiges cylindriques, simples, dressées, hautes de 1 à 2 pieds. Feuilles caulinaires longues de 2 à 3 pouces, larges de 5 à 15 lignes. Calice souvent d'un pourpre noirâtre. Corolle d'un pourpre plus ou moins foncé; onglets ordinairement un peu plus courts que le calice.

Cette espèce, vulgairement nommée *OEillet de poète, Jalousie, OEillet Bouquet,* etc., croît dans les montagnes de l'Europe méridionale. On en cultive des variétés roses, blanches, panachées, et doubles.

OEILLET MULTIFLORE. — *Dianthus floribundus* Spach, ined.

Tige dressée, rameuse. Feuilles subtrinervées, acuminées, ciliolées et scabres aux bords : les inférieures spathulées-lancéolées ; les supérieures lancéolées, rétrécies à la base. Fascicules subterminaux, triflores, agrégés en corymbe. Bractées elliptiques ou oblongues, cuspidées, membraneuses, un peu plus courtes que le calice. Lame des pétales cunéiforme-obovale, incisée-dentée, presque imberbe ; onglets plus longs que le calice.

Herbe bisannuelle, haute de 6 à 12 pouces, très-glabre. Tige ferme, feuillue, dressée, subcylindrique, ordinairement rameuse dès la base. Feuilles longues de 2 à 3 pouces, larges de 5 à 10 lignes, molles, d'un vert gai, munies de chaque côté de la côte d'une nervure filiforme. Corymbes multiflores, denses. Feuilles florales linéaires-lancéolées, dressées. Corolle large de 9 à 10 lignes ; lame d'un pourpre vif en dessus et marbrée à la base de taches ferrugineuses, presque violette en dessous.

Cette espèce se cultive souvent dans les parterres, comme variété de l'*OEillet de Chine*.

OEILLET A FLEURS AGRÉGÉES. — *Dianthus aggregatus* Poir. Encycl. Suppl. — Don, in Sweet, Brit. Flow. Gard. ser. 2, tab. 166.

Tige dressée. Feuilles lancéolées, pointues, nerveuses, ciliées de poils scabres. Fascicules subterminaux, agrégés en corymbe. Bractées ovales, membraneuses, cuspidées, subulées au sommet, plus longues que le calice. Lame des pétales cunéiforme-obovale, incisée-dentée, légèrement barbue à la base ; onglets plus longs que le calice.

Herbe vivace, suffrutescente à la base, ayant le port de l'OEillet de poète. Tiges un peu scabres. Feuilles d'un vert foncé : les radicales lancéolées-oblongues. Corymbes denses, multiflores. Corolle large de 1 pouce, ou plus, d'un pourpre vif et panachée de taches plus foncées.

Cette espèce, dont on ignore l'origine, se cultive comme plante d'ornement.

OEILLET CAPITELLÉ. — *Dianthus capitatus* Pallas. — Reichenb. Plant. Crit. v. 6, fig. 736. — *Dianthus glaucophyllus*

Horn. Hort. Hafn. — *Dianthus Balbisii* Sering. in De Cand. Prodr. — Don, in Sweet, Brit. Flow. Gard. ser. 2, tab. 23.

Glauque. Tiges roides, peu rameuses. Feuilles subtrinervées, très-pointues, scabres aux bords : les radicales sublinéaires; les caulinaires linéaires-lancéolées. Fleurs agrégées en capitule. Bractées oblongues ou oblongues-lancéolées, membraneuses aux bords, échancrées, cuspidées, presque aussi longues que le calice : appendices subulés au sommet, étalés. Pétales cunéiformes, incisés-dentés.

Tiges hautes de 1 à 3 pieds, suffrutescentes à la base, subtétragones, quelquefois bifurquées au sommet. Feuilles longues de 3 à 4 pouces, larges de 1 à 3 lignes. Corolle large de 1 pouce, d'un rose vif, marquée d'une bande pourpre.

Cette espèce, indigène dans l'Europe australe, mérite d'être cultivée dans les parterres.

OEILLET DES CHARTREUX. —*Dianthus Carthusianorum* Linn. — Flor. Dan. tab. 1694. — Flor Græc. tab. 392.

Feuilles linéaires, pointues, scabres aux bords : les radicales subcanaliculées; les caulinaires planes, longuement engaînantes. Tiges simples. Fleurs en capitule. Bractées scarieuses, obovales, échancrées, cuspidées, plus courtes que le calice. Lame des pétales cunéiforme, sinuée-dentée.

Racine polycéphale. Tiges hautes de ¹/₂ pied à 2 pieds, simples, cylindriques, striées, dressées, nues au sommet. Feuilles d'un vert gai ou un peu glauques, glabres, larges de ¹/₂ à 3 lignes. Capitules 3-10-flores. Bractées brunes. Calice d'un pourpre noirâtre vers le haut, verdâtre à la base : dents lancéolées, pointues. Corolle large d'environ 9 lignes, d'un rouge de carmin vif. Anthères bleues.

Cette espèce orne les prairies sèches et les pelouses, dans presque toute l'Europe. L'on peut en faire de fort jolies bordures de parterre.

B. *Fleurs subsolitaires ou en panicule. Pétales incisés-dentés,
ou crénelés, ou entiers.*

OEILLET DE CHINE. — *Dianthus chinensis* Linn. — Mill. Ic.
tab. 81, fig. 2. — Bot. Mag. tab. 28.

Très-glabre, un peu glauque. Tige subdichotome ou paniculée, dressée; rameaux subfastigiés. Feuilles lisses, pointues, subtrinervées, courtement engaînantes : les caulinaires lancéolées-
spathulées ou lancéolées; les florales linéaires. Fleurs solitaires
ou géminées. Bractées ovales ou ovales-elliptiques, membraneuses
aux bords, cuspidées, à peu près aussi longues que le calice :
appendices étalés ou recourbés, scabres aux bords. Lame des pétales cunéiforme-obovale, incisée-dentée, barbue.

Herbe annuelle ou bisannuelle (probablement vivace dans son
pays natal), haute de 6 à 12 pouces. Tige ferme, obscurément
tétragone, rameuse dès la base : rameaux 1 ou 2 fois bifurqués ;
ramules florifères tétragones, scabres aux angles. Feuilles longues de 2 à 3 pouces, larges de 2 à 6 lignes. Calice long de 7 à
9 lignes : dents lancéolées, acuminées. Corolle large de 1 pouce
et plus, presque inodore : lame des pétales panachée en dessus
de blanc et de plusieurs nuances de pourpre ou de violet, blanche
ou jaunâtre en dessous; onglets plus longs que le calice.

Cette espèce, originaire de Chine, est, comme l'on sait, très-
recherchée pour l'ornement des parterres. Ses fleurs, le plus
souvent doubles et de couleurs très-variées, se succèdent depuis
le mois de juin jusqu'à la fin de l'automne. Dans un terrain
sec et garantie des fortes gelées, la plante devient ligneuse à sa
base et dure deux ou trois ans.

OEILLET DE SCHRADER. — *Dianthus Schraderi* Reichenb.
Hort. Bot. tab. 35. — *Dianthus pulchellus* Schrad. Hort.
Gœtt. (non Pers.)

Tiges flexueuses, procombantes, multiflores. Feuilles lancéolées (les inférieures subspathulées, les florales sublinéaires),
scabres aux bords, vertes. Fleurs dichotoméaires subsessiles.

Bractées linéaires-lancéolées , un peu plus longues que le calice. Lame des pétales arrondie, dentelée, glabre.

Tige paniculée , subdichotome. Fleurs subsolitaires. Calice renflé au milieu, long de 1 pouce : dents pointues, colorées. Pétales d'un pourpre vif en dessus , roses en dessous.

Cette espèce passe pour originaire d'Orient ; elle se distingue par sa corolle d'un pourpre très-intense.

OEILLET ARBUSCULE. — *Dianthus arbuscula* Lindl. in Bot. Reg. tab. 1086.

Glabre. Tige suffrutescente. Feuilles lancéolées. Fleurs paniculées , solitaires. Bractées 4, ovales-arrondies, dressées, 3 fois plus courtes que le calice. Pétales dentés.

Tige décombante, longue d'environ 2 pieds. Ramules rougeâtres. Feuilles 1-nervées, d'un vert sombre. Calice glauque, ovale, à dents cotonneuses aux bords. Fleurs (ordinairement pleines) de 2 pouces de diamètre, d'un pourpre vif.

Cet OEillet, originaire de la Chine, n'est introduit que depuis peu sur le continent. Ses fleurs , très-abondantes, se succèdent de juillet jusqu'en octobre, et font de cette espèce une acquisition précieuse pour les horticulteurs.

OEILLET DISCOLORÉ. — *Dianthus discolor* Sims , Bot. Mag. tab. 1162. — *Dianthus montanus* Marsch. Bieb. Flor. Taur. Cauc.

Tige décombante ou ascendante, suffrutescente, rameuse ; rameaux dressés, multiflores, dichotomes au sommet. Feuilles linéaires ou linéaires-lancéolées, pointues, scabres aux bords, courtement engaînantes. Fascicules sub-3-flores, rapprochés en corymbe lâche. Bractées elliptiques ou oblongues, cuspidées : les extérieures presque aussi longues que le calice. Lame des pétales cunéiforme, incisée-dentée au sommet, barbue à la base ; onglets aussi longs que le calice.

Herbe assez touffue, haute de 1 à 2 pieds. Rameaux pubérules à la base. cylindriques. Feuilles d'un vert glauque, un peu carénées au dos, plus longues que les entrenœuds, larges d'environ 2 lignes. Calice cylindrique , long de 6 à 8 lignes. Fleurs odorantes. Corolle large de 12 à 15 lignes : lames d'un rose plus ou moins vif en dessus et marbrées de pourpre à la base, jaunâtres ou carnées en dessous.

Cette espèce, originaire du Caucase, mérite d'être cultivée dans les parterres ; sa floraison est plus tardive que celle de l'*OEillet de poète*.

OEILLET DES ALPES. — *Dianthus alpinus* Linn. —Jacq. Flor. Austr. tab. 52. — Andr. Bot. Rep. tab. 482. — Bot. Mag. tab. 1205.

Tiges 1-flores. Feuilles linéaires-lancéolées, obtuses, 1-nervées, rétrécies à la base. Bractées lancéolées, aristées : arête linéaire-subulée, herbacée, à peu près aussi longue que le calice. Pétales incisés-dentés : onglets aussi longs que le calice.

Racine polycéphale. Souches touffues, décombantes, plus ou moins allongées. Feuilles d'un vert gai, un peu luisantes, presque lisses aux bords. Tiges dressées ou ascendantes, hautes de 2 à 3 pouces. Fleurs inodores. Corolle large de 1 à 1 $\frac{1}{2}$ pouce, d'un rose vif en dessus, blanchâtre en dessous, panachée de pourpre, barbue à la gorge. Calice long de $\frac{1}{2}$ pouce : dents pointues, pubescentes aux bords.

Cette espèce croît dans les Alpes de l'Europe centrale. Son port touffu, sa stature naine et sa floraison précoce la rendent très-propre à former des bordures de parterre.

OEILLET DELTOÏDE. — *Dianthus deltoides* Linn. — Engl. Bot. tab. 61. — Flor. Dan. tab. 577. — Reichenb. Plant. Crit. 6, fig. 717 et 748.— β : *Dianthus glaucus* Linn.

Tiges ascendantes, pubérules, un peu scabres, 2-6-flores. Feuilles linéaires-lancéolées, rétrécies à la base : les inférieures obtuses. Bractées 2, elliptiques, aristées, plus courtes que le calice. Pétales obovales, incisés-dentés.

Racine polycéphale. Tiges formant un gazon lâche : les stériles longues de 2 à 6 pouces ; les florifères grêles, longues d'environ 1 pied, paniculées au sommet. Feuilles glauques ou d'un vert gai, 3-nervées, courtement engaînantes. Calice long de 6 à 8 lignes, souvent brunâtre ou rougeâtre. Lame des pétales rose ou d'un carmin vif, barbue, marquée à la base d'un anneau pourpre : onglets un peu plus courts que le calice.

Cette espèce est assez commune sur les pelouses séches, dans presque toute l'Europe.

OEILLET A LONGUES TIGES. — *Dianthus longicaulis* Tenor. Cat. Hort. Neopol. 1819. — Reichenb. Hort. Bot. tab. 56.

Tiges longues, paniculées. Feuilles linéaires, allongées, lâches, glauques, ciliées à la base. Bractées 6, apprimées : les 2 intérieures échancrées, mucronées. Pétales imbriqués par les bords, dentelés ou entiers, glabres.

Tiges touffues, ligneuses à la base : les florifères longues de 1 ¹/₂ à 2 pieds. Fleurs semblables à celles de l'*OEillet commun*. Calice long de 1 pouce et plus, renflé à la base et au sommet. Pétales roses.

Cette espèce croît aux environs de Naples. Ses fleurs, trèsodorantes, se succèdent depuis le mois de juillet jusqu'en automne.

OEILLET SYLVESTRE. — *Dianthus sylvestris* Wulff. — Jacq. Ic. Rar. tab. 82.— *Dianthus virgineus* Jacq. Flor. Austr. App. tab. 15.

Tiges 1-ou pluri-flores. Feuilles linéaires, pointues, scabres aux bords. Fleurs solitaires. Bractées apprimées, ovales-arrondies, tronquées, mucronées, 4 fois plus courtes que le calice. Pétales obovales, incisés-dentés, imberbes.

Souches feuillues, courtes, formant un gazon serré. Tiges grêles, dressées, cylindriques, hautes de ¹/₂ à 2 pieds. Feuilles étroites, canaliculées, d'un vert gai, ou quelquefois glauques, roides, longues de 1 à 4 pouces. Fleurs inodores, terminales. Calice long de 10 à 12 lignes. Corolle d'un rose plus ou moins vif, quelquefois pourpre, immaculée.

Cette espèce croît sur les rochers des Alpes.

OEILLET DES FLEURISTES. — *Dianthus Caryophyllus* Linn. — Engl. Bot. tab. 214. — Bot. Mag. tab. 39.

Tiges multiflores, paniculées. Feuilles linéaires, pointues, glauques, canaliculées, lisses. Fleurs solitaires. Bractées apprimées, subrhomboïdales, mucronées, 4 fois plus courtes que le calice. Pétales obovales, incisés-dentés, imberbes.

Tiges stériles décombantes, radicantes, touffues. Tiges florifères hautes de 1 à 2 pieds, subdichotomes au sommet. Fleurs très-odorantes, roses.

Cette espèce, nommée plus spécialement *OEillet*, ou *OEillet Giroflée*, croît spontanément dans le midi de l'Europe. L'arôme délicieux que répandent ses fleurs, joint à leurs couleurs variées à l'infini par la culture, en ont fait, depuis plusieurs siècles, l'une des plantes d'agrément les plus recherchées.

L'infusion des pétales d'OEillet passe pour sudorifique et tonique. Les parfumeurs font aussi entrer ces fleurs dans plusieurs préparations.

OEILLET GLAUQUE. — *Dianthus cæsius* Smith, Engl. Bot. tab. 62. — Dill. Hort. Elth. tab. 298, fig. 385. — *Dianthus glaucus* Huds. Angl. — *Dianthus virgineus* β, Linn. — *Dianthus cæspitosus* Poir. Enc.

Tiges subuniflores. Feuilles linéaires, obtuses, canaliculées, glauques, scabres aux bords. Bractées apprimées, ovales, obtuses, acuminées, ou courtement aristées, 4 fois plus courtes que le calice. Pétales obovales, incisés-dentés, barbus.

Tiges stériles procombantes, radicantes, très-rameuses, formant un gazon touffu. Tiges florifères dressées, hautes de 3 à 6 pouces. Feuilles longues d'environ 1 pouce. Fleurs très-odorantes. Calice long de 6 à 8 lignes, souvent d'un pourpre brunâtre. Lame des pétales d'un rose vif, profondément dentée; poils pourpres.

Cette espèce n'est pas rare dans les montagnes de l'Europe. On en cultive assez souvent une variété à fleurs doubles, nommée vulgairement *OEillet de mai*.

OEILLET BICOLORE. — *Dianthus bicolor* Marsch. Bieb. Flor. Taur. Cauc. — Reichenb. Hort. Bot. tab. 25. — *Dianthus cinnamomeus* Sibth. et Smith, Flor. Græc. tab. 400.

Tiges ascendantes, touffues. Rameaux uniflores. Bractées éta-

lées, acuminées : les extérieures arrondies au sommet; les intérieures tronquées. Calice conique. Lame des pétales oblongue,
tronquée, crénelée.

Tiges hautes d'environ 1 pied, un peu hérissées à la base.
Feuilles linéaires subulées, roides, scabres aux bords. Fleurs plus
petites que celles de l'*OEillet glauque*. Pétales blancs en dessus,
d'un pourpre livide en dessous.

Cet OEillet, remarquable par ses pétales discolores, croît en
Grèce, en Crimée, dans l'Archipel et dans l'Asie mineure.

  B. *Pétales fimbriés, ou palmatifides , ou pennatifides.*

   a) *Tiges herbacées. Fleurs solitaires ou éparses.*

OEillet Mignardise. — *Dianthus plumarius* Linn. —
Dianthus hortensis Schrad. — *Dianthus moschatus* Desfont.
Cat. Hort. Par. — *Dianthus serotinus* Waldst. et Kit. Plant.
Hung. Rar. tab. 172 (var.)

Tiges 2-5-flores. Feuilles linéaires-subulées, ou linéaires-lancéolées, glauques, scabres aux bords. Fleurs subsolitaires. Bractées ovales-arrondies, acuminées, 4 fois plus courtes que le calice.
Lame des pétales palmati-multifide, arquée en arrière.

Tiges non-florifères décombantes, radicantes, très-rameuses,
formant un gazon fort touffu. Tiges florifères hautes de 6 à
12 pouces. Fleurs très-odorantes. Calice long de 10-14 lignes.
Lame des pétales rose, ou carnée, ou blanche, barbue, ou imberbe, marquée au-dessus de la base d'un demi-cercle ou d'un
triangle pourpre, divisée jusqu'au milieu ou plus profondément
en lanières étroites, pointues souvent 2-ou 3-fides.

Cette espèce, connue sous le nom vulgaire de *Mignardise*, croît
en Autriche et en Hongrie ; c'est, comme personne n'ignore, l'une
des plantes les plus recherchées pour les bordures de parterre.
L'on estime surtout une variété à fleurs blanches et très-pleines
(*Dianthus moschatus* Desfont.)

OEillet des sables. — *Dianthus arenarius* Linn. — Reichenb. Ic. Plant. Crit. tab. 136, fig. 259. — Bot. Mag. tab. 2038.

Tiges subuniflores. Feuilles linéaires-subulées, non-glauques, scabres aux bords. Bractées ovales, obtuses, mucronées, 4 fois plus courtes que le calice. Lame des pétales pennati-multifide, arquée en arrière.

Tiges non-florifères décombantes, radicantes, très-rameuses, formant un gazon touffu. Tiges florifères hautes d'environ 6 pouces. Feuilles d'un vert gai. Fleurs odorantes comme celles de la Mignardise. Lame des pétales laciniée très-profondément, barbue à la base de poils blanchâtres ou pourpres et marquée d'une tache verdâtre.

Cette espèce, qu'on cultive aussi dans les jardins sous le nom de *Mignardise*, est indigène dans le nord de l'Europe.

OEillet ciliolé. — *Dianthus serrulatus* Desfont. — *Dianthus gallicus* Pers. Syn. — De Cand. Ic. Rar. Gall. tab. 41. — *Dianthus arenarius* De Cand. Flor. Franç. (non Linn.)

Tiges 1-7-flores. Feuilles courtes, glauques, linéaires-lancéolées, subobtuses, nerveuses, très-scabres aux bords. Bractées ovales ou ovales-arrondies, acuminées, 4 fois plus courtes que le calice. Lame des pétales palmati-multifide, barbue.

Plante touffue, ayant le même port que les deux espèces précédentes. Feuilles longues de 4 à 8 lignes. Corolle semblable à celle de la *Mignardise*.

OEillet a feuilles recourbées. — *Dianthus squarrosus* Marsch. Bieb. Cent. 1, tab. 33.

Tiges pauciflores ou multiflores, décombantes, ou ascendantes. Feuilles roides, recourbées, glauques, subulées, mucronées, canaliculées, scabres aux bords. Bractées ovales ou ovales-arrondies, mucronées, 4 à 6 fois plus courtes que le calice. Pétales cunéiformes-oblongs, palmatifides, imberbes : lanières filiformes, subbifides.

Tiges stériles grêles, procombantes, formant un gazon lâche. Tiges florifères faibles, longues de 6 à 12 pouces, subdichotomes au sommet. Feuilles très-étroites, longues de 2 à 7 lignes. Fleurs odorantes. Calice long de 10 à 12 lignes, conique-cylindracé. Pétales blancs, longs de 6 à 7 lignes.

Cette espèce, très-distincte par son feuillage élégant et semblable à celui de certains *Arenaria*, est indigène en Crimée.

OEillet fimbrié. — *Dianthus fimbriatus* Marsch. Bieb.
Flor. Taur. Cauc. — *Dianthus orientalis* Sims, Bot. Mag.
tab. 1069.

Tiges 1-ou pluri-flores, dressées. Feuilles linéaires, mucronées,
canaliculées, nerveuses, roides, scabres aux bords. Bractées scarieuses, oblongues, ou oblongues-obovales, acuminées, mucronées,
4 à 5 fois plus courtes que le calice. Pétales cunéiformes-oblongs,
pennatipartis, imberbes, recourbés : lanières subbifides. Stigmates
très-longs.

Tiges stériles courtes, très-feuillues, dressées, agrégées en gazon serré. Tiges florifères grêles, hautes de 6 à 12 pouces, tantôt
1-ou 2-flores, tantôt paniculées, pluriflores. Feuilles d'un vert
foncé, longues de 6 à 15 lignes, à peine larges de ½ ligne. Calice
long de 1 pouce, très-aminci vers le sommet. Pétales d'un rose
vif.

Cette espèce croît dans la Géorgie et dans la Perse.

OEillet superbe. — *Dianthus superbus* Linn. — Flor. Dan.
tab. 578. — Bot. Mag. tab. 297. — Jacq. Obs. 1, tab. 25.

Tiges peu nombreuses, ordinairement subdichotomes au sommet, multiflores, ascendantes. Feuilles lancéolées ou lancéolées-
linéaires, un peu scabres aux bords : les inférieures subobtuses ;
les supérieures pointues. Bractées elliptiques ou ovales, mucronées, 3 à 4 fois plus courtes que le calice. Pétales oblongs-cunéiformes, arqués en arrière, pennati-multifides, légèrement barbus.

Racine ligneuse, poussant un petit nombre de tiges tant stériles
que florifères et formant un gazon lâche peu étendu. Tiges florifères hautes de 1 à 2 pieds, cylindriques, fermes. Feuilles d'un
vert gai, 3-ou 5-nervées, presque planes, larges de 2 à 4 lignes.
Fleurs subsolitaires, disposées en corymbe lâche, 3-15-flores.
Calice long de 1 pouce. Pétales longs de 1 ½ à 2 pouces : onglets
blancs, très-saillants ; lames carnées ou roses, munies à leur base
de quelques poils pourpres très-courts et marquées d'une tache
jaunâtre, partagées dans toute leur longueur en lanières étroites,
2-ou 3-fides.

Cette espèce, l'une des plus élégantes du genre, croît dans les prairies humides de presque toute l'Europe. Ses fleurs, qui exhalent un parfum plus suave que celles de la *Mignardise* ou de l'*OEillet des fleuristes*, se développent en juillet et en août. Cultivé dans les jardins, l'*OEillet superbe* ne prospère guère qu'à l'ombre et en terre de bruyère.

OEillet de Montpellier. — *Dianthus monspessulanus* Linn. — *Dianthus erubescens* Trevir. in Jahrb. der Gewæchsk. tab. 1.

Tiges touffues, ascendantes, ordinairement subdichotomes, 3-ou pluri-flores. Feuilles linéaires-lancéolées, très-pointues, presque lisses aux bords. Bractées elliptiques, ou oblongues, ou ovales-oblongues, cuspidées, 1 à 2 fois plus courtes que le calice : appendices subulés. Pétales cunéiformes, barbus, palmati-multifides.

Plante semblable par le port à l'espèce précédente, mais plus touffue. Feuilles plus longues, plus étroites. Tiges rarement 1-ou 2-flores, souvent multiflores. Fleurs en corymbe lâche ou en panicule. Lame des pétales rose ou blanchâtre, laciniée seulement à son contour supérieur.

Cette espèce croît dans les prairies des montagnes de l'Europe méridionale.

b) Tiges suffrutescentes. Fleurs subfasciculées.

OEillet du Liban. — *Dianthus libanotis* Labill. Decad. Plant. Syr. 1, tab. 5. — Bot. Reg. tab. 1548.

Tige dressée, rameuse, subdichotome. Feuilles lancéolées ou lancéolées-linéaires, très-pointues, lisses aux bords, glauques, charnues. Fascicules 2-5-flores : les terminaux en corymbe lâche. Bractées 6, elliptiques ou oblongues, cuspidées, 1 à 2 fois plus courtes que le calice : appendices lancéolés-subulés, piquants, étalés ou recourbés. Lame des pétales cunéiforme, barbue, palmati-multifide.

Tige ferme, rameuse dès la base, haute de 2 à 3 pieds. Feuilles radicales longues, lancéolées-spathulées ; feuilles caulinaires souvent recourbées. Calice long de 1 $^{1}/_{2}$ pouce. Lame des pétales large de ¹/₂ pouce, blanche, ponctuée de violet à la base et barbue de poils blancs assez denses, divisée presque tout autour en lanières filiformes, souvent 3-ou 5-fides.

Cette belle plante, déjà découverte au Liban par M. de Labil-lardière, se cultive depuis quelques années dans les collections d'orangerie.

Genre SAPONAIRE. — *Saponaria* Linn.

Calice non-bractéolé, tubuleux (plus tard moulé sur le fruit), accrescent, cylindrique, ou pentagone, ou pentaédre, 5-denté. Gynophore très-court. Pétales 5, brusquement ré-trécis en onglet : lames bidentées ou bicuspidées à la base, ou inappendiculées ; onglets aussi longs que le calice ou plus longs, linéaires, carénés en dessus. Étamines 10. Stigmates 2. Capsule 1-loculaire, polysperme, 4-valve au sommet. Grai-nes globuleuses ou réniformes-orbiculaires.

Herbes annuelles ou vivaces. Tiges souvent dichotomes. Fleurs solitaires, ou éparses, ou rapprochées soit en thyrse, soit en cyme, soit en panicule. Corolle rose, ou pourpre, ou blanche.

Ce genre, propre à la zone tempérée de l'ancien conti-nent, renferme une vingtaine d'espèces, dont voici les plus remarquables :

A. *Calice glabre, renflé, blanc, dressé pendant et après la floraison, à 5 crêtes saillantes, carénées, vertes. Pétales inappendiculés. Graines globuleuses, chagrinées. — Herbe annuelle. Fleurs dichotoméaires et terminales, solitaires, longuement pédonculées, disposées en panicule très-lâche, feuillée, divariquée.*

Saponaire Vaccaire. — *Saponaria Vaccaria* Linn. — Bot. Mag. tab. 2290. — Blackw. Herb. tab. 113. — Sibth. et Smith, Flor. Græc. tab. 380. — *Vaccaria parviflora* Mœnch.

Racine grêle, fusiforme, unicaule. Tige haute de 1 pied, grêle, dichotome vers le sommet, dressée, cylindrique, luisante, glabre de même que toute la plante. Feuilles sessiles, connées à la base, glauques, oblongues ou oblongues-lancéolées : les inférieures obtuses; les supérieures pointues. Pédicelles grêles, plus longs que le calice. Calice long d'environ 1 pouce, d'abord cylindracé, puis pyramidal, enfin subglobuleux lors de la maturité du fruit : dents courtes, acuminées, membraneuses aux bords. Lame des pétales rose, 2 fois plus courte que le calice, obovale, dentelée au sommet; onglets aussi longs que le calice. Capsule ovale, obtuse. Graines noirâtres, assez grosses.

Cette plante, très-distincte par la forme élégante de son calice, est commune dans les moissons. Le nom de *Vaccaire* lui vient, dit-on, de ce que les bestiaux en sont très-friands.

B. *Calice non-anguleux, ordinairement velu. Pétales biappendiculés à la base. Graines réniformes-orbiculaires, tuberculeuses.*

a) *Pédicelles dressés pendant et après la floraison. Fleurs en panicule terminale subcorymbiforme, assez dense, feuillée à la base, composée de cymules simples ou 2 fois bifurquées, 3-9-flores.*

Saponaire officinale. — *Saponaria officinalis* Linn. — Flor. Dan. tab. 543. —Engl. Bot. tab. 1060. — Schk. Handb. tab. 121.

Souche rampante, vivace. Tiges hautes de 1 $^1/_2$ à 2 pieds, ascendantes, fermes, cylindriques, feuillues, ramulifères aux aisselles inférieures. Feuilles longues de 2 à 5 pouces, larges de $^1/_2$ pouce à 2 pouces, d'un vert gai aux 2 faces, lancéolées-elliptiques ou lancéolées-oblongues, subobtuses, mucronulées, 3-ou 5-nervées, glabres ou pubérules, un peu scabres aux bords, rétrécies en pétiole court. Pédoncules courts, dibractéolés au sommet; pédicelles beaucoup plus courts que le calice : les latéraux dibractéolés au milieu; les dichotoméaires non-bractéolés. Fleurs très-odorantes. Calice long d'environ 1 pouce, verdâtre ou rougeâtre, d'abord cylindracé, puis renflé au milieu : dents ovales, acuminées. Onglets des pétales d'un quart plus longs que le calice; lames oblongues-obovales, échancrées, plus courtes que les onglets, d'abord carnées, puis roses : appendices courts, subulés , divergents , presque dressés. Capsule ovale-oblongue.

La *Saponaire officinale*, nommée vulgairement *Savonnière*, *Savonaire* et *Herbe à foulon*, abonde dans la plus grande partie de l'Europe, au bord des champs, des bois et des rivières. Toutes ses parties sont amères et jouissent de propriétés apéritives, dépuratives et sudorifiques. Sa décoction dans l'eau donne une lessive qui peut remplacer, en quelque sorte, le savon; le peuple l'emploie souvent à cet usage, dans beaucoup de contrées ; et surtout dans le Nord.

Les fleurs de la *Saponaire officinale* sont très-élégantes et exhalent un parfum délicieux; aussi cultive-t-on souvent cette plante dans les jardins : sa variété à fleurs doubles est très-commune.

b) *Pédicelles fructifères défléchis ou rabattus. Fleurs en panicule dichotome, divariquée, ou corymbiforme, feuillée.*

SAPONAIRE A FEUILLES DE BASILIC. — *Saponaria ocymoides* Linn. — Jacq. Flor. Austr. Append. tab. 23. — Cavan. Ic 2, tab. 134. — Bot. Mag. tab. 154.

Racine vivace, subfusiforme, rameuse, quelquefois de la grosseur du petit doigt. Tiges nombreuses, débiles, procombantes, rameuses, un peu ligneuses. Rameaux grêles, dichotomes, ascendants, plus ou moins hérissés de poils souvent visqueux. Feuilles d'un vert gai, ciliées, rétrécies en pétiole : les inférieures obovales ou oblongues-obovales, spathulées, obtuses; les supérieures lancéolées ou ovales-lancéolées. Fleurs dichotoméaires et terminales, plus ou moins rapprochées, quelquefois en cyme. Pédicelles filiformes, hérissés, visqueux, souvent plus longs que le calice. Calice long de 4 lignes, hérissé, visqueux, d'abord cylindracé, puis claviforme. Lame des pétales rose, obovale, échancrée, ou arrondie : appendices dressés, subulés, courts; onglets plus longs que le calice. Capsule ovale-oblongue.

Cette espèce est commune dans les endroits pierreux et ombragés des Alpes. Elle mérite d'être cultivée en glacis ou sur les rocailles artificielles.

Genre LYCHNIS.— *Lychnis* (Linn.) De Cand.

Calice tubuleux (plus tard moulé sur le fruit), accrescent, 5-denté, 10-costé. Gynophore long ou raccourci. Pétales 5, brusquement rétrécis en onglet aplati ou concave, non-caréné, large, sublinéaire, à peu près aussi long que le calice ou plus long; lames appendiculées à la base, ou rarement inappendiculées. Étamines 10. Stigmates 5. Capsule 5-loculaire ou 1-loculaire, 10-valve au sommet, polysperme. Graines réniformes-orbiculaires, tuberculeuses.

Herbes annuelles ou vivaces. Fleurs éparses ou plus ou moins agrégées. Corolle blanche, ou rose, ou pourpre, ou écarlate.

Ce genre, qui renferme les *Lychnis* et les *Agrostemma* de Linné, se compose d'une vingtaine d'espèces, en général remarquables par l'élégance de leurs fleurs.

SECTION I.

Calice claviforme, ou rarement cylindracé, membraneux, à 10 côtes égales. Gynophore plus ou moins allongé. Onglets linéaires-spathulés.

A. *Capsule 5-loculaire.*

a) *Pétales indivisés, biappendiculés.*

LYCHNIS VISQUEUX. — *Lychnis Viscaria* Linn.— Engl. Bot. tab. 788. — Flor. Dan. tab. 1032.

Tiges simples, presque nues, visqueuses au-dessous des articulations. Feuilles acuminées, ciliées à la base : les radicales lancéolées-spathulées; les caulinaires lancéolées-linéaires, longuement engaînantes. Fleurs en panicule racémiforme, interrompue. Gynophore aussi long que l'ovaire, de moitié moins long que la capsule.

Racine dure, rameuse, polycéphale. Tiges dressées, grêles, hautes de 1 ¹/₂ à 2 pieds, souvent d'un pourpre noirâtre. Feuilles d'un vert gai, avec la pointe pourprée : les radicales atteignant

jusqu'à 5 pouces de long, sur 2 à 3 lignes seulement de large.
Panicule composée de cymules 3-7-flores. Calice long de $^1/_2$ pouce,
ordinairement rougeâtre, à 10 côtes égales, pubescentes : dents
ovales, pointues. Pétales d'un rose plus ou moins vif, ou rarement blancs : onglets aussi longs que le calice; lames obovales,
échancrées : appendices dentelés. Capsule oblongue.

Cette espèce, nommée vulgairement *OEillet de Janséniste*,
croît dans les prairies sèches. Ses variétés à fleurs doubles soit
blanches, soit roses, se cultivent dans les parterres.

b) *Pétales bifides, calleux à la base.*

LYCHNIS DES ALPES. — *Lychnis alpina* Linn. — Hall. Helv.
tab. 17, fig. 4. — Engl. Bot. tab. 2254. — Flor. Dan. tab. 65.

Tige simple, glabre, non-visqueuse. Feuilles lancéolées ou
lancéolées-linéaires, pointues, glabres, légèrement ciliées à la
base. Fleurs subterminales, le plus souvent agrégées en cyme ou
en capitule. Capsule ovale, plus longue que le gynophore.

Plante vivace, haute de 2 à 4 pouces. Racine polycéphale.
Feuilles radicales très-touffues. Fleurs roses, deux fois plus petites
que celles de l'espèce précédente; pédoncules le plus souvent
3-flores et très-courts. Calice subcampanulé : dents obtuses, membraneuses aux bords.

Cette espèce, qui habite les Alpes les plus élevées et les régions
arctiques de l'Europe, forme des gazons très-élégants, propres à
garnir les rocailles.

B. *Capsule 1-loculaire.*

a) *Herbes vivaces. Tiges simples ou peu rameuses. Fleurs agrégées ou
fasciculées, terminales (quelquefois il naît aux aisselles des feuilles
supérieures des ramules secondaires 1-ou pluri-flores.)*

LYCHNIS GRANDIFLORE. — *Lychnis grandiflora* Jacq. Ic.
Rar. tab. 84. — Delaun. Herb. de l'Amat. vol. 1, tab. 25. —
Lychnis coronata Thunb. Flor. Japon. — Bot. Mag. tab. 223.
— Loddig. Bot. Cab. tab. 1433.

Tiges géniculées, glabres (ainsi que toute la plante), diffuses,
un peu comprimées. Feuilles ovales, acuminées, courtement pé-

tiolées, scabres aux bords. Fleurs axillaires et terminales, solitaires ou ternées, subsessiles. Lame des pétales cunéiforme, incisée-dentée au sommet, biappendiculée à la base : appendices squamiformes, gibbeux antérieurement, dentés au sommet; onglets de moitié plus longs que le calice, canaliculés en dessus. Ovaire claviforme, plus long que le gynophore.

Tiges suffrutescentes à la base, longues de 1 à 2 pieds, fortement gibbeuses et flexueuses aux articulations. Feuilles d'un vert gai, lisses, fermes, innervées, longues de 2 à 3 pouces, larges de $^1/_2$ à 1 $^1/_2$ pouce; les terminales lancéolées, à peu près aussi longues que les fleurs. Calice verdâtre, long de 1 pouce. Lame des pétales écarlate, large de 8 à 10 lignes.

Cette espèce, indigène en Chine et au Japon, se cultive fréquemment comme plante d'agrément, en orangerie. Au témoignage de M. Sweet, elle résiste en pleine terre aux hivers de l'Angleterre.

LYCHNIS ÉCLATANT. — *Lychnis fulgens* Fisch. — Bot. Mag. tab. 2104. — Reichenb. Icon. Exot. tab. 5. — Bot. Reg. tab. 478.

Tige dressée, rameuse, velue. Feuilles ovales-lancéolées, ou oblongues-lancéolées, pointues, subsessiles, presque glabres, ciliolées, un peu scabres. Pédicelles terminaux, ternés, subfastigiés. Calice laineux : dents triangulaires-lancéolées, pointues. Lame des pétales profondément bifide, 1-dentée de chaque côté : lanières divergentes, oblongues, crénelées au sommet; dents subulées; appendices basilaires géminés, horizontaux, squamiformes, bidentés au sommet; onglets un peu plus longs que le tube calicinal. Ovaire obconique, presque aussi long que le gynophore.

Tiges touffues, fermes, hautes de 2 à 3 pieds. Feuilles d'un vert gai, innervées, molles, longues de 3 à 6 pouces, larges de 1 à 2 pouces. Calice long de $^1/_2$ pouce. Pédicelles latéraux plus longs que le calice, dibractéolés au milieu. Corolle d'un écarlate brillant : lames longues de 9 à 10 lignes, larges de 7 à 8 lignes.

Cette espèce, originaire de la Sibérie, mérite la préférence sur toutes ses congénères, par la beauté de ses fleurs; mais elle ne prospère guère qu'en terre de bruyère.

·Lychnis Croix de Jérusalem. — *Lychnis chalcedonica*
Linn. — Bot. Mag. tab. 257.

Tiges simples, poilues, dressées. Feuilles oblongues ou oblongues-lancéolées, pointues, sessiles, subamplexicaules, pubérules
et scabres aux 2 faces, ciliées. Fascicules terminaux, multiflores,
denses, subdichotomes. Calice poilu. Lame des pétales obcordiforme, 1-dentée de chaque côté, biappendiculée : appendices
courts, horizontaux, parallèles, cylindriques, entiers ; onglets
aussi longs que le calice, canaliculés en dessus. Ovaire claviforme, plus long que le gynophore.

Tiges fermes, touffues, hautes de 2 à 3 pieds. Feuilles d'un
vert gai, assez molles, innervées, longues de 2 à 4 pouces, larges
de 10 à 20 lignes. Fleurs en cyme subhémisphérique. Calice long
de 6 à 8 lignes, d'un vert clair : dents triangulaires-lancéolées,
pointues, membraneuses aux bords. Lame des pétales longue de
4 à 5 lignes, d'un écarlate vif (rose ou blanche dans des variétés de jardin).

Cette espèce, à laquelle la forme de sa corolle a fait donner les
noms de *Croix de Jérusalem* et de *Croix de Malte*, est originaire de Sibérie ; elle se cultive très-fréquemment comme plante
de parterre. Ses variétés doubles gèlent assez facilement, et exi-
gent un terrain frais.

Lychnis Fleur de Jupiter. — *Lychnis Flos-Jovis* Lamk. —
Agrostemma Flos-Jovis Linn. — Bot. Mag. tab. 398.

Tige simple, ou bifurquée au sommet, ascendante, cotonneuse
(ainsi que toutes les parties herbacées de la plante). Feuilles
courtement acuminées, très-pointues : les radicales et les caulinaires inférieures lancéolées-spathulées ; les supérieures lancéolées ou oblongues-lancéolées. Fleurs dichotoméaires et en fascicules terminaux, courtement pédicellées, quelquefois agrégées
en corymbe. Calice membranacé : dents lancéolées-subulées. Lame
des pétales obcordiforme, profondément bilobée ; appendices basilaires subulés, recourbés. Capsule oblongue-cylindracée, 2 à 3
fois plus longue que le gynophore, à 5 dents recourbées.

Plante recouverte d'un duvet laineux plus ou moins serré,

blanchâtre. Tiges fermes, hautes de 1 à 2 pieds. Feuilles longues de 2 à 4 pouces. Calice long de 7 lignes, laineux, d'abord cylindracé. Corolle pourpre, large de 8 à 9 lignes : onglets aussi longs que le calice. Ovaire obovale, aussi long que le gynophore. Capsule plus longue que le calice.

Cette espèce, assez semblable par son port au *Lychnis coronaria*, croît dans les Alpes de Provence, de Savoie et d'Italie ; elle se cultive aussi comme plante d'agrément. Ses feuilles, appliquées sur des plaies, peuvent tenir lieu de charpie.

b) *Herbes annuelles. Tiges paniculées, dichotomes. Fleurs terminales, solitaires, longuement pédonculées.*

Lychnis Rose du Ciel. — *Lychnis Cœli-Rosa* Desrouss. in Lamk. Encycl. — *Agrostemma Cœli-Rosa* Linn.—Bot. Mag. tab. 295.

Feuilles glauques, scabres aux bords : les inférieures et les radicales linéaires-spathulées, obtuses ; les supérieures sessiles, linéaires-lancéolées, pointues. Dents calicinales subulées, presque étalées. Lame des pétales obovale, bilobée : appendices solitaires, dressés, arqués en arrière, linéaires, bifides au sommet : onglets canaliculés antérieurement, aussi longs que le tube du calice. Ovaire cylindracé, 3 fois plus court que le gynophore. Capsule ovale-conique, pointue, presque aussi longue que le gynophore.

Racine grêle, rameuse. Tige longue de 1 à 2 pieds, ordinairement rameuse dès la base ; rameaux grêles, plus ou moins bifurqués, divariqués, ou divergents, ou diffus. Feuilles longues de 1 à 3 pouces, larges de 1 à 3 lignes, molles, innervées, carénées en dessous. Pédoncules filiformes, nus, ou dibractéolés au milieu, longs de 1 à 4 pouces. Calice long de 10 à 12 lignes : côtes très-saillantes, contiguës, carénées, vertes : vallécules blancs. Corolle d'un rose vif (quelquefois blanche), large de près de 1 pouce.

Cette espèce, originaire d'Orient, se cultive souvent dans les parterres.

Section II.

Calice campanulé ou ovoïde. Gynophore raccourci ou nul. Onglets linéaires, ou linéaires-spathulés.

A. *Dents calicinales courtes. Lame des pétales appendiculée à la base.*

a) *Calice membraneux. Lame des pétales palmatifide ou profondément 2-lobée; appendices squamiformes, dentés, dressés.*

Lychnis Fleur de Coucou. — *Lychnis Flos-cuculi* Linn. — Flor. Dan. tab. 590. — Engl. Bot. tab. 573. — *Lychnis laciniata* Lamk.

Tiges dressées ou ascendantes, striées, pubérules, simples. Feuilles subobtuses, glabres : les radicales et les caulinaires inférieures lancéolées-spathulées, ciliées et rétrécies à la base; les supérieures lancéolées-oblongues ou linéaires-lancéolées, sessiles. Panicule allongée ou cymeuse, dichotome, feuillée inférieurement. Calice glabre, campanulé, à 10 côtes égales : dents triangulaires, acuminées. Lame des pétales palmati-quadrifide : lanières linéaires.

Racine vivace, fibreuse, oligo-ou mono-céphale. Tiges fermes, hautes de 1 $^{1}/_{2}$ à 2 pieds. Feuilles molles, d'un vert gai : les radicales roselées, longues de 3 à 4 pouces. Pédicelles terminaux et dichotoméaires. Calice long de 3 à 4 lignes, presque scarieux, blanchâtre : côtes rougeâtres. Pétales roses, ou carnés, ou blancs : onglets aussi longs que le calice; appendices lancéolés-subulés.

Cette espèce est très-commune dans les prairies humides; on en cultive, dans les jardins, une variété à fleurs doubles.

Lychnis vespertine. — *Lychnis vespertina* Sibth. — *Lychnis dioica* Linn. — Flor. Dan. tab. 792. — Engl. Bot. tab. 1580.

Tiges ascendantes, incomplètement dichotomes, géniculées, velues. Feuilles pubescentes, pointues : les radicales lancéolées; les caulinaires lancéolées-elliptiques, ou oblongues-lancéolées, sessiles. Panicule dichotome, feuillée : pédicelles terminaux subternés. Fleurs dioïques. Lame des pétales semi-bifide. Calice

(des fleurs femelles) ovale-conique, 10-nervé , 10-costé. Capsule ovale-conique, à 10 dents presque dressées.

Racine bisannuelle. Tiges fermes, hautes de 2 à 3 pieds. Feuilles longues de 2 à 4 pouces , molles , subtrinervées , d'un vert foncé : les supérieures visqueuses. Fleurs vespertines, odorantes, un peu penchées. Calices velus, plus longs que les pédicelles : ceux des fleurs mâles subclaviformes, 10-costés. Corolle blanche : lobes ovales, obtus ; onglets bicuspidés au sommet, plus longs que le calice ; appendices crénelés.

Cette espèce, nommée vulgairement *Robinet*, *Jacée des jardiniers* et *Compagnon blanc*, croît sur le bord des champs et des fossés. Sa variété à fleurs doubles (ordinairement roses) se cultive fréquemment dans les jardins.

Lychnis des bois. — *Lychnis sylvestris* Hopp. Cent. — *Lychnis diurna* Sibth. Oxon. — *Lychnis dioica rubra* Smith, Engl. Bot. tab. 1579.

Tige dressée, velue, dichotome au sommet. Feuilles velues : les radicales et les caulinaires inférieures pétiolées, lancéolées, pointues ; les supérieures ovales , ou ovales-lancéolées , acuminées , non-visqueuses. Panicule dichotome , feuillée : pédicelles terminaux subternés. Fleurs dioïques. Lame des pétales obcordiforme, 1-dentée de chaque côté. Calice (des fleurs femelles) ovoïde, à 10 côtes, alternativement plus saillantes. Capsule ovale, à 10 dents recourbées.

Tiges hautes de 1 à 2 pieds. Feuilles longues de 2 à 4 pouces, molles , d'un vert foncé. Fleurs diurnes, inodores, dressées. Calices fortement velus : ceux des fleurs mâles subclaviformes. Lame des pétales rose, longue d'environ 5 lignes, sur autant de large : lobes arrondis, un peu crénelés ; appendices bidentés ; onglets plus longs que le calice, bicuspidés au sommet.

Cette espèce habite les bois et les prairies humides des montagnes ; on la cultive aussi dans les jardins , sous les mêmes noms que la précédente.

b) *Calice épais, à 10 côtes, alternativement beaucoup plus saillantes :
lame des pétales indivisée, échancrée ; appendices basilaires subulés,
connivents.*

Lychnis Coquelourde. — *Lychnis coronaria* Lamk. —
Bot. Mag. tab. 24. — Barrel. Ic. 1006. — Herb. de l'Amat.
v. 7, Ic.

Tiges dressées, cotonneuses (ainsi que toute la plante), cylindriques, dichotomes vers leur sommet. Feuilles oblongues ou lancéolées-oblongues, mucronées : les radicales et les caulinaires inférieures rétrécies en pétiole. Fleurs dichotoméaires et terminales, solitaires, longuement pédonculées, disposées en panicule
très-lâche. Capsule ovale-conique, à 5 dents presque dressées.

Herbe vivace, multicaule. Tiges fermes, hautes de 1 $\frac{1}{2}$ à
2 pieds, couvertes (ainsi que toutes les autres parties herbacées
de la plante) d'un feutre blanchâtre très-épais. Feuilles longues
de 2 à 4 pouces. Pédoncules divergents, longs de 1 à 3 pouces.
Calice long de $\frac{1}{2}$ pouce, d'abord presque tubuleux, plus tard
campanulé ou obovale : dents lancéolées-subulées. Corolle large
de 1 pouce et plus : onglets linéaires, planes, aussi longs que le
calice ; lames obovales, subéchancrées, subsinuolées, trinervées,
veloutées, de couleur pourpre, ou blanche, ou carnée.

Cette espèce, si commune dans les jardins et nommée vulgairement *Coquelourde, Passe-Fleur,* ou *OEillet de Dieu,* croît
dans l'Europe méridionale ; on en possède des variétés à fleurs
doubles.

B. *Segments calicinaux foliacés, plus longs que le tube et
débordant la corolle. Lame des pétales inappendiculée.*

Lychnis Nielle. — *Lychnis Githago* Lamk. Dict. — *Agrostemma Githago* Linn. — Engl. Bot. tab. 741. — Flor. Dan.
tab. 576. — Schk. Handb. tab. 124.

Tige dressée, irrégulièrement dichotome, poilue. Feuilles linéaires-lancéolées, pointues, soyeuses, ciliées à la base. Fleurs
dichotoméaires et terminales, solitaires, longuement pédonculées.
Pétales cunéiformes, tronqués.

Racine annuelle, fibreuse. Tige haute de 1 ¹/₂ à 3 pieds, peu rameuse, incane de même que les feuilles, les pédoncules et les calices. Pédoncules dressés, 1-flores, longs de 3 à 6 pouces. Feuilles longues de 2 à 5 pouces. Tube calicinal long de ¹/₂ pouce, subcoriace, campanulé, blanchâtre, à 10 côtes carénées, vertes, égales ; segments lancéolés-linéaires, pointus, atteignant jusqu'à 18 lignes de long lors de la maturité des fruits. Lame des pétales d'un pourpre violet, ou blanchâtre, longue de près de 1 pouce. Capsule ovale, s'ouvrant en 5 dents.

Cette plante, nommée vulgairement *Nielle* (à cause de la ressemblance de ses graines avec celles de la Nielle cultivée) et *OEuillet de Dieu*, abonde dans les moissons où ses jolies fleurs offrent un coup d'œil très-agréable ; mais le cultivateur la regarde avec raison comme une herbe pernicieuse au terrain, à cause de la profusion avec laquelle elle se multiplie ; d'ailleurs ses graines, difficiles à séparer de celles des Céréales, communiquent à la farine une couleur noirâtre.

Genre LYCHNANTHE. — *Lychnanthus* Gmel.

Calice campanulé, renflé, semi-5-fide. Gynophore très-court. Pétales 5, très-écartés : lame réfléchie en dehors, bifide, biappendiculée au-dessus de la base ; onglets linéaires, planes, étroits. Étamines 10. Stigmates 3. Baie sèche, globuleuse, 1-loculaire, polysperme. Graines réniformes, chagrinées.

Le genre ne renferme que l'espèce suivante :

LYCHNANTHE GRIMPANT. — *Lychnanthus scandens* Gmel. Flor. Badens. — *Cucubalus bacciferus* Linn. — Engl. Bot. tab. 1577. — Lamk. Ill. tab. 377.

Herbe vivace. Tige longue de 2 à 4 pieds, très-rameuse, décombante, ou grimpante, subcylindrique, couverte (ainsi que les rameaux, les pédoncules et les calices) de poils très-courts rétrorses ; rameaux florifères brachiés, géniculés, paniculés ; ramules axillaires et terminaux, 1-5-flores, souvent bifurqués au sommet. Feuilles ovales ou ovales-lancéolées, courtement acuminées, rétrécies en pétiole court, molles, veineuses, d'un vert gai, plus ou moins pubescentes, scabres aux bords, longues de 4 lignes à 2 pouces, larges de 2 à 18 lignes. Fleurs axillaires et terminales, ou dichotoméaires et terminales, courtement pédonculées, inclinées, pendantes. Pédoncules 1-ou 2-bractéolés soit au milieu, soit vers leur sommet. Calice long de ½ pouce, d'un vert tirant sur le jaune, très-évasé, 10-nervé : segments ovales-triangulaires, ou ovales-oblongs, subobtus. Pétales d'un blanc verdâtre, longs de 8 lignes : onglets 2 fois plus courts que le calice; lame cunéiforme-oblongue, à 2 lobes divergents, pointus, plus ou moins dentés; appendices adnés, fimbriés au sommet. Baie noirâtre, luisante, de la grosseur d'une petite Cerise.

Cette plante croît dans les haies et les buissons; mais elle n'est pas commune. Miller assure que ses fruits sont très-vénéneux.

Genre CUCUBALE. — *Cucubalus* Linn.

Calice ovoïde ou campanulé, vésiculeux, membraneux, strié, 5-denté. Gynophore court. Pétales 5 : lame palmatifide ou bipartie, inappendiculée à la base ou munie d'appendices minimes; onglets plancs ou concaves, spathulés. Étamines 10. Stigmates 3. Capsule ovale, ou subglobuleuse, ou conique, polysperme, 1-loculaire, ou incomplétement 5-loculaire, s'ouvrant au sommet en 6 dents. Graines réniformes-orbiculaires, concentriquement tuberculeuses ou muriquées.

Herbes vivaces ou rarement annuelles. Fleurs blanches ou roses, penchées, subsolitaires, ou disposées en panicule.

Ce genre, que la forme du calice, jointe à la brièveté du gynophore, fait distinguer facilement des Silènes, renferme une dixaine d'espèces, dont voici les plus remarquables :

Section I.

Pétales fimbriés, palmatifides, insensiblement rétrécis en onglet plane. Capsule 2 à 3 fois plus courte que le calice, subglobuleuse.

a) *Feuilles verticillées-quaternées. Lame des pétales profondément 4-fide, inappendiculée. Panicule allongée ou subpyramidale, feuil-*

lée, lâche, composée inférieurement de grappes subverticillées, et vers le sommet de cymules triflores ; pédicelles ordinairement plus courts que le calice.

CUCUBALE ÉTOILÉ. — *Cucubalus stellatus* Linn. — *Silene stellata* Ait. Hort. Kew. — Bot. Mag. tab. 1107. — *Viscaria stellata* Reichenb. Hort. Bot. tab. 27.

Tiges dressées, peu rameuses ou simples, pubescentes (de même que toutes les autres parties herbacées de la plante). Feuilles lancéolées ou oblongues-lancéolées, acuminées, ondulées, subtrinervées : les inférieures rétrécies en pétiole court. Calice campanulé, rétréci à la base. Pétales cunéiformes : segments laciniés.

Racine vivace. Tiges grêles, fermes, hautes de 2 à 3 pieds, souvent rougeâtres. Feuilles longues de 1 à 3 pouces, larges de 4 à 12 lignes, molles, d'un vert foncé. Calice long d'environ 5 lignes, d'un vert tirant sur le jaune. Corolle blanche, élégamment fimbriée, large de 7 à 8 lignes.

Cette espèce, indigène dans l'Amérique septentrionale, mérite d'être cultivée comme plante d'ornement.

b) *Feuilles opposées. Lame des pétales palmati-multifide, munie vers son sommet de 2 bosses bidentées. Panicule dichotome, divariquée, subfastigiée : pédicelles dichotoméaires et terminaux, solitaires, 1 à 3 fois plus longs que le calice.*

CUCUBALE FIMBRIÉ. — *Cucubalus fimbriatus* Marsch. Bieb. Flor. Taur. Cauc. — *Silene fimbriata* Sims, Bot. Mag. tab. 980.

Tiges striées, dressées, dichotomes au sommet, pubescentes (de même que toutes les parties herbacées de la plante). Feuilles ovales ou ovales-lancéolées, acuminées, veineuses, rétrécies en pétiole court. Calice campanulé, ventru. Pétales cunéiformes : segments laciniés.

Racine vivace. Tiges fermes, obscurément 4-gones, hautes de 3 à 4 pieds. Feuilles longues de 2 à 4 pouces, larges de 1 à 2 pouces, molles, d'un vert clair, fortement veineuses en dessous. Panicule ample, multiflore. Calice gros, long de $^1\!/_2$ pouce : dents triangulaires, pointues. Corolle blanche, large de 1 pouce : lame des pétales fendue jusqu'au milieu en lanières laciniées.

Cette plante élégante, indigène en Sicile, à l'île de Candie et au Caucase, est très-propre à décorer les grands parterres. Sa floraison a lieu en mai et en juin.

c) Lame des pétales munie d'un appendice biparti.

CUCUBALE LACINIÉ.—*Cucubalus lacerus* Marsch. Bieb. Flor. Taur. Cauc. — Sims, Bot. Mag. tab. 2255.

Hispide. Feuilles ovales-lancéolées, longuement pétiolées, ondulées. Calice gros, ventru. Pétales laciniés. Étamines alternes défléchies.

Cette espèce croît dans les Alpes du Caucase.

SECTION II.

Lame des pétales bipartie, munie à sa base de deux appendices squamiformes ou calleux; onglets concaves, carénés, très-élargis au sommet. Capsule conique ou ovale-conique, presque aussi longue que le calice ou un peu plus longue.

a) Fleurs en panicule.

CUCUBALE A FEUILLES D'ORPIN. — *Cucubalus fabarius* Linn. — Sibth. et Smith, Flor. Græc. tab. 415. — *Silene fabaria* Ait. Hort. Kew.

Tige dressée, suffrutescente à la base, bifurquée au sommet. Feuilles charnues, glauques, glabres, subdenticulées aux bords : les inférieures obovales-spathulées, obtuses, courtement acuminées; les supérieures lancéolées-oblongues, pointues. Panicule très-lâche, incomplètement dichotome, nue : ramules courts, alternes, 3-7-flores; pédicelles dichotoméaires et terminaux. Capsule ovale-conique, plus longue que le calice.

Tiges hautes de 1 à 2 pieds, fermes, striées, feuillues inférieurement; rameaux aphylles, peu nombreux. Feuilles longues de 1 $\frac{1}{2}$ à 2 $\frac{1}{2}$ pouces. Panicule ordinairement plus longue que la tige. Calice long de 4 lignes. Corolle petite, d'un blanc sale.

Cette espèce, indigène dans l'Europe centrale, se cultive dans les collections d'orangerie.

CUCUBALE BÉHEN. — *Cucubalus Behen* Linn. — *Silene
inflata* Smith, Engl. Bot. tab. 164. — Bull. Herb. tab. 321.
— Flor. Dan. tab. 914. — Tenor. Flor. Napol. tab. 37 (var.
angustifolia).

Tiges ascendantes, ou décombantes, ou dressées. Feuilles ovales, ou elliptiques, ou oblongues, ou lancéolées, ou linéaires-lancéolées, ou ovales-lancéolées, glauques ou vertes, glabres ou pubescentes, acuminées ou pointues. Panicule subfastigiée, feuillée
à la base : pédicelles dichotoméaires et terminaux. Calice vésiculeux, réticulé, ovale, ou ovale-globuleux. Lame des pétales bicalleuse à la base. Capsule ovale-globuleuse, aussi longue que le
calice.

Plante très-variable quant au port, ainsi que dans la forme des
feuilles. Racine vivace, longue, forte, rameuse, multicaule. Tiges
longues de $^1/_2$ à 2 pieds, ordinairement rameuses dès la base.
Feuilles longues de 1 à 4 pouces, larges de 1 à 12 lignes : les
inférieures rétrécies en pétiole; les supérieures tantôt rétrécies ,
tantôt arrondies à la base. Panicule multiflore ou pauciflore (dans
quelques variétés, les fleurs sont solitaires ou géminées à l'extrémité des rameaux). Fleurs polygames-dioïques (les unes hermaphrodites; les autres mâles par avortement). Calice verdâtre ou
blanchâtre , membraneux, réticulé de veines violettes ou vertes.
Corolle d'un blanc de lait ou quelquefois légèrement lavée de
rose : lobes des pétales cunéiformes-obovales ; onglets aussi longs
que le calice. Étamines très-saillantes , déclinées après l'anthèse.
Ovaire luisant, d'un brun de Châtaigne.

Cette plante, nommée vulgairement *Béhen*, abonde sur les
pelouses, les prairies sèches , au bord des champs , sur les plages
marines et jusqu'aux sommités des Alpes. Elle est un excellent
fourrage pour les bestiaux et les moutons ; aussi la cultive-t-on
en grand à cet effet dans plusieurs contrées d'Allemagne. Ses
jeunes pousses peuvent se manger en guise d'Asperges.

CUCUBALE MARITIME. — *Silene maritima* With. Engl. Bot.
tab. 957. — *Silene uniflora* Roth , Cat. (non Lamk.)— *Silene
maritima* α. et γ De Cand. Flor. Franç.

Tiges 1-ou pauci-flores, décombantes. Feuilles lancéolées , ou lancéolées-spathulées, ou lancéolées-obovales, subobtuses , carénées, glauques , un peu charnues, denticulées aux bords. Calice campanulé, rétréci à la base. Lame des pétales biappendiculée à la base.

Racine longue, épaisse, vivace, multicaule. Tiges très-touffues, grêles, étalées, longues de ¹/₂ pied à 1 pied. Feuilles longues de 4 à 8 lignes, larges de 1 à 4 lignes. Fleurs semblables à celles de l'espèce précédente.

Cette espèce, qui croît sur les côtes de l'Europe méridionale, a un port très-élégant et mérite d'être cultivée, surtout pour garnir des glacis ou des rocailles.

SECTION III.

Lame des pétales indivisée, échancrée, biappendiculée. Capsule 2 fois plus longue que le calice.

CUCUBALE NAIN. — *Cucubalus acaulis* Spach. — *Silene acaulis* Linn. — Allion. Pedem. tab. 79, fig. 1. — Flor. Dan. tab. 21. — Loddig. Bot. Cab. tab. 568. — Engl. Bot. tab. 1081.

Tiges touffues, très-courtes, uniflores, glabres de même que les pédoncules et les calices. Feuilles recourbées ou étalées, imbriquées, linéaires-subulées, carénées, obtuses, ou pointues, ciliées à la base. Lame des pétales obovale, échancrée : appendices minimes, squamiformes. Fleurs polygames-dioïques.

Racine vivace, épaisse, poussant un grand nombre de tiges naines, lesquelles forment un gazon semblable à celui de certaines mousses. Feuilles d'un vert gai, marcescentes, recouvrantes, roselées au sommet des tiges, longues de 2 à 6 lignes. Fleurs subsessiles ou portées sur un pédoncule qui atteint quelquefois 6 à 8 lignes de long, terminales-solitaires, dressées. Calice long d'environ 3 lignes , campanulé ou subturbiné, 10-nervé, ordinairement rougeâtre. Lame des pétales d'un rose vif, ou quelquefois blanche; onglets un peu plus courts que le calice. Étamines très-saillantes dans les fleurs mâles ou hermaphrodites, abortives dans les fleurs femelles.

Cette plante mignonne orne les rochers des hautes Alpes de toute l'Europe.

Genre SILÈNE. — *Silene* Linn.

Calice claviforme, ou turbiné, ou rarement cylindracé, 5-denté, 10-nervé, ou 10-costé, souvent renflé vers le sommet. Gynophore plus ou moins allongé. Pétales 5, souvent bifides ou bilobés, ordinairement biappendiculés à la base; onglets cunéiformes ou spathulés, aussi longs que le calice ou plus longs. Étamines 10. Stigmates 3. Capsule polysperme, 1-loculaire, s'ouvrant au sommet en 6 dents. Graines réniformes-orbiculaires, chagrinées, ou muriquées, ou rarement comprimées et ciliolées.

Herbes annuelles, ou bisannuelles, ou vivaces; rarement sous-arbrisseaux. Fleurs roses, ou blanches, ou pourpres, le plus souvent disposées en panicule.

Ce genre renferme environ deux cents espèces dont nous allons décrire les plus remarquables.

Section I.

Fleurs en panicule subpyramidale ou allongée : ramules axillaires, opposés, dichotomes, ordinairement 5- ou pluriflores.

A. *Panicule allongée. Pédoncules et pédicelles dressés.*

a) *Calice obconique, peu renflé, strié. Panicule à ramules pauciflores.*

Silène royal. — *Silene regia* Sims, Bot. Mag. tab. 1724.

Pubescent, visqueux. Feuilles lancéolées ou oblongues-lancéolées, pointues. Lame des pétales lancéolée, pointue, bicuspidée à la base. Étamines et stigmates très-saillants.

Tiges hautes de 1 à 2 pieds. Panicule feuillée. Calice long de 1 pouce. Corolle écarlate, large de plus de 2 pouces. Étamines presque 2 fois plus longues que le calice.

Cette superbe plante a été découverte par Nuttall sur les bords du Missouri.

SILÈNE DE PENSYLVANIE. — *Silene pensylvanica* Michx. — Bot. Reg. tab. 247. — *Silene incarnata* Loddig. Bot. Cab. tab. 41.

Tiges rameuses, pubescentes, visqueuses, souvent décombantes. Feuilles ciliées, lancéolées : les radicales longuement pétiolées; les caulinaires sessiles ou subsessiles. Panicules courtes, feuillées. Dents calicinales oblongues, obtuses. Lame des pétales cunéiforme, crénelée, biappendiculée à la base.

Racine vivace. Tiges longues de 6 à 12 pouces. Feuilles molles, d'un vert gai : les radicales longues d'environ 3 pouces. Calice long de ¹/₂ pouce. Corolle large de 1 pouce, d'un rose pâle, ou blanche. Étamines saillantes.

Cette espèce croît aux États-Unis.

b) *Calice claviforme, vésiculeux, semi-diaphane, à 10 côtes herbacées, carénées.*

SILÈNE VISQUEUX. — *Silene viscosa* Pers. Syn. — Tournef. Voyage, v. 2, tab. 361. — Flor. Dan. tab. 1209. — *Cucubalus viscosus* Linn.

Tige simple, dressée, visqueuse et pubescente de même que toute la plante. Feuilles ondulées, pointues : les radicales lancéolées-spathulées; les caulinaires oblongues-lancéolées ou ovales-lancéolées, subamplexicaules. Panicule dense : ramules courts, 3-7-flores. Calice cylindracé, renflé au milieu : dents obtuses. Pétales bilobés, inappendiculés. Étamines très-saillantes, déclinées.

Racine bisannuelle. Tige haute de 1 ¹/₂ à 2 pieds, ferme, striée. Feuilles d'un vert pale, molles : les radicales longues de 3 à 6 pouces, sur 3 à 4 lignes de large; les caulinaires longues de 2 à 3 pouces. Panicule longue de 6 à 10 pouces. Calice membraneux, long de 6 lignes. Pétales blancs : onglets plus longs que le calice; lames longues de 6 lignes : lobes obovales, subcrénelés. Étamines et styles 2 fois plus longs que le calice.

Cette espèce croît dans une grande partie de l'Europe, mais sans être commune. Elle mérite une place dans les parterres.

Silène du Caucase. — *Silene caspica* Pers. Syn. — Reichenb. Plant. Crit. fig. 425.

Tiges suffrutescentes à la base, ascendantes, presque cotonneuses ainsi que les pédoncules et les feuilles. Feuilles lancéolées-spathulées : les inférieures courtement acuminées ; les supérieures subobtuses ; les florales linéaires-oblongues. Panicule lâche : ramules subtriflores. Calices pubérules, beaucoup plus longs que les pédicelles : dents triangulaires, très-obtuses. Pétales bilobés, appendiculés. Capsule ovale-conique, presque aussi longue que le gynophore.

Tiges ordinairement simples, longues d'environ 1 pied, presque ligneuses à la base ; entrenœuds rapprochés, plus courts que les feuilles. Feuilles un peu charnues, d'un vert clair, longues de 1 à 2 pouces. Panicule longue de 4 à 8 pouces. Calice long de 10 lignes. Corolle rose, largé de près de 1 pouce.

Cette espèce, indigène au Caucase, se cultive comme plante d'ornement.

Silène suffrutescent. — *Silene fruticosa* Linn. — Sibth. et Smith, Flor. Græc. tab. 428.

Tiges suffrutescentes et rameuses à la base ; rameaux ascendants, glabres. Feuilles un peu charnues, acuminées, très-pointues, glabres aux 2 faces, ciliées et scabres aux bords : les inférieures lancéolées-spathulées ou obovales-spathulées ; les supérieures lancéolées ou lancéolées-linéaires ; les florales linéaires-lancéolées. Panicule lâche : ramules 2-9-flores. Calices velus, plus longs que les pédicelles : dents triangulaires-lancéolées, pointues. Lame des pétales bilobée, 2-appendiculée. Capsule ovale-conique, aussi longue que le gynophore.

Racine multicaule. Tiges poussant un grand nombre de rameaux longs d'environ 1 pied. Feuilles longues de 1 à 3 pouces, d'un vert gai. Panicule tantôt pauciflore et simple, tantôt multiflore et plus ou moins rameuse. Calice long de 8 à 10 lignes, couvert ainsi que les pédoncules et les pédicelles de poils mous, rétrorses, assez courts. Corolle large de 8 lignes : lames d'un rose vif, oblongues-obovales, à 2 lobes courts, arrondis; appendices petits, presque adnés.

Cette espèce, indigène dans l'Europe australe, se cultive comme plante d'ornement; elle demande une exposition chaude et un terrain sec.

SILÈNE A FEUILLES DE GYPSOPHILE. — *Silene Gypsophila* Desfont. Hort. Par. — *Silene ramosissima* Pérs.

Tiges décombantes ou ascendantes, très-rameuses; rameaux dressés, pubérules. Feuilles linéaires-lancéolées, pointues, pubérules et scabres aux bords. Panicule assez dense : ramules courts, 3-9-flores. Calices fortement pubescents, beaucoup plus longs que les pédicelles : dents triangulaires-lancéolées, pointues. Lame des pétales cunéiforme-oblongue, bilobée au sommet, biappendiculée à la base. Gynophore velouté, presque aussi long que la capsule. Capsule oblongue-conique.

Plante vivace, très-touffue, haute de 6 à 15 pouces. Feuilles longues de 1 à 3 pouces, larges de 1 à 2 $^{1}/_{2}$ lignes, d'un vert foncé ou tirant sur le gris, tantôt glabres aux 2 faces, tantôt pubérules et un peu scabres. Cymules denses, subfastigiées. Calice long de 6 lignes. Corolle large de $^{1}/_{2}$ pouce, d'un blanc tirant sur le jaune : lame à 2 lobes courts, obtus; appendices très-petits.

Cette plante, indigène au Caucase, mérite d'être cultivée dans les parterres. Ses fleurs, très-abondantes, paraissent en juillet.

SILÈNE A FEUILLES DE SPARGOUTE. — *Silene spergulifolia* Marsch. Bieb. Flor. Taur Cauc. Suppl. — *Cucubalus spergulifolius* Desfont. Coroll. tab. 55.

Tiges diffuses, très-rameuses : rameaux florifères ascendants. Feuilles lancéolées-linéaires ou linéaires-subulées, acuminées, scabres, pubérules. Panicule pauciflore, très-lâche : ramules subuniflores. Calices pubescents, beaucoup plus longs que les pédicelles. Lame des pétales bilobée au sommet, biappendiculée à la base. Capsule ovale-conique, plus longue que le gynophore.

Herbe vivace, touffue. Rameaux florifères longs de 4 à 8 pouces; tiges stériles longues jusqu'à 1 pied, feuillues. Feuilles longues de 3 à 8 lignes, larges au plus de 1 ligne. Calice long de 4 à 5 lignes. Corolle petite : lames·blanches en dessus, livides en dessous.

Cette espèce, qui croît au Caucase et dans les montagnes de l'Asie mineure, se fait aussi remarquer par son port élégant.

SILÈNE COUCHÉ. — *Silene supina* Marsch. Bieb. Flor. Taur. Cauc. — Reichenb. Plant. Crit. IV, fig. 504. — Bot. Mag. tab. 1997.

Tiges ascendantes, très-rameuses, pubérules (ainsi que toute la plante). Feuilles linéaires-lancéolées ou linéaires-subulées, pointues. Panicules lâches, multiflores; ramules subtriflores : les inférieurs alternes. Calices très-longs, pubérules, visqueux : dents pointues. Lame des pétales bilobée au sommet, biappendiculée à la base. Capsule oblongue-conique, de moitié plus courte que le gynophore.

Herbe vivace. Tiges touffues, presque dichotomes, longues d'environ 1 pied. Feuilles longues de 6 à 15 lignes, larges au plus de 1 ligne, subincanes. Calice grêle, long de près de 1 pouce. Corolle large de ¹/₂ pouce : lame blanche en dessus, d'un jaune livide en dessous; lobes obtus.

Cette espèce, indigène au Caucase, se cultive dans les parterres. Elle fleurit en juin.

c) *Calice claviforme, peu renflé, non-diaphane, à 10 nervures peu apparentes.*

SILÈNE A LONGUES FLEURS. — *Silene longiflora* Ehrh. — Wald. et Kit. Plant. Rar. Hung. tab. 8.

Feuilles glabres : les inférieures linéaires-spathulées, ou lancéolées-spathulées, acuminées; les supérieures linéaires ou linéaires-lancéolées, pointues. Panicule lâche, très-longue : ramules 3-5-flores. Lame des pétales cunéiforme, profondément bifide, biappendiculée. Capsule oblongue-conique, un peu plus courte que le gynophore.

Herbe vivace. Tiges ordinairement touffues, simples ou peu rameuses, dressées, grêles, cylindriques, glabres comme toute la plante, hautes de 1 à 3 pieds. Feuilles d'un vert foncé, assez fermes : les inférieures et les radicales atteignant jusqu'à 7 pouces de long, sur 2 à 4 lignes de large. Calice long de 1 pouce, d'un blanc verdâtre. Corolle large de près de 1 pouce : lames blanches en dessus, plus ou moins livides en dessous; lobes oblongs, obtus, divergents; appendices lancéolés, pointus.

Cette espèce, remarquable par la longueur de ses calices, croît en Hongrie et dans la Russie méridionale.

B. *Panicule allongée, interrompue : ramules multiflores : les inférieurs brachiés; les supérieurs très-courts ou presque nuls; pédicelles agrégés, penchés pendant la floraison. (Quelquefois tous les ramules de la panicule sont très-courts.)*

Silène élancé, — *Silene gigantea* Linn. — Sibth. et Smith, Flor. Græc. tab. 432.

Tige suffrutescente à la base, simple ou rameuse, pubescente (de même que toute la plante), visqueuse au sommet. Feuilles obovales-spathulées, courtement acuminées, ciliées. Panicule sub-aphylle, verticillée. Calice claviforme, à côtes saillantes. Pétales bipartis, inappendiculés. Capsule ovale, un peu plus longue que le gynophore.

Plante haute de 3 à 4 pieds. Feuilles un peu épaisses, longues de 1 à 2 pouces, larges de 4 à 15 lignes. Panicules atteignant jusqu'à 1 $\frac{1}{2}$ pied de long : ramules très-écartés; feuilles florales courtes, linéaires. Calice long de 5 lignes, opaque, blanchâtre : côtes vertes. Corolle petite, d'un vert livide : lobes linéaires-oblongs, obtus.

Cette espèce, remarquable par sa longue panicule interrompue et par ses fleurs de couleur verte, croît dans l'Europe méridionale.

C. *Panicule lâche, subpyramidale : ramules dichotomes, 3-7-flores; pédicelles allongés, subfastigiés. — Calice claviforme, membraneux, semi-diaphane, à 10 côtes herbacées.*

a) *Panicule dressée : fleurs horizontales pendant l'anthèse ; lame des pétales bicalleuse à la base.*

SILÈNE D'ITALIE. — *Silene italica* Linn. — Sibth. et Smith, Flor. Græc. tab. 429. — Reichenb. Plant. Crit. fig. 465.

Pubescent ou subincane. Feuilles acuminées ou pointues, ciliées : les inférieures lancéolées-spathulées ; les supérieures lancéolées ou lancéolées-linéaires. Panicule visqueuse. Dents calicinales triangulaires, pointues. Lame des pétales cunéiforme, profondément bilobée, bicalleuse à la base. Capsule ovale-conique, un peu plus courte que le gynophore.

Herbe vivace, touffue, haute de 1 à 2 pieds. Tiges simples ou rameuses, cylindriques, dressées, ou un peu ascendantes. Feuilles vertes ou incanes, molles : les inférieures longues de 2 à 3 pouces ; les florales sublinéaires, petites. Calice long d'environ 8 lignes, souvent blanchâtre. Corolle large de 8 lignes : lames blanches, réticulées en dessous de veines violettes, ou verdâtres, ou livides ; onglets plus longs que le calice.

Cette plante, commune dans toute l'Europe méridionale, mérite d'être cultivée dans les parterres. Ses fleurs, très-nombreuses et légèrement odorantes, paraissent au mois de mai.

SILÈNE NÉMORAL. — *Silene nemoralis* Waldst. et Kit. Plant. Rar. Hung. tab. 249. — Reichenb. Plant. Crit. fig. 416.

Cette espèce diffère de la précédente par ses feuilles inférieures obovales-spathulées et plus fortement ciliées à la base, ainsi que par sa panicule plus dense et plus raccourcie. Elle habite également l'Europe australe.

b) *Panicule dressée : fleurs érigées pendant l'anthèse ; lame des pétales biappendiculée à la base.*

SILÈNE PARADOXAL. — *Silene paradoxa* Linn. — Jacq. Hort. Vindob. tab. 84. — Reichenb. Plant. Crit. fig. 415.

Feuilles glabres aux 2 faces, pubérules aux bords : les inférieures lancéolées-spathulées, acuminées ; les supérieures sublinéaires, pointues. Panicule visqueuse. Dents calicinales triangulaires-lancéolées, pointues. Lame des pétales obovale, bilobée au sommet. Capsule ovale-conique, un peu plus longue que le gynophore.

Herbe vivace, touffue. Tiges simples ou rameuses, dressées, hautes de 1 à 2 pieds. Feuilles d'un vert gai, un peu charnues. les radicales longues de 2 à 4 pouces (y compris le pétiole), larges de 4 à 8 lignes, rétrécies en long pétiole cilié à la base; les caulinaires longues d'environ 2 pouces, sur 1 à 3 lignes de large. Calice long de près de 1 pouce, blanchâtre : nervures d'un vert tirant sur le violet. Corolle large de 1 pouce : lames blanches en dessus, jaunes ou livides en dessous; lobes obtus; appendices basilaires pointus.

Cette espèce croît dans l'Europe méridionale et se cultive quelquefois dans les jardins.

c) *Panicule nutante pendant la floraison : ramules divariqués; fleurs pendantes; lame des pétales biappendiculée à la base.*

SILÈNE NUTANT. — *Silene nutan*s Linn. — Flor. Dan. tab. 242. — Schk. Handb. tab. 122 — Engl. Bot. tab. 465. — *Silene infracta* Wald. et Kit. Plant. Hung. Rar. tab. 213. — Reichenb. Plant. Crit. fig. 427.

Pubescent ou glabre. Feuilles lancéolées ou lancéolées-obovales, acuminées, ciliées à la base : les radicales longuement pétiolées. Panicule visqueuse. Dents calicinales triangulaires, pointues. Lame des pétales profondément partagée en 2 lanières linéaires. Capsule ovale-conique, plus longue que le gynophore.

Herbe vivace, touffue. Tiges hautes de 1 ¹/₂ à 2 pieds, dressées ou ascendantes, grêles, cylindriques. Feuilles d'un vert gai ou subincanes, molles : les inférieures longues d'environ 2 pouces, sur 6 lignes de large. Calice long de 4 à 5 lignes, blanchâtre : nervures vertes ou violettes. Lame des pétales réfléchie, blanche, longue d'environ 4 lignes; onglets un peu plus longs que le calice.

Cette plante élégante est commune dans presque toute l'Europe, sur les pelouses sèches. Sa corolle s'épanouit le soir, et, peu après le lever du soleil, elle se referme en se roulant en dedans.

SILÈNE LIVIDE. — *Silene livida* Willd. Enum. — Reichenb. Plant. Crit. fig. 417.

Ce Silène, indigène dans l'Europe méridionale, peut-être n'est qu'une variété de l'espèce précédente, dont on le distingue cependant facilement à la couleur verdâtre de la face inférieure de ses pétales; toute la plante est très-visqueuse.

SECTION II.

Fleurs en cyme dichotome, ou en panicule dichotome sub-fastigiée, ou terminales-subsolitaires.

A. *Cyme dichotome, multiflore, aphylle, subfastigiée. Calice claviforme, semi-diaphane, à 10 côtes filiformes. Capsule longuement stipitée, 3-ou 4-loculaire. Graines réniformes, canaliculées au dos. — Herbes annuelles ou bisannuelles.*

a) *Lame des pétales munie à sa base de 2 appendices subulés, divergents. Capsule oblongue-cylindracée, plus courte que le stipe.*

SILÈNE ARMÉRIA. — *Silene Armeria* Linn. — Engl. Bot. tab. 1398. — Flor. Dan. tab. 559.

Très-glabre. Racine annuelle. Feuilles glauques, pointues, subamplexicaules : les inférieures oblongues ou elliptiques-oblongues; les supérieures ovales ou ovales-elliptiques, cordiformes à la base. Cymes un peu lâches. Lame des pétales cunéiforme-obovale, rétuse.

Tige haute de $^1/_2$ pied à 1 pied, tantôt très-simple, tantôt une ou deux fois bifurquée au sommet, tantôt rameuse dès la base, dressée. Feuilles longues de 1 à 2 $^1/_2$ pouces, larges de 6 à 12 lignes. Calice long de 6 à 8 lignes, grêle, ordinairement rose ou pourpre. Corolle large de $^1/_2$ pouce, d'un rose vif, ou blanche.

Cette espèce élégante croît dans le midi de l'Europe; on la cultive fréquemment dans les jardins, comme plante de bordure.

SILÈNE A CYMES COMPACTES. — *Silene compacta* Marsch. Bieb. Flor. Taur. Cauc. Suppl. — Reichenb. Hort. Bot. tab. 26. — Don, in Sweet, Brit. Flow. Gard. ser. 2, tab. 64. — Loddig. Bot. Cab. tab. 1638.

Très-glabre. Racine bisannuelle. Feuilles glauques, pointues, subamplexicaules : les inférieures oblongues ou oblongues-lancéolées ; les supérieures ovales, ou ovales-elliptiques , ou ovales-lancéolées , subcordiformes à la base. Cymes très-denses. Lame des pétales ovale , pointue , ou tronquée et crénelée.

Plante semblable à la précédente par le port, mais ordinairement un peu plus grande dans toutes ses parties. Fleurs d'un rose vif.

Cette espèce, indigène en Hongrie et dans la Russie méridionale, ne mérite pas moins que le *Silène Arméria* d'être cultivée dans les jardins.

b) *Lame des pétales munie à sa base de 2 appendices squami-formes, obtus, adnés. Capsule ovale-conique, aussi longue que le stipe.*

Silène Atocion. — *Silene Atocion* Murr. Syst. — Jacq. Hort. Vindob. 3, tab. 32. — *Silene orchidea* Linn. fil. — Sibth. et Smith, Flor. Græc. tab. 427.

Tige pubérule , visqueuse (de même que les calices et pédoncules). Feuilles courtement acuminées, presque glabres : les inférieures suborbiculaires ou elliptiques , rétrécies en long pétiole cilié ; les supérieures ovales ou obovales, subsessiles. Cymes lâches, pauciflores. Pétales obcordiformes, bilobés.

Herbe annuelle, haute de 4 à 6 pouces. Tige simple ou rameuse, grêle, dressée. Feuilles molles, d'un vert gai : les inférieures larges de 4 à 6 lignes, 2 à 4 fois plus courtes que leur pétiole. Calice long de 6 à 8 lignes : dents triangulaires, obtuses. Corolle rose, large de $^1/_2$ pouce.

Cette espèce. indigène dans l'Europe australe, se cultive dans les parterres, comme plante de bordure.

B. *Panicule subfastigiée, feuillée : pédicelles dichotoméaires et terminaux, solitaires.*

a) *Herbes annuelles. Calice claviforme, semi-diaphane, à 10 côtes filiformes. Pétales biappendiculés à la base. Capsule longuement stipitée. Graines réniformes, concentriquement tuberculeuses.*

Silène Attrape-mouche. — *Silene Muscipula* Linn. — Clus. Hist. 1, p. 289, fig. 1.

Tige dressée, dichotome. Feuilles glabres, pointues, lancéolées les inférieures rétrécies en pétiole. Panicule visqueuse. Calice glabre, réticulé : dents courtes, triangulaires, pointues. Pétales bifides. Capsule oblongue-conique, un peu plus longue que le stipe.

Tige haute d'environ 1 pied, simple inférieurement. Rameaux subfastigiés, presque érigés. Feuilles longues de 1 à 3 pouces, molles, d'un vert gai. Calice long d'environ 6 lignes. Corolle petite, rose.

Cette plante croît dans le midi de l'Europe : son nom *d'Attrape-mouche* lui vient de ce que les petits insectes qui viennent s'y poser, se trouvent englués par la matière visqueuse qui enduit les rameaux.

SILÈNE A PÉTALES RÉTICULÉS. — *Silene picta* Pers. Ench — De Cand. Plant. Rar. Genèv. tab. 6. — Sweet, Brit. Flow. Gard. tab. 92. — *Silene bicolor* Reichenb. Hort. Bot. tab 72 (non Thore).

Très-glabre, lisse, un peu glauque. Tige élancée, paniculée. Feuilles subobtuses, mucronulées : les inférieures spathulées-oblongues ; les supérieures lancéolées-spathulées ou lancéolées-linéaires ; les florales linéaires-subulées. Panicules très-lâches, un peu visqueuses. Dents calicinales triangulaires, pointues. Pétales profondément bilobés, obcordiformes, réticulés. Capsule ovale-conique, aussi longue que le stipe.

Tige dressée, haute de 2 à 3 pieds. Rameaux très-grêles. Ramules presque filiformes, très-allongés, presque nus. Feuilles inférieures longues de 2 à 3 pouces, larges d'environ 1 pouce ; feuilles supérieures des rameaux à peine larges de 1 ligne. Calice long d'environ 6 lignes, blanchâtre : nervures rougeâtres, sub-réticulées. Corolle blanche, large de 8 lignes : onglets plus longs que le calice, trinervés, très-élargis au sommet ; lames partagées jusqu'au-delà du milieu en 2 lobes oblongs, obtus, divergents, réticulés de veines violettes.

Cette espèce, qui croît en Grèce et en Orient, se fait remarquer par sa corolle très-élégamment réticulée de violet.

b) *Herbes vivaces. Calice turbiné, subopaque, à 10 nervures filiformes. Lame des pétales 2-appendiculée, inégalement 4-fide ou
4-lobée. Capsule courtement stipitée, plus longue que le calice.
Graines comprimées, subréniformes, ponctuées, ciliées de petites
paillettes.*

SILÈNE A PÉTALES QUADRIDENTÉS. — *Silene quadrifida*
Linn. — Jacq. Austr. tab. 120. — Reich. Plant. Crit. v. 9,
fig. 1176. — *Silene quadridentata* De Cand. Flor. Franç. —
Cucubalus quadridentatus Linn. Spec. ed. 1.

Tiges touffues, débiles, dichotomes et visqueuses au sommet
(quelquefois 1-ou 2-flores). Feuilles glabres : les inférieures
linéaires-spathulées ; les supérieures linéaires-filiformes. Panicule
très-lâche. Calice pubérule-glanduleux : dents ovales, obtuses.
Lame des pétales obovale, inégalement 4-dentée. Capsule ovale
ou ovale-globuleuse, un peu plus longue que le calice.

Tiges ascendantes, filiformes, hautes de 3 à 6 lignes, ordinairement simples à la base. Feuilles longues de 6 à 8 lignes,
larges de ⅓ à ½ ligne, d'un vert gai. Panicule ordinairement
5-7-flore, rarement pluriflore, ou à moins de 5 fleurs. Pédoncules
filiformes, plus longs que le calice. Bractées minimes, subulées.
Calice long de 3 lignes. Corolle large de 4 à 5 lignes, d'un
blanc de lait ; onglets un peu plus courts que le calice ; appendices
dentiformes.

Cette plante, commune dans les endroits humides des Alpes,
est fort propre à orner les rocailles artificielles.

SILÈNE MIGNON. — *Silene pusilla* Waldst. et Kit. Plant.
Rar. Hungar. tab. 212. — Loddig. Bot. Cab. tab. 90. — Don,
in Sweet, Brit. Flow. Gard. ser. 2, tab. 40.

Ce Silène diffère du précédent par sa stature plus basse, ses
tiges seulement 1-3-flores, et ses feuilles toutes linéaires-spathulées, ciliées. Il croît dans les Alpes de Hongrie, et se cultive
aussi comme plante d'agrément.

SILÈNE ALPESTRE. — *Silene alpestris* Jacq. Flor. Austr.
tab. 96. — *Lychnis alpestris* Linn. Suppl.

Tiges touffues, ascendantes, dichotomes et visqueuses au

sommet. Feuilles lancéolées ou lancéolées-linéaires, subobtuses. Panicule lâche, pauciflore. Calice pubérule-glanduleux : dents ovales, obtuses. Lame des pétales obovale, inégalement 4-lobée. Capsule ovale-oblongue, 1 fois plus longue que le calice.

Tiges fermes, hautes de 4 à 12 pouces. Feuilles fermes, glabres, d'un vert gai, longues de 1 à 1 ½ pouce, larges de 2 à 3 lignes. Corolle blanche, large de 5 à 6 lignes.

Cette espèce croît dans les Alpes d'Autriche.

c) *Herbes vivaces. Calice turbiné, subopaque, à 10 nervures fili-formes. Lame des pétales biappendiculée, échancrée. Capsule courtement stipitée, aussi longue que le calice. Graines réniformes, non-ciliées.*

SILÈNE DES ROCHERS. — *Silene rupestris* Linn. — Flor. Dan. tab. 4. — Sturm, Deutschl. Flor. fasc. 22.

Tiges ascendantes, touffues, dichotomes, glabres comme toute la plante. Feuilles pointues, glauques : les inférieures lancéolées, rétrécies à la base ; les supérieures ovales ou ovales-lancéolées. Panicules pauciflores, feuillées : pédicelles filiformes, très-longs. Dents calicinales ovales, obtuses. Pétales obcordiformes. Capsule ovale-oblongue.

Racine presque ligneuse. Tiges hautes de 2 à 6 pouces, grêles, feuillues, simples inférieurement. Feuilles longues de 5 à 8 lignes, larges de 2 à 4 lignes. Fleurs petites, blanches. Gynophore 2 fois plus court que la capsule. Graines très-petites, brunâtres.

Ce Silène est commun sur les rochers des Basses-Alpes.

C. *Panicule dichotome, feuillée, très-lâche, non-fastigiée (l'un des rameaux de chaque bifurcation se développant toujours beaucoup moins que l'autre, et se terminant par 1-3 fleurs); point de fleur dans les bifurcations, ou seulement dans les bifurcations terminales.*

a) *Calice obconique-cylindracé, coriace, finement strié. Capsule longuement stipitée. Pétales bilobés, biappendiculés à la base.*

SILÈNE A FEUILLES DE CHLORA. — *Silene chloræfolia* Smith, Ic. 1, tab. 13. — Bot. Mag. tab. 807.

Glauque, très-glabre. Feuilles coriaces : les radicales obovales-spathulées, subacuminées, ou rétuses; les caulinaires sessiles, ovales, subcordiformes à la base. Panicule à ramules 1-3-flores. Dents calicinales triangulaires, mucronées, piquantes.

Tiges longues de 1 à 2 pieds, suffrutescentes à la base, ascendantes, dichotomes vers leur sommet. Feuilles radicales longues de 2 à 3 pouces (y compris le pétiole); feuilles caulinaires longues de 6 à 10 lignes, souvent aussi larges que longues, plus courtes que les entrenœuds, terminées en pointe piquante, recourbées en dehors. Calice blanchâtre ou rougeâtre, long de 10 à 12 lignes. Corolle large de 1 pouce, blanche au moment de l'épanouissement, livide après l'anthèse.

Cette espèce, très-distincte par son feuillage, croît en Arménie; elle est rare dans les jardins.

b) *Calice obconique ou subcylindracé, membraneux, à 10 côtes assez saillantes. Lame des pétales laciniée ou bipartie, munie à sa base de 2 appendices minimes.*

Silène orné. — *Silene ornata* Ait. Hort. Kew.— Bot. Mag. tab. 382.

Tiges ascendantes, dichotomes, géniculées, pubescentes et visqueuses (de même que les feuilles, pédoncules et calices) : rameaux divariqués. Feuilles lancéolées ou lancéolées-oblongues, pointues, sessiles. Panicule à ramules subuniflores. Calice obconique : dents longues, subulées. Pétales obcordiformes, profondément bilobés. Ovaire plus long que le gynophore.

Tiges longues de 1 à 2 pieds. Feuilles molles, subincanes, longues de 1 à 2 pouces, larges de 3 à 6 lignes. Calice long de 8 à 12 lignes. Corolle large de 1 pouce, d'un pourpre noirâtre, ou blanche, ou rose : lobes des pétales obtus, subdentés.

Cette espèce, indigène au cap de Bonne-Espérance, se cultive dans les orangeries comme plante d'agrément.

Silène de Virginie. — *Silene virginica* Linn.

Tige dressée ou ascendante, pubescente et visqueuse de même que les feuilles et calices. Feuilles lancéolées, pointues : les radicales longuement pétiolées, subspathulées. Panicule à rameaux subtriflores. Calice obconique, renflé au milieu : dents courtes, obtuses. Pétales cunéiformes-oblongs, irrégulièrement bifides. Capsule ovale-globuleuse, plus longue que le gynophore.

Herbe vivace. Tige haute de 12 à 18 pouces, peu rameuse. Feuilles radicales longues de 3 à 4 pouces, larges de 4 à 8 lignes, molles, ciliées. Calice long de 8 lignes. Corolle large de près de 2 pouces, d'un pourpre vif : lanières inégales, pointues. Étamines beaucoup plus longues que le calice.

Cette espèce, remarquable par ses grandes fleurs d'un pourpre éclatant, croît dans le midi des États-Unis.

D. *Fleurs terminales, subsolitaires.*

a) Herbes vivaces. Tiges rameuses : rameaux simples ou bifurqués. Calice semi-diaphane, claviforme, à 10 nervures fines. Capsule longuement stipitée. Pétales bifides, biappendiculés.

SILÈNE SAXIFRAGE. — *Silene Saxifraga* Linn. — Lodd. Bot. Cab. tab. 454. —Waldst. et Kit. Plant. Rar. Hung. tab. 163.

Tiges touffues, ascendantes, subpubérules. Feuilles lancéolées-linéaires, ou linéaires, pointues, un peu scabres aux bords. Pédoncules solitaires ou géminés, très-longs. Calice glabre : dents ovales, obtuses. Lobes des pétales oblongs, obtus. Capsule ovale ou ovale-oblongue, à peu près aussi longue que le stipe.

Tiges longues de 4 à 8 pouces, grêles, frutescentes à la base, feuillues inférieurement. Ramules florifères filiformes, presque nus. Feuilles d'un vert gai, longues d'environ 1 pouce, larges de ⅓ de ligne à 1 ligne, d'un vert gai, molles. Calice long de 4 à 5 lignes. Corolle large de 6 à 8 lignes : lame blanche en dessus, verdâtre ou rougeâtre en dessous; onglets aussi longs que le calice; appendices oblongs.

Cette espèce croît sur les rochers calcaires des Alpes.

b) Herbes vivaces. Tiges simples, 1-ou 2-flores. Calice semi-diaphane, claviforme, à 10 côtes fines. Pétales échancrés, biappendiculés. Capsule longuement stipitée.

SILÈNE DU VALAIS.—*Silene valesia* Linn.—Allion. Flor. Pedem. tab. 23, fig. 2.

Tiges ascendantes, assez touffues, visqueuses et pubérules ainsi que toute la plante. Feuilles lancéolées, acuminées : les in férieures rétrécies en pétiole. Pédoncules solitaires ou géminés. Capsule ovale-conique, à peu près aussi longue que le gyno phore.

Souche ligneuse, décombante. Tiges longues de 2 à 5 pouces. Feuilles longues d'environ 1 pouce, larges de 1 à 3 lignes, molles, subincanes. Calice long de 9 à 10 lignes, rougeâtre. Corolle rose, large de 8 à 10 lignes.

Cette espèce croît dans les Alpes du Valais et du Piémont.

SECTION III.

Fleurs en grappes unilatérales : bractées opposées, les inférieures foliacées : l'une (dans l'aisselle de laquelle naît le pédicelle) plus petite que l'autre; pédicelles alternes.

A. *Herbes annuelles, dichotomes. Calice semi-diaphane, claviforme, à 10 côtes carénées, vertes. Capsule 3-ou 4-loculaire, stipitée. Graines réniformes, concentriquement muriquées.*

a) *Pétales profondément bilobés, munis à leur base d'un appendice bifide. Gynophore grêle, aussi long que la capsule ou plus long.— Pédicelles dressés.*

SILÈNE VESPERTIN. — *Silene vespertina* Retz, Obs. — Flor. Græc. tab. 409.—*Silene bipartita* Desfont. Flor. Atl. tab. 160. — *Silene hispanica* Jacq. Fragm. tab. 59. — Sweet, Brit. Flow. Gard. tab. 58.

Tige pubérule, dressée. Feuilles presque glabres, acuminées : les radicales suborbiculaires-spathulées; les caulinaires inférieures lancéolées-spathulées; les supérieures lancéolées. Calice glabre. Pétales obcordiformes, à 2 lobes oblongs-obovales, obtus.

Tige haute d'environ 1 pied, grêle, ordinairement rameuse presque dès la base. Feuilles d'un vert gai, longues de 1 à 2 pouces, larges de 3 à 5 lignes. Calice long de 5 à 6 lignes, blanchâtre, rayé de vert. Corolle large de 5 à 6 lignes, d'un rose vif. Capsule ovale, un peu plus longue que le calice.

Cette espèce, indigène dans l'Europe australe et en Barbarie, se cultive fréquemment comme plante de bordure.

SILÈNE HISPIDE. — *Silene hispida* Desfont. Flor. Atlant. — *Silene pilosa* Schousb. — *Silene sabuletorum* Link.

Cette espèce a le port et le feuillage de la précédente, dont on la distingue très-facilement à ses calices hérissés de longs poils blancs; elle croît dans les mêmes contrées, et se cultive aussi comme plante d'agrément.

SILÈNE A FEUILLES OBTUSES. — *Silene obtusifolia* Willd. Enum. — *Silene colorata* Schousb. — *Silene neglecta* Tenor.

Tige velue, dichotome, dressée. Feuilles obtuses, pubescentes, subincanes (de même que les calices et pédoncules), obovales-spathulées. Lobes des pétales oblongs, obtus.

Tige haute de ¹/₂ à 1 ¹/₂ pied. Feuilles un peu épaisses, longues de 1 ¹/₂ à 2 pouces, larges de 6 à 10 lignes. Calice long de 5 à 6 lignes. Corolle large de ¹/₂ pouce, d'un rose pâle. Capsule oblongue, à peu près aussi longue que le calice.

Cette espèce, indigène dans les mêmes contrées que la précédente, mérite aussi d'être cultivée comme plante d'agrément.

b) *Pétales échancrés, munis à leur base de 2 appendices minimes. Gynophore épais, plus court que la capsule. — Pédicelles fructifères inclinés ou pendants.*

SILÈNE A FLEURS PENDANTES. — *Silene pendula* Linn. — Bot. Mag. tab. 114. — Dill. Hort. Elth. tab. 312, fig. 402.

Tige pubescente (ainsi que les feuilles), dichotome. Feuilles inférieures obovales-spathulées, obtuses; feuilles supérieures lancéolées-oblongues ou lancéolées, pointues. Côtes calicinales très-fortes, pubescentes. Pétales cunéiformes, profondément échancrés. Capsule ovale-conique.

Racine produisant plusieurs tiges diffuses, ou bien une seule tige ordinairement rameuse dès la base, dressée, haute de 6 à 12 pouces. Feuilles longues de 1 à 2 pouces, larges de 4 à 10 lignes, d'un vert gai. Calice long de 6 à 7 lignes, fortement renflé après la floraison, blanchâtre, à côtes vertes. Corolle large de 4 à 5 lignes, d'un rose vif.

Cette espèce, remarquable par ses gros calices vésiculeux et semblables à celles de la Vaccaire, croît dans l'Europe méridionale.

Genre GYPSOPHILA. — *Gypsophila* Linn.

Calice campanulé ou turbiné, 5-fide, ou 5-denté, pentagone. Gynophore très-court. Pétales 5, obovales ou cunéiformes, inappendiculés : onglets presque nuls. Étamines 10; anthères suborbiculaires. Ovaire globuleux. Stigmates 2. Capsule 1-loculaire, ou incomplétement 4-loculaire, polysperme, s'ouvrant du sommet jusqu'au milieu en 4 valves. Graines réniformes-orbiculaires, concentriquement granuleuses.

Herbes annuelles, ou bisannuelles, ou vivaces à souches ligneuses. Feuilles très-entières, souvent 5-nervées. Tiges le plus souvent dichotomes, multiflores. Fleurs blanches ou roses, petites, disposées en panicules dichotomes ou trichotomes, ou en cymes, ou rarement subsolitaires-terminales.

La plupart des *Gypsophila* croissent dans les steppes de la Sibérie et de la Russie méridionale ; on en connaît une quarantaine d'espèces. Ces plantes se plaisent en général dans les sols arides soit gypseux, soit siliceux, où leurs racines s'enfoncent à de grandes profondeurs. La petitesse des fleurs des Gypsophila se compense souvent par leur abondance : aussi plusieurs espèces peuvent-elles servir à orner les parterres.

La faculté que possèdent les Gypsophila de végéter dans les terrains les plus arides, devrait peut-être engager les cultivateurs à essayer comme plantes fourragères quelques-unes des grandes espèces vivaces, telles que les G. *scorzonerifolia, paniculata,* etc.

Voici les espèces les plus notables :

a) *Plantes annuelles.*

GYPSOPHILA ÉLÉGANT. — *Gypsophila elegans* Marsch. Bieb.
Flor. Taur. Caucas. — Schrank, Hort. Monac. tab. 21.

Tige dressée, subdichotome, glabre comme toute la plante.
Feuilles lancéolées, ou lancéolées-linéaires, ou linéaires, subobtuses. Panicules aphylles, lâches, divariquées, subtrichotomes,
subfastigiées. Calice 5-fide : lobes pointus. Pétales oblongs-cunéiformes, échancrés, réticulés, 2 fois plus longs que le calice, de
moitié plus longs que les étamines.

Tige haute de 6 à 15 pouces. Feuilles glauques, un peu charnues, longues de 1 à 2 pouces, larges de 2 à 5 lignes. Corolle
large de 3 à 4 lignes, blanche, réticulée de veines violettes. Capsule ovale-globuleuse, plus longue que le calice.

Cette espèce, indigène en Crimée, se cultive comme plante de
bordure.

GYPSOPHILA AGRESTE. — *Gypsophila muralis* Linn. —
Flor. Græc. tab. 381. — Schk. Handb. tab. 120.

Tige dressée, paniculée, glabre comme toute la plante : rameaux dichotomes, étalés. Feuilles linéaires ou subulées, pointues, rétrécies aux 2 bouts. Panicules feuillées : pédicelles épars,
très-longs. Calice turbiné, à 5 dents obtuses. Pétales échancrés
ou crénelés, obovales, plus longs que le calice. Étamines plus
courtes que la corolle. Capsule ovale, un peu plus longue que le
calice.

Tige haute de 2 à 6 pouces. Feuilles longues de 6 à 9 lignes,
rarement larges de plus de ½ ligne, d'un vert gai, souvent subfalciformes. Fleurs petites, roses.

Cette plante est commune dans les champs, surtout après la récolte.

b) *Plantes vivaces : base des vieilles tiges persistante, décombante,
formant des souches plus ou moins ligneuses; jeunes pousses non-
florifères feuillues, touffues, persistantes avec leurs feuilles d'une
année à l'autre.*

GYPSOPHILA RAMPANT. — *Gypsophila repens* Linn. — Jacq.

Flor. Austr. tab. 407. — Bot. Mag. tab. 1449. — *Gypsophila prostrata* Lamk. Encl. — Bot. Mag. tab. 1281 (non Linn.)

Tiges simples, ou dichotomes au sommet, ascendantes, glabres comme toute la plante. Feuilles lancéolées ou lancéolées-linéaires, pointues, planes. Panicules dichotomes ou trichotomes, pauciflores, lâches, subfastigiées. Calice turbiné, 5-fide : lobes ovales-triangulaires, dressés. Pétales tronqués ou échancrés, cunéiformes, 2 fois plus longs que le calice. Étamines et styles plus courts que les pétales.

Tiges florifères longues de 3 à 8 pouces, grêles, décombantes dans la plus grande partie de leur longueur, souvent rougeâtres. Feuilles longues de 5 à 8 lignes, larges de $^1/_4$ de ligne à 1 ligne, glauques, un peu charnues, 1-nervées. Pédicelles filiformes, plus longs que le calice. Pétales longs de 3 lignes, blancs ou carnés. Capsule ovale.

Cette espèce, commune sur les rochers des Alpes, se cultive assez souvent comme plante de bordure.

GYPSOPHILA DICHOTOME. — *Gypsophila dichotoma* Bess. Flor. Galic.

Tiges dressées, dichotomes, glabres comme toute la plante. Feuilles linéaires ou linéaires-lancéolées, pointues, mucronées, triédres. Panicules lâches, trichotomes, divariquées. Calice turbiné, 5-fide : lobes oblongs, obtus, dressés. Pétales oblongs, tronqués, recourbés, 3 fois plus longs que le calice. Étamines plus longues que les stigmates, de moitié plus courtes que la corolle.

Tiges hautes de 1 à 2 pieds, multiflores. Feuilles glauques, un peu charnues, longues de 1 ligne à 2 $^1/_2$ lignes, larges de $^1/_2$ ligne à 1 ligne. Pétales longs de 4 lignes, d'un rose pâle. Capsule ovale, à peu près aussi longue que le calice.

Cette espèce croît en Galicie.

GYPSOPHILA DE GMÉLIN. — *Gypsophila Gmelini* Bunge, in Flor. Alt. — Ledeb. Ic. Flor. Alt. tab. 402. — *Gypsophila Patrini* et *Gypsophila thesiifolia* Sering. in De Cand. Prodr. (ex Bung. l. c.)

Tiges dressées, dichotomes-paniculées, glabres comme toute la plante. Feuilles lancéolées ou lancéolées-linéaires, pointues, 3-nervées, subtriédres. Panicules trichotomes, divariquées, multiflores. Calice turbiné, 5-fide : lobes oblongs, obtus. Pétales oblongs ou oblongs-obovales, obtus, 2 à 3 fois plus longs que le calice, un peu plus longs que les étamines, un peu recourbés.

Tiges hautes de 1 à 2 pieds. Feuilles longues de $^1/_2$ pouce à 3 pouces, larges de $^1/_2$ à 5 lignes, glauques, un peu charnues. Pétales longs d'environ 3 lignes, d'un rose plus ou moins vif, ou carnés. Stigmates un peu plus longs que la corolle. Capsule petite, obovale, incluse.

Cette espèce croît en Sibérie.

GYPSOPHILA FASTIGIÉ. — *Gypsophila fastigiata* Linn. — Gmel. Sibir. 4, tab. 61, fig. 1. — *Gypsophila arenaria* Wald. et Kit. Plant. Rar. Hungar. tab. 41.

Tiges ascendantes, glabres, irrégulièrement dichotomes au sommet. Feuilles linéaires ou lancéolées-linéaires, pointues, innervées, triédres. Panicules trichotomes, fastigiées, assez denses, pubérules, visqueuses. Calice turbiné, 5-fide : lobes ovales, obtus. Pétales oblongs-cunéiformes, échancrés, étalés, un peu plus longs que les étamines.

Tiges hautes de 1 à 2 pieds. Feuilles longues de 1 à 2 pouces, larges de 1 à 3 lignes, glauques, un peu charnues. Panicules corymbiformes. Corolle blanche, large au plus de 3 lignes. Capsule petite, ovale-globuleuse.

Cette espèce croît en France, en Allemagne, en Hongrie, en Russie et dans la Sibérie méridionale.

GYPSOPHILA ÉLANCÉ. — *Gypsophila altissima* Linn. — Gmel. Sibir. 4, tab. 60.

Tiges dressées, glabres, dichotomes au sommet. Feuilles 3-ou 5-nervées, glabres, subobtuses, planes : les inférieures lancéolées-spathulées; les supérieures lancéolées-oblongues ou linéaires-lancéolées. Panicules pubérules, visqueuses (rarement glabres), trichotomes, composées de cymes multiflores assez denses. Calice turbiné, 5-fide : lobes triangulaires, mucronés. Pétales linéaires-cunéiformes, un peu plus courts que les étamines.

Tiges hautes de 1 à 3 pieds. Feuilles un peu glauques : les radicales longues de 6 à 8 pouces (le pétiole compris), larges de 10 à 15 lignes ; les caulinaires longues de 1 $\frac{1}{2}$ à 3 $\frac{1}{2}$ pouces , larges de 1 à 6 lignes. Panicule générale subpyramidale. Fleurs petites, blanches. Capsule globuleuse, ventrue, plus courte que le calice.

Cette espèce croît en Sibérie.

GYPSOPHILA PANICULÉ. — *Gypsophila paniculata* Linn. — Jacq. Austr. App. tab. 1.

Tiges paniculées dès la base, ascendantes, très - rameuses. Feuilles planes, glabres ou pubérules aux bords, trinervées, pointues : les inférieures oblongues-lancéolées ; les supérieures linéaires-lancéolées. Panicules amples, très-rameuses, trichotomes, divariquées, multiflores, glabres, ou pubérules. Fleurs polygames-diclines. Calice campanulé, profondément 5-fide : lobes ovales, très-obtus, connivents. Pétales obtus ou échancrés, oblongs, recourbés, à peu près aussi longs que les étamines.

Plante formant, à l'époque de la floraison, un buisson arrondi assez ample, haut de 2 à 3 pieds. Tiges pubescentes à la base. Feuilles glauques, peu épaisses, longues de 1 à 3 pouces, larges de 1 à 6 lignes. Bractéoles subulées. Pédicelles capillaires. Fleurs blanches ou légèrement roses, innombrables, larges au plus de 2 lignes. Capsule globuleuse, plus grande que le calice.

Ce Gypsophila, fort propre à la décoration des grands parterres, croît dans l'Europe orientale et en Sibérie.

GYPSOPHILA A FEUILLES POINTUES. — *Gypsophila acutifolia* Fisch. Hort. Gorenk. — *Gypsophila altissima* Marsch. Bieb. Flor. Taur. Cauc. (non Linn.)

Tiges très-rameuses dès la base , paniculées , glabres , ascendantes. Feuilles très-pointues, trinervées, scabres aux bords : les radicales lancéolées-linéaires , très-longues ; les caulinaires lancéolées, ou linéaires-lancéolées. Panicules amples, lâches, très-rameuses, pubescentes, visqueuses : cymes trichotomes, assez denses. Calice campanulé , 5-fide : lobes acuminés, recourbés au sommet. Pétales cunéiformes-oblongs, échancrés, plus longs que les étamines.

Plante semblable à l'espèce précédente par le port. Tiges fermes, hautes de 2 à 3 pieds. Feuilles glauques, peu charnues : les radicales atteignant jusqu'à 8 pouces de long, sur 2 à 3 lignes de large ; les caulinaires longues de 1 à 3 pouces, larges de 1 à 4 lignes. Pédicelles filiformes, assez courts. Bractées ovales, cuspidées. Calice long de 2 lignes : côtes violettes. Corolle blanche, large de 3 à 4 lignes.

Cette espèce, non moins élégante que la précédente, croît en Hongrie et dans la Russie méridionale.

GYPSOPHILA COTONNEUX. — *Gypsophila tomentosa* Willd. — Ledeb. Ic. Flor. Alt. tab. 176. — *Gypsophila perfoliata* Marsch. Bieb. Flor. Taur. Cauc. (non Linn.)

Tiges diffuses ou ascendantes, paniculées, presque cotonneuses de même que les feuilles. Feuilles 3-ou 5-nervées, pointues, sub-amplexicaules : les inférieures lancéolées-oblongues ou elliptiques-lancéolées ; les supérieures oblongues-lancéolées ou linéaires-lancéolées. Panicules subtrichotomes, très-rameuses, amples, divariquées, glabres : cymes lâches, pauciflores. Calice campanulé, profondément 5-fide : lobes oblongs, pointus. Pétales obovales-oblongs, un peu plus longs que les étamines.

Tiges longues de 2 à 3 pieds, un peu visqueuses : rameaux dichotomes. Feuilles longues de 1 à 4 pouces, larges de 4 à 15 lignes. Pédicelles allongés, filiformes. Bractéoles subulées. Fleurs petites. Pétales blancs ou roses en dessus, d'un pourpre vif en dessous. Capsule petite, globuleuse.

Cette espèce croît dans le midi de la Russie et de la Sibérie.

GYPSOPHILA A FEUILLES DE SCORZONÈRE. — *Gypsophila scorzonerifolia* Desfont. Hort. Par.

Tiges ascendantes, paniculées, glabres. Feuilles 3-ou 5-nervées, glabres, pointues : les inférieures lancéolées ou lancéolées-oblongues ; les supérieures oblongues-lancéolées, ou linéaires-lancéolées. Panicules visqueuses, pubérules, très-rameuses, subdivariquées : cymes trichotomes, lâches. Calice campanulé,

5-fide : lobes oblongs, obtus, mucronés. Pétales oblongs, échancrés, un peu plus longs que les étamines.

Plante semblable à la précédente par le port et le feuillage. Corolle large de 3 à 4 lignes, panachée de rose et de blanc. Capsule ovale-globuleuse, oligosperme.

Cette espèce habite les steppes voisines du Caucase.

Genre DRYPIS. — *Drypis* Linn.

Calice tubuleux, ancipité, strié, à 5 dents conniventes, un peu inégales, linéaires, mucronées. Pétales 5, longuement onguiculés, bipartis, biappendiculés à la base : onglets linéaires. Étamines 5, très-saillantes. Gynophore nul. Ovaire oblique, turbiné, subtrigone, 1-loculaire, biovulé : ovules attachés au fond de la loge. Stigmates 3. Capsule incluse, membranacée, 1-loculaire, monosperme par avortement, s'ouvrant au sommet par un opercule circulaire. Graine subréniforme, un peu comprimée, lisse : radicule très-saillante au dehors; périsperme unilatéral, petit.

Tiges dichotomes, tétragones. Feuilles linéaires-subulées, piquantes. Inflorescence dichotome, subfastigiée : fleurs sessiles, solitaires dans les dichotomies, fasciculées 3 à 5 à l'extrémité des ramules. Corolle blanche ou d'un rose très-pâle. Anthères bleuâtres.

L'espèce suivante constitue à elle seule ce genre :

Drypis épineux. — *Drypis spinosa* Linn. — Jacq. Hort. Vindob. 1, tab. 49. — Schk. Handb. tab. 86. — Bot. Mag. tab. 2216. — Don, in Sweet, Brit. Flow. Gard. ser. 2, tab. 170.

Herbe vivace, touffue. Tiges longues de 6 à 12 pouces, ascendantes, très-rameuses, suffrutescentes à la base, glabres, luisantes, profondément canaliculées à 2 des faces (ainsi que les rameaux et ramules). Feuilles longues de $^1/_2$ pouce, luisantes, roides, linéaires-subulées, étalées, planes en dessus, carénées en dessous : celles des ramules florifères oblongues-lancéolées, munies vers leur base de chaque côte de 1 ou 2 spinules subulées. Bractées conformes aux feuilles florales inférieures, plus longues que les fleurs. Calice vert, pubescent, long de 2 ¹/₂ à 3 lignes. Corolle large de 4 à 5 lignes : lanières des pétales linéaires, divergentes, obtuses ; appendices courts, linéaires, pointus, divergents. Calice fructifère peu amplifié, 2 fois plus long que la capsule. Graine d'un brun roux, remplissant la capsule.

Le *Drypis* croît dans l'Europe méridionale ; il forme de larges touffes dans les endroits sablonneux ; ses feuilles, semblables à celles du Génévrier, lui donnent un aspect particulier ; ses fleurs se succèdent en grande abondance pendant plusieurs mois.

SOIXANTE-DOUZIÈME FAMILLE.

LES ALSINÉES. — *ALSINEÆ*.

(*Alsineæ et Paronychiearum* Genn. Bartl. Ord. Nat. — *Caryophyllea-rum* sect. I, II et III, Juss. Gen. excl. genn. quisbusd. — *Caryophyl·learum* trib. II (*Alsineæ*) et *Paronychiearum* genn. De Cand. Prodr. v. 1 et 3.)

Cette famille, de même que la précédente, est un démembrement des Caryophyllées de M. de Jussieu. La distribution géographique des *Alsinées* ne diffère guère de celle des Silénées. Ces plantes abondent surtout dans les hautes régions alpines, ainsi que dans les contrées polaires, où elles forment, sur les rochers, des tapis de verdure, semblables à des gazons de Graminées. Plusieurs Alsinées se cultivent comme plantes d'agrément.

Caractères de la Famille.

Herbes annuelles ou vivaces, quelquefois suffrutescentes. Tiges et rameaux cylindriques ou quelquefois tétragones, noueux avec articulation.

Feuilles opposées, simples, très-entières, souvent connées par la base en gaîne courte, stipulées ou non-stipulées.

Fleurs hermaphrodites, régulières, presque toujours blanches, terminales, quelquefois subsolitaires, plus souvent disposées en cymes soit compactes, soit paniculées, dichotomes ou trichotomes.

Calice inadhérent, persistant, à 4 ou 5 sépales libres presque dès la base, imbriqués en préfloraison.

Disque adné au fond du calice, terminé en bourrelet subpérigyne et muni de glandules plus ou moins apparentes, alternes avec les étamines.

Pétales en même nombre que les sépales, interpositifs, insérés au rebord du disque, courtement onguiculés ou à peine rétrécis à la base, entiers, ou bifides, inappendiculés, persistants (quelquefois nuls).

Étamines en nombre double des pétales, ou en même nombre que les pétales, ou (moins souvent) par avortement en nombre moindre. Filets libres, filiformes, subulés au sommet. Anthères oblongues ou suborbiculaires, incombantes, à 2 bourses contiguës, longitudinalement déhiscentes.

Pistil : Ovaire 1-loculaire, multiovulé. Ovules attachés à un placentaire central. Styles nuls. Stigmates 2-5, linéaires, allongés.

Péricarpe : Capsule 1-loculaire, polysperme (rarement oligosperme ou monosperme par avortement), déhiscente au sommet en 3-10 dents ou 3-10 valves incomplètes (dents ou valves en nombre soit égal, soit double des stigmates).

Graines attachées à un placentaire central ou quelquefois (lorsqu'elles sont solitaires) au fond de la loge, réniformes, ou anguleuses, concentriquement ponctuées ou tuberculeuses, ou quelquefois très-lisses et strophiolées. Périsperme farineux. Embryon périphérique, arqué, ou presque circulaire, très-rarement rectiligne, ou replié à l'intérieur du périsperme : radicule appointante ; cotylédons foliacés en germination.

La famille des Alsinées est constituée par les genres suivans :

Section I (*Alsineæ* Bartl.)

Feuilles non-stipulées.

Queria Lœffl. — *Minuartia* Lœffl. — *Buffonia* Linn.

— *Gouffeia* Robill. et Castagn. — *Colobanthus* Bartl. — *Triplateia* Bartl. — *Hymenella* Flor. Mex. — *Mœhringia* Linn. — *Holosteum* Linn. — *Siebera* Schrad. (non Spreng.) — *Cherleria* Hall. — *Stellaria* Linn. (Alsine Linn.)—*Sabulina* Reichenb. (AlsineWahlenb.)—*Arenaria* Linn. (excl. spec. plurr.) — *Mœnchia* Ehrh. — *Merckia* Fisch. — *Esmarckia* Reichenb.— *Sagina* Linn. —*Spergella* Reichenb. (Spergulæ foliis exstipulatis Linn.) —*Spergulastrum* Michx. (Micropetalon Pers.)—*Malachium* Fries. (Larbrea Sering. non Saint-Hil.) — *Larbrea* Aug. Saint-Hil. — *Strephodon* Sering.—*Cerastium* Linn. — *Honckenya* Ehrh. (Alsine Gærtn. Halianthus Fries. Adenarium Rafin.)

Section II (*Paronychiearum* sect. II et III, Bartl.— *Paronychiearum* et *Caryophyllearum* genn. De Cand.

Feuilles stipulées.

Cerdia Flor. Mex. — *Læfflingia* Linn. — *Ortegia* Lœffl. — *Cypselea* Turp. (Radiana Rafin.) — *Polycarpon* Lœffl. — *Stipulicida* Michx. — *Polycarpæa* Lamk. (Hagea Vent.) — *Mollia* Willd. — *Lahaya* Rœm et Schult. — *Spergula* Linn. (excl. spec. exstipulatis.) — *Alsine* (Linn.) Reichenb. — *Drymaria* Willd. — *Pharnaceum* Linn. — *Mollugo* Linn. — *Adenogramma* Reichenb. — *Ginginsia* De Cand. (sub Portulacaceis.) — *Physa* Pet. Thou. — *Aylmeria* Martius.

Section I. (*Alsineæ* Bartl.)

Feuilles non-stipulées.

Genre MOEHRINGIA.— *Mœhringia* (Linn.) Koch.

Calice 4- ou 5-sépale. Pétales 4 ou 5, indivisés. Étamines

8 ou 10. Stigmates 2 ou 3. Capsule 1-loculaire, 4- ou 5-valve, 4-8-sperme. Graines réniformes, luisantes, lisses, strophiolées.

Racine vivace. Tiges très-rameuses. Fleurs petites, en panicule très-lâche. Feuilles sessiles.

Outre l'espèce dont nous allons parler, ce genre en renferme quatre ou cinq autres que la plupart des botanistes comprennent dans le genre *Arenaria*.

MœHRINGIA TOUFFU. — *Mœhringia muscosa* Linn. — Jacq. Flor. Austr. tab. 449. — Schk. Handb. tab. 108.

Tiges longues de 3 à 6 pouces, touffues, ascendantes, radicantes à la base, filiformes, paniculées dès la base. Rameaux dichotomes. Feuilles longues de 6 à 15 lignes, très-étroites ou larges au plus de 1 ligne, linéaires-filiformes, ou lancéolées-linéaires, pointues, semi-cylindriques, très-étalées, d'un vert gai, glabres comme toute la plante. Pédicelles subterminaux ou dichotoméaires et terminaux, capillaires, très-longs. Bractées subulées. Sépales ovales-lancéolés, pointus, 1-nervés, membraneux aux bords, étalés au moment de la floraison, puis connivents. Pétales oblongs, obtus, non-onguiculés, un peu plus longs que le calice. Capsule ovale, jaunâtre, plus longue que le calice. Graines assez grosses, d'un brun noirâtre.

Cette jolie plante, assez commune dans les Alpes, est fort propre à garnir les rocailles artificielles.

Genre STELLAIRE. — *Stellaria* Linn.

Calice 5-sépale. Pétales 5, bifides, ou bipartis. Étamines 10 (rarement moins par avortement). Stigmates 3. Capsule 1-loculaire, polysperme, déhiscente de haut en bas en 6 valves plus ou moins profondes. Graines chagrinées ou tuberculeuses, réniformes-orbiculaires.

Herbes vivaces. Feuilles sessiles ou pétiolées. Fleurs blanches, subsolitaires, ou en cyme, ou en panicule.

Ce genre renferme une cinquantaine d'espèces, la plupart indigènes dans les régions arctiques ou alpines.

A. *Capsule déhiscente presque jusqu'à la base.*

a) *Feuilles inférieures pétiolées.*

STELLAIRE DES BOIS. — *Stellaria nemorum* Linn. — Engl. Bot. tab. 92. — Flor. Dan. tab. 271.

Tiges ascendantes, velues (de même que les feuilles), dichotomes au sommet. Feuilles cordiformes, acuminées, longuement pétiolées : les 2 supérieures subsessiles, ovales. Panicule divariquée, dichotome, aphylle. Sépales oblongs-lancéolés, pointus. Pétales bipartis, 3 fois plus longs que les sépales. Capsule oblongue, plus longue que le calice.

Herbe vivace. Rhizome rampant, grêle. Tiges florifères hautes de 1 à 3 pieds, grêles, fragiles, débiles. Feuilles longues de 1 à 2 pouces, larges de 8 à 18 lignes, d'un vert gai, molles. Pédicelles dichotoméaires et terminaux, très-longs, filiformes. Corolle large de 8 lignes : lanières des pétales linéaires-cunéiformes, divergentes.

Cette espèce assez élégante est commune dans les bois des montagnes.

STELLAIRE MOURON. — *Stellaria media* Villars. — Engl. Bot. tab. 357. — *Alsine media* Linn. — Flor. Dan. tab. 525. — Schk. Handb. tab. 58.

Tiges diffuses ou ascendantes, dichotomes, velues de poils unisériés, radicantes à la base. Feuilles ovales ou oblongues, courtement acuminées : les inférieures portées sur de longs pétioles ciliés ; les supérieures subsessiles ou sessiles, ciliées à la base. Panicule feuillée, divariquée, très-lâche : pédicelles dichotoméaires et terminaux : les fructifères réfléchis. Fleurs 3-5-andres. Pétales bipartis, plus courts que les sépales. Capsule oblongue, plus longue que le calice.

Plante annuelle, multicaule. Tiges succulentes, longues de 4 à 12 pouces. Feuilles longues de 4 à 12 lignes, molles, d'un vert gai. Pédicelles filiformes, 3 à 4 fois plus longs que le calice.

Sépales oblongs-lancéolés, obtus. Pétales très-petits, quelquefois nuls.

Cette plante, nommée vulgairement *Mouron blanc, Mouron des oiseaux*, et *Morgeline*, abonde dans les endroits cultivés, où on la trouve en fleurs et en fruits pendant presque toute l'année. Dans plusieurs contrées on la mange en guise d'herbe potagère; le peuple l'emploie quelquefois comme remède émmollient et rafraîchissant. Tout le monde sait que les serins et autres oiseaux de cage sont très-friands des graines du Mouron.

b) *Feuilles toutes sessiles.*

STELLAIRE HOLOSTÉE. — *Stellaria Holostea* Linn. — Engl. Bot. tab. 511. — Schk. Handb. tab. 123. — Flor. Dan. tab. 698.

Tiges ascendantes, tétragones, dichotomes au sommet. Feuilles linéaires-lancéolées, acuminées, très-pointues; scabres aux bords et à la côte dorsale. Panicule divariquée, subfastigiée, multiflore: pédicelles dichotoméaires et terminaux, pubérules, scabres, très-longs, réfléchis après la floraison. Sépales ovales-oblongs, acuminés, innervés, largement membraneux aux bords. Pétales bifides, 2 fois plus longs que les sépales. Capsule globuleuse, subincluse.

Herbe vivace, multicaule. Tiges longues de 10 à 20 pouces, radicantes à la base, fragiles, simples inférieurement, 1 ou 2 fois bifurquées au sommet. Feuilles longues de 1 ¹/₂ à 2 pouces, étalées horizontalement, roides, d'un vert gai : les inférieures très-rapprochées et plus étroites que les supérieures. Pétales longs de 5 à 6 lignes, connivents à la base, étalés au sommet : lanières linéaires, obtuses, parallèles.

Cette jolie plante printannière est commune aux bords des bois.

Genre SABLINE. — *Sabulina* Reichenb.

Calice 5-sépale. Pétales 5, entiers. Étamines 10 (rarement 5-5 par avortement). Stigmates 3. Capsule 1-loculaire, polysperme, 3-valve. Graines tuberculeuses ou chagrinées, inappendiculées, réniformes-orbiculaires.

Herbes annuelles ou vivaces. Feuilles sessiles, étroites, souvent recouvrantes ou imbriquées. Fleurs blanches, le plus souvent subsolitaires-terminales, ou quelquefois soit fasciculées, soit en cymes.

Ce genre, compris par la plupart des auteurs parmi les *Arenaria*, renferme plusieurs plantes assez élégantes pour mériter la culture. Nous allons décrire les espèces les plus notables.

A.' *Herbes vivaces, multicaules, touffues. Feuilles linéaires ou subulées : celles des ramules stériles imbriquées.*

a) *Sépales scarieux, blancs, 1-nervés, marqués d'une strie verte longitudinale de chaque côté de la nervure.*

Sabline a feuilles sétacées. — *Arenaria setacea* Thuill. Flor. Par. — Vaill. Bot. Par. tab. 2, fig. 3. — *Arenaria heteromalla* Pers. Syn. — *Arenaria saxatilis* Linn.

Tiges ascendantes, paniculées au sommet. Feuilles très-étroites, subulées, mucronées, trinervées, ciliées à la base, subunilatérales. Pédicelles plus longs que le calice. Sépales ovales-lancéolés, acuminés, un peu plus courts que les pétales. Capsule subincluse.

Tiges longues de 5 à 8 pouces, pubescentes à la base. Feuilles longues de 3 à 6 lignes, d'un vert foncé. Panicules lâches, plus ou moins allongées, ou subfastigiées, composées de cymes dichotomes, 3-7-flores. Fleurs longues de 1 1/2 ligne.

Cette espèce croît dans les endroits arides de la France et de beaucoup d'autres contrées de l'Europe centrale.

Sabline mucronée. — *Sabulina rostrata* Reichenb. Flor. Germ. Excurs. — *Arenaria mucronata* De Cand. Flor. Franc. (excl. Syn.)

Cette espèce, qui croît sur les rochers des Alpes, ressemble beaucoup à la précédente, dont on la distingue facilement à ses fleurs presque fasciculées ou toutes rapprochées en cyme, et surtout à ses sépales étroits, amincis en longue pointe subulée qui dépasse la corolle.

b) *Sépales verts ou incanes, nerveux, à peine scarieux aux bords.*

SABLINE D'AUTRICHE. — *Sabulina austriaca* Reichenb. l. c. — *Arenaria austriaca* Jacq. Flor. Austr. tab. 270.

Tiges dressées, biflores, nues au sommet. Feuilles linéaires-subulées, 5-nervées, lisses. Pédoncules terminaux, géminés, filiformes, très-longs. Sépales lancéolés-subulés, 3-nervés, plus courts que la capsule. Pétales cunéiformes-oblongs, tronqués, de moitié plus longs que le calice.

Souches décombantes, longues de 3 à 6 pouces. Tiges très-touffues, hautes de 3 à 4 pouces, filiformes. Feuilles longues de 4 à 6 lignes, larges au plus de ⅓ de ligne, glabres, d'un vert gai. Pédoncules longs de 1 ½ à 2 pouces.

Cette espèce croît sur les rochers des Alpes.

SABLINE DE VILLARS. — *Sabulina Villarsii* Reichenb. l. c. — *Arenaria Villarsii* Balb. Misc. p. 21. — *Arenaria austriaca* Allion. Pedem. tab. 64, fig. 2. — *Arenaria triflora* Vill. Delph. tab. 47.

Tiges dressées, subtriflores. Feuilles linéaires, pointues, tri-nervées, veineuses. Pédoncules terminaux. Sépales lancéolés, pointus, trinervés, membraneux aux bords, plus longs que la capsule. Pétales cunéiformes-oblongs, obtus, ou tronqués, de moitié plus longs que le calice.

Plante très-semblable à l'espèce précédente. Feuilles plus larges, souvent pubérules-visqueuses. Pédoncules plus courts.

Cette Sabline croît sur les rochers des Alpes.

SABLINE DE GÉRARD. — *Sabulina Gerardi* Reichenb. l. c. — *Arenaria Gerardi* Willd. — Ger. tab. 15, fig. 1. — *Arenaria striata* Allion. Pedem. tab. 26, fig. 4. — *Arenaria liniflora* Jacq. Flor. Austr. tab. 445. — *Arenaria verna* Engl. Bot. tab. 512.

Tiges ascendantes ou dressées, 1-7-flores. Feuilles linéaires-subulées, trinervées. Pédoncules terminaux. Sépales ovales-lancéolés, acuminés, trinervés, membraneux aux bords, plus courts que la capsule. Pétales ovales, subcordiformes à la base, plus longs que le calice.

Plante plus ou moins touffue. Tiges longues de 2 à 5 pouces. Feuilles longues de 3 à 4 lignes, glabres ou pubescentes. Pédoncules filiformes, subfastigiés. Corolle large de 3 à 4 lignes.

On trouve cette plante sur les rochers des Alpes.

SABLINE PRINTANNIÈRE. — *Sabulina verna* Reichenb. l. c. — *Arenaria verna* Jacq. Austr. tab. 404. — *Arenaria ramosissima* Willd. Enum.

Cette Sabline diffère de l'espèce précédente, à laquelle plusieurs auteurs la réunissent comme variété, par ses tiges diffuses, rameuses, dichotomes au sommet, multiflores, ainsi que par sa corolle plus courte que le calice. Elle croît dans les Alpes d'Autriche et de Hongrie.

SABLINE A FEUILLES RECOURBÉES. — *Sabulina recurva* Reichenb. l. c. — *Arenaria recurva* Allion. Flor. Pedem. tab. 89, fig. 3. — Jacq. Coll. 1, tab. 16, fig. 1. — *Stellaria laricifolia* Scopol. tab. 18.

Tiges uni-ou pauci-flores, ascendantes. Feuilles linéaires-subulées, canaliculées, 3-nervées : les inférieures imbriquées, recourbées. Sépales ovales-lancéolés, pointus, 5-ou 7-nervés, membraneux aux bords. Pétales ovales, rétrécis à la base, à peu près aussi longs que les sépales.

Plante formant des gazons plus serrés que la précédente, à laquelle d'ailleurs elle ressemble beaucoup.

Cette espèce croît également dans les Alpes.

SABLINE A FEUILLES DE MÉLÈZE. — *Sabulina laricifolia* Reichenb. l. c. —, *Arenaria laricifolia* Linn. — Vill. Dauph. 3, tab. 47. — *Arenaria liniflora* Linn. fil. — Jacq. Collect. 2, tab. 3, fig. 3 (non Flor. Austr.)

Tiges 1-7-flores, ascendantes. Feuilles linéaires-subulées, innervées. Sépales oblongs, obtus, trinervés, de moitié plus courts que la capsule. Pétales cunéiformes, presque dressés, très-obtus, 1 fois plus longs que le calice.

Souches décombantes, ligneuses, très-rameuses. Tiges hautes de 3 à 6 pouces, simples, ou quelquefois dichotomes au sommet, pubérules de même que les pédoncules et calices. Feuilles atteignant jusqu'à 1 pouce de long, scabres aux bords, d'un vert gai : les inférieures recourbées. Pédoncules dressés, longs d'environ 1 pouce. Fleurs subcampanulées, longues d'environ 5 lignes.

Cette espèce, très-distincte par la grandeur de ses fleurs, est commune dans les Alpes.

Genre ARÉNARIA. — *Arenaria* (Linn.) Bartl.

Calice 5-sépale. Pétales 5, entiers. Étamines 10. Stigmates 5. Capsule 1-loculaire, polysperme, déhiscente au sommet en 6 dents, ou en 6 valves. Graines concentriquement granuleuses, inappendiculées, réniformes-orbiculaires.

Herbes annuelles ou vivaces. Feuilles sessiles ou pétiolées. Fleurs subsolitaires au sommet des tiges, ou en cyme, ou en panicule.

Les espèces les plus remarquables de ce genre sont les suivantes :

a) *Panicule lâche ou compacte, multiflore, terminale. — Herbes vivaces, ou sous-arbrisseaux. Tiges simples. Feuilles filiformes ou linéaires : les inférieures très-longues, semblables à celles des Graminées.*

ARÉNARIA FAUX CUCUBALE. — *Arenaria cucubaloides* Smith, Icon. tab. 17.

Souche suffrutescente, rameuse, dressée. Feuilles linéaires-filiformes, scabres aux bords. Panicule allongée, subdivariquée, très-glabre de même que les calices. Sépales lisses, carénés, ovales-lancéolés, subulés au sommet. Pétales onguiculés, obovales, 2 fois plus longs que le calice.

Souche ligneuse, persistante, haute de 3 à 4 pouces. Tiges dressées ou ascendantes, hautes d'environ 1 pied. Feuilles inférieures longues de 4 à 6 pouces, à peine larges de ¼ de ligne, d'un vert gai, dressées. Panicule longue de 4 à 6 pouces, composée de cymes divariquées, sub-7-flores ; pédicelles filiformes, plus longs que le calice. Sépales luisants, membraneux aux bords.

Pétales longs de 3 à 4 lignes. Étamines de moitié plus courtes que la corolle.

Cette espèce, indigène en Arménie, mérite d'être cultivée dans les jardins.

ARÉNARIA A FEUILLES DE GRAMINÉE. — *Arenaria graminifolia* Schrad. Hort. Gœtting. 1, tab. 5. — *Arenaria filifolia* Marsch. Bieb. Flor. Taur. Cauc.

Tiges dressées. Feuilles scabres aux bords : les inférieures linéaires-filiformes; les supérieures linéaires-lancéolées. Panicule trichotome, subfastigiée : pédoncules et pédicelles roides, érigés. Sépales elliptiques, très-obtus, subcarénés, plus courts que la capsule. Pétales obovales, onguiculés, 3 fois plus longs que le calice.

Racine polycéphale. Souche peu apparente ou nulle. Tiges hautes de $^1/_2$ pied à 2 pieds, fermes. Feuilles d'un vert gai : les radicales très-étroites, atteignant jusqu'à 1 pied de long; les caulinaires longues de 1 à 3 pouces, larges de $^1/_4$ de ligne à 1 ligne. Panicule glabre ou pubescente, le plus souvent assez dense et multiflore. Pédicelles capillaires ou filiformes, beaucoup plus longs que les calices. Sépales scarieux, blancs, panachés de vert. Pétales longs de 3 à 4 lignes.

Cette espèce croît en Sibérie et dans la Russie méridionale.

ARÉNARIA CAPITELLÉ. — *Arenaria cephalotes* Marsch. Bieb. Flor. Taur. Cauc.

Tiges ascendantes ou dressées, glabres comme toute la plante. Feuilles linéaires-subulées, scabres aux bords : les supérieures courtes, fortement élargies à la base, scarieuses aux bords. Capitule trichotome, compacte, hémisphérique; bractées ovales, scarieuses, apprimées. Sépales ovales, pointus, carénés, presque aussi longs que les pétales.

Tiges fermes, hautes de 6 à 18 pouces. Feuilles glauques, striées, roides : les inférieures longues de près de 1 pied, larges de $^1/_2$ ligne à 1 ligne; celles du sommet de la tige longues d'environ 6 lignes, sur 2 à 3 lignes de large, presque scarieuses.

Capitule multiflore. Pédicelles courts. Sépales presque scarieux, panachés de vert, longs d'environ 3 lignes.

Cette espèce croît au Caucase.

b) *Fleurs subsessiles, agrégées en capitule (ou rarement solitaires) au sommet des tiges. Calices recouverts de bractées imbriquées. Feuilles presque coriaces, courtes, carénées, calleuses aux bords : les inférieures et celles des tiges non-florifères imbriquées sur 4 rangs.*

ARÉNARIA TÉTRAÉDRE. — *Arenaria tetraquetra* Linn. — Allion. Flor. Pedem. tab. 89, fig. 1. — Gay, in Annal. des Scienc. Nat. v. 4, tab. 3 et 4. — *Arenaria aggregata* Lois.

Souche ligneuse, rameuse, décombante. Tiges ascendantes ou dressées, pubérules (de même que les feuilles), suffrutescentes à la base. Feuilles mucronées ou rarement obtuses : les inférieures et celles des tiges non-florifères ovales, ou ovales-triangulaires, ou ovales-lancéolées ; les supérieures linéaires-lancéolées ou su-bulées. Fleurs solitaires ou agrégées. Sépales ovales-lancéolés, acuminés, carénés, ciliés, presque aussi longs que les pétales. Pétales oblóngs.

Tiges très-touffues, hautes de 2 à 3 pouces, roides, 1-7-flores au sommet. Feuilles petites, d'un vert gai, munies d'un rebord cartilagineux. Fleurs longues d'environ 3 lignes. Bractées con-formes aux sépales. Capsule ovale, tronquée.

Cette jolie plante croît sur les rochers des montagnes de la France méridionale.

c) *Tiges 1-3-flores. Fleurs terminales, longuement pédonculées. Calice non-bractéolé. Feuilles larges ou subulées, courtes.*

ARÉNARIA A GRANDES FLEURS. — *Arenaria grandiflora* Linn. — Allion. Flor. Pedem. tab. 10, fig. 1. — *Arenaria junipe-rina* Vill. — *Arenaria mixta* Lapeyr. — *Arenaria abietina* Presl, Flor. Sicul. — *Arenaria triflora* Linn. (var.)

Tiges ascendantes, 1-3-flores. Feuilles linéaires-subulées, ou lancéolées-subulées, ou linéaires-lancéolées, mucronées, cal-leuses aux bords, 1-nervées en dessous, ciliées à la base. Sépales pubérules de même que les pédoncules, ovales-lancéolés, aristés,

1-nervés, plus courts que la capsule. Pétales oblongs-obovales, presque 2 fois plus longs que le calice.

Souches touffues, persistantes, décombantes, rameuses. Tiges longues de 3 à 6 pouces, feuillues inférieurement, subaphylles supérieurement. Feuilles longues de 2 à 6 lignes, roides, d'un vert gai : les supérieures élargies à la base. Pédoncules longs de 1 à 2 pouces. Bractées petites, ovales. Pétales longs de 2 à 3 lignes.

Cette espèce habite les montagnes de l'Europe méridionale ; on la trouve aussi aux environs de Fontainebleau.

ARÉNARIA A RAMULES BIFLORES. — *Arenaria biflora* Linn. — Jacq. Ic. Rar. tab. 83. — Allion. Flor. Pedem. tab. 44, fig. 1, et tab. 64, fig. 3.

Tiges décombantes, rameuses : ramules courts, subbiflores. Feuilles elliptiques, ou ovales, ou obovales, subpétiolées, obtuses, ciliées à la base. Sépales ovales, obtus, 1-nervés, à peu près aussi longs que la capsule. Pétales ovales, rétrécis à la base, plus longs que le calice.

Herbe vivace. Tiges longues de 4 à 8 pouces, feuillues, grêles. Feuilles longues de 1 à 1 1/2 ligne, un peu coriaces, luisantes. Fleurs petites. Capsule subglobuleuse. Graines ponctuées.

Cette espèce croît sur les rochers des hautes Alpes, dans le voisinage des neiges persistantes.

ARÉNARIA DES BALÉARES. — *Arenaria balearica* Linn. — L'Hérit. Stirp. 1, tab. 15.

Tiges filiformes, rampantes, très-rameuses : ramules 1-flores. Feuilles ovales, mucronées, pétiolées, pubescentes. Pédoncules filiformes, très-longs, dressés, inclinés au sommet. Sépales ovales, obtus, membraneux aux bords, 2 fois plus courts que les pétales, à peu près aussi longs que la capsule. Capsule subglobuleuse, s'ouvrant en 6 dents révolutées.

Herbe vivace, formant un gazon de tiges entrelacées. Feuilles longues à peine de 1 ligne. Pédoncules longs de 1 à 2 pouces, rougeâtres, pubescents. Fleurs larges d'environ 2 lignes. Graines minimes, ponctuées, noires.

Cette charmante petite plante, qu'on cultive souvent sur les rocailles ou en pot, est indigène en Corse et aux Baléares.

ARÉNARIA DE MONTAGNE. — *Arenaria montana* Linn. — Vent. Hort. Cels. tab. 34.

Tiges ascendantes ou diffuses, rameuses : rameaux 1-5-flores. Feuilles lancéolées ou lancéolées-linéaires, pointues, 1-nervées, sessiles, pubescentes. Pédoncules très-longs, subterminaux, défléchis ou pendants après la floraison. Sépales ovales-lancéolés, 1-nervés, mucronés, à peu près aussi longs que la capsule. Pétales obovales, de moitié plus longs que le calice.

Herbe vivace formant des gazons lâches très-amples. Tiges longues de 6 à 15 pouces, ou quelquefois plus, ordinairement pubescentes, subincanes ou d'un vert foncé, rarement glabres et rougeâtres. Feuilles longues d'environ 6 lignes, sur 1 à 2 lignes de large, molles, subincanes. Fleurs larges de 6 à 8 lignes. Capsule ovale-globuleuse. Graines noires, ponctuées.

Cette espèce, qui a le port du *Cerastium arvense*, croît dans l'ouest de la France, dans les Pyrénées, en Espagne et en Portugal; elle mérite d'être cultivée comme plante de bordure ou de glacis. Ses belles fleurs blanches paraissent en avril et en mai.

Genre CÉRAISTE. — *Cerastium* Linn.

Calice 5-sépale. Pétales 5, bifides. Étamines 10 (rarement 5). Stigmates 5. Capsule ovale ou oblongue, 1-loculaire, déhiscente au sommet en 10 dents recourbées. Graines réniformes-orbiculaires, granuleuses.

Herbes annuelles, ou bisannuelles, ou vivaces. Feuilles sessiles ou pétiolées. Fleurs blanches, le plus souvent en panicule dichotome.

Ce genre renferme plus de quatre-vingts espèces; nous allons donner la description de celles qui méritent d'être cultivées.

Plantes vivaces, formant des gazons très-épais. Souches rampantes sous terre ou à la surface. Tiges ascendantes, radi-

cantes à la base, nues au sommet, poussant inférieure-
ment un grand nombre de ramules stériles, feuillus. Feuil-
les sessiles, plus ou moins étroites, 1-nervées. Panicule lâ-
che, dichotome, ordinairement multiflore : pédicelles di-
chotoméaires et terminaux, dressés pendant et après la
floraison. Fleurs campaniformes.

CÉRAISTE DES CHAMPS. — *Cerastium arvense* Linn. — Engl.
Bot. tab. 93. — Vaill. Bot. Par. tab. 30, fig. 4 et 5. — Flor.
Dan. tab. 626. — Schk. Handb. tab. 125.

Feuilles linéaires, ou linéaires-lancéolées, ou lancéolées-linéaires, ou ovales-oblongues, pointues, pubescentes. Bractées et sépales scarieux aux bords, ciliés. Pétales 2 fois plus longs que le
calice.

Tiges florifères longues de 5 à 12 pouces, hérissées (ou quelquefois glabres) de courts poils étalés ou descendants, souvent visqueuses au sommet. Feuilles longues de 5 à 12 lignes, larges
de ¹/₂ ligne à 2 lignes, d'un vert foncé, molles, plus ou moins
pubescentes, rarement glabres. Panicule 5-15-flore. Fleurs longues de 5 à 6 lignes. Capsule oblongue, saillante, subcurviligne.

Cette plante est commune sur les pelouses séches et au bord
des champs ; de même que quelques autres Céraistes, elle peut
servir à couvrir des glacis et à former des bordures de parterre.

CÉRAISTE RAMPANT. — *Cerastium repens* Linn. — *Ceras-*
tium tomentosum Hortorum. — *Cerastium molle* Vill. — *Ce-*
rastium Columnæ Tenor.

Feuilles linéaires ou linéaires-lancéolées, pointues, ou obtuses, plus ou moins cotonneuses-incanes (de même que les pédoncules et calices). Bractées et sépales obtus, scarieux aux bords.
Pétales 2 fois plus longs que le calice.

Plante tout-à-fait semblable au *Céraiste des champs* par le
port, mais couverte d'un duvet laineux grisâtre, plus ou moins
épais. Feuilles longues de 10 à 15 lignes, larges de 1 à 2 lignes.
Fleurs longues de 4 à 5 lignes.

Cette espèce, indigène dans l'Europe australe, se cultive très-fréquemment comme plante de bordure. C'est à tort qu'on la prend assez généralement pour le *Cerastium tomentosum* Linn.

CÉRAISTE COTONNEUX. — *Cerastium tomentosum* Linn. — Sibth. et Smith, Flor. Græc. tab. 455. — *Cerastium repens* Marsch. Bieb. Flor. Taur. Cauc. — *Cerastium Biebersteinii* De Cand. Plant. rares du Jardin de Genève, tab. 11. — Hook. in Bot. Mag. tab. 2782.

Cette espèce ne diffère de la précédente que par des feuilles plus larges, plus obtuses, couvertes d'un duvet laineux plus épais et plus blanchâtre. Ses fleurs sont plus grandes, longues de 6 à 7 lignes.

Le *Céraiste cotonneux* est indigène dans l'Europe australe : la grandeur de ses fleurs doit le faire préférer, dans les jardins, au *Céraiste rampant*.

CÉRAISTE GRANDIFLORE. — *Cerastium grandiflorum* Waldst. et Kit. Plant. Rar. Hungar. tab. 168. — *Cerastium argenteum* Marsch. Bieb. Flor. Taur. Cauc. — β : glabrescens : *Cerastium suffruticosum* Linn. — *Cerastium bannaticum* Roch. Bann. tab. 2, fig. 6.

Feuilles linéaires, très-longues, très-étroites, ordinairement cotonneuses (de même que les pédoncules et calices). Bractées et sépales scarieux aux bords. Pétales 2 fois plus longs que le calice.

Souches décombantes, suffrutescentes. Tiges florifères hautes de ½ pied à 1 pied. Feuilles atteignant jusqu'à 3 pouces de long, sur ½ à 1 ligne de large, un peu roides, couvertes d'une laine blanchâtre, ou rarement presque glabres. Fleurs longues de ½ pouce. Capsule oblongue, de moitié plus longue que le calice.

Cette espèce croît dans le midi de l'Europe.

Section II. (*Paronychiearum* sect. I et II, Bartl. — *Caryophyllearum* et *Paronychiearum* genn. De Cand.)

Feuilles stipulées.

Genre SPARGOUTE. — *Spergula* (Linn.) Reichenb.

Calice 5-parti. Pétales 5, entiers. Étamines 10 (dont 5 quelquefois stériles). Stigmates 5. Capsule 5-valve, polysperme. Graines lenticulaires, ou subglobuleuses, ailées, ou marginées, chagrinées, quelquefois pubescentes.

Herbes annuelles, multicaules. Feuilles subulées, verticillées, non-connées. Une seule stipule (scarieuse) entre deux feuilles contiguës. Fleurs en panicule dichotome : pédicelles réfractés après la floraison.

Ce genre ne renferme plus que deux ou trois espèces, en excluant celles qui sont dépourvues de stipules.

Spargoute des champs. — *Spergula arvensis* Linn. — Flor. Dan. tab. 1633. — Engl. Bot. tab. 1535 et 1536. — Schk. Handb. tab. 125. — Reichenb. Plant. Crit. v. 6, fig. 704. — β : *Spergula vulgaris* Bœnningh. — Reichenb. l. c. fig. 705. — γ : *Spergula maxima* Weihe. — Reichenb. l. c. fig. 706.

Racine fibreuse. Tiges (rarement 1 seule tige dressée) étalées en rond, ascendantes, plus ou moins dichotomes, grêles, subcylindriques, longues de 6 à 12 pouces (ou jusqu'à 2 et 3 pieds dans les terrains fertiles). Feuilles longues de 6 à 12 lignes, linéaires-subulées, mutiques, convexes en dessus, canaliculées en dessous, étalées horizontalement, ou arquées, pubescentes, ou glabres, succulentes, d'un vert gai ou foncé. Pédicelles dichotoméaires et terminaux, filiformes, épaissis au sommet, très-allongés après la floraison. Bractées courtes, ovales, membraneuses. Fleurs petites. Sépales ovales, innervés, membraneux aux bords. Pétales blancs, ovales, obtus, courtement onguiculés, un peu plus longs que le calice. Capsule ovale ou subglobuleuse, un peu plus longue que le calice. Graines noires, subglobuleuses, chagrinées, ou tuberculeuses, bordées d'une aile membraneuse très-étroite.

Cette plante, nommée vulgairement *Spergule* ou *Spargoute*, croît dans les champs sablonneux. On la cultive fréquemment en Belgique comme fourrage annuel, très-productif dans les sables frais : c'est surtout une excellente nourriture pour les vaches.

LES PORTULACÉES. — *PORTULACEÆ*.

(*Portulacacearum* genn. Juss. — De Cand. — Aug. de Saint-Hil. —
Portulaceæ Bartl. Ord. Nat. p. 303.)

La plupart des *Portulacées* croissent dans la zone
équatoriale ; elles constituent un petit groupe de plantes grasses, dont plusieurs se parent de fleurs très-apparentes. Les parties herbacées de beaucoup d'espèces
contiennent des sucs rafraîchissants, et peuvent servir
d'aliment à l'homme. Le nom de la famille dérive des
Pourpiers ou *Portulaca*.

Caractères de la famille.

Herbes ou *sous-arbrisseaux*. Tiges et rameaux cylindriques ou irrégulièrement anguleux.

Feuilles opposées ou éparses, charnues, simples, très-
entières, non-stipulées ; aisselles quelquefois munies de
poils fasciculés.

Fleurs axillaires ou terminales, hermaphrodites, régulières, blanches, ou rouges, ou jaunes, solitaires, ou
disposées soit en grappe, soit en cyme, soit en panicule,
soit en capitule.

Calice bifide ou biparti, persistant, ou caduc, inadhérent, ou adhérent par la base ; éstivation imbricative.

Disque hypogyne ou inapparent.

Pétales 5 (rarement 3, ou 4, ou 6), insérés au disque
ou au fond du calice, caducs ou marcescents, quelquefois soudés par la base, imbriqués en préfloraison.

Étamines insérées au disque, ou au fond du calice, ou
à la base de la corolle, en nombre égal aux pétales et

antépositives, ou en nombre soit double, soit triple des pétales, ou en nombre indéterminé, ou rarement en nombre moindre des pétales. Filets subulés, ou élargis à la base, libres. Anthères incombantes, à 2 bourses longitudinalement déhiscentes.

Pistil : Ovaire inadhérent ou quelquefois adhérent par la base, 1-loculaire; ovules en nombre indéfini ou moins souvent en nombre défini, attachés à un placentaire central ou au fond de la loge : funicules courts ou filifor. mes, dressés. Style simple ou nul. Stigmates 3-5, linéaires, ou oblongs, libres, ou moins souvent arrondis et soudés.

Péricarpe : Capsule 3-5-valve ou pyxidienne, 1-loculaire, polysperme, ou moins souvent oligosperme, rarement monosperme (par exception carcérule monosperme).

Graines réniformes ou lenticulaires, attachées à un placentaire central souvent rameux, ou bien au fond de la loge : funicules dressés, le plus souvent allongés et filiformes, persistants. Test crustacé, fragile, lisse, ou chagriné, souvent noirâtre. Périsperme farineux. Embryon arqué ou annulaire, périphérique : radicule appointante; cotylédons foliacés en germination.

Les genres suivants font partie de la famille des Portulacées :

. *Basella* Linn. — *Portulaca* Linn. (Meridiana Linn. Lemia Vand. Meridia Neck). — *Anacampseros* Sims. (Rulingia Ehrh. Haw. non R. Brown.) — *Talinum* Adans. Sims. (Phemeranthus Rafin.)— *Cistanthe* Spach. — *Calandrinia* Kunth. (Cosmia Domb. Phacosperma Haw.)—*Grahamia* Gillies.—*Portulacaria* Jacq. (Hænkea Salisb.)— *Ullucus* Lozan. — *Claytonia* Linn. (Limnia Linn.) — *Montia* Linn. — *Leptrina* Rafin. — ? *Crypta* Nutt. (Cryptina Rafin.)

Genre BASELLA. — *Basella* Linn.

Calice ovale-conique, charnu, bifide, un peu comprimé : lobes obtus, colorés, subpétaloïdes, concaves, non-carénés, imbriqués au sommet avant et après la floraison. Disque confondu avec le tube calicinal. Pétales 5, insérés à la gorge du calice, adnés par la base, libres, plus courts que les segments du calice. Étamines 5, courtes, conniventes, insérées devant les pétales; filets charnus, élargis à la base; anthères elliptiques-orbiculaires, bifides aux 2 bouts, extrorses. Ovaire adné au fond du calice, inadhérent, petit, subglobuleux, 1-loculaire, renfermant un seul ovule sessile au fond de la loge. Style court, trifide. Stigmates 5, subclaviformes, papilleux. Carcérule testacé, monosperme, ovale-globuleux, un peu comprimé, recouvert par le calice devenu charnu. Graine adhérente au péricarpe : test crustacé; périsperme farineux, formant des lames minces entre les replis de l'embryon; embryon subcylindracé, roulé en spirale : radicule allongée, descendante.

Herbes annuelles, charnues, succulentes, volubiles de gauche à droite. Feuilles alternes, pétiolées, planes, larges, très-entières, lisses : côte fortement saillante en dessous. Inflorescence en épis simples ou rarement rameux, axillaires, solitaires, dressés, aphylles; rachis charnu, épaissi au sommet. Fleurs éparses, petites, méridiennes, adnées, tribractéolées. Bractéoles petites, membraneuses, persistantes, apprimées au calice : 2 latérales, plus petites que la 5ᵉ inférieure. Pétales pourpres.

Ce genre, qu'on envisage à tort comme appartenant aux Chénopodées, renferme cinq ou six espèces, toutes indigènes dans l'Asie équatoriale, où on les cultive très-fréquemment comme plantes potagères. Les feuilles et les jeunes pousses de ces plantes se mangent soit en salade, soit cuites; elles ont des qualités rafraîchissantes et relâchantes, dues aux sucs légèrement acidules qu'elles contiennent. Leurs baies donnent

une teinture d'un pourpre vif, mais difficile à fixer. L'espèce
la plus notable est la suivante :

BASELLA COMMUN. — *Basella rubra* Linn. — Hort. Malab.
7, tab. 24. — Rumph. Amb. 5, tab. 154. — β : *Basella alba*
Linn.

Tiges très-rameuses, longues de 3 à 4 pieds, vertes ou pourpres de même que les feuilles, glabres comme toute la plante,
charnues, feuillées, florifères dès la base. Rameaux grêles, luisants, comprimés latéralement ou subancipités. Feuilles ovales
ou ovales-elliptiques, subacuminées, arrondies ou cunéiformes
ou cordiformes à la base, courtement pétiolées, luisantes, penninervées en dessous, longues de 1 à 4 pouces, larges de 6 à 20 lignes. Épis pédonculés, presque dressés : les inférieurs plus courts
que la feuille. Pédoncules épais, roides. Fleurs dressées, lâches,
longues d'environ 2 lignes. Calice fructifère de la grosseur d'un
Pois, pourpre.

<h3 style="text-align:center">Genre POURPIER. — *Portulaca* Linn.</h3>

Calice inadhérent, ou adhérent inférieurement; limbe 2-
parti, connivent après l'anthèse, se détachant à la maturité
du fruit par scission circulaire. Pétales 4-6, égaux, libres ou
soudés par la base, insérés au fond ou à la gorge du calice.
Étamines en nombre indéterminé (8-15), insérées à la base
des pétales (lorsque ceux-ci sont cohérents) ou au disque.
Filets subulés. Anthères ovales ou elliptiques, bifides aux 2
bouts. Ovaire semi-adhérent ou inadhérent, globuleux, multiovulé. Style manquant dans plusieurs espèces. Stigmates
5-8, linéaires. Pyxide polysperme, s'ouvrant au milieu ou
plus bas : placentaire à 5-8 branches filiformes. Graines ré-
niformes-subglobuleuses, concentriquement ponctuées : funicules allongés, dressés.

Herbes annuelles ou vivaces. Feuilles planes ou cylindriques, plus ou moins charnues, éparses ou subopposées, souvent verticilleés (rarement solitaires) aux dichotomies ou au
sommet des ramules. Fleurs terminales, ou latérales par l'al-

longement des ramules, ou dichotoméaires, sessiles, fasciculées. Corolle pourpre ou jaune.

Ce genre renferme aujourd'hui une trentaine d'espèces,
dont une seule est indigène; en voici les plus remarquables :

a) *Aisselles des feuilles non-barbues.*

POURPIER POTAGER. — *Portulaca oleracea* Linn. — De
Cand. Plant. Grass. tab. 123. — Schk. Handb. tab. 130. —
β : *Portulaca sativa* Haw.

Tiges procombantes. Feuilles cunéiformes ou spathulées-cunéi-
formes, obtuses, courtement pétiolées, planes, charnues. Fleurs
fasciculées. Calice adhérent inférieurement : segments cuculliformes, comprimés, carénés, mucronés, inégaux. Pétales obovales,
échancrés, soudés par les onglets. Étamines 6-12. Stigmates 5,
sessiles. Pyxide ovale-conique.

Tiges très-rameuses, longues de 3 à 6 pouces ou plus (jusqu'à
2 pieds dans les terrains cultivés fertiles), appliquées contre
terre, subdichotomes, succulentes, épaisses, cylindriques, glabres comme toute la plante, souvent rougeâtres. Feuilles longues
de 6 à 12 lignes, larges de 2 à 4 lignes (beaucoup plus grandes
dans les variétés cultivées), luisantes, d'un vert gai, opposées et
alternes, verticillées au sommet des ramules. Fleurs petites,
d'un jaune pâle.

Le *Pourpier potager* croît spontanément en Europe, dans
les endroits cultivés et au voisinage des habitations ; peut-être
est-il d'origine exotique, car on le trouve dans une grande partie
de la zone équatoriale. Cette plante, à peu près insipide et un peu
mucilagineuse, entrait autrefois dans plusieurs préparations phar-
maceutiques, peu usitées de nos jours; on ne l'emploie guère
comme remède, si ce n'est en bouillons rafraîchissants.

Le Pourpier, cultivé comme herbe potagère, acquiert des dimensions beaucoup plus considérables que la plante sauvage; il
en existe une variété à feuilles jaunâtres, connue sous le nom de
Pourpier doré.

b) *Aisselles des feuilles barbues de longs poils blancs.*

POURPIER POILU. — *Portulaca pilosa* Linn. — Bot. Reg.
tab. 792. — Commel. Hort. 1, tab. 5.

Tiges procombantes, très-rameuses. Feuilles linéaires-oblongues ou lancéolées-oblongues, subobtuses, comprimées, marbrées,
glabres aux 2 faces, courtement pétiolées, alternes. Fleurs polyandres, fasciculées, entourées de poils laineux. Segments calicinaux ovales-triangulaires, membraneux, pointus. Pétales 5, cunéiformes-oblongs, bilobés au sommet, mucronés. Style saillant.
Stigmates 5. Ovaire presque inadhérent. Pyxide ovale-conique,
obtus, mucroné.

Herbe vivace. Tiges longues de 5 à 8 pouces, cylindriques,
charnues, souvent rougeâtres. Feuilles longues de 4 à 8 lignes,
larges de ¹/₂ à 1 ¹/₂ ligne, charnues, d'un vert gai, marbrées
de veines brunâtres, déjetées d'un côté ou imbriquées, verticillées sous les fleurs au sommet des ramules. Corolle d'un pourpre
vif, large de 6 lignes, épanouie le matin de 10 heures jusqu'à
midi. Filets violets, capillaires. Anthères jaunes.

Cette espèce, indigène dans l'Amérique méridionale, se cultive souvent dans les collections de plantes grasses.

POURPIER DE GILLIES. — *Portulaca Gilliesii* Hook. in Bot.
Mag. tab. 3064.

Tiges ascendantes, rameuses à la base. Feuilles oblongues-cy-
lindracées, obtuses, comprimées. Fleurs terminales. Pétales ob-
ovales-arrondis, ondulés, beaucoup plus longs que les sépales.
Style saillant. Stigmates 7.

Tige haute de 4 à 6 pouces, pourpre, parsemée de points
blancs. Sépales ovales, scarieux aux bords. Corolle large d'environ 15 lignes, d'un pourpre vif. Filets et style pourpres. Anthères de couleur orange.

Cette espèce élégante, introduite depuis 1832, croît dans les
plaines de Mendoza.

Genre ANACAMPSÈRE. — *Anacampseros* Linn.

Calice à 2 sépales opposés, oblongs, un peu soudés par la

base. Pétales 5, très-fugaces, insérés au fond du calice. Étamines 15-20 : filets libres, insérés à la base des pétales. Style
filiforme, trifide au sommet. Capsule conique, polysperme,
5-valve : valves souvent bifides. Graines ailées.

Herbes basses, suffrutescentes. Feuilles ovoïdes, renflées,
succulentes ; aisselles munies de poils presque scarieux. Bractées membranacées, souvent fimbriées. Fleurs en grappe :
pédicelles 1-flores, allongés. Corolle pourpre ou blanche,
méridienne.

Ce genre, propre au cap de Bonne-Espérance, renferme
une douzaine d'espèces, dont les suivantes se cultivent dans
les collections de plantes grasses :

ANACAMPSÈRE ORPIN. — *Anacampseros Telephiastrum* De
Cand. Cat. Hort. Monsp. — Dill. Hort. Elth. tab. 281. —
Commel. Hort. Amst. tab. 89. — *Portulaca Anacampseros*
Willd. — De Cand. Plant. Grass. tab. 3.

Feuilles difformes, glabres, plus longues que les poils axillaires. Grappe pauciflore, subpaniculée. — Souche très-courte.
Fleurs rouges.

ANACAMPSÈRE ARANÉEUX. — *Anacampseros arachnoides*
Sims, Bot. Mag. tab. 1368. — *Talinum arachnoides* Ait. Hort.
Kew.

Feuilles difformes, acuminées, vertes, luisantes, aranéeuses,
plus longues que les poils axillaires. Grappe simple. Pétales lancéolés. Bractées fimbriées. Fleurs blanches.

ANACAMPSÈRE FILAMENTEUX. — *Anacampseros filamentosa*
Sims, Bot. Mag. tab. 1367. — *Talinum filamentosum* Ait.
Hort. Kew.

Feuilles ovales-globuleuses, gibbeuses aux 2 faces, aranéeuses,
rugueuses en dessus, plus courtes que les poils axillaires. Pétales
oblongs (roses).

Genre TALINUM. — *Talinum* Sims.

Calice à 2 sépales ovales, opposés, caducs. Pétales 5, libres,
ou soudés par la base, hypogynes. Étamines 10-20, ayant

même insertion que la corolle. Style filiforme. Stigmates 3, étalés ou connivents. Capsule polysperme, 3-valve : placentaire court, indivisé. Graines aptères, subréniformes-lenticulaires, finement chagrinées.

Herbes vivaces, souvent suffrutescentes, glabres, charnues. Feuilles opposées ou alternes, glabres. Fleurs en grappes ou en cymes dichotomes soit fastigiées, soit disposées en panicule. Corolle rose, ou pourpre, ou blanche, ou jaune, éphémère.

Ce genre renferme une dixaine d'espèces, toutes exotiques, dont voici les plus notables :

A. *Stigmates cohérents. Feuilles cylindriques. Tiges non-frutescentes.* (PHEMERANTHUS Rafin.)

TALINUM A FEUILLES CYLINDRIQUES. — *Talinum terètifolium* Pursh, Flor. Amer. Sept. — Loddig. Bot. Cab. tab. 819. — *Phemeranthus teretifolius* Rafin. — *Talinum trichotomum* Desfont. Hort. Par.

Feuilles linéaires-subulées, charnues, presque toutes radicales. Hampe subaphylle, dichotome au sommet. Panicule corymbiforme. Pétales beaucoup plus longs que le calice.

Racine fibreuse. Feuilles radicales touffues. Hampe haute d'environ 1 pied. Fleurs pourpres.

Cette espèce croît dans le midi des États-Unis.

B. *Stigmates linéaires, étalés. Feuilles opposées et alternes, planes, charnues. Tiges dressées, suffrutescentes à la base.*

TALINUM PANICULÉ. — *Talinum patens* Willd. — *Portulaca patens* Jacq. Hort. Vindob. 2, tab. 152.

Tiges anguleuses, subancipitées. Feuilles lancéolées, ou lancéolées-obovales, ou lancéolées-elliptiques, subobtuses, carénées en dessous, rétrécies en pétiole court. Panicule terminale, allongée, très-lâche, aphylle, composée de cymes dichotomes ou trichotomes, divariquées : les inférieures opposées. Sépales suborbiculaires, mucronés. Pétales obovales, réfléchis. Capsule globuleuse, déprimée aux 2 bouts, trigone.

Tiges hautes de 1 à 2 pieds, rameuses, nues vers le sommet, souvent rougeâtres. Feuilles d'un vert gai, longues de 2 à 4 pouces, larges de 1 à 2 pouces. Fanicule longue de 6 à 18 pouces, dressée, quelquefois feuillée aux premières ramifications; pédoncules secondaires grêles, presque horizontaux; cymes lâches, multiflores; pédicelles dichotoméaires et terminaux, filiformes, épaissis au sommet; bractées minimes, subulées, violettes. Pétales d'un rose vif, longs de 1 ligne. Filets plus courts que les pétales, pourpres. Anthères jaunes. Capsule à peine de 1 ligne de diamétre, luisante, d'un brun de Châtaigne. Graines luisantes, d'un brun roux.

Cette plante, indigène dans l'Amérique méridionale, se cultive fréquemment dans les collections de plantes grasses; elle fleurit pendant presque toute l'année. Ses feuilles ont le goût de celles du *Pourpier potager*, et pourraient sans doute remplacer ce dernier.

TALINUM A FEUILLES ÉPAISSES. — *Talinum crassifolium* Willd. — *Portulaca crassifolia* Jacq. Hort. Vindob. 3, tab. 52.

Feuilles lancéolées-obovales, mucronées. Cyme terminale, corymbiforme, paniculée : pédoncules triédres. Fleurs jaunes.

Cette espèce, originaire des Antilles, se cultive aussi dans les collections de plantes grasses.

Genre CISTANTHE. — *Cistanthe* Spach.

Calice à 2 sépales persistants, concaves, non-carénés, connivents et imbriqués par les bords après la floraison. Disque hypogyne, cupuliforme. Pétales 5, libres, insérés à la base du disque. Étamines en nombre indéterminé (40-60), divergentes, insérées au disque : filets filiformes; anthères incombantes, sagittiformes, échancrées au sommet. Ovaire conique, subtrigone. Style claviforme, saillant. Stigmate pelté, concave, crépu, replié en 5 lobes. Capsule conique, trigone, 3-valve, polysperme : placentaire pyramidal, triédre. Graines lenticulaires, très-convexes aux 2 faces, ciliolées, chagrinées.

Herbes vivaces, glabres, à souches suffrutescentes. Tiges simples ou rameuses, nues supérieurement. Feuilles planes, charnues : les inférieures longuement spathulées. Fleurs en grappe lâche (penchée avant la floraison) : pédicelles alternes, longs, épaissis au sommet, 2-bractéolés à la base, réfléchis ou réfractés après la floraison. Sépales membraneux aux bords, semi-diaphanes, marbrés de veines noires. Corolle grande, rosacée, matinale, fugace, d'un rose vif de même que les filets. Anthères jaunes ou rougeâtres. Capsule luisante, recouverte par le calice.

Le nom du genre fait allusion à l'aspect des fleurs, qui ressemblent à celles des Cistes. On ne connaît que les trois espèces dont nous allons traiter; ce sont des plantes très-élégantes, originaires du Chili, et qui se cultivent depuis quelques années dans les serres, à la manière de toutes les plantes grasses; cependant elles deviennent beaucoup plus belles en pleine terre, à une exposition chaude, où elles fleurissent pendant tout l'été.

CISTANTHE ANCIPITÉ. — *Cistanthe anceps* Spach, ined. — *Calandrinia grandiflora* Lindl. in Bot. Reg. tab. 1194. — Hook. in Bot. Mag. tab. 3369. — *Calandrinia glauca* Schrad. in De Cand. Prodr.

Tiges dressées ou ascendantes, ancipitées, rameuses, feuillées inférieurement. Feuilles lancéolées, ou rhomboïdales, ou lancéolées-spathulées, ou obovales-spathulées, acuminées, glauques aux 2 faces. Sépales subacuminés, ovales-orbiculaires, 2 fois plus courts que la corolle. Pétales flabelliformes, rétus.

Plante haute de 1 à 2 pieds. Souche épaisse, charnue, suffrutescente, multicaule. Tiges et rameaux subancipités. Feuilles longues de 2 à 6 pouces, larges de 6 à 18 lignes, de forme très-variable sur les mêmes individus. Grappes courtes au commencement de la floraison, puis s'allongeant jusqu'à 1 pied et plus au fur et à mesure que les fleurs se succèdent. Bractées oblongues ou

oblongues-lancéolées, pointues. Pédicelles longs de 8 à 15 lignes.
Sépales longs de 4 à 5 lignes. Corolle large de 16 à 20 lignes : pétales jaunâtres à la base, érosés au sommet, de moitié plus longs
que les étamines. Capsule ovale-conique, obtuse. Anthères d'un
brun roux.

CISTANTHE DISCOLORE. — *Cistanthe discolor* Spach, ined.
— *Calandrinia discolor* Schrad. Cat. Sem. Hort. Gœtting. —
Hook. in Bot. Mag. tab. 3357.

Tiges simples, ou bifurquées, dressées, subaphylles, subcylindriques. Feuilles spathulées-oblongues ou spathulées-obovales,
très-obtuses, mucronées, glauques en dessus, violettes en dessous. Sépales très-obtus, elliptiques, mucronulés, ou échancrés,
2 à 3 fois plus courts que la corolle. Pétales obcordiformes.

Plante s'élevant à peine jusqu'à 1 pied. Souche très-courte,
multicaule. Tiges souvent rougeâtres. Feuilles longues de 2 à
6 pouces, larges de 6 à 18 lignes. Grappes finissant par acquérir
6 à 8 pouces de long. Pédicelles longs d'environ 1 pouce. Bractées oblongues. Sépales longs de 5 lignes, larges de 4 lignes.
Corolle large de près de 2 pouces : pétales blanchâtres à la base,
érosés et légèrement bilobés au sommet, 2 fois plus longs que
les étamines. Capsule ovale-conique, obtuse.

Le *Calandrinia speciosa* (Hook. in Bot. Mag. tab. 3379), que nous
n'avons pas eu occasion d'observer sur nature, ne paraît différer du
Cistanthe discolore que par ses tiges simples, plus courtes, et ses
feuilles glauques aux deux faces.)

Genre CALANDRINIA. — *Calandrinia* Kunth.

Calice à 2 sépales persistants, aplatis, carénés au dos,
connivents après la floraison. Pétales 5, hypogynes, libres ou
soudés par la base. Étamines 1-15, insérées au disque ou à la
base des pétales. Style court, trifide au sommet. Capsule 3-
valve, polysperme. Graines attachées au fond de la loge ou
à un placentaire : funicules filiformes.

Herbes annuelles, ou bisannuelles, ou vivaces, quelquefois acaules. Feuilles caulinaires alternes. Fleurs en grappe

soit nue, soit feuillée, ou en panicule, ou en cyme, ou solitaires sur des pédoncules radicaux.

Ce genre, dont les caractères sont fort mal limités, renferme une quinzaine d'espèces, dont plusieurs deviendront
sans doute des types de genres nouveaux lorsqu'elles seront
mieux étudiées. Nous n'avons à faire mention que de l'espèce suivante :

CALANDRINIA ÉLÉGANT. — *Calandrinia elegans* Lindl. in
Bot. Reg. tab. 1598.

Herbe annuelle, très-glabre, diffuse, formant des touffes de
1 pied de diamétre. Tiges rameuses, grêles, un peu anguleuses.
Feuilles longues de 1 à 2 pouces, larges de 2 à 3 lignes, d'un
vert gai, longuement spathulées, lancéolées, pointues : les florales
inférieures plus longues que les pédicelles. Grappes lâches, feuillées, multiflores. Pédicelles toujours dressés. Sépales ovales, pointus, dressés. Corolle d'un pourpre violet, large de près de 1 pouce : pétales obovales, 2 fois plus longs que le calice. Étamines 9
ou 10, conniventes.

Cette plante, découverte en Californie par Douglas, est une
fort belle acquisition pour les jardins.

Genre PORTULACARIA. — *Portulacaria* Jacq.

Calice à 2 sépales persistants, membraneux. Pétales 5,
persistants, obovales, hypogynes. Étamines ayant même
insertion que les pétales, mais disposés non-symétriquement.
Anthères courtes. Ovaire ovale, triédre. Style nul. Stigmates
3, étalés, glanduleux. Carcérule triédre, monosperme.

Feuilles opposées, planes. Pédoncules opposés, denticulés,
comprimés : pédicelles ternés. Fleurs petites, roses.

L'espèce suivante constitue à elle seule ce genre :

PORTULACARIA DU CAP. — *Portulacaria afra* Jacq. Coll. 1,
tab. 22. — Dill. Hort. Elth. tab. 101, fig. 120. — De Cand.
Plant. Grass. tab. 132. — *Claytonia Portulacaria* Linn. Mant.
— *Crassula Portulacaria* Linn. Spec.

Arbuste haut de 2 à 3 pieds. Tige épaisse : rameaux feuillus,
charnus, disposés en cyme paniculée. Feuilles assez petites, cunéiformes-obovales, épaisses, succulentes, un peu luisantes, d'un
vert tendre. Fleurs petites, roses, disposées en panicule. Calice
coloré. Étamines plus courtes que la corolle.

Cet arbrisseau, indigène au cap de Bonne-Espérance, se cultive dans les collections de plantes grasses.

Genre ULLUCUS. — *Ullucus* Lozano (ex De Cand.)

Calice à 2 sépales suborbiculaires, concaves, transparents,
colorés, caducs. Pétales 5, cordiformes, rétrécis au sommet,
soudés par la base en tube très-court. Étamines 5 : filets très-
courts, dressés de même que les anthères. Ovaire subglobuleux. Style filiforme, aussi long que les étamines. Stigmate
simple. Capsule 1-loculaire, monosperme. Graine oblongue.

L'espèce suivante constitue à elle seule le genre :

Ullucus tubéreux. — *Ullucus tuberosus* Lozan. in Senan.
Nuov. Granat. 1809, p. 185 (ex De Cand. Prodr.)

Herbe glabre. Racine tubéreuse. Tige rameuse, anguleuse.
Feuilles alternes, charnues, pétiolées, cordiformes, très-entières.
Grappes simples, axillaires, nutantes : pédicelles munis à leur
base d'une petite bractée.

Cette plante se cultive au Pérou, dans la province de Quito,
où on la nomme *Ulluco* et *Melloco :* les tubercules de ses racines
sont mucilagineux et mangeables.

Genre CLAYTONIA. — *Claytonia* Linn.

Calice à 2 sépales persistants, dressés après la floraison.
Disque inapparent. Pétales 5, hypogynes, courtement onguiculés : onglets soudés par la base. Étamines 5, insérées à la
base des onglets : filets élargis à la base; anthères oblongues,
à bourses disjointes. Ovaire subglobuleux, triovulé. Style
filiforme. Stigmates 3, subulés, divergents. Capsule 3-valve,
3-sperme. Graines attachées au fond de la loge, dressées,

lenticulaires, fortement convexes aux 2 faces, très-lisses : funicules presque nuls.

Herbes multicaules, annuelles, ou bisannuelles, ou vivaces, glabres, succulentes. Tiges simples ou dichotomes, subaphylles. Feuilles assez minces : les radicales étalées en rosette, spathulées, longuement pétiolées; les caulinaires opposées, subsessiles, ou connées. Grappes terminales, bractéolées, subunilatérales : pédicelles épars, ou subfasciculés, penchés après la floraison, souvent extra-axillaires. Corolle rose, ou carnée, ou blanche. Calice sémi-diaphane, strié, recouvrant la capsule. Graines assez grosses, noires, luisantes.   .

Les feuilles ainsi que les tiges des *Claytonia*, ont le goût de celles du *Pourpier potager*, et peuvent aussi se manger soit cuites, soit en salade. On connaît une vingtaine d'espèces de ce genre; la plupart méritent d'être cultivées comme plantes d'agrément; en voici les plus notables :

A. *Racine annuelle ou bisannuelle, fibreuse.*

CLAYTONIA PERFOLIÉ. — *Claytonia perfoliata* Donn. Hort. Cantabr. — Sims, Bot. Mag. tab. 1336.

Tiges simples, ascendantes. Feuilles innervées, courtement acuminées : les radicales ovales-rhomboïdales; les caulinaires (une seule paire) connées en disque orbiculaire. Grappes courtes, subverticillées, interrompues, ébractéolées. Pétales entiers ou échancrés.

Herbe annuelle, multicaule, haute de 6 à 12 pouces. Tiges grêles, débiles, nues presque jusqu'au sommet. Feuilles d'un vert gai : les radicales portées sur des pétioles longs de 2 à 4 pouces. Lame longue de 4 à 6 lignes; lame formée par la soudure des 2 feuilles caulinaires large de ¹/₂ pouce à 2 pouces. Pédicelles subfasciculés. Fleurs petites, blanches. Sépales ovales-orbiculaires, acuminés, un peu plus courts que le calice.

Cette espèce, indigène aux États-Unis, se cultive quelquefois comme herbe potagère. Elle végète vigoureusement pendant tout l'été, et devient même quelquefois une herbe très-embarrassante dans les jardins.

CLAYTONIA DE SIBÉRIE. — *Claytonia sibirica* Linn. — Sims, Bot. Mag. tab. 2243. — Sweet, Brit. Flow. Gard. tab. 16. — *Limnia sibirica* Haw. Rev.

Tiges 1 ou 2 fois bifurquées, ascendantes. Feuilles 3-nervées, courtement acuminées : les radicales obovales, ou lancéolées-obovales, ou lancéolées-spathulées, ou lancéolées; les caulinaires (1 paire à chaque bifurcation) ovales, ou ovales-orbiculaires, ou ovales-rhomboïdales, rétrécies à la base. Grappes allongées, bractéolées : pédicelles subsolitaires. Pétales cunéiformes-oblongs, bifides au sommet.

Racine bisannuelle, rampante. Tiges longues de 5 à 12 pouces. Feuilles longues de 1 à 2 pouces, d'un vert gai : les radicales portées sur des pétioles longs de 3 à 5 pouces. Bractées ovales ou ovales-oblongues, foliacées, beaucoup plus courtes que les pédicelles. Sépales ovales-orbiculaires, acuminés, 2 fois plus courts que la corolle. Pétales longs de 2 lignes, carénés, veinés de pourpre. Capsule oblongue, un peu saillante.

Cette espèce se cultive comme plante d'agrément.

CLAYTONIA FAUX ALSINÉ. — *Claytonia alsinoides* Sims, Bot. Mag. tab. 1309.

Feuilles acuminées, subtrinervées : les radicales ovales; les caulinaires ovales-orbiculaires ou ovales-elliptiques, subsessiles. Tiges simples ou bifurquées. Grappes allongées, bractéolées : pédicelles subsolitaires. Pétales bifides au sommet.

Herbe annuelle ou bisannuelle, ayant le port du *Claytonia de Sibérie*. Corolle blanche.

Cette espèce croît dans le nord-ouest de l'Amérique.

B. *Racine vivace, tubéreuse. Tiges très-simples, nues inférieurement, garnies vers leur sommet d'une seule paire de feuilles subsessiles. Pédicelles très-longs, filiformes, solitaires.*

CLAYTONIA A PÉTALES POINTUS. — *Claytonia acutiflora* Sweet,

Hort. Brit. — *Claytonia virginiana* Sims, Bot. Mag. tab. 941.

Feuilles lancéolées-linéaires, pointues, 1-nervées. Pétales lancéolés-elliptiques, pointus de même que les sépales.

Tubercule de la grosseur d'une Noix, noirâtre, garni de fibres inférieurement. Tiges ascendantes, longues de 4 à 6 pouces. Feuilles longues de 2 à 4 pouces, larges de 2 à 4 lignes. Bractées petites, ovales. Pétales blancs, longs de 5 à 6 lignes.

Cette espèce croît aux États-Unis.

CLAYTONIA A GRANDES FLEURS. — *Claytonia grandiflora* Sweet, Brit. Flow. Gard. tab. 216. — *Claytonia virginiana* De Cand. Plant. Grass. tab. 131?

Feuilles linéaires-lancéolées, pointues. Grappes solitaires, multiflores. Sépales très-obtus. Pétales elliptiques-oblongs, entiers, striés.

Tubercule brunâtre, de la grosseur d'une Noix. Tiges diffuses, longues de 5 à 7 pouces (y compris la grappe). Feuilles radicales presque aussi longues que les tiges; feuilles caulinaires longues d'environ 1 pouce : toutes carénées au dos. Pétales carnés, striés de pourpre, marqués d'une tache jaune à leur base, longs d'environ 6 lignes.

Cette espèce croît aux États-Unis.

CLAYTONIA DE CAROLINE. — *Claytonia caroliniana* Michx. Flor. Amer. Bor. — Sweet, Brit. Gard. tab. 208. — *Claytonia spathulæfolia* Salisb. Parad. Lond. tab. 71.

Feuilles radicales courtement elliptiques, triplinervées; feuilles caulinaires spathulées, rétrécies aux 2 bouts. Grappes solitaires. Sépales obtus. Pétales elliptiques-obovales, rétus, striés.

Tiges très-courtes. Feuilles radicales plus longues que les tiges. Grappes courtes. Pétales longs d'environ 6 lignes, d'un lilas pâle, striés de pourpre, marqués d'une tache jaune à leur base.

LES PARONYCHIÉES. — *PARONYCHIEÆ*.

(*Amarantorum* sect. III, Juss. Gen. — *Paronychieæ* Aug. Saint-Hil. —
Bartl. Ord. Nat. p. 301. (excl. sect. II et III.) — De Cand. Prodr.
(excl. Polycarpæis, Sclerantheis, Queriaceis et Minuarticis.)

Cette famille, à peine distincte des Alsinées, est formée aux dépens d'une section des Amarantacées, et de
plusieurs genres des Caryophyllées de M. de Jussieu. En
général les Paronychiées sont des herbes très-inappa-
rentes et d'un intérêt purement scientifique.

Caractères de la famille.

Herbes ou *sous-arbrisseaux*. Tiges et rameaux le plus
souvent noueux avec articulation.

Feuilles opposées, ou rarement éparses, sessiles, ou
rétrécies en pétiole, simples, indivisées, très-entières,
stipulées. Stipules libres ou rarement adnées à la feuille,
scarieuses.

Fleurs petites, hermaphrodites, ordinairement régulières, disposées en cyme dichotome, ou en capitule, ou
subsolitaires. Bractées opposées, scarieuses.

Calice inadhérent, persistant, 5-parti (rarement 4-ou
3-parti) ; éstivation imbricative.

Disque annulaire, périgyne, adné au fond du calice.

Pétales (le plus souvent nuls) 5, insérés au disque, interpositifs.

Étamines en même nombre que les sépales et insérées
devant ceux-ci (rarement alternes), ou en nombre
moindre des sépales, ou (le plus souvent) en nombre
double des sépales, alternativement fertiles et stériles.
Filets libres. Anthères à 2 bourses.

Pistil : Ovaire 1-loculaire, uniovulé, ou pauciovulé,

ou rarement multiovulé. Stigmates 2 ou 5, ordinairement sessiles.

Péricarpe carcérulaire et monosperme (quelquefois disperme), ou rarement capsulaire et polysperme.

Graines attachées au fond de la loge moyennant un funicule filiforme, ou rarement (lorsque le fruit est une capsule polysperme) à un placentaire central. Périsperme central, ou unilatéral, ou par exception presque nul. Embryon arqué ou annulaire (par exception spiralé ou subrectiligne), périphérique : radicule appointante ; cotylédons foliacés en germination.

En excluant de cette famille un certain nombre de genres qui nous semblent avoir beaucoup plus d'affinité avec les Alsinées (V. la section IIe de ceux-ci), elle renferme encore les suivants :

Ire TRIBU. **LES ILLÉCÉBRÉES.** — *ILLECEBREÆ* R. Brown.

Calice 5-fide : segments souvent cuculliformes au sommet. Pétales nuls. Étamines presque toujours 10, *alternativement stériles et fertiles. Stigmates* 2, *courts. Péricarpe monosperme. Feuilles opposées.*

Herniaria Linn. — *Gymnocarpum* Forsk. — *Anychia* Michx. — *Illecebrum* Linn. — *Paronychia* Juss. — *Pentacœna* Bartl. (Acanthonychia de Cand.) — *Cardionema* De Cand.—*Pollichia* Soland. (Neckeria Gmel. Meerburgia Mœnch.)

IIe TRIBU. **LES TÉLÉPHIÉES.** — *TELEPHIEÆ* De Cand.

Calice profondément 5-parti. Pétales 5. *Étamines* 5, *toutes fertiles. Ovaire* 1*-loculaire. Stigmates* 2 *ou* 5. *Péricarpe* 1*-ou* 2*-sperme, carcérulaire, ou polysperme, trivalve.*

Corrigiola Linn. (Polygonifolia Vaill.) — *Telephium* Linn. — *Limeum* Linn.

SOIXANTE-QUINZIÈME FAMILLE.

LES SCLÉRANTHÉES. — *SCLERANTHEÆ.*

(*Paronychiearum* genn. Juss. Genn.— *Scleranthece* Bartl. Beitr.—Ejusd.
Ord. Nat p. 300.—*Paronychiearum* trib. V, De Cand. Prodr. 3, p. 377.)

Quelques herbes, d'un intérêt purement scientifique,
constituent ce petit groupe, d'ailleurs peu différent des
Paronychiées.

CARACTÈRES DE LA FAMILLE.

Herbes. Tiges et rameaux noueux avec articulation.

Feuilles opposées, connées par la base, simples, indivisées, très-entières, non-stipulées.

Fleurs petites, hermaphrodites, régulières, le plus
souvent disposées en cyme.

Calice inadhérent, persistant : tube urcéolé ; limbe
à 4 ou 5 segments imbriqués en préfloraison.

Disque tapissant le tube calicinal et épaissi à sa gorge
en bourrelet annulaire.

Pétales nuls.

Étamines insérées au bourrelet du disque devant les
segments calicinaux, en même nombre que ceux-ci, ou
en nombre moindre, ou en nombre double, alternativement fertiles et stériles. Filets libres.

Pistil : Ovaire 1-loculaire, 1-ovulé. Style nul. Stigmates 2.

Péricarpe : Carcérule utriculaire, monosperme, recouvert par le calice durci.

Graine pendante au sommet d'un funicule ascendant
du fond de la loge. Périsperme farineux. Embryon périphérique, annulaire : radicule appointante.

La famille ne renferme que trois genres, savoir :
Mniarum Forst. (Ditoca Banks.) — *Scleranthus* Linn.
— *Guilleminea* Kunth.

SOIXANTE-SEIZIÈME FAMILLE.

LES PHYTOLACCÉES. — *PHYTOLACCEÆ*.

(*Atriplicum* sect. I, Juss. Gen. — *Phytolacceæ* R. Brown , in Tuck.
Cong. p. 454. — Bartl. Beitr. II, p. 142; Ord. Nat. p. 299.)

Le *Phytolacca* (nommé vulgairement *Raisin d'Amé-*
rique) est le type de ce groupe, envisagé par M. de Jussieu comme une section de ses Atriplicées. Les végétaux
qui en font partie sont peu nombreux et, à quelques
exceptions près, indigènes dans la zone équatoriale.

CARACTÈRES DE LA FAMILLE.

Herbes, ou *sous-arbrisseaux,* ou *arbrisseaux,* ou très-
rarement arbres. Tiges et rameaux cylindriques ou irrégulièrement anguleux, inarticulés.

Feuilles éparses, ou quelquefois subopposées, simples, très-entières, penninervées, pétiolées; stipules le
plus souvent nulles.

Fleurs hermaphrodites (par exception dioïques), régulières, le plus souvent en grappe : pédicelles épars,
bractéolés (rarement axillaires, solitaires).

Calice inadhérent, persistant, le plus souvent coloré,
à 4 ou 5 sépales libres ou soudés par la base, imbriqués
en préfloraison.

Disque inapparent.

Pétales nuls.

Étamines hypogynes (par exception périgynes), libres,
en même nombre que les sépales et alternes avec eux,
ou en nombre double ou triple des sépales, ou en nombre indéterminé. Filets subulés. Anthères incomban-

tes, médifixes, à 2 bourses linéaires ou oblongues, parallèles, mais tout-à-fait disjointes.

Pistil : Ovaires 5-10, presque libres, ou soudés, 1-loculaires, 1-ovulés, terminés chacun par un stigmate sublatéral, subulé ; ou bien un seul ovaire 1-loculaire, 1-ovulé, muni d'un style court sublatéral et terminé par un stigmate soit simple, soit pénicilliforme. Ovules attachés au fond de la loge ou vers la base de l'angle interne.

Péricarpe : Baie 1-loculaire et monosperme, ou à 5-10 loges ou coques monospermes ; rarement carcérule.

Graines ascendantes ou dressées : funicule court ou nul. Périsperme farineux. Embryon périphérique, arqué, ou annulaire : radicule appointante. Par exception : périsperme nul ; cotylédons repliés, roulés autour de la radicule.

Voici les genres qui constituent la famille des Phytolaccées :

SECTION I.

Embryon périphérique. — Feuilles non-stipulées.

Phytolacca Linn. — *Rivina* Linn. — *Mohlana* Mart. — *Gisekia* Linn. (Kœlreutera Murr. non L'Hérit.) — *Bosea* Linn. — *Cryptocarpus* Kunth.

SECTION II.

Périsperme nul. Cotylédons repliés, convolutés. — Feuilles quelquefois stipulées.

Petiveria Linn. — *Seguieria* Linn.

SECTION I.

Embryon périphérique. Feuilles non stipulées.

Genre PHYTOLACCA. — *Phytolacca* Linn.

Calice à 5 sépales persistants, pétaloïdes, étalés pendant la floraison. Étamines en nombre double des sépales et alternes avec les ovaires, ou en nombre indéterminé. Ovaires 7-10, soudés ou presque libres, 1-loculaires, 1-ovulés. Stigmates subulés, en même nombre que les ovaires. Baie à 7-10 loges ou coques monospermes. Graines lenticulaires, luisantes.

Arbres, ou arbrisseaux, ou sous-arbrisseaux, ou grandes herbes vivaces. Feuilles éparses, quelquefois presque coriaces. Grappes solitaires, simples, spiciformes, pédonculées, latérales, ou oppositifoliées : pédicelles épars ou subverticillés, courts, dressés avant l'anthèse, un peu inclinés pendant la floraison, horizontaux après la floraison, garnis de plusieurs bractéoles subulées, éparses. Fleurs rougeâtres ou verdâtres, quelquefois dioïques.

Ce genre renferme une dixaine d'espèces, presque toutes indigènes dans la zone équatoriale ; la plus remarquable est la suivante :

Sépales 5, appliqués après la floraison sur le pistil. Étamines en nombre double des sépales. Pistil disciforme, suborbiculaire, déprimé, 10-sulqué, composé de 10 ovaires soudés latéralement dans toute leur longueur. Stigmates petits, dressés. — Fleurs hermaphrodites, rougeâtres.

PHYTOLACCA DÉCANDRE. — *Phytolacca decandra* Linn. — Blackw. Herb. tab. 115. — Dill. Hort. Elth. tab. 339, fig. 309. — Schk. Handb. tab. 126. — Bot. Mag. tab. 931.

Feuilles lancéolées, ou lancéolées-elliptiques, ou ovales-lancéolées, pointues, légèrement ondulées, glabres comme toute la plante. Grappes dressées, longuement pédonculées : pédicelles épars. Sépales suborbiculaires, mucronés, un peu concaves, à peu près aussi longs que les étamines.

Herbe vivace, haute de 5 à 12 pieds. Racine grosse, rameuse, multicaule. Tiges dressées, cylindriques, cannelées, succulentes, très-rameuses, souvent rougeâtres. Feuilles longues de 4 à 12 pouces, larges de 1 à 5 pouces, molles, d'un vert gai, fortement penninervées. Grappes longues de 4 à 6 pouces, multiflores, un peu lâches : pédoncules et pédicelles roides, roses ou d'un pourpre violet. Fleurs larges de 2 à 3 lignes, d'un rose verdâtre. Baie orbiculaire, déprimée aux 2 bouts, 10-loculaire, 10-sperme, large de 3 à 4 lignes, d'un violet noirâtre.

Cette plante, connue vulgairement sous le nom de *Raisin d'Amérique*, est originaire des États-Unis ; mais depuis long-temps elle vient spontanément dans beaucoup de contrées de l'Europe australe. On la plante assez souvent dans les grands parterres : ses tiges élancées, et ses nombreuses grappes qui se succèdent sans interruption depuis juillet jusqu'à la fin de l'automne, produisent un coup d'œil agréable. Aux États-Unis et aux Antilles, les jeunes pousses ainsi que les feuilles de ce Phytolacca se mangent en guise d'épinards ; on cultive aussi la plante à cet effet dans quelques parties de l'Autriche. Le suc des racines est drastique. Le jus des baies, qui est d'un pourpre magnifique, sert quelquefois à colorer les vins ; mais il possède aussi des qualités purgatives.

Genre RIVINA. — *Rivina* Linn.

Calice à 4 sépales persistants, pétaloïdes, réfléchis après la floraison. Étamines en même nombre que les sépales, ou en nombre soit double, soit triple des sépales. Ovaire 1-loculaire, 1-ovulé, oblique, submarginé d'un côté. Style court. Stigmate pelté, onciné. Baie 1-loculaire, monosperme. Graine arrondie, scabre.

Arbrisseaux, ou sous-arbrisseaux, ou herbes. Feuilles éparses. Grappes subterminales, ou latérales, ou oppositifoliées, solitaires, spiciformes. Pédicelles épars, inclinés pendant la floraison, 1-bractéolés à la base. Fleurs rougeâtres, ou blanchâtres, ou verdâtres, petites.

Ce genre, propre à la zone équatoriale, renferme environ

douze espèces. Cultivés en serre, les Rivina fleurissent et fruc-
tifient pendant toute l'année, et, par cette raison, on les
trouve assez souvent dans les collections.

Voici les espèces les plus notables :

a) *Fleurs tétrandres.*

RIVINA ROSE. — *Rivina purpurascens* Willd. Enum. —
Schrad. Nov. Gen. tab. 5.

Suffrutescent. Feuilles un peu ondulées, ovales, courtement
acuminées, obtuses, pubescentes aux 2 faces. Sépales obovales-
oblongs, pubérules en dehors.

Tiges hautes de 2 à 3 pieds. Feuilles molles, un peu grisâtres,
veineuses, longues de 12 à 18 lignes : pétiole presque aussi long
que la lame. Grappes longues de 2 à 3 pouces. Fleurs roses.

Cette espèce est indigène au Brésil.

RIVINA NAIN. — *Rivina humilis* Linn. — Comm. Hort. 1,
tab. 66. — Pluck. Alm. tab. 112, fig. 2. — Bot. Mag. tab 1781.

Frutescent. Feuilles ovales, ou ovales-lancéolées, ou oblongues-
lancéolées, cordiformes à la base, pointues, pubérules aux 2
faces, un peu hérissées en dessous aux nervures. Sépales pubescents, obovales.

Tige haute de 1 à 2 pieds. Rameaux velus de même que les
pétioles et les grappes. Feuilles longues de 1 à 2 pouces. Grappes
courtes. Fleurs d'un blanc rosé. Baies globuleuses, d'un écarlate
vif, de la grosseur d'un grain de Groseille.

Cette espèce habite les Antilles.

RIVINA GLABRE. — *Rivina lœvis* Linn. — Bot. Mag. tab. 2333.

Frutescent, glabre. Feuilles oblongues-lancéolées, acuminées,
courtement pétiolées. Sépales oblongs, obtus.

Sous-arbrisseaux ayant le port du précédent. Feuilles longues
de 12 à 20 lignes, larges de 4 à 6 lignes. Fleurs d'un blanc
tirant sur le rose. Baie comme celle du *Rivina nain*.

Cette espèce est originaire des Antilles.

RIVINA DU BRÉSIL. — *Rivina brasiliensis* Willd. Spec.

Frutescent, glabre. Feuilles ovales-lancéolées ou oblongues-

lancéolées, subcordiformes à la base, longuement acuminées.
Sépales oblongs, obtus.

Plante semblable aux deux espèces précédentes.

Cette espèce croît au Brésil.

b) *Fleurs octandres ou dodécandres.*

RIVINA SARMENTEUX. — *Rivina dodecandra* Lamk. Ill. —
Browne, Jam. tab. 23, fig. 2. — *Rivina octandra* Linn. —
Jacq. Obs. 1, tab. 2. — Plum. Ic. tab. 241.

Tiges ligneuses, grimpantes. Feuilles ovales-lancéolées, acuminées, ondulées, très-glabres. Fleurs 8-ou 12-andres. Sépales
ovales, obtus.

Tiges longues, flexibles, hautes de 18 à 20 pieds. Feuilles
atteignant ¹/₂ pied de long : pétiole de moitié au moins plus
court que la lame. Fleurs blanchâtres à l'époque de l'anthèse
plus tard rouges. Baie de la grosseur d'un petit Pois, d'un pourpre
foncé.

Cette espèce croît aux Antilles et dans l'Amérique méridionale;
ses rameaux, souples et tenaces, servent à faire des liens et des
cercles ; aussi lui donne-t-on, à la Martinique, le nom de *Liane
à baril.*

SECTION II.

*Périsperme nul. Cotylédons repliés, convolutés.—Feuilles
quelquefois stipulées.*

Genre PÉTIVÉRIA. — *Petiveria* Linn.

Calice à 4 sépales persistants, dressés, linéaires, obtus.
Étamines 6 ou 8 : filets inégaux; anthères linéaires, bifides
aux 2 bouts. Ovaire oblong, comprimé. Style latéral.
Stigmate pénicilliforme. Carcérule monosperme, oblong,
comprimé, rétréci à la base, couronné par 4 crochets subulés, réfléchis, dont 2 plus longs.

Arbrisseaux. Feuilles alternes, courtement pétiolées. Grappes axillaires et terminales, spiciformes, dressées : pédicelles

très-courts, dressés, accompagnés à leur base d'une bractée membraneuse. Fleurs petites, vertes, apprimées.

L'espèce que nous allons décrire constitue à elle seule le genre.

PÉTIVÉRIA ALLIACÉ. — *Petiveria alliacea* Linn. — Trew. Ehret. tab. 67. — Loddig. Bot. Cab. tab. 148. — Plum. Ic. tab. 219. — *Petiveria octandra* Linn. (var.)

Arbrisseau haut de 3 à 5 pieds. Rameaux effilés, cannelés, pubescents. Feuilles oblongues, où obovales-oblongues, ou lancéolées-obovales, acuminées, courtement pétiolées, légèrement pubescentes en dessous, penninervées, d'un vert foncé, minces, longues de 3 à 5 pouces, sur 1 ¹/₂ pouce à 2 pouces de large. Grappes 2 à 3 fois plus longues que les feuilles, grêles, flexueuses, très-lâches, pubescentes : les supérieures souvent géminées. Bractées petites, ovales, acuminées, plus longues que le pédicelle. Fleurs longues de 2 lignes. Sépales linéaires, trinervés, obtus, plus longs que les étamines. Carcérule pubescent, tronqué, long d'environ 6 lignes.

Cet arbrisseau, commun dans les bois des Antilles, est remarquable par une forte odeur d'ail qu'exhalent toutes ses parties, et qu'elles conservent même après la desiccation. Ses feuilles persistent pendant toute l'année, malgré la sécheresse et les ardeurs des climats équatoriaux. Le bétail en est assez friand ; mais la chair et le lait des animaux qui en font leur nourriture habituelle, contractent aussi la saveur désagréable propre à toute la plante.

La *Racine de Vétiver*, dont on se sert pour écarter les insectes des étoffes de laine, ne provient point du Pétivéria, ainsi qu'on l'a avancé à tort.

LES AMARANTACÉES. — *AMARAN-TACEÆ.*

(*Amarantacearum* sect. I et II, Juss. Gen. — *Amarantoideæ* Venter. Tabl. — *Amarantaceæ* R. Brown, Prodr. — Martius, Monogr. Amar. in Nov. Act. Nat. Cur. v. 13, pars 1. — Bartl. Beitr. 2, p. 151 ; Ord. Nat. p. 297. — *Aizoidearum* tribus, Reichenb. Conspect.)

La plupart des *Amarantacées* croissent dans la zone équatoriale; peu nombreuses dans les zones tempérées, elles manquent entièrement dans les régions polaires. Dans son excellente monographie de cette famille, M. de Martius énumère 253 espèces, dont près de la moitié habitent l'Amérique intertropicale.

Les Amarantacées en général ont des sucs mucilagineux et douceâtres; leurs feuilles et leurs jeunes pousses peuvent servir d'aliment à l'homme : aussi plusieurs espèces se cultivent-elles comme herbes potagères. Les fleurs des Amarantacées, persistantes et scarieuses à la manière de celles des Immortelles, se font souvent remarquer par l'éclat de leurs couleurs.

Quoique très-voisine des Chénopodées, cette famille se distingue sans peine à son port et à la nature de ses enveloppes florales; mais de tous les genres qu'elle renferme, celui des Amarantes donne l'idée la moins parfaite de ses caractères habituels.

CARACTÈRES DE LA FAMILLE.

Herbes, ou *arbrisseaux.* Tiges et rameaux cylindriques ou moins souvent anguleux, ordinairement inarticulés.

Feuilles opposées ou plus fréquemment éparses, simples, très-entières, penninervées, non-stipulées, le plus
souvent rétrécies en pétiole.

Fleurs hermaphrodites (rarement polygames, ou monoïques, ou dioïques), subsessiles, glomérulées, ou en
capitule, ou en épi, jaunes, ou blanches, ou rouges, scarieuses (rarement herbacées et verdâtres), accompagnées
le plus souvent de 3 bractées colorées : l'une inférieure,
plus petite; les 2 autres supérieures, opposées, équi-
tantes, simulant un calice extérieur (calicule).

Calice scarieux ou rarement herbacé, inadhérent,
persistant, peu ou point accrescent, à 5 (rarement 3)
sépales libres ou rarement soudés; estivation quincon-
siale.

Disque et *réceptacle* inapparents.

Pétales nuls.

Étamines hypogynes, en même nombre que les sépales (rarement en nombre moindre) et antépositives,
ou en nombre double des sépales : les interpositives
dépourvues d'anthère. Filets persistants, souvent soudés en androphore tubuleux ou cupuliforme. Anthères
médifixes, versatiles, à une ou deux bourses déhiscentes
antérieurement par une fente longitudinale.

Pistil : Ovaire inadhérent, 1-loculaire, 1-ovulé,
ou pauciovulé ; funicules allongés, souvent roulés en
crosse, ascendants du fond de la loge. Style indivisé
(ou nul), continu avec l'ovaire, le plus souvent persistant. Stigmates 2-5, linéaires ou subulés, ou bien un
seul stigmate globuleux.

Péricarpe 1-loculaire, membranacé (par exception
charnu), carcérulaire, ou pyxidien, ou se déchirant irrégulièrement, monosperme, ou oligosperme.

Graines lenticulaires, ou subglobuleuses, ou elliptiques, verticalement appendantes, échancrées au hile. Test crustacé, souvent luisant. Périsperme central, farineux. Embryon périphérique, arqué : radicule appointante.

Voici les genres que renferme cette famille :

Digera Forsk. — *Deeringia* R. Br. — *Charpentiera* Gaudich. — *Chamissoa* Kunth. — *Amarantus* Linn. — *Aërva* Forsk. — *Berzelia* Mart. — *Celosia* Linn. — *Cladostachys* Don. — *Lestibudesia* Pet. Thou. — *Oplotheca* Nutt. — *Gomphrena* Linn. — *Pfaffia* Mart. — *Mogiphanes* Mart. — *Serturnera* Mart. — *Trommsdorffia* Mart. — *Hebanthe* Mart. — *Philoxerus* R. Br. — *Iresine* Willd. — *Rosea* Mart. — *Brandesia* Mart. — *Bucholzia* Mart. — *Alternanthera* Forsk. — *Trichinium* R. Br. — *Ptilotus* R. Br. — *Nyssanthes* R. Br. — *Achyranthes* Linn. — *Desmochæta* De Cand. — *Cyathula* Lour. — *Pupalia* Mart. — ? *Microtea* Swartz (Ancistrocarpus Kunth.)

Genre AMARANTE. — *Amarantus* Linn.

Calicule nul. Calice 3-ou 5-sépale. Étamines 3 ou 5 (rarement 2 ou 4), libres; anthères à 2 bourses. Style très-court, 2-ou 3-parti. Stigmates 2 ou 3. Pyxide vésiculeux.

Herbes annuelles, ordinairement glabres. Feuilles alternes, rétrécies en pétiole. Fleurs monoïques ou polygames-monoïques, vertes, ou jaunâtres, ou rouges, glomérulées, ou moins souvent fasciculées, acompagnées de bractéoles persistantes, disposées sans symétrie. Glomérules tantôt axillaires et terminaux, plus ou moins écartés, tantôt rapprochés en épis aphylles ou feuillés, simples ou paniculés.

Ce genre renferme une cinquantaine d'espèces, la plupart fort imparfaitement connues. Les jeunes feuilles des *Amarantes* peuvent se manger en guise d'Épinards. Plusieurs espèces sont cultivées fréquemment comme plantes de parterre.

Voici les espèces les plus notables :

a) *Fleurs triandres, vertes. Épis dressés, peu rameux.*

AMARANTE BLETTE. — *Amarantus Blitum* Linn. — Engl. Bot. tab. 2212. — *Amarantus adscendens* Loisel. — Reichenb. Plant. Crit. 6, fig. 664 et 665.

Procombant ou ascendant, glabre, rameux. Feuilles ovales, ou ovales-oblongues, ou elliptiqu s, ou subrhomboïdales, cunéiformes à la base, échancrées ou rétuses au sommet, longuement pétiolées. Glomérules en épis axillaires et terminaux.

Tiges longues de 6 pouces à 2 pieds. Feuilles longues de 1 à 3 pouces, larges de 4 lignes à 2 pouces, molles, d'un vert pâle : pétiolé 1 à 3 fois plus long que la lame. Épis le plus souvent denses : les axillaires solitaires, feuillés, courts ; les terminaux subaphylles, souvent en thyrse.

Cette espèce est commune dans presque toute l'Europe autour des habitations rustiques, dans les champs, les décombres, etc. Ses feuilles se mangent en guise d'Épinards.

AMARANTE TRICOLORE. — *Amarantus tricolor* Linn. — *Amarantus bicolor* Nocca (var.)

Dressé, glabre. Feuilles lancéolées-rhomboïdales, ou ovales-rhomboïdales, acuminées, ondulées, longuement pétiolées. Glomérules denses, axillaires, nus. Bractées subulées.

Tige haute de 1 à 2 pieds, simple ou peu rameuse. Feuilles longues de 1 à 3 pouces, panachées de jaune et de violet.

Cette espèce, originaire de l'Inde, se cultive souvent à cause de l'aspect élégant de ses feuilles panachées ; elle est assez délicate et demande une exposition chaude.

AMARANTE POLYGAME. — *Amarantus polygamus* Linn. — Rumph. Amb. 5, tab. 82, fig. 1.

Glabre, diffus. Feuilles lancéolées-rhomboïdales, longuement pétiolées. Glomérules ovales, axillaires et en épi terminal. Fleurs les unes hermaphrodites, diandres ; les autres femelles.

Tige rameuse, haute de 2 pieds. Feuilles d'un vert pâle.

Cette plante est commune aux Moluques et dans l'Inde, où on la mange très-fréquemment, soit cuite, soit en salade.

AMARANTE TRISTE. — *Amarantus tristis* Linn. — Rumph. Amb. v. 5, tab. 82, fig. 2.

Glabre, dressé. Feuilles cordiformes-ovales, subrétuses, d'un rouge violet en dessus, vertes en dessous, courtement pétiolées. Glomérules axillaires et en épi terminal, subglobuleux.

Tige haute de 1 à 2 pieds, rameuse. Feuilles petites : lame aussi longue ou plus longue que le pétiole. Bractées subulées.

Cette plante croît en Chine et aux Moluques, où elle sert d'aliment comme l'espèce précédente.

AMARANTE OLÉRACÉ. — *Amarantus oleraceus* Linn. — Willd. Amarant. tab. 5, fig. 9.

Feuilles ovales, obtuses, échancrées, rugueuses. Glomérules axillaires et en épis terminaux.

Tige haute de 4 à 5 pieds. Feuilles d'un vert pâle. Épis terminaux disposés en panicule.

Cette espèce se cultive dans l'Inde comme herbe potagère.

b) *Fleurs pentandres, rouges. Épis disposés en panicules axillaires et terminales, quelquefois pendantes.*

AMARANTE PANICULÉ. — *Amarantus paniculatus* Linn. — Willd. Amar. tab. 2, fig. 4.

Tige dressée, rameuse. Feuilles ovales, ou ovales-lancéolées, ou oblongues-lancéolées, acuminées, cunéiformes à la base, pubérules en dessous aux nervures. Panicules dressées : épis latéraux horizontaux, un peu lâches ; glomérules pauciflores, subdichotomes, subsessiles. Bractées lancéolées-subulées, piquantes.

Tige haute de 4 à 6 pieds. Feuilles longues de 2 à 12 pouces, larges de 1 à 4 pouces, d'un vert pâle : pétiole plus court que la lame. Fleurs d'un pourpre violet.

Cette espèce, indigène aux États-Unis, se cultive souvent dans les jardins.

AMARANTE COULEUR DE SANG. — *Amarantus sanguineus* Linn. — Willd. Amar. tab. 2, fig. 3.

Cet Amarante ne diffère du précédent, dont il est probablement une variété, que par sa tige moins élevée (haute de 2 à 3 pieds), par ses feuilles d'un vert mêlé de rouge et à nervures purpurines ; les fleurs sont d'un pourpre plus intense.

L'*Amarante couleur de sang* est originaire des îles Bahama, et se cultive aussi comme plante de parterre.

AMARANTE JAUNE. — *Amarantus flavus* Linn. — Willd. Amar. tab. 3.

Cet Amarante paraît aussi n'être qu'une variété de l'*Amarante paniculé*, dont il ne diffère que par ses fleurs d'un jaune verdâtre.

AMARANTE FASCICULÉ.—*Amarantus hypochondriacus* Linn.

Cette espèce, indigène aux États-Unis, diffère de l'*Amarante paniculé* par ses panicules très-denses, subovales, composées d'épis dressés. Les feuilles sont d'un vert roussâtre, à nervures souvent purpurines. La couleur des fleurs est d'un pourpre terne.

AMARANTE QUEUE DE RENARD. — *Amarantus caudatus* Linn.

Tige dressée. Feuilles ovales-lancéolées ou oblongues-lancéolées, ou lancéolées-oblongues, obtuses, mucronées, cunéiformes à la base, pubérules en dessous aux nervures, longuement pétiolées. Panicules pendantes : épis très-longs, denses, subcylindracés ; glomérules subglobuleux, sessiles, multiflores. Bractées ovales, cuspidées.

Tige rameuse, pubérule, haute de 2 à 4 pieds. Feuilles longues de 2 à 10 pouces, d'un vert pâle ou jaunâtre : nervures quelquefois pourpres. Épis atteignant jusqu'à 1 pied de long. Fleurs d'un pourpre assez vif.

Cet Amarante, connu de tout le monde sous le nom de *Queue de Renard*, ou *Discipline*, est originaire de l'Inde.

AMARANTE ÉLÉGANT. — *Amarantus speciosus* Don, Prodr. Flor. Nepal. — Bot. Mag. tab. 2227.

Tige dressée. Feuilles lancéolées-elliptiques ou lancéolées,

acuminées, courtement aristées, longuement pétiolées, pubérules
en dessous aux nervures. Panicule dressée, thyrsiforme, feuillue
inférieurement : épis courts, rameux; glomérules multiflores,
subdichotomes. Bractées ovales ou ovales-lancéolées, aristées de
même que les sépales.

Tige ferme, sillonnée, pubérule, simple ou rameuse, haute
de 2 à 4 pieds. Feuilles longues de 6 à 12 pouces, larges de 2 à
4 pouces, d'un vert foncé ou tirant sur le pourpre. Panicule d'un
pourpre noirâtre, longue de ¹/₂ pied à 1 pied.

Cette espèce, originaire du Népaul, se cultive depuis quelques années comme plante de parterre, et, sans contredit, elle
mérite la préférence sur tous les autres Amarantes connus.

Genre AÉRVA. — *Aerva* Forsk.

Calicule coloré, à 2 folioles concaves. Calice 5-sépale, laineux. Androphore cupuliforme : filets 10, alternativement
stériles et anthérifères; anthères à 2 bourses. Style indivisé.
Stigmates 2. Carcérule vésiculeux, monosperme.

Herbes ou sous-arbrisseaux cotonneux. Feuilles alternes.
Fleurs petites, en épis terminaux ou axillaires; bractées et
calices persistants. Pubescence des feuilles et tiges ordinairement herbacée.

M. de Martius reconnaît six espèces de ce genre, dont voici
les plus notables :

AERVA DE JAVA. — *Aërva javanica* Juss. — Burm. Ind.
tab. 65, fig. 2.

Feuilles lancéolées ou lancéolées-oblongues, subacuminées, subincanes aux 2 faces. Épis terminaux, disposés en panicule interrompue à la base.

Tige cotonneuse, haute de 1 à 2 pieds, suffrutescente à la base.
Feuilles longues de 2 à 4 pouces, sur 6 à 10 lignes de large. Pa-
nicule longue de 3 à 4 pouces. Épis courts, presque dressés.
Fleurs d'un blanc argenté.

Cette espèce se cultive dans les serres, comme plante d'agrément.

AERVA LAINEUX. — *Aërva lanata* Juss. — Mill. Ic. 1, tab. 11, fig. 1. — *Celosia lanata* Linn.

Feuilles obovales, mucronées, pubérules aux 2 faces, subincanes. Panicules axillaires, courtes : épis horizontaux.

Herbe annuelle ou bisannuelle, suffrutescente à la base, multicaule, très-rameuse, florifère à la base. Tiges ascendantes ou diffuses, cotonneuses, longues de 6 à 12 pouces. Feuilles longues de 4 à 12 lignes, courtement pétiolées. Panicules ordinairement un peu plus longues que les feuilles : épis latéraux horizontaux. Fleurs d'un blanc argenté.

Cette espèce, indigène dans l'Inde, se cultive aussi dans les collections de serre.

Genre CÉLOSIA. — *Celosia* Linn.

Calicule à 2 folioles concaves. Calice 5-sépale. Androphore campanulé : filets 5, anthérifères, alternes avec 5 dents horizontales; anthères à 2 bourses. Style indivisé, filiforme, saillant. Stigmate 2- ou 3-fide. Pyxide polysperme.

Herbes ou sous-arbrisseaux. Tiges anguleuses. Feuilles alternes, décurrentes sur le pétiole. Fleurs scarieuses, luisantes, disposées en épis denses. Bractées persistantes.

M. de Martius énumère dix-huit espèces de ce genre, dont voici les plus notables :

CÉLOSIA A FLEURS ARGENTÉES. — *Celosia argentea* Linn. — Mart. Cent. tab. 7. — Hort. Malab. 10, tab. 39.

Feuilles lancéolées-linéaires, pointues, subsessiles. Épis cylindracés ou ovales-cylindracés, terminaux, subsolitaires. Sépales oblongs-lancéolés, cuspidés, plus longs que les bractées.

Herbe annuelle, très-glabre, haute de 1 à 2 pieds. Tige dressée, rameuse, paniculée. Feuilles longues de 2 à 5 pouces, sur 1 à 3 lignes de large, d'un vert gai, luisantes aux 2 faces. Épis longs de 1 à 3 pouces, d'un blanc luisant et un peu rosé. Fleurs longues de 3 à 4 lignes, imbriquées, sessiles. Bractées conformes aux sépales, mais plus courtes. Étamines un peu plus courtes que le calice. Style au moment de la floraison un peu plus court que le calice, puis saillant (par l'accroissement que prend l'ovaire). Pyxide obconique, mince; opercule hémisphérique, papilleux. Graines noires, luisantes.

Célosia margaritacé. — *Celosia margaritacea* Linn. — Hort. Malab. 10, tab. 38.

Ce Célosia ne diffère du précédent, dont il est probablement une variété, que par des feuilles ovales ou ovales-lancéolées, ou lancéolées, acuminées, courtement pétiolées. Il varie à fleurs blanches, ou roses, ou jaunâtres; ses épis sont quelquefois agrégés en thyrse au sommet de la tige et des branches.

Célosia Crête de Coq. — *Celosia cristata* Linn. — *Celosia coccinea* Linn. (var.) — Knorr, Del. 1, tab. 11, fig. 5 et 6.

Ce Célosia n'est qu'une déformation du précédent, due à la culture. Ses épis sont aplatis, tronqués, souvent larges de ½ pied et irrégulièrement laciniés au sommet, de manière à offrir l'aspect d'une crête de coq; les fleurs se transforment presque toutes en bractées subulées; on possède des variétés jaunes, blanchâtres, et d'un pourpre plus ou moins vif.

Célosia a aigrettes. — *Celosia castrensis* Linn. — Barrel. Ic. Rar. p. 471, tab. 1195. — Boccon. Mus. 2, p. 77, tab. 66.

Ce Célosia paraît différer des précédents par ses feuilles très-longuement acuminées, lesquelles d'ailleurs sont tantôt ovales, tantôt lancéolées. Les épis sont tantôt courts et subpyramidaux, tantôt cylindriques et très-longs; les fleurs pourpres, ou roses, ou blanchâtres.

Les quatre Célosia dont nous venons de parler sont originaires de l'Inde, et se cultivent très-fréquemment dans les parterres; l'aspect luisant de leurs épis de fleurs leur a fait appliquer le nom vulgaire de Passe-velours. Les fleuristes estiment surtout les variétés appelées *Crêtes de coq.*

Célosia effilé. — *Celosia virgata* Jacq. Ic. Rar. 2, tab. 339.

Tige suffrutescente. Feuilles ovales, acuminées, ondulées. Épis axillaires et en panicule terminale. Sépales lancéolés, pointus, plus longs que les bractées.

Tige haute de 3 à 4 pieds. Feuilles longues de 4 à 5 lignes. Fleurs verdâtres.

Cette espèce croît dans la Colombie.

CÉLOSIA PANICULÉ. — *Celosia paniculata* Swartz, Obs. — Sloan. Jam. tab. 91, fig. 1. — *Celosia nitida* Vahl, ex Mart.

Tiges ascendantes, paniculées. Feuilles ovales ou ovales-oblongues, acuminées. Épis terminaux, lâches, paniculés.

Tiges rameuses, longues de 3 à 4 pieds. Fleurs d'un jaune pâle.

Cette espèce croît aux Antilles.

CÉLOSIA A LONGUES FEUILLES. — *Celosia longifolia* Mart. Plant. Brasil. tab. 157, et 158 n° 2.

Tige suffrutescente, dressée. Feuilles lancéolées ou lancéolées-oblongues, acuminées. Capitules terminaux, solitaires, subsessiles, compactes, ovales-globuleux.

Tige simple ou rameuse, glabre, haute de 1 pied ou plus. Feuilles longues de 5 à 8 pouces, larges d'environ 2 pouces, glabres, d'un vert foncé. Fleurs blanches. Bractées et folioles du calicule ovales-triangulaires, acuminées. Sépales lancéolés, pointus.

M. de Martius a trouvé cette espèce au Brésil, dans les forêts vierges de la province de Rio-Négro.

Genre GOMPHRÉNA. — *Gomphrena* Linn.

Calicule à 2 folioles carénées. Calice 5-sépale. Androphore tubuleux, cylindracé, 5-fide au sommet; lanières 2- ou 3-fides, ou dentées; anthères à une seule bourse, linéaires, sessiles entre les divisions des lanières. Style indivisé, court. Stigmates 2, subulés. Carcérule monosperme.

Herbes rameuses, souvent velues ou cotonneuses. Feuilles opposées, subsessiles. Fleurs souvent laineuses, disposées en capitules axillaires ou terminaux, aphylles ou feuillés. Bractées et calices jaunes, ou rouges, ou blanchâtres.

Ce genre renferme environ quarante espèces, dont un grand nombre ont été découvertes au Brésil, par M. de Martius. Les *Gomphrena* sont en général des plantes très-élégantes : aussi en cultive-t-on quelques-uns dans les jardins.

Voici les espèces les plus remarquables :

GOMPHRÉNA OFFICINAL. — *Gomphrena officinalis* Mart. Reis. 1, p. 280; Nov. Gen. et Spec. Brasil. v. 2, tab. 101 et 102.— Aug. Saint-Hil. Plant. Us. Bras. tab. 31.— *Gomphrena arborescens* Linn. fil. (ex Mart.)

Tige ascendante. Feuilles oblongues, ou ovales, ou ovales-arrondies, mucronulées. Capitules terminaux, hémisphériques, involucrés. Calicule à folioles linéaires, pointues : carène en crête dentée. Sépales velus à la base, linéaires, pointus.

Herbe haute de 4 à 9 pouces, hérissée de poils. Tige carrée, rougeâtre, simple. Entre-nœuds écartés. Feuilles scabres, un peu charnues, d'un vert rougeâtre, longues de 2 à 3 pouces, larges de 8 à 24 lignes : les radicales orbiculaires, plus petites que les caulinaires. Capitule solitaire, pédonculé, ayant jusqu'à 2 pouces de diamétre, moins haut que les feuilles involucrales. Fleurs serrées, d'un vermillon tirant sur l'orange. Folioles du calice longues d'environ 18 lignes. Calice plus court que le calicule. Androphore cylindrique, glabre, denté, un peu plus long que le calice.

Cette plante est commune au Brésil, dans les savanes herbeuses (*campos*) de la province des Mines et de celle de Saint-Paul. « Le » nom de *Para todo* qu'on lui donne, dit M. Aug. de Saint- » Hilaire, indique, selon les uns, l'idée que l'on a de l'univer- » salité de ses vertus, et, suivant les autres, la double faculté » qu'elle a d'exciter au vomissement et de procurer des déjections » alvines. On appèle la même plante *Perpétua,* parce que ses fleurs » très-scarieuses se conservent aussi longtemps que celles de nos » Immortelles. Si l'on en croyait les cultivateurs de l'intérieur du » Brésil, la racine de cette plante serait propre à guérir tous les » maux. Ils l'emploient particulièrement dans les fièvres inter- » mittentes, les coliques, la diarrhée; ils prétendent qu'elle est

» bonne contre la morsure des serpents, qu'elle fortifie l'esto-
» mac, les intestins, etc. Il faut se garder de confondre le *Gom-*
» *phrena officinalis* avec un arbre de la famille des Apocynées,
» qui est aussi connu dans la province des Mines sous le nom de
» *Para todo.* »

Nous ajouterons que le *Gomphrena officinalis* n'est pas moins
remarquable par la beauté de ses fleurs que par ses vertus médicinales.

GOMPHRÉNA A GROS CAPITULES. — *Gomphrena macroce-*
phala Aug. Saint-Hil. Plant. Us. des Bras. tab. 22.

Tige ascendante. Feuilles pétiolées, lancéolées, ou lancéolées-
oblongues, subobtuses. Capitule terminal, hémisphérique. Involucre polyphylle : folioles linéaires et linéaires-oblongues,
pointues, 2 ou 3 fois plus longues que les fleurs. Folioles du calicule linéaires, à carène en crête dentée. Sépales soyeux vers la
base, linéaires.

Herbe haute de 4 à 8 pouces, hérissée de poils ascendants ou
étalés. Tige simple, carrée : entre-nœuds écartés. Feuilles strigueuses, rousses, longues de 2 à 5 pouces, rétrécies en pétiole
court. Capitule unique, pédonculé, de 3 pouces de diamétre.
Feuilles involucrales longues de 2 à 6 pouces. Fleurs serrées,
d'un beau rose. Folioles du calicule longues de $^{1}/_{2}$ pouce. Androphore 10-denté, plus court que le calice.

Cette espèce est commune au Brésil, dans toute la partie méridionale de la province de Saint-Paul, située à l'est de la grande
Cordillère. « Ses vertus, dit M. de Saint-Hilaire, ne sont guère
» moins préconisées par les colons de ces contrées que celles du
» *Gomphrena officinalis* par les habitants de la province des
» Mines; mais c'est principalement contre la morsure des serpents
» et les coliques qu'on en fait usage. »

Le *Gomphrena macrocephala* est aussi à signaler comme
une très-belle plante d'ornement.

GOMPHRÉNA A CAPITULES GLOBULEUX. — *Gomphrena glo-*
bosa Linn. — Bot. Mag. tab. 2815. — Rumph. Amb. 5, tab.
100, fig. 3.

Couvert de poils scabres apprimés. Tige dressée, dichotome.
Feuilles lancéolées, ou lancéolées-oblongues, ou oblongues-lancéolées, courtement acuminées, ciliées. Capitules terminaux , subsolitaires, longuement pédonculés , munis d'un involucre à 2 feuilles cordiformes. Calicule plus long que le calice : folioles mucronées, à carène cristée, dentelée. Sépales linéaires-lancéolés, laineux, plus courts que l'androphore. Lanières de l'androphore
courtes, bidentées.

Herbe annuelle. Tige ferme, très-rameuse, souvent rougeâtre,
renflée aux articulations, haute de 12 à 18 pouces. Feuilles longues de 1 à 2 pouces, d'un vert foncé. Capitules blancs, ou roses, ou d'un pourpre violet, luisants , multiflores, très-denses.
Carcérule petit, lenticulaire.

Cette espèce, nommée vulgairement *Amarantine*, est originaire d'Inde, et se cultive très-fréquemment comme plante de
parterre.

GOMPHRÉNA DÉCOMBANT. — *Gomphrena decumbens* Linn.
— Jacq. Hort. Schœnbr. tab. 482.

Parsemé de poils apprimés. Tiges décombantes, dichotomes.
Feuilles lancéolées, ou lancéolées-oblongues, subobtuses, mucronées, ciliées. Capitules terminaux, subternés, sessiles, ovales, ou
ovales-oblongs. Calicule plus long que le calice : folioles mucronées, à carène cristée, lacérée. Sépales poilus : les 2 extérieurs
naviculaires, acuminés; les 3 intérieurs linéaires, denticulés au
sommet. Androphore à peu près aussi long que les sépales : lanières très-courtes, tridentées.

Herbe annuelle. Tiges très-rameuses, appliquées contre terre,
striées, longues de 1 à 2 pieds. Feuilles longues de 1 à 2 pouces,
fermes, un peu luisantes, d'un vert gai : les florales conformes
aux caulinaires. Capitules longs de 5 à 10 lignes, luisants, panachés de blanc et de rose.

Cette espèce , indigène au Mexique, se cultive aussi comme
plante d'agrément; mais elle est beaucoup moins élégante que le
Gomphrena globosa.

GOMPHRÉNA DE SCHLECHTENDAL. — *Gomphrena Schlechten*

daliana Mart. Amarant. in Nov. Act. Nat. Cur. v. 13, pars I, p. 299.

Très-hérissé. Tige dressée, dichotome. Feuilles elliptiques-oblongues, obtuses, mucronulées : les florales géminées ou quaternées. Capitules terminaux, très-gros, globuleux. Folioles du calicule à crête dentelée. Sépales dentelés, linéaires-lancéolés, laineux à la base, presque 2 fois plus courts que le calicule.

Herbe vivace, hérissée de longs poils jaunâtres. Tige haute de 1 à 2 pieds : rameaux brachiés, subfastigiés. Feuilles courtement pétiolées : les inférieures longues de 2 à 3 pouces ; les florales longues d'environ 18 lignes. Capitules larges de 1 ¹/₂ pouce, panachés de rose et de blanc. Androphore à peu près aussi long que le calice : lanières très-courtes.

Cette espèce, au témoignage de M. de Martius l'une des plus belles du genre, a été découverte par Sellow, au Brésil, dans la province Cisplatine.

GOMPHRÉNA BICOLORE. — *Gomphrena bicolor* Mart. l. c. p. 300.

Tiges décombantes, hérissées. Feuilles lancéolées, strigueuses : les florales conformes aux caulinaires. Capitules terminaux, sessiles, subgéminés, hémisphériques. Folioles du calicule à crête denticulée. Sépales linéaires-lancéolés, poilus à la base, aussi longs que le calicule. Androphore inclus, profondément 5-fide : lanières bifides.

Herbe vivace. Tiges longues de 4 à 8 pouces. Rameaux hérissés de poils ferrugineux. Capitules de la grosseur d'une moitié de Cerise.

Cette espèce croît au Pérou.

GOMPHRÉNA VELU. — *Gomphrena villosa* Mart. Amarant. l. c. p. 303.

Pubescent-incane. Tiges ascendantes, dichotomes. Feuilles lancéolées ou lancéolées-obovales, courtement acuminées, subsessiles : les involucrales (2 ou 4) ovales ou ovales-orbiculaires, acuminées. Capitules axillaires et terminaux, subglobuleux, disposés en panicule interrompue, subaphylle, longuement pédoncu-

lée. Folioles du calicule sans crête, plus courtes que les sépales.
Sépales linéaires, laineux. Androphore plus long que le calice,
5-fide au sommet : lanières bifides, recourbées.

Herbe vivace. Tiges longues de 1 à 2 pieds : entrenœuds supérieurs des rameaux florifères très-écartés (longs jusqu'à $^1/_2$ pied).
Feuilles longues de 1 $^1/_2$ à 2 pouces. Capitules de la grosseur
d'une Cerise, jaunâtres : les inférieurs longuement pédonculés ;
les supérieurs sessiles ou subsessiles. Calice long de 3 à 4 lignes.

Cette espèce, originaire de Montévidéo, se cultive dans les serres, comme plante d'agrément.

GOMPHRÉNA DES DÉSERTS. — *Gomphrena desertorum* Mart.
Plant. Brasil, 2, tab. 103.

Velu, herbacé. Tiges dichotomes, subascendantes. Feuilles
lancéolées, pointues, fortement pubescentes en dessous. Capitule
hémisphérique, terminal, diphylle, longuement pédonculé. Folioles du calicule munies d'une large crête. Calice laineux à la
base, plus court que le calicule. Androphore cylindrique, 5-fide
au sommet, saillant.

Herbe vivace, multicaule, haute d'environ 8 pouces. Capitule
blanc, de la grosseur d'une Cerise : feuilles involucrales ovales.

Cette espèce croît au Brésil, dans les déserts de la province
de Bahia.

GOMPHRÉNA INCANE. — *Gomphrena incana* Mart. l. c.
tab. 112.

Tiges dressées, presque simples, velues, nues. Feuilles (radicales) lancéolées-oblongues ou lancéolées-obovales, incanes aux
2 faces. Capitules terminaux et axillaires, globuleux, aphylles.
Folioles du calicule à carène subdenticulée. Calice laineux, 2 fois
plus long que le calicule. Androphore cylindrique, 5-fide au
sommet, peu saillant.

Herbe vivace, unicaule, ou pluricaule, haute de 2 à 3 pieds.
Tiges grêles. Feuilles radicales longues de 2 à 3 pouces, larges
de 1 pouce. Capitules larges d'environ 1 pouce, peu nombreux,
jaunâtres.

Cette espèce a été observée par M. de Martius au Brésil, dans les montagnes du district des diamants , à plus de 3,000 pieds d'élévation.

GOMPHRÉNA NUDICAULE.—*Gomphrena scapigera* Mart. l. c. tab. 116.

Très-hérissé. Tiges ascendantes, presque simples, nues. Feuilles radicales lancéolées. Capitules globuleux , terminaux , subsolitaires , 3-5-phylles. Folioles du calicule à carène légèrement cristée. Calice laineux , aussi long que le calicule. Androphore grêle , non-saillant , 5-fide au sommet.

Herbe vivace, multicaule. Tiges grêles, hautes de 1 à 2 pieds, bifurquées au sommet. Feuilles radicales roselées, longues d'environ 3 pouces. Capitules roses, larges d'environ 1 pouce : feuilles involucrales lancéolées, pointues.

Cette espèce, semblable par son port à certains *Hieracium*, a été trouvée par M. de Martius, au Brésil, dans les savanes de la province des Mines.

GOMPHRÉNA DE SELLOW. — *Gomphrena Sellowiana* Mart. l. c. tab. 117.

Hérissé. Tige dressée, simple. Feuilles oblongues. Capitule très-gros , terminal , globuleux , involucré. Folioles du calicule dentelées aux bords et à la carène. Sépales dentelés, laineux à la base , aussi longs que le calicule. Androphore 5-denté, aussi long que le calice.

Herbe vivace, haute de 1 à 1 ½ pied. Feuilles longues de 2 à 3 pouces. Capitule d'un jaune orange, large de 18 lignes : feuilles involucrales géminées ou quaternées , ovales. Calice long de près de 1 pouce.

Cette espèce élégante croît aux environs de Montévidéo.

GOMPHRÉNA ÉLÉGANT. — *Gomphrena elegans* Mart. l. c. tab. 119.

Tige dressée, dichotome, pulvérulente, ferrugineuse. Feuilles pétiolées, ovales, pointues, veineuses et velues en dessous. Capitules pédonculés, terminaux, globuleux, aphylles. Folioles du calicule non-cristées. Calice velu à la base, 3 fois plus long que le calicule. Androphore inclus, profondément 5-fide.

Herbe vivace. Tige haute de 2 à 3 pieds. Feuilles longues de 1 à 2 pouces, larges de près de 1 pouce. Capitules blanchâtres, nombreux, longs d'environ 1 pouce.

Cette espèce a été observée par M. de Martius dans les provinces méridionales du Brésil.

GOMPHRÉNA VAGABOND. — *Gomphrena vaga* Mart. l. c. tab. 120.

Tige dressée, dichotome, velue. Feuilles lancéolées ou ovales-lancéolées, acuminées, pétiolées, aranéeuses en dessous. Capitules pédonculés, solitaires ou paniculés, aphylles. Folioles du calice non-cristées. Sépales laineux, 3 fois plus longs que le calicule.

Herbe vivace, haute de 3 à 4 pieds. Rameaux étalés. Feuilles longues de 2 à 3 pouces, larges de 1 pouce. Pédoncules axillaires et terminaux. Capitules blanchâtres, longs de ½ pouce.

Cette espèce a été observée par M. de Martius aux environs de Rio-Janéiro.

GOMPHRÉNA A LONGUES FLEURS. — *Gomphrena angusti-flora* Mart. l. c. tab. 121.

Glabre. Tige dressée, grêle, rameuse, anguleuse. Feuilles linéaires, pointues, glauques. Épis terminaux et latéraux, aphylles, subtétrastiques, lâches. Folioles du calicule non-cristées. Calice infondibuliforme, glabre, pentagone à la base, 4 fois plus long que le calicule. Androphore inclus, 10-denté.

Herbe vivace, unicaule. Tige grêle, rameuse dès la base, haute de 1 ½ à 2 pieds. Feuilles longues de 1 à 1 ½ pouce, larges de 1 ligne. Fleurs panachées de blanc et de rose. Calice très-grêle, long d'environ 6 lignes.

M. de Martius a découvert cette espèce dans les savanes du Brésil méridional.

Genre PFAFFIA. — *Pfaffia* Martius.

Calicule à 2 folioles carénées. Calice 5-sépale. Androphore tubuleux, 5-fide : lanières 3-fides : les 2 lobules latéraux fimbriés; l'intermédiaire anthérifère; anthères linéaires, à une seule bourse. Style nul. Stigmate orbiculaire, sessile. Carcérule monosperme.

Herbes. Feuilles opposées, subsessiles. Inflorescence en épis ou en capitules solitaires, terminaux, aphylles. Bractées persistantes, conformes aux folioles du calicule. Calice souvent laineux et s'envolant à la maturité.

Ce genre est propre à l'Amérique méridionale. Les *Pfaffia* ont le port des Gomphréna ; on en connaît plusieurs espèces, dont voici les plus notables :

PFAFFIA GLABRE. — *Pfaffia glabrata* Mart. Plant. Brasil. 2, tab. 122.

Tiges ascendantes ou dressées, velues aux entrenœuds. Feuilles lancéolées, ou lancéolées-linéaires, allongées. Pédoncules terminaux et axillaires, simples. Épis ovales-cylindriques.

Racine vivace. Tige haute de 3 pieds et plus. Feuilles longues de 1 à 2 pouces. Capitules blanchâtres. Bractées et folioles du calice cordiformes-triangulaires. Sépales oblongs-lancéolés, obtus, 3 fois plus longs que le calicule. Androphore jaunâtre, inclus.

Cette espèce croît au Brésil, dans la province des Mines.

PFAFFIA VELOUTÉ. — *Pfaffia velutina* Mart. l. c. tab. 124.

Velouté, velu. Tiges simples, dressées. Feuilles elliptiques ou ovales, obtuses. Pédoncules terminaux et axillaires, simples. Epis ovales-cylindriques.

Racine vivace, multicaule. Tiges fermes, hautes de 1 pied et plus. Feuilles longues de 1 à 1 $^1/_2$ pouce, subsessiles. Épis blanchâtres, longs de près de 1 pouce. Bractées ovales, pointues. Folioles du calicule lancéolées. Sépales lancéolés, pointus, barbus à la base. Adrophore inclus.

Cette espèce croît au Brésil, sur les plateaux de la province des Mines.

Genre MOGIPHANE. — *Mogiphanes* Mart.

Calicule à 2 folioles carénées. Calice 5-sépale. Androphore tubuleux, 10-fide : 5 des lanières (alternes avec les 5 autres) stériles, dentées.; anthères linéaires, à 1 seule bourse. Réceptacle columnaire, 5-glanduleux, articulé au-dessous du calice. Style indivisé. Stigmate capitellé. Carcérule monosperme.

Herbes ou sous-arbrisseaux, pubescents, ou velus. Feuilles opposées, courtement pétiolées. Fleurs en capitules ou en épis longuement pédonculés. Calice fructifère caduque : involucelle et bractées persistants.

Ce genre est propre à l'Amérique méridionale ; M. de Martius en a décrit huit espèces, dont voici celles qui se font remarquer par la beauté de leur inflorescence :

Mogiphane velu. — *Mogiphanes villosa* Mart. Plant. Brasil. tab. 132, et 134, n° 2.

Tige dressée, subtrichotome, velue (ainsi que les rameaux) de poils roux. Feuilles ovales, pointues, ou acuminées, pubescentes. Épis terminaux, ovales, aphylles.

Herbe vivace, haute de 3 à 4 pieds. Feuilles longues de 2 à 3 pouces, d'un vert foncé. Capitules longs d'environ 6 lignes, d'un jaune de paille. Bractées ovales, pointues. Folioles du calicule ovales-lancéolées, fortement carénées. Sépales longs de 2 à 3 lignes, pubescents, lancéolés, pointus, trinervés, 2 fois plus longs que le calicule.

Cette espèce, indigène au Brésil méridional, n'est pas rare dans les collections de serre.

Mogiphane du Brésil. — *Mogiphanes brasiliensis* Mart. l. c. tab. 133, et 134, n° 3.

Tige dressée, rameuse, poilue inférieurement : rameaux divergents. Feuilles lancéolées ou oblongues-lancéolées, acuminées, pubescentes. Pédoncules terminaux et latéraux, allongés, simples, ou trifides. Capitules subglobuleux (cylindriques après la floraison).

Herbe vivace, haute de 3 à 4 pieds. Tige tétragone inférieurement. Feuilles longues de 3 à 4 pouces, d'un vert gai, ou quelquefois rougeâtres. Capitules blanchâtres, longs d'environ 6 lignes. Bractées ovales. Folioles du calicule lancéolées. Sépales lancéolés, pointus, trinervés, plus longs que le calicule.

Cette espèce, commune dans une grande partie du Brésil, se cultive aussi dans les collections de serre.

Mogiphane multicaule. — *Mogiphanes multicaulis* Mart. l. c. tab. 131.

Tige très-rameuse, décombante : rameaux ascendants, pubérules. Feuilles lancéolées, pointues, pubescentes en dessous. Pédoncules terminaux et axillaires, rameux. Épis cylindriques.

Herbe vivace, haute de 1 à 2 pieds. Feuilles longues de 1 à 1 '/₂ pouce, larges de 3 à 5 lignes. Épis blanchâtres, longs de 6 à 8 lignes : feuilles involucrales petites, lancéolées. Bractées ovales, pointues. Folioles du calicule ovales-oblongues, pointues. Sépales lancéolés, pointus.

Cette espèce a été observée par M. de Martius, au Brésil, dans la province de Maragnan.

Genre SERTURNÉRA. — *Serturnera* Mart.

Fleurs polygames-monoïques. Calicule à 2 folioles concaves. Calice 5 - sépale. — *Fleurs hermaphrodites :* Androphore 5-parti : lanières ciliées, toutes anthérifères. Anthères linéaires, à une seule bourse. Style nul. Stigmate capitellé ou subbilobé, sessile. Carcérule monosperme. — *Fleurs femelles :* Androphore comme dans les fleurs hermaphrodites, mais dépourvu d'anthères.

Herbes vivaces, multicaules. Feuilles opposées, courtement pétiolées. Inflorescence en capitules subglobuleux, terminaux, aphylles. Fleurs petites. Bractées tombant avec le calice, ou s'envolant avec celui-ci, lors de la maturité.

Ce genre, remarquable par une inflorescence très-élégante, appartient à l'Amérique méridionale. Il ne renferme que les deux espèces suivantes :

Serturnéra glauque. — *Serturnera glauca* Mart. Plant. Brasil. tab. 136 et 137.

Presque glabre. Tige dichotome, fistuleuse. Feuilles glauques, lancéolées, acuminées. Capitules en panicule trichotome. Calice légèrement barbu à la base.

Tige haute de 3 à 4 pieds , anguleuse , un peu glauqué. Rameaux étalés, dichotomes. Feuilles légèrement pubérules en dessous, molles : les caulinaires longues de 3 à 4 pouces, larges de près de 1 pouce; les raméaires longues de 18 lignes, larges de 3 à 4 lignes. Pédoncules grêles, pubérules. Capitules petits, blancs, subglobuleux. Bractées ovales-oblongues ou subrhomboïdales, minimes. Folioles du calicule ovales-orbiculaires, un peu plus courtes que la bractée. Calice subcylindracé, long de 1 $^1/_2$ ligne : segments linéaires-lancéolés, pointus.

Cette espèce habite les provinces méridionales du Brésil.

SERTURNÉRA FAUX-IRÉSINE. — *Serturnera iresinoides* Mart. l. c. tab. 138.

Tige ferme, dressée, suffrutescente : rameaux et pédoncules trichotomes, ferrugineux. Feuilles lancéolées, pointues , pubescentes. Calice laineux.

Racine vivace, multicaule. Tiges hautes de 3 à 4 pieds. Feuilles longues de 1 pouce et plus. Capitules petits, blanchâtres. Bractées ovales, pointues. Folioles du calice conformes aux bractées, un peu plus petites. Pétales linéaires, pointus , longs de 1 ligne.

Cette espèce a été trouvée par M. de Martius au Brésil, dans la province de Rio-Négro.

Genre TROMMSDORFFIA. — *Trommsdorffia* Mart.

Calicule à 2 folioles concaves. Calice 5-sépale, laineux. Androphore cupuliforme : filets 5, anthérifères, alternes avec 5 dents; anthères elliptiques, à une seule bourse. Style très-court. Stigmate subsessile, capitellé, ou subbilobé. Carcérule monosperme.

Herbes ou sous-arbrisseaux. Fleurs petites, 1-bractéolées, agrégées en capitules terminaux et latéraux. Calice fructifère laineux, s'envolant lors de la maturité; bractées persistantes.

Ce genre est propre à l'Amérique méridionale. On n'en

connaît que quatre espèces, dont la suivante se fait surtout remarquer par l'élégance de ses fleurs :

TROMMSDORFFIA A FLEURS DORÉES.—*Trommsdorffia aurata*
Mart. Plant. Brasil. tab. 139.

Herbe vivace, haute de 2 à 3 pieds. Tiges et rameaux dressés,
velus de poils ferrugineux. Feuilles longues de 3 à 4 pouces,
oblongues, acuminées aux 2 bouts, pubescentes en dessous. Panicule ample, feuillée, velue, subtrichotome. Capitules petits,
6-10-flores, courtement pédonculés, opposés. Fleurs luisantes,
couleur de bronze. Bractées minimes, ovales-triangulaires. Folioles du calicule suborbiculaires, très-concaves, à peu près aussi
longues que la bractée, plus courtes que le calice. Calice long
d'environ 1 ligne, entouré d'une aigrette de poils luisants, couleur de bronze : sépales ovales ou ovales-lancéolés, pointus. Étamines incluses.

Cette plante élégante a été trouvée par M. de Martius vers les
limites occidentales du Brésil, sur les bords du Japura.

Genre HÉBANTHE. — *Hebanthe* Mart.

Calicule à 2 folioles concaves. Calice à 5 sépales : les
intérieurs entourés de poils roides. Androphore 5-parti :
lanières 3-fides : le segment intermédiaire anthérifère ; les
2 segments latéraux stériles ; anthères elliptiques, à une
seule bourse. Stigmate capitellé ou bilobé, subsessile. Carcérule monosperme.

Herbes vivaces. Feuilles opposées, pétiolées. Fleurs petites, 1-bractéolées, disposées en épis lâches paniculés. Bractées persistantes. Calice fructifère s'envolant lors de la maturité.

Les *Hébanthès* croissent dans les forêts du Brésil ; leur
inflorescence est très-élégante. On ne connaît que les espèces
dont nous allons faire mention.

HÉBANTHE PANICULÉ. — *Hebanthe paniculata* Mart. Plant.
Brasil. tab. 140, et 142 n° 1.

Feuilles oblongues, pointues aux 2 bouts, glabres ; aisselles barbues. Panicule ample, subpyramidale, très-rameuse, feuillée aux entrenœuds : rachis pubescent.

Tige herbacée, ou suffrutescente à la base, dressée, haute de 3 pieds et plus. Feuilles longues d'environ 3 pouces, d'un vert foncé. Épis longs de 1 à 2 pouces. Fleurs brunâtres, alternes. Bractées ovales-triangulaires, barbues à la base. Folioles du calicule ovales-orbiculaires, subdenticulées. Sépales ovales-oblongs, obtus, longs de 1 ligne. Androphore presque 2 fois plus court que le calice.

M. de Martius a découvert cette espèce dans les montagnes de la province de Rio-Janéiro.

HÉBANTHE A ÉPIS. — *Hebanthe spicata* Mart. l. c. tab. 141, et 142, n° 2.

Tige, rameaux et épis hérissés de poils ferrugineux. Feuilles ovales, acuminées, cotonneuses-subferrugineuses en dessous. Épis simples ou trifurqués, subterminaux, subternés.

Tige herbacée, dressée, haute de 3 à 4 pieds. Feuilles longues de 2 à 4 pouces. Épis d'un brun roux, longs de 1 à 2 pouces. Fleurs alternes, assez rapprochées. Bractées ovales - orbiculaires, pointues, subcordiformes à la base. Folioles du calicule tranversalement oblongues. Sépales ovales-oblongs, longs d'environ 1 ligne. Androphore 2 fois plus court que le calice.

Cette espèce a été observée par M. de Martius au Brésil, dans la province des Mines et dans la province de Bahia.

HÉBANTHE ÉFFILÉ. — *Hebanthe virgata* Mart. l. c. tab. 143, et tab. 145, n° 1.

Tige, rameaux et pédoncules couverts d'une pubescence scabre, ferrugineuse. Feuilles ovales, acuminées, presque glabres en dessus, cotonneuses-ferrugineuses en dessous étant jeunes. Panicules axillaires et terminales, subpyramidales, feuillées.

Tige dressée, suffrutescente à la base. Feuilles longues de 3 à 4 pouces, larges de 15 à 20 lignes. Panicule générale longue de 6 à 12 pouces. Épis lâches, grêles. Fleurs blanchâtres, subopposées. Bractées et folioles du calicule orbiculaires, ou ovales ·

orbiculaires, poilues. Sépales ovales ou ovales-oblongs, longs de
1 ligne.

Cette espèce croît au Brésil, dans la province de Saint-Paul.

HÉBANTHE PULVÉRULENT. — *Hebanthe pulverulenta* Mart.
l. c. tab. 144, et tab. 145, n° 2.

Rameaux et pédoncules pulvérulents, subincanes. Feuilles
ovales acuminées, presque glabres en dessus, pubérules en
dessous (les jeunes pulvérulentes aux 2 faces). Panicule terminale, pyramidale, assez dense, feuillée aux entrenœuds.

Tige haute de 4 pieds et plus, suffrutescente à la base. Feuilles
longues de 1 à 2 pouces. Panicule longue de 4 à 6 pouces. Épis
grêles, assez denses. Fleurs d'un jaune paille, subopposées. Bractées et folioles du calicule suborbiculaires. Sépales ovales, obtus,
longs de 1 ligne.

M. de Martius a observé cette espèce dans les provinces méridionales du Brésil.

Genre IRÉSINE. — *Iresine* Willd.

Fleurs dioïques. Calicule à 2 folioles concaves. Calice 5-
sépale. — *Fleurs mâles :* Androphore cupuliforme, non-
denté ; anthères 5, à une seule bourse. — *Fleurs femelles :*
Ovaire à 2 ou 3 stigmates. Carcérule monosperme.

Herbes molles, débiles, dressées, presque glabres. Tige
rameuse, sillonnée. Feuilles opposées, pétiolées. Fleurs petites, très-luisantes, jaunâtres, ou blanchâtres, disposées en
panicule composée d'épis ou de glomérules. Calice fructifère très-laineux, s'envolant lors de la maturité. Bractées
persistantes.

Les *Irésines* se font remarquer par le lustre métallique de
leurs fleurs, disposées en amples panicules. M. de Martius
énumère onze espèces de ce genre, dont voici les plus notables :

IRÉSINE FAUX CÉLOSIA. — *Iresine celosioides* Linn.

Tige dressée, sillonnée. Feuilles glabres : les inférieures oblongues, acuminées; les supérieures ovales-lancéolées. Panicule rameuse, dense, composée d'épis ovales (blanchâtres).

Cette espèce, indigène au Mexique, se cultive dans les collections de serre, sinsi que les deux suivantes :

Irésine diffus. — *Iresine diffusa* Willd.

Glabre. Tige dressée, anguleuse de même que les rameaux. Feuilles lancéolées, subobtuses. Panicule étalée, composée d'épis allongés, cylindriques, agrégés (d'un jaune de paille).

Cette espèce croît dans la Colombie.

Irésine allongé. — *Iresine elongata* Willd.

Glabre. Tige dressée, anguleuse et sillonnée de même que les rameaux. Feuilles ovales, acuminées, subciliées. Panicule à rameaux divergents : épis solitaires ou subgéminés, allongés, cylindriques, écartés (jaunâtres).

Cette espèce croît dans la Colombie.

Irésine polymorphe. — *Iresine polymorpha* Mart. Plant. Brasil. tab. 153 et 154.

Glabre. Tige anguleuse, subhéxagone. Feuilles ovales, ou ovales-lancéolées, ou lancéolées, acuminées, cunéiformes à la base, finement denticulées aux bords. Panicules axillaires et terminales, très-rameuses : ramules épars, ou agrégés en thyrses, ou verticillés. Épis ovales ou cylindriques.

Tige dressée ou ascendante ; rameaux opposés, quelquefois dichotomes. Feuilles longues de 1 ¹/₂ pouce à 4 pouces, larges de 1 à 2 pouces, molles, d'un vert clair. Panicules générales longues de 6 à 18 pouces, tantôt subpyramidales, tantôt très-lâches. Épillets petits, denses, blanchâtres. Bractées cordiformes-triangulaires. Folioles du calicule ovales-oblongues ou ovales-orbiculaires. Sépales oblongs, lancéolés, obtus.

Cette espèce croît dans les provinces méridionales du Brésil.

Genre ROSÉA. — *Rosea* Mart.

Fleurs polygames-monoïques. Calicule à 2 folioles concaves. Calice 5-sépale.—*Fleurs hermaphrodites :* Étamines 5, soudées par la base, souvent stériles. Style presque nul. Stigmates 2 ou 5, cylindriques. Carcérule monosperme. *Fleurs mâles :* Étamines 5, soudées par la base; anthères elliptiques, à une seule bourse.

Herbes. Feuilles opposées. Panicule très-ample, composée de capitules. Fleurs 1-bractéolées, laineuses, s'envolant lors de la maturité; bractées persistantes.

L'espèce suivante constitue à elle seule le genre :

ROSÉA ÉLANCÉ. — *Rosea elatior* Mart. Plant. Brasil. tab. 155. — *Iresine celosioides* Swartz, Obs. — *Iresine elatior* Rich. — Willd.

Racine fibreuse, annuelle. Tige dressée, haute de 2 à 3 pieds, anguleuse, striée, glabre, rameuse. Feuilles lancéolées-oblongues, acuminées aux 2 bouts, d'un vert foncé, longues de 1 1/2 à 3 pouces. Panicule longue de 1/2 pied et plus, terminale, subpyramidale, feuillée à la base. Capitules courtement pédonculés ou sessiles, ovales, petits, 12-24-flores. Fleurs blanchâtres. Bractéoles et folioles du calicule ovales, acuminées, denticulées. Sépales linéaires-oblongs, pointus.

Cette plante élégante croît aux Antilles et dans l'Amérique méridionale.

Genre BRANDÉSIA. — *Brandesia* Mart.

Calicule à 2 folioles carénées. Calice à 5 sépales presque égaux. Androphore tubuleux, 10-fide : 5 des lanières (alternes avec les autres) stériles, dentées; anthères linéaires, à une seule bourse. Style indivisé. Stigmate capitellé. Carcérule monosperme.

Herbes diffuses ou étalées, pubescentes, ou velues. Feuilles opposées. Fleurs en capitules ou en épis aphylles ou rarement feuillés, longuement pédonculés. Involucelle et bractées le plus souvent persistants.

Ce genre, propre à l'Amérique méridionale, renferme six espèces, dont voici les plus notables :

BRANDÉSIA ÉTALÉ. — *Brandesia porrigens* Mart. Amar. in Nov. Act. Nat. Cur. vol. 13, pars 1, p. 314. —*Achyranthes porrigens* Jacq. Hort. Schœnbr. 3, tab. 350. — Bot. Mag. tab. 830. — Andr. Bot. Rep. tab. 380.

Rameaux étalés. Feuilles ovales, ou elliptiques, ou oblongues, subacuminées, pubescentes ou cotonneuses aux 2 faces, rétrécies en pétiole court. Capitules ovales, disposés en panicule subaphylle, dichotome, divariquée.

Sous-arbrisseau très-rameux, haut de 3 à 4 pieds. Feuilles longues de 12 à 18 lignes, larges de 6 à 10 lignes. Capitules petits, pourpres, la plupart longuement pédonculés; pédoncules inférieurs axillaires. Sépales plus longs que le calicule.

Cette plante, indigène au Pérou, se cultive dans les collections de serre, à cause de sa floraison continue pendant presque toute l'année.

BRANDÉSIA FERRUGINEUX. — *Brandesia rufa* Mart. Plant. Brasil. 2, tab. 125, et 127, n° 1.

Tige rameuse, dressée, hérissée de poils roux. Feuilles pétiolées, oblongues-lancéolées, pointues, poilues. Pédoncules axillaires et terminaux, divariqués, paniculés. Épis solitaires, cylindriques, glabres, aphylles.

Herbe vivace. Tige haute de 3 à 5 pieds. Feuilles longues de 2 à 3 pouces, courtement pétiolées, hérissées de poils roux. Épis roussâtres, longs de ¹/₂ pouce. Bractées ovales-orbiculaires, acuminées. Folioles du calicule ovales, acuminées, poilues. Sépales lancéolés, pointus, pubescents à la base, plus longs que l'androphore.

Cette espèce a été découverte par M. de Martius dans les provinces méridionales du Brésil.

BRANDÉSIA PUBÉRULE. — *Brandesia puberula* Mart. l. c. tab. 126, et 127, n° 2.

Pubérule. Tige dressée, rameuse. Feuilles pétiolées, lancéolées ou lancéolées-oblongues, acuminées. Pédoncules axillaires et terminaux, solitaires. Capitules subglobuleux, aphylles. Calice pubescent.

Herbe vivace, haute de 3 à 4 pieds. Rameaux faibles, incombants. Feuilles longues de 3 à 5 pouces, larges de 1 à 2 pouces, d'un vert gai. Capitules petits, d'un blanc jaunâtre. Bractées ovales-lancéolées, pointues. Sépales lancéolés, pointus, 3 fois plus longs que le calicule.

M. de Martius a observé cette espèce dans les montagnes de la province de Rio-Janéiro.

Genre ACHYRANTHE. — *Achyranthes* (Linn.) R. Brown.

Calicule à 2 folioles souvent spinescentes. Calice 5-sépale, régulier. Androphore cupuliforme : filets 10, dont 5 dentés ou fimbriés, stériles (alternes avec les 5 autres); anthères à 2 bourses. Style indivisé. Stigmate capitellé. Carcérule monosperme.

Herbes, ou sous-arbrisseaux. Feuilles opposées. Fleurs en épis aphylles.

Les *Achyranthes* ou *Adélari* ne sont guère remarquables par la beauté de leurs fleurs; M. de Martius admet dans ce genre douze espèces, parmi lesquelles nous nous bornerons à citer la suivante :

ACHYRANTHE ARGENTÉ. — *Achyranthes argentea* Linn. — Boccon. Sicul. tab. 9. — Pluck. Alm. tab. 260, fig. 2. — Sibth. et Smith, Flor. Græc. tab. 240.

Rameaux étalés, tétragones, subtrichotomes. Feuilles ovales, acuminées, courtement pétiolées, pubescentes en dessus, satinées (argentées) en dessous. Fleurs réfléchies après l'anthèse. Calicule à folioles subulées (ovales et membraneuses à la base), spinescentes, presque aussi longues que les sépales.

Herbe vivace. Tiges diffuses ou ascendantes, longues de 2 à 3 pieds, très-rameuses, brachiées, velues étant jeunes. Feuilles longues de 1 à 2 pouces. Épis très-denses, cylindriques : les fructifères lâches, longs de 3 à 5 pouces. Bractées ovales, cuspidées, presque aussi longues que le calicule. Fleurs petites, verdâtres. Sépales oblongs-lancéolés, mucronés.

Cette espèce, qui croît en Sicile et en Égypte, se cultive dans les collections d'Orangerie.

Genre PUPALIA. — *Pupalia* Mart.

Involucelle biflore : l'une des 2 fleurs abortive, à sépales subulés, oncinés.—*Fleurs fertiles :* Calice 5-sépale. Androphore cupuliforme, 10-parti : 5 des filets anthérifères; les 5 autres plus courts, dentés. Style indivisé. Stigmate capitellé. Carcérule monosperme.

Ce genre ne renferme que deux espèces, dont la suivante est la plus notable :

Pupalia a fleurs agrégées. — *Pupalia densiflora* Mart. Plant. Brasil. tab. 156, et 157, n° 1.—*Desmochœta densiflora* Kunth.

Tige dressée ou procombante, subtétragone. Feuilles ovales ou oblongues, acuminées aux 2 bouts, couvertes de poils apprimés. Épis terminaux, solitaires. Fleurs réfléchies : les inférieures écartées.

Racine vivace, fibreuse. Tige haute de 3 pieds et plus, rameuse supérieurement. Rameaux presque étalés, le plus souvent trifurqués. Feuilles longues de 2 $\frac{1}{2}$ à 4 pouces, larges de 1 $\frac{1}{2}$ pouce à 2 pouces, flasques. Épis cylindriques, dressés, longs de 1 à 4 pouces. Folioles du calicule lancéolées, acuminées, longues de 1 ligne. Calice 2 fois plus long que le calicule. Sépales des fleurs fertiles lancéolés, pointus.

Cette espèce croît dans l'Amérique méridionale.

———

LES CHÉNOPODÉES. — *CHENOPODEÆ.*

(*Atriplices* Juss. Gen. — *Chenopodeæ* De Cand. Flor. Franç. — R.
Brown. Prodr. — Bartl. Beitr. II, p. 141 ; Ord. Nat. p. 296.)

Cette famille appartient en grande partie aux zones
tempérées, et l'ancien continent en possède un bien plus
grand nombre d'espèces que l'Amérique. Le littoral
des mers, ainsi que toutes autres localités imprégnées de
substances salines, servent de station à la plupart des
Chénopodées ; aussi ces plantes abondent-elles dans les
vastes déserts de l'Asie centrale, dont le sol, saturé de
nitre ou de sel marin, se refuse le plus souvent à toute
autre végétation.

Peu attrayantes par leur port, les Chénopodées n'en
constituent pas moins une famille très-intéressante ; outre les Betteraves, les Épinards et les Arroches, elle
renferme beaucoup d'autres plantes susceptibles de servir soit de fourrages, soit d'herbes potagères. Une foule
des espèces qui croissent dans les marais salins fournissent, par l'incinération, la soude du commerce. Quelques Chénopodées sont aromatiques et toniques ; d'autres exhalent des odeurs très-fétides ; les graines d'Arroche provoquent de violents vomissements, mais d'ailleurs on ne connaît aucune Chénopodée dont les parties
herbacées soient vénéneuses.

CARACTÈRES DE LA FAMILLE.

Herbes, ou *sous-arbrisseaux*, ou *arbrisseaux*. Tiges
et rameaux cylindriques ou anguleux, articulés ou inarticulés.

Feuilles éparses ou moins souvent opposées, simples, entières, ou dentées, ou irrégulièrement incisées, ou pennatifides, ou quelquefois charnues, pétiolées, ou sessiles. Stipules nulles.

Fleurs hermaphrodites, ou unisexuelles, ou polygames, inapparentes, herbacées, axillaires, ou terminales, diversement disposées, le plus souvent régulières.

Calice inadhérent ou quelquefois adhérent par la base, 2-5-parti, persistant, le plus souvent accrescent ; éstivation imbricative.

Disque annulaire ou laminaire, adné au fond du calice, ou quelquefois hypogyne.

Pétales nuls.

Étamines insérées au disque, en même nombre que les sépales et antépositives, ou en nombre moindre. Filets subulés, ou filiformes, ou élargis à la base, libres. Anthères ovales, ou oblongues, médifixes, versatiles, souvent bifides à la base, à 2 bourses déhiscentes chacune antérieurement ou latéralement par une fente longitudinale.

Pistil : Ovaire inadhérent (rarement semi-adhérent), 1-loculaire, 1-ovulé ; ovule attaché par un funicule courbé ascendant du fond de la loge. Style indivisé, ou 2-5-fide, ou nul. Stigmates 2-5, libres, ou rarement soudés.

Péricarpe : Carcérule (rarement pyxide) 1-loculaire, 1-sperme, membraneux, le plus souvent recouvert par le calice amplifié et quelquefois soit charnu, soit ailé, soit épineux.

Graine horizontale ou verticale. Test crustacé. Périsperme nul, ou central et farineux. Embryon périphérique et annulaire, ou roulé en spirale (lorsqu'il n'y a pas de périsperme) : radicule appointante.

La famille des Chénopodées renferme les genres suivants :

Salicornia Linn. — *Halocnemon* March. Bieb. — *Caroxylon* Thunb. — *Anabasis* Linn.— *Brachylepis* C. A. Meyer. — *Halogeton* C. A. Meyer. — *Halimocnemis* C. A. Meyer. — *Salsola* Linn. — *Suæda* (Forsk.) Moquin. (Schoberia C. A. M.) — *Schanginia* C. A. M. — *Kochia* Roth. (Chelonea Linn.) — *Anisacantha* R. Br. — *Sclerolæna* R. Br. — *Cornulaca* De Cand. — *Traganum* De Cand. — *Hemichroa* R. Br. — *Polycnemum* Linn. — *Camphorosma* Linn. — *Threlkeldia* R. Br. — *Corispermum* Linn. — *Ceratocarpus* Linn. — *Diotis* Schreb. (Ceratospermum Pers. Krascheninnikowia Guldenst.) — *Crucita* Lœffl. — *Spinacia* Linn. — *Beta* Linn. — *Acnida* Linn. — *Axyris* Linn. — *Atriplex* Linn. (Halimus Wallr. Obione Gærtn.) — *Blitum* Linn. —*Monolepis* Schrad. — *Rhagodia* R. Br. — *Enchylæna* R. Br. —*Ambrisia* Spach.—*Botrydium* Spach. — *Chenopodium* Linn. — *Acroglochin* Schrad. (Lecanocarpus Nees. — *Hablizia* Marsch. Bieb. — *Boussingaultia* Kunth. — *Dysphania* R. Br. —? *Anredera* Juss.

Genre SALICORNIA. — *Salicornia* Linn.

Fleurs hermaphrodites, non-bractéolées. Calice utriculiforme, ventru, indivisé, fendu longitudinalement, fongueux après la floraison. Étamines 2, ou 1 seule, insérées au réceptacle : filets courts, subulés. Style très-court. Stigmates 2 ou 3. Carcérule comprimé. Graine verticale, périspermée : embryon condupliqué ou périphérique; radicule descendante.

Plantes herbacées ou ligneuses, articulées, aphylles, ou

feuillées, glabres, succulentes. Fleurs non-bractéolées, subverticillées-sénées dans les excavations d'un spadice articulé.

Les *Salicornia* ne croissent que dans les terrains imprégnés de sels. Elles ont un port très-bizarre. Leurs jeunes pousses se mangent en salade ou en guise de Câpres. Dans les endroits où ces végétaux abondent, on en extrait de la Soude. Les espèces les plus communes sur les côtes de la France sont les deux suivantes :

Salicornia herbacé. — *Salicornia herbacea* Linn. — Schk. Handb. 1, tab. 1. — Flor. Dan. tab. 303. — Svensk Bot. tab. 252. — *Salicornia annua* Engl. Bot. tab. 415. — β : *Salicornia procumbens* Engl. Bot. tab. 2475.

Dressé ou décombant, annuel. Articules allongés, obconiques, comprimés et bifides au sommet. Spadices opposés et terminaux, pédonculés, cylindracés, amincis au sommet.

Tige très-rameuse, haute de 3 à 12 pouces : rameaux divergents ou dressés, le plus souvent simples. Spadices terminaux et opposés le long des rameaux : articules courts, imbriqués.

Cette espèce croît sur les côtes de presque toute l'Europe, ainsi que dans les steppes salines de la Sibérie.

Salicornia ligneux. — *Salicornia fruticosa* Linn. — Engl. Bot. tab. 2467. — Lamk. Ill. tab. 4, fig. 2.

Tige ascendante, ligneuse. Articules cylindriques ou obconiques, cupuliformes et bidentés au sommet. Spadices opposés et terminaux, pédonculés, cylindriques, obtus.

Tige longue de 1 à 2 pieds, radicante à la base; rameaux dressés, très-nombreux, ordinairement simples. Spadices (épis) courts, épais, opposés le long des ramules, non-florifères aux articulations inférieures.

Cette espèce habite les côtes de la Méditerranée.

Genre SALSOLA. — *Salsola* Linn.

Fleurs hermaphrodites, bractéolées. Calice à 5 sépales

libres, munis après la floraison d'un appendice dorsal membraneux. Disque annulaire ou cyathiforme, hypogyne. Étamines 5, ou quelquefois 3. Style court. Stigmates 2, ou rarement un seul stigmate capitellé et sessile. Carcérule déprimé, membraneux. Graine horizontale, apérispermée; test membraneux; embryon verdâtre, spiralé; radicule dorsale.

Herbes ou sous-arbrisseaux. Tiges et rameaux inarticulés, rarement aphylles. Feuilles alternes ou opposées, subcylindriques, souvent succulentes, très-entières, sessiles, ou rarement subpétiolées. Fleurs axillaires, sessiles, souvent fasciculées. Ailes des sépales grandes, étalées, souvent inégales.

La plupart des *Salsola* croissent de préférence dans les terrains imprégnés de sels, mais elles prospèrent aussi dans des sables qui ne renferment aucune trace de ces matières. On connaît une vingtaine d'espèces de ce genre; nous allons faire mention de celles dont on tire le plus souvent parti pour obtenir la Soude.

SALSOLA KALI. — *Salsola Kali* Linn. — Engl. Bot. tab. 634. —Flor. Dan. tab. 818. — Lamk. Ill. tab. 181, fig. 2. — Hook. Flor. Lond. tab. 158.

Annuel, hérissé, diffus, très-rameux. Feuilles alternes, trigones, subulées, piquantes, étalées. Fleurs solitaires. Calice fructifère turbiné, cartilagineux, innervé : appendices étalés, contigus, arrondis, plus grands que les sépales.

Tige roide, longue de 10 à 15 pouces; rameaux étalés ou rarement dressés. Sépales ovales-lancéolés, dressés : appendices scarieux, réticulés de vert ou de rose. Étamines plus longues que le calice.

Cette espèce croît dans presque toute l'Europe et en Sibérie.

SALSOLA CORNICULÉ. — *Salsola Tragus* Linn. — Pall. Ill. tab. 28, fig. 3.

Cette espèce, qui croît sur le littoral de l'Europe australe, diffère de la précédente par ses feuilles filiformes, et ses calices fructifères ovales à appendices oblongs.

SALSOLA SOUDE. — *Salsola Soda* Linn. — Pall. Ill. tab. 3o. — Jacq. Hort. Vindob. tab. 68. — Lobel. Ic. p. 394.

Annuel, diffus, glabre. Feuilles alternes, linéaires-filiformes, mucronées, charnues. Fleurs solitaires. Calice fructifère membraneux : sépales transversalement carénés.

Tige rameuse, fragile, souvent rougeâtre ; rameaux opposés, longs de 2 à 4 pieds. Feuilles glauques, membraneuses aux bords, longues de 2 à 3 pouces. Sépales oblongs, obtus, courbés en dedans au sommet.

Cette espèce croît sur le littoral de l'Europe australe ; on la connaît sous les noms de *Salicotte*, *La Marie*, *Herbe au verre*, etc. Le procédé usité pour en extraire la Soude (procédé qui, du reste, est le même pour toutes les autres Chénopodées qu'on emploie à cet usage) consiste à couper la plante verte parvenue à son complet développement ; à la sécher, et à la brûler dans de grands trous en terre ; la matière ainsi obtenue est la *Soude brute* du commerce.

Genre SUÆDA. — *Suœda* (Forsk.) Moquin.

Fleurs hermaphrodites, bractéolées. Calice 5-parti : segments ovales, obtus, membraneux aux bords, subconcaves, charnus, quelquefois carénés. Disque petit, annulaire, déprimé, adné au fond du calice. Étamines 5 : filets filiformes. Ovaire ovale ou cylindrique. Style épais, tronqué au sommet. Stigmates 2 ou 3 (rarement 4 ou 5), dressés ou divergents. Carcérule déprimé ou comprimé, orbiculaire, membranacé, recouvert par le calice renflé et succulent (quelquefois presque bacciforme). Graine verticale, ou horizontale, ou oblique, sublenticulaire, inadhérente : test crustacé, chagriné ; périsperme nul ; embryon spiralé, blanc.

Herbes ou sous-arbrisseaux. Feuilles nombreuses, éparses, sessiles, semi-cylindriques, charnues, succulentes. Fleurs axillaires, sessiles, ou rarement subpédicellées, munies de 2 bractéoles squamiformes et transparentes.

Les *Suœda* croissent en général sur les côtes de la mer et

dans d'autres localités saturées de substances salines. De même que les Salsola, ils donnent de la Soude, par incinération. M. Moquin Tandon, à qui l'on doit une excellente monographie de ce genre difficile, y admet 24 espèces, dont voici les plus notables :

SUÆDA ÉLANCÉ. — *Suœda altissima* Pall. Ill. tab. 42. — Moq. Monogr. Suæd. in Annal. des Sciences Nat. v. 23, p. 307. — *Salsola altissima* Cavan. Ic. 3. tab. 289. — *Chenopodium trigynum* Rœm. et Sch. Syst. — *Salsola trigyna* Willd. — *Suœda hortensis* Forsk.

Annuel. Tige dressée, roide, très-rameuse. Feuilles filiformes, pointues. Pédoncules triflores, adnés à la base de la feuille. Sépales peu renflés, non-anguleux, légèrement charnus. Graine verticale, ou oblique, ou subhorizontale.

Cette espèce croît dans la Russie méridionale, la Hongrie et l'Espagne.

SUÆDA MARITIME. — *Suœda maritima* Moq. l. c. p. 303. — *Chenopodium maritimum* Linn. — Engl. Bot. tab. 633.— Flor. Dan. tab. 489. — *Salsola maritima* Poir. — Marsch. Bieb. — *Schoberia maritima* C. A. Meyer, in Flor. Alt.

Herbacé, très-rameux, diffus, glabre. Feuilles charnues, succulentes, molles, planes en dessus, convexes en dessous, obtuses, ou pointues : les supérieures plus courtes. Fleurs sessiles, glomérulées. Calice fructifère à sépales renflés, subcarénés. Graine horizontale.

Tige haute de ¹/₂ pied à 1 pied, rarement simple et dressée. Feuilles longues de 6 à 12 lignes, larges de ¹/₂ ligne, plus ou moins glauques. Glomérules 3-12-flores ; rarement les fleurs sont solitaires.

Cette espèce est commune sur les bords de l'Océan et de la Méditerranée.

SUÆDA SÉTIFÈRE. — *Suœda setigera* Moq. l. c. p. 309. — *Chenopodium setigerum* De Cand. Fl. Franç. Suppl. — *Salsola setifera* Lagasc.

Herbacé, très-rameux, diffus, glauque; rameaux décombants. Feuilles cylindriques, apprimées, très-succulentes, molles, sétifères au sommet. Fleurs géminées ou ternées, sessiles. Sépales du calice fructifère renflés, aqueux. Graine horizontale.

Cette espèce, semblable à la précédente par le port, croît aux environs de Montpellier.

SUÆDA LIGNEUX. — *Suœda fruticosa* Forsk. — Moq. l. c. p. 311. — *Salsola fruticosa* Linn. — Engl. Bot. tab. 635. — Flor. Græc. tab. 255. — *Chenopodium fruticosum* Mœnch.— Schrad. Haloph. tab. 1, fig. 4.

Ligneux, dressé, très-rameux. Feuilles courtes, convexes aux 2 faces, subobtuses, presque imbriquées. Fleurs solitaires ou ternées, sessiles. Sépales du calice fructifère peu renflés. Graine verticale.

Sous-arbrisseau haut de 2 à 4 pieds. Rameaux dressés, effilés, feuillus. Feuilles longues de 2 à 4 lignes, larges de '/₂ ligne à 1 ligne, plus ou moins glauques.

Cette espèce, commune sur le littoral de la Méditerranée, forme un buisson toujours vert et d'un aspect assez élégant; on la cultive quelquefois comme arbuste d'agrément.

Genre KOCHIA. — *Kochia* Roth.

Fleurs hermaphrodites ou polygames, non-bractéolées. Calice 5-fide : segments transversalement appendiculés après la floraison. Étamines 5, insérées au réceptacle : filets subulés. Style court, quelquefois bifide. Stigmates 2. Carcérule déprimé, subchartacé. Graine ovale, ou elliptique, ou orbiculaire, horizontale, périspermée ; test membraneux ou rarement crustacé; embryon verdâtre, périphérique, courbé en forme de fer à cheval.

Herbes ou sous-arbrisseaux. Feuilles planes ou semi-cylindriques, sessiles, très-entières, étroites (rarement sinuées, pétiolées, larges). Fleurs axillaires. Sépales du calice fructifère ailés ou épineux au dos.

Les *Kochia* croissent en général dans les terrains salins;

on en retire aussi de la Soude. Voici les espèces les plus communes :

a) *Segments du calice fructifère munis postérieurement d'un appendice en forme d'aile. Graine elliptique.*

KOCHIA A BALAIS. — *Kochia scoparia* Schrad. Haloph. tab. 1, fig. 1. — Buxb. Cent. 1, tab. 16.

Herbacé, poilu. Tige roide, dressée, très-rameuse. Feuilles sessiles, lancéolées-linéaires, pointues, ciliées. Fleurs géminées. Ailes des sépales courtes, triangulaires, subtrilobées.

Herbe annuelle, haute de 3 à 5 pieds. Rameaux grêles, dressés. Feuilles longues de 1 à 2 pouces, larges de 2 à 3 lignes, planes, molles. Fleurs rapprochées en épis feuillés. Segments calicinaux ovales, pointus. Périsperme petit.

Cette espèce croît dans presque toute l'Europe. Dans le midi de la Russie on se sert de ses branches pour faire des balais.

KOCHIA DÉCOMBANT. — *Kochia prostrata* Schrad. — *Salsola prostrata* Linn. — Jacq. Austr. 3, tab. 294. — *Chenopodium augustanum* Allion. Flor. Pedem. tab. 38, fig. 4.

Suffrutescent, velu, incane. Feuilles linéaires, planes. Fleurs subternées. Ailes des sépales suborbiculaires, tronquées, débordant le calice.

Racine épaisse, vivace. Tiges décombantes ou ascendantes, suffrutescentes à la base, très-nombreuses, éffilées, longues de 1 à 2 pieds. Feuilles incanes, longues de 2 à 4 lignes, larges au plus de '/₂ ligne.

Cette espèce croît dans l'Europe méridionale.

KOCHIA DES SABLES. — *Kochia arenaria* Roth. — *Salsola arenaria* Wald. et Kit. Plant. Hung. Rar. tab. 78. — *Camphorosma monspeliaca* Pollich. Palat. (non Linn.) — *Willemetia arenaria* Mærkl.

Herbacé, poilu. Tiges décombantes. Feuilles linéaires-filiformes, pointues, un peu charnues, canaliculées en dessous. Fleurs subternées. Ailes du calice fructifère rhomboïdales-oblongues, inégales, étalées.

Racine mince, annuelle. Tiges longues de 1 à 2 pieds, très-rameuses. Feuilles longues de 1 pouce, larges de '/₃ de ligne. Calice fortement velu.

Cette espèce habite les landes sablonneuses de l'Allemagne septentrionale, de l'Autriche et de la Hongrie.

b) *Segments du calice fructifère prolongés postérieurement en spinule. Graine ovale.*

Kochia a feuilles d'Hyssope. — *Kochia hyssopifolia* Roth, Beitr. — *Salsola hyssopifolia* Pallas, It. 1, App. n° 107, tab. H, fig. 1.

Herbacé, pubescent. Feuilles linéaires, ou lancéolées-linéaires, planes. Fleurs géminées, laineuses. Spinules du calice fructifère oncinées, plus longues que le disque.

Racine annuelle. Tiges ascendantes, hautes de 1 à 2 pieds. Feuilles longues de 5 à 10 lignes, larges au plus de '/₂ ligne.

Cette espèce croît dans la Russie méridionale et en Sibérie.

Kochia incane. — *Kochia sedoides* Schrad. — *Salsola sedoides* Pall. It. 1, App. n° 108, tab. 1, fig. 1, 2, 3; p. 630, tab. M, fig. F, f. — *Salsola cinerea* Waldst. et Kit. Plant. Hung. Rar. tab. 106. — *Suœda sedifolia* Pallas, Ill. tab. 32, 33 et 34.

Herbacé, très-poilu. Feuilles linéaires, subcylindracées. Fleurs géminées, cotonneuses. Spinules du calice fructifère courtes, non-oncinées.

Racine annuelle. Tige dressée, effilée, haute de 1 à 2 pieds, très-rameuse. Feuilles longues de 6 à 12 lignes, larges de '/₃ de ligne. Fleurs en épis lâches.

Cette espèce croît en Hongrie, en Russie, et en Sibérie.

Genre CAMPHOROSMA. — *Camphorosma* Linn.

Fleurs hermaphrodites, non-bractéolées. Calice comprimé, campanulé, 4-denté : 2 des dents plus larges et plus courtes que les 2 opposées. Étamines 4, saillantes, insérées au fond du calice : filets filiformes ; anthères ovales. Ovaire

comprimé. Style court. Stigmates 2, courts, subulés. Carcérule comprimé, membraneux, inclus, monosperme.Graine
verticale, périspermée : test membraneux; embryon verdâtre, condupliqué, recouvrant le périsperme; radicule descendante.

Sous-arbrisseaux, ou herbes vivaces. Feuilles éparses et
fasciculées, subulées, ou linéaires, très-entières, sessiles.
Fleurs axillaires, glomérulées. Calice fructifère inappendi-
culé, non-charnu.

Ce genre ne renferme que trois ou quatre espèces, dont
voici la plus remarquable :

CAMPHOROSMA DE MONTPELLIER. — *Camphorosma monspe-
liacum* Linn. — Schk. Handb. tab. 26. — Buxb. Cent. tab. 28,
fig. 1.—Lamk. Ill. 1, tab. 86.—*Camphorosma perenne* Pallas,
Ill. tab. 57.

Racine ligneuse, horizontale, polycéphale. Tiges longues de 1
à 2 pieds, ligneuses, ascendantes, pubescentes, rameuses, feuillues. Feuilles longues de 3 à 4 lignes, subulées, élargies à la
base, planes en dessus, convexes et carénées en dessous, roides,
velues, ramulifères aux aisselles. Fleurs rapprochées en épis
feuillus aux extrémités des rameaux, de moitié plus courtes que
les feuilles florales. Calice long d'environ 1 ligne, pubescent,
fendu presque jusqu'au milieu en 4 dents obtuses dont 2 (latérales)
plus longues, transversalement carénées au dos. Stigmates rouges,
un peu saillants.

Cette plante, commune sur le littoral de la Méditerranée, a
une saveur âcre et une forte odeur de Camphre, d'où lui vient
son nom vulgaire de *Camphrée*. On lui attribue des propriétés
apéritives, diurétiques, sudorifiques, et emménagogues; mais elle
est peu usitée en médecine.

Genre ÉPINARD. — *Spinacia* Linn.

Fleurs dioïques (rarement polygames), non-bractéolées.
—*Fleurs mâles :* Calice 4-ou 5-parti. Étamines 4 ou 5, très-
saillantes; filets filiformes, divergents; anthères suborbicu-

laires, didymes. — *Fleurs femelles :* Calice urcéolé, 4-ou 5-denté. Ovaire inclus. Stigmates 2-4. Carcérule membranacé, adné à la graine, recouvert par le calice durci et quelquefois spinescent. Graine verticale, périspermée : périsperme grand, farineux; embryon périphérique, annulaire; radicule descendante, saillante.

Herbes annuelles ou bisannuelles, glabres. Feuilles molles, planes : les inférieures longuement pétiolées, sinuées-pennatifides; les supérieures courtement pétiolées ou subsessiles, le plus souvent indivisées. Fleurs glomérulées; glomérules axillaires et terminaux : ceux des fleurs femelles sessiles ou subpédonculés, solitaires; ceux des fleurs mâles en épis interrompus, aphylles.

Ce genre ne renferme que trois espèces.

ÉPINARD À FRUIT CORNU. — *Spinacia spinosa* Mœnch, Meth. — *Spinacia oleracea* α Linn. — Lamk. Ill. tab. 814. — Gærtn. Fruct. tab. 126, fig. 4.

Glomérules des fleurs femelles sessiles. Calice fructifère à 2-4 cornes spinescentes, étalées.

Herbe annuelle ou bisannuelle, haute de 1 à 3 pieds. Tiges dressées, rameuses, sillonnées. Feuilles d'un vert gai : les radicales obovales ou oblongues-obovales, indivisées; les caulinaires inférieures sinuées-pennatifides à la base, ou sagittiformes, ou hastiformes, obtuses, ou pointues, graduellement plus petites; les supérieures souvent ovales-oblongues, ou oblongues, ou subdeltoïdes, indivisées. Épis des fleurs mâles rapprochés au sommet de la tige et des rameaux en panicule feuillée. Glomérules des fleurs femelles en épis feuillés, lâches inférieurement, denses vers le sommet des rameaux. Dents du calice fructifère rectilignes, subulées au sommet, roides, piquantes, longues de 2 à 3 lignes.

Cette espèce est indigène en Orient.

ÉPINARD A FRUIT INERME. — *Spinacia inermis* Mœnch, Meth. — *Spinacia glabra* Mill. Dict. — *Spinacia oleracea* β Linn. — Schk. Handb. tab. 324. — Moris. sect. 5, tab. 30, fig. 2.

Glomérules des fleurs femelles sessiles. Calice fructifère subglobuleux, inerme, un peu rugueux, à dents presque oblitérées.

Cette espèce, qui passe aussi pour originaire d'Orient, ne diffère de la précédente ni par le port, ni par le feuillage. Les jardiniers la désignent plus spécialement par le nom de *gros Épinards* ou *Épinards de Hollande.* L'une et l'autre se cultivent très-fréquemment comme plante potagère.

Les Épinards, comme tout le monde sait, sont l'un des légumes verts les plus recherchés, et que les soins du jardinier peuvent reproduire pendant toute l'année. Peu nourrissant, cet aliment en est d'autant plus sain; il possède des propriétés émmollientes, rafraîchissantes, et légèrement laxatives.

Genre BETTE. — *Beta* Linn.

Fleurs hermaphrodites, non-bractéolées. Calice 5-parti, adhérent par la base : segments cuculliformes, subcarénés, après la floraison recourbés en dedans et calleux. Disque cupuliforme, adné, périgyne. Étamines 5, insérées aux bords du disque : filets courts, subulés; anthères ovales. Ovaire suborbiculaire, déprimé, semi-adhérent. Stigmates 2 ou 3, sessiles, ovales-lancéolés. Carcérule mince, recouvert par le calice devenu osseux et adhérent par la base. Graine horizontale, subréniforme.

Herbes vivaces ou bisannuelles. Feuilles planes, indivisées, molles, un peu succulentes : les radicales grandes, longuement pétiolées. Les florales sessiles ou subsessiles, petites. Fleurs solitaires, ou géminées, ou fasciculées, axillaires, sessiles (subhorizontales et connées par la base lorsqu'il y en a 2 ou plusieurs dans une aisselle), disposées en épis feuillés.

Ce genre ne renferme que quatre ou cinq espèces.

BETTE COMMUNE. — *Beta vulgaris* Linn. — Blackw. Herb. tab. 235. — Schk. Handb. tab. 56. — Gærtn. Fruct. 1, tab. 75, fig. 5.

Racine épaisse, charnue. Feuilles inférieures ovales. Fleurs subglomérulées.

Herbe bisannuelle. Racine très-grosse, arrondie, ou subfusiforme, rouge, ou blanche, ou jaunâtre. Tiges anguleuses, paniculées, dressées, fermes, hautes de 3 à 4 pieds. Feuilles vertes ou rougeâtres, ondulées : les radicales longues d'environ 1 pied; les florales petites. Épis éffilés, lâches. Glomérules 2-4-flores.

Cette espèce, nommée vulgairement *Bette-rave*, paroît être indigène sur le littoral de l'Europe australe.

Cultivée de temps immémorial comme plante potagère, la Betterave n'est pas moins importante comme fourrage, et elle occupe l'un des premiers rangs parmi les productions agricoles, depuis que l'industrie française a su retirer de ses racines un sucre qui ne le cède en rien au sucre de Canne.

On possède plusieurs variétés de ce végétal, différentes quant à la forme, la grosseur et la couleur des racines. La *grosse rouge*, la *petite rouge*, la *rouge ronde précoce*, la *jaune* et la *blanche* se cultivent plus spécialement dans les potagers; la *Betterave champêtre* ou *Racine de disette* obtient la préférence comme fourrage, à cause de son produit très-considérable : sa racine, dans un terrain propice, acquiert quelquefois un poids de vingt-cinq kilo. ; la *Betterave blanche de Prusse* et la *Betterave jaune à chair blanche* contiennent le plus de matière sucrée, sans être moins productives que la Betterave champêtre.

Pour prospérer, la Betterave demande un sol profond, très-ameubli, et fumé de l'année précédente; on la sème en mars et en avril, soit sur place, soit en pépinière. En automne, on retire de terre les racines et on les conserve à l'abri des gelées ainsi que de l'humidité.

Bette Poirée. — *Beta Cicla* Linn. — Plenk, tab. 170. — Kerner, tab. 242. — Jaume Saint-Hil. Flore et Pom. Franç. tab 468, *a*.

La *Poirée*, qui passe aussi pour originaire du littoral de l'Europe australe, ne diffère de la Betterave que par sa racine dure et cylindrique. Beaucoup d'auteurs regardent ces deux plantes comme des variétés, peut-être issues l'une et l'autre du *Beta maritima*.

Tout le monde connaît les usages alimentaires des feuilles de Poirée ; on en cultive de préférence une variété nommée *Poirée à Cardes,* dont on mange le pétiole et la côte des feuilles ; la *Carde blanche* passe pour la meilleure. Les variétés à côtes rouges, ou roses, ou jaunes sont inférieures en qualité. Les feuilles de la Poirée entrent dans les bouillons rafraîchissants ou laxatifs, ainsi que dans les lavements émollients ; on s'e nsert aussi très-souvent pour le pansement des vésicatoires.

BETTE MARITIME. — *Beta maritima* Linn. — Engl. Bot. tab. 285. — Sibth. et Smith, Flor. Græc. tab. 254. — Jaume Saint-Hil. Flor. et Pom. Franç. tab. 468, *b.*

Racine subfusiforme, charnue. Tiges ascendantes, feuillées. Feuilles ovales ou ovales-rhomboïdales, ondulées, courtement acuminées, ou obtuses. Fleurs subgéminées.

Racine longue, rameuse, blanchâtre ou noirâtre en dehors, bisannuelle. Feuilles d'un vert un peu glauque, molles : les radicales à lame longue de 4 à 6 pouces, cunéiforme et légèrement échancrée à la base, à peu près 1 fois plus courte que le pétiole. Tiges longues de 1 ¹/₂ à 3 pieds, anguleuses, sillonnées, paniculées. Feuilles florales supérieures linéaires-lancéolées, sessiles, plus courtes que les fleurs. Fleurs larges d'environ 2 lignes. Segments calicinaux oblongs, obtus. Glomérules 2-4-flores.

Cette espèce, qui est peut-être le type primitif de la Betterave et de la Poirée, croît sur les côtes de la Méditerranée ainsi que sur celles de l'Océan. Ses feuilles peuvent, au besoin, remplacer la Poirée.

Genre ARROCHE. — *Atriplex* Linn.

Fleurs polygames, ou monoïques, ou dioïques, non-bractéolées : les femelles non-conformes aux autres. — *Fleurs hermaphrodites :* Calice 5-5-parti. Étamines en même nombre que les segments calicinaux, insérées au réceptacle. Ovaire couronné par 2 stigmates sessiles. Carcérule déprimé. Graine horizontale, périspermée. — *Fleurs mâles :* Calice et étamines comme dans les fleurs hermaphrodites. Ovaire nul ou abortif.— *Fleurs femelles :* Calice bifide, ou biparti, ou presque entier, comprimé. Étamines nulles. Ovaire couronné par 2 stigmates sessiles. Carcérule membranacé, comprimé, suborbiculaire, recouvert par le calice souvent lacinié ou muriqué. Graine verticale, périspermée : test subcrustacé ou coriace; embryon périphérique ; radicule ascendante ou érigée.

Arbrisseaux, ou herbes annuelles. Pubescence farineuse, ou furfuracée. Feuilles éparses ou opposées, pétiolées (rarement sessiles), planes (le plus souvent larges), sinuées, ou très-entières. Fleurs sessiles ou très-rarement pédicellées, glomérulées : glomérules le plus souvent polygames, solitaires aux aisselles, ou disposés soit en épis, soit en panicules. Calice fructifère des fleurs femelles très-amplifié.

Ce genre renferme environ quarante espèces, la plupart indigènes en Europe ou en Sibérie.

a) Calice des fleurs femelles biparti.

ARROCHE CULTIVÉE. — *Atriplex hortensis* Linn. — Blackw. Herb. tab. 99 et 552. — Kern. tab. 385. — Gærtn. Fruct. 1, tab. 75, fig. 8. — Schk. Handb. tab. 349.

Annuelle, dressée, glabre. Feuilles alternes, triangulaires, ou triangulaires-oblongues, obtuses, pétiolées, non-glauques : les inférieures cordiformes à la base, sinuées-dentées; les supérieures entières ou presque entières. Épis axillaires et terminaux, subpaniculés. Sépales des fleurs femelles suborbiculaires, pointus, lisses, très-entiers.

Racine pivotante, rameuse, blanche. Tige anguleuse, sillonnée, très-rameuse, haute de 3 à 5 pieds. Feuilles molles, d'un vert pâle (rougeâtres ou pourpres dans des variétés). Épis grêles, lâches : glomérules pauciflores. Sépales fructifères des fleurs femelles larges de près de 3 lignes.

L'Arroche cultivée, nommée vulgairement *Belle-Dame, Bonne-Dame* et *Follette,* est originaire des contrées voisines de la Caspienne. Personne n'ignore qu'on la cultive fréquemment comme plante potagère, et que ses jeunes feuilles s'emploient soit en guise d'Épinards, soit pour corriger l'acidité de l'Oseille.

Les graines d'Arroche, loin de participer aux propriétés nutritives et émollientes des feuilles de la plante, sont fortement émétiques et purgatives ; mais on ne les emploie point en médecine.

ARROCHE HALIME. — *Atriplex Halimus* Linn. — Duham. Arb. 1, tab. 32. — Clus. Hist, p. 53, Ic.

Ligneuse, couverte d'une pubescence furfuracée et d'un glauque blanchâtre. Feuilles alternes ou subopposées, courtement pétiolées, un peu charnues, rhomboïdales, ou deltoïdes, obtuses, mucronées, rarement dentées. Épis axillaires et terminaux, subpaniculés. Sépales des fleurs femelles subrhomboïdaux, ou deltoïdes, ou triangulaires, nerveux à la base, rarement dentés.

Buisson très-rameux, s'élevant à hauteur d'homme. Rameaux étalés ou divergents. Feuilles longues de 1 à 2 pouces, larges de 1/2 pouce à 1 pouce, persistantes, cunéiformes à la base. Épis courts : les inférieurs simples ; les fructifères denses. Glomérules multiflores.

Cette espèce, nommée vulgairement *Pourpier de mer*, croît sur les côtes de l'Angleterre, de la France et de presque toute la Méditerranée. Elle se cultive aussi comme arbuste d'agrément, à cause de la couleur argentée de ses feuilles. Ses jeunes pousses, confites dans de la saumure, se mangent en guise de Câpres.

b) *Calice des fleurs femelles indivisé, rétréci en pédicelle, biauriculé au sommet : une dent de chaque côté entre les deux auricules.*

ARROCHE FAUX POURPIER. — *Atriplex portulacoides* Linn. — Engl. Bot. tab. 261. — Guimp. et Hayn. Deutsch. Holz. tab. 209. — Clus. Hist. 1, p. 54, Ic.

Sous-arbrisseau couvert d'une pubescence furfuracée d'un glauque blanchâtre. Tiges diffuses, très-rameuses. Feuilles opposées, un peu charnues, lancéolées-obovales, ou lancéolées-rhomboïdales, ou oblongues, obtuses, rétrécies en pétiole court. Panicules subterminales, feuillées. Calice des fleurs femelles turbiné, courtement pédicellé.

Tiges longues de 1 à 2 pieds. Feuilles longues de 1 à 2 pouces, larges de 4 à 8 lignes. Rameaux effilés. Glomérules multiflores, assez rapprochés. Calice fructifère long d'environ 2 lignes.

Cette espèce est commune sur les côtes de la Méditerranée, ainsi que sur celles de l'Océan. Ses feuilles et ses jeunes pousses, confites dans de la saumure, se mangent en guise de Câpres.

Genre BLITUM. — *Blitum* Linn.

Fleurs hermaphrodites ou polygames, non-bractéolées. Calice 3-5-fide, ou 3-5-parti (le fructifère quelquefois bacciforme) : segments non-carénés, inappendiculés. Étamines 1-5, insérées au réceptacle : filets filiformes, saillants ; anthères didymes. Style nul ou très-court. Stigmates 2, divergents, ou divariqués. Carcérule comprimé, membraneux. Graine verticale, périspermée : test crustacé ; embryon périphérique ; radicule descendante.

Herbes annuelles ou vivaces. Feuilles alternes, pétiolées, larges, planes, sinuées-dentées (rarement entières). Fleurs glomérulées ; glomérules sessiles et solitaires aux aisselles et à l'extrémité des rameaux, ou bien disposés en épis axillaires soit nus, soit feuillés.

Le caractère essentiel qui distingue les *Blitum* des *Chenopodium* ne repose que sur la direction verticale et non horizontale de la graine. Les espèces comprises dans le genre par Linnée, doivent offrir une seule étamine, et un calice trifide, bacciforme lors de la maturité du fruit ; mais dans ces espèces même l'on trouve des fleurs diandres ou triandres, ainsi que des calices 4-ou 5-fides et quelquefois peu ou point charnus.

Voici les espèces les plus remarquables :

A. *Calice (ordinairement 3-fide) fructifère bacciforme. Fleurs ordinairement monandres. —Herbes annuelles.*

Blitum effilé. —*Blitum virgatum* Linn. —Bot. Mag. tab. 276.— Lamk. Ill. 1, tab. 5. — Poit. et Turp. Flor. Par. tab. 3.

Feuilles triangulaires, ou hastiformes-triangulaires, pointues, sinuées-dentées, cunéiformes ou échancrées à la base : les caulinaires courtement pétiolées. Glomérules globuleux, sessiles, tous axillaires. Graines lisses, canaliculées aux bords.

Racine fusiforme, assez épaisse, rameuse. Tiges hautes de 1 à 2 pieds, glabres comme toute la plante, dressées, anguleuses, simples ou rameuses, effilées supérieurement, florifères presque dès la base. Feuilles assez semblables à celles des Épinards, d'un vert foncé; les radicales longues de 2 à 4 pouces, sur 1 à 4 pouces de large : pétiole long de 3 à 6 pouces; les caulinaires graduellement plus petites et moins pétiolées; celles des extrémités longues de 2 à 3 lignes, subsessiles, 1-dentées de chaque côté. Calices fructifères entregreffés, formant un fruit composé, subglobuleux, écarlate, assez semblable à une petite Fraise.

Cette espèce, nommée vulgairement *Épinard-Fraise*, est commune dans le midi de la Russie et de la Sibérie, et se cultive comme plante d'agrément. Ses fruits écarlates, disposés en longs épis feuillus, ont un aspect assez élégant.

BLITUM A GROS CAPITULES. — *Blitum capitatum* Linn. — Lamk. Ill. 1, tab. 5. —Poit. et Turp. l. c. tab. 2.

Feuilles hastiformes ou hastiformes - triangulaires, pointues, échancrées à la base, le plus souvent entières : les caulinaires longuement pétiolées. Glomérules gros, globuleux : les inférieurs axillaires, subpédonculés; les supérieurs rapprochés en épi aphylle. Graines lisses, carénées aux bords.

Racine simple, peu charnue. Tige haute d'environ 1 pied, ferme, dressée, anguleuse, non-florifère aux aisselles inférieures, glabre comme toute la plante. Feuilles généralement plus grandes que celles de l'espèce précédente, irrégulièrement sinuées - dentées ou plus souvent entières : pétiole des feuilles caulinaires souvent aussi long que la lame. Capitules des calices fructifères pourpres, atteignant la grosseur d'une petite Cerise, peu nombreux, agrégés aux extrémités de la tige ou des rameaux.

Cette espèce, indigène dans l'Europe australe, porte, comme la précédente, le nom vulgaire d'*Épinard-Fraise*, et se cultive aussi comme plante d'agrément.

B. *Calice 5-fide, non-charnu, plus court que le fruit. Étamines 5. — Herbe vivace.*

Blitum Bon-Henri.— *Blitum Bonus-Henricus* C. A. Meyer, in Flor. Alt. — *Chenopodium Bonus-Henricus* Linn. — Flor. Dan. tab. 579. — Blackw. Herb. tab. 311. — Bull. Herb. tab. 317. — Engl. Bot. tab. 1033.

Feuilles hastiformes, ou hastiformes-triangulaires , pointues , entières, cunéiformes à la base , pulvérulentes en dessous. Épis des glomérules axillaires et terminaux, aphylles : les inférieurs pédonculés, quelquefois rameux. Graines lisses, légèrement carénées aux bords.

Tiges hautes de 1 à 3 pieds , fermes, épaisses, anguleuses , pulvérulentes, peu rameuses. Feuilles longues de 2 à 3 pouces, sur autant de large à la base, molles, d'un vert foncé en dessus, pâles en dessous , toutes pétiolées. Panicule contractée, feuillée à la base , longue de 6 à 12 pouces. Glomérules denses , multiflores, plus ou moins rapprochés. Épis axillaires plus courts que les feuilles. Segments calicinaux obovales, obtus, membraneux aux bords, de moitié plus courts que le fruit. Graines grosses, lenticulaires, d'un brun de Châtaigne.

Cette plante, connue sous les noms vulgaires de *Bon-Henri* et *Toute-Bonne,* croît dans toute l'Europe , au voisinage des habitations rustiques , ainsi que dans les champs et les vergers. Ses jeunes pousses se mangent en guise d'Asperges , et ses feuilles peuvent, au besoin, tenir lieu d'Épinards.

Genre AMBRINA. — *Ambrina* Spach.

Fleurs polygames-monoïques, non-bractéolées. Calice 5-parti : segments carénés, inappendiculés après la floraison. Étamines 5, insérées au réceptacle ; anthères didymes. Style nul ou très-court. Stigmates 5 ou 4. Carcérule obovale, un peu comprimé, recouvert par le calice devenu pentagone. Graine inadhérente, verticale, subréniforme, périspermée : test crustacé ; embryon périphérique : radicule descendante.

Herbes annuelles ou vivaces, parsemées de gouttelettes d'une résine odorante. Feuilles alternes, subsessiles, ou sessiles, pennatifides, ou sinuées. Fleurs gloméulées; glomérules sessiles aux aisselles ou agrégés en épis soit nus, soit feuillés.

Les espèces de ce genre ne peuvent se confondre avec les *Chenopodium*, à cause de leur fruit non-déprimé, et de leurs graines non-horizontales, mais verticales; elles diffèrent des *Blitum* par leur calice fructifère pentagone. Tous les *Ambrina* exhalent une odeur fortement aromatique; ils possèdent des propriétés toniques et excitantes.

Voici les espèces qui font partie de ce genre :

AMBRINA PENNATIFIDE. — *Ambrina pinnatisecta* Spach, ined. — *Chenopodium multifidum* Linn. — Dill. Hort. Elth. tab. 66, fig. 77.

Tiges frutescentes. Rameaux étalés ou diffus, pubérules. Feuilles sessiles, révolutées aux bords, interrupté-pennatifides : segments linéaires, ou oblongs, ou linéaires-obovales, obtus, mucronulés. Ramules florifères courts, axillaires, divariqués, feuillus, couronnés. Glomérules pauciflores, axillaires. Graines lisses, petites, subglobuleuses. Calice fructifère rugueux transversalement.

Sous-arbrisseau touffu, très-rameux, haut de 2 à 3 pieds. Rameaux roides, effilés, sillonnés. Feuilles persistantes, d'un vert gai, un peu charnues, luisantes en dessus : les raméaires et celles des ramules non-florifères longues d'environ 1 pouce; celles des ramules florifères plus petites, régulièrement pennatifides. Ramules florifères simples, disposés presque tout le long des rameaux : les inférieurs allongés, souvent réfléchis; les supérieurs graduellement plus courts et plus rapprochés. Calice fructifère long d'environ 1 ligne. Glomérules 3-7-flores. Graines brunes.

Cette espèce, originaire des environs de Buénos-Ayres, se cultive souvent comme plante d'agrément, à cause de son feuillage élégant et aromatique; elle ne résiste pas en plein air aux hivers du nord de la France.

Ambrina du Chili. — *Ambrina chilensis* Spach , ined. — *Chenopodium chilense* Schrad. Ind. Sem. Hort. Gœtting.

Tiges suffrutescentes, presque cotonneuses de même que les rameaux. Feuilles pubescentes aux 2 faces, pointues : les caulinaires et raméaires lancéolées ou lancéolées-oblongues, sinuées-dentées, rétrécies en pétiole court ; les florales petites, entières, mucronées. Épis axillaires et terminaux, feuillés, couronnés, denses : les fructifères cylindracés.

Tiges très-rameuses, non-sillonnées, dressées, hautes d'environ 2 pieds. Rameaux effilés, presque dressés, formant une panicule subpyramidale. Feuilles molles, subincanes, hérissées en dessous à la côte de poils courts, longues de 2 à 4 pouces, larges de 6 à 12 lignes ; les florales longues de 3 à 4 lignes, à peine larges de ¹/₂ ligne, étalées. Épis à peu près aussi longs que la feuille basilaire, ou plus longs, disposés au sommet des rameaux en panicule racémiforme.

Cette espèce croît au Chili.

Ambrina Thé du Mexique. — *Ambrina ambrosioides* Spach, ined. — *Chenopodium ambrosioides* Linn. — Moris. sect. 5, tab. 31, fig. 8. — Barrel. Ic. 1185.

Annuel, glabre. Feuilles lancéolées, subsessiles : les caulinaires et raméaires sinuolées-dentées (du moins les inférieures) ou rarement sinuées ; les florales petites, très-entières. Épis simples ou composés, feuillés, interrompus. Calice fructifère lisse. Graines très-petites, lisses.

Tige simple ou rameuse, dressée, anguleuse, haute de 1 à 2 pieds : rameaux axillaires, effilés, disposés en panicule pyramidale. Feuilles d'un vert foncé, molles, longues de 1 ¹/₂ à 3 pouces, larges de 4 à 12 lignes. Glomérules petits, plus ou moins écartés. Graines d'un brun de Châtaigne.

Cette plante, nommée vulgairement *Thé du Mexique,* est originaire de l'Amérique septentrionale, et depuis longtemps naturalisée dans beaucoup de contrées du midi de l'Europe. Son infusion théiforme s'emploie quelquefois comme remède antispasmodique, vermifuge, emménagogue et carminatif.

AMBRINA ANTHELMINTIQUE.—*Ambrina anthelmintica* Spach, ined. — *Chenopodium anthelminticum* Linn. — Dillen. Hort. Elth. tab. 66, fig. 76.

Vivace. Feuilles oblongues-lancéolées, subsessiles, sinuées-dentées, rugueuses. Épis aphylles.

Tige herbacée, dressée, rameuse, sillonnée, haute de 4 à 6 pieds. Épis rapprochés en panicule dense vers le sommet des rameaux. Segments calicinaux pointus.

Cette espèce, dont nous empruntons la description à Elliot, est commune dans les provinces méridionales des États-Unis, où on l'emploie fréquemment comme remède vermifuge.

Genre BOTRYDE. — *Botrydium* Spach.

Fleurs hermaphrodites, non-bractéolées. Calice 5-parti, persistant après la chûte du fruit : sépales concaves, non-carénés (rarement cymbiformes et munis d'une crête longitudinale spinelleuse). Étamines 1-5 (souvent une seule), insérées au réceptacle : filets filiformes, saillants; anthères minimes, didymes. Style très-court. Stigmates 2, subulés. Carcérule déprimé, membranacé, semi-saillant ou renfermé dans un calice subglobuleux. Graine horizontale, périspermée : test crustacé, adhérent au péricarpe; embryon subpériphérique, courbé en fer à cheval.

Herbes annuelles, jamais pulvérulentes, quelquefois couvertes de glandules aromatiques. Feuilles sinuées ou entières, planes, subpétiolées (les florales supérieures bractéiformes, toujours indivisées et sessiles). Inflorescence axillaire, dichotome, cymeuse : fleurs dichotoméaires sessiles ou subsessiles. Cymes divariquées, multiflores, aphylles, sessiles et solitaires aux aisselles des feuilles (rarement pauciflores et disposées en épis axillaires feuillés), rapprochées en panicules racémiformes, terminales, feuillées.

Ce genre, que son inflorescence cymeuse, ainsi que son calice non-pentagone et persistant après la chûte du fruit, font distinguer sans aucune difficulté des Chénopodes et des

Ambrines, comprend, outre les espèces dont nous allons parler, les *Chenopodium polyspermum* Linn., et *aristatum* Linn.

a) *Sépales non-carénés, couverts (comme toute la plante et surtout ses parties supérieures) de petits poils glandulifères.*

BOTRYDE AROMATIQUE. — *Botrydium aromaticum* Spach, ined. — *Chenopodium Botrys* Linn. — Blackw. Herb. tab. 314. — Sibth. et Smith, Flor. Græc. tab. 253.

Tige dressée, rameuse, pubescente et visqueuse de même que toute la plante. Feuilles sinuées ou sinuées-pennatifides (les supérieures lancéolées ou lancéolées-linéaires), suboblongues, obtuses, pétiolées : lobes entiers ou dentés. Cymes très-rameuses. Sépales ovales-oblongs, mucronés. Carcérule inclus, lisse. Graines lisses, subcanaliculées aux bords.

Tige haute de 6 à 18 pouces, ferme, sillonnée, souvent rougeâtre : rameaux simples ou paniculés, presque dressés, florifères presque dans toute leur longueur. Feuilles inférieures longues de 1 à 3 pouces, larges de $^1/_2$ à 1 pouce, molles, d'un vert pâle : pétiole souvent aussi long que la lame. Graines petites, noirâtres : embryon entourant à peu près les $^3/_4$ du périsperme.

Cette espèce, nommée vulgairement *Botryde*, est commune dans la France méridionale et dans beaucoup d'autres contrées de l'Europe; on la retrouve en Orient, en Sibérie et au Népaul. Son odeur est aromatique, mais très-forte; sa saveur un peu âcre. Ses propriétés sont tout-à-fait analogues à celles des Ambrines; aussi emploie-t-on quelquefois son infusion comme remède carminatif, anthelmintique, antispasmodique et emménagogue.

b) *Sépales cymbiformes, carénés, couverts (de même que les feuilles et les pédoncules) de glandules résineuses sessiles ; carène cristée, spinelleuse.*

BOTRYDE DE SCHRADER. — *Botrydium Schraderi* Spach, ined. — *Chenopodium Schraderianum* Rœm. et Schult. Syst. — *Chenopodium fœtidum* Schrad.

Tige dressée, pubescente. Feuilles profondément sinuées-pennatifides (les florales supérieures subtrilobées), suboblongues,

pétiolées, pubérules.Cymes très-rameuses, très-divariquées. Carcérule lisse, inclus. Graines lisses, non-canaliculées aux bords.

Plante semblable à la précédente par le port. Tige et rameaux
effilés, anguleux, hauts de 1 à 2 pieds. Feuilles inférieures atteignant 3 à 4 pouces de long : lobes oblongs, obtus, souvent trilo-
bés au sommet. Pédoncules très-grêles, presque capillaires.

Cette espèce croît au Sénégal. L'odeur extrêmement péné-
trante qu'elle exhale doit faire présumer que ses propriétés sont
beaucoup plus énergiques que celles de la *Botryde aromatique*.

Genre CHÉNOPODE. — *Chenopodium* Linn.

Fleurs hermaphrodites ou rarement polygames, non-bractéolées. Calice 5-parti, tombant avec le fruit : segments inappendiculés, carénés. Étamines 5, insérées au réceptacle :
filets subulés, saillants; anthères didymes. Style très-court.
Stigmates 2. Carcérule déprimé, suborbiculaire, recouvert
par le calice pentagone. Graine horizontale, périspermée :
test crustacé, adhérent au péricarpe, souvent chagriné; embryon périphérique.

Herbes le plus souvent annuelles (rarement sous-arbrisseaux). Pubescence farineuse. Feuilles alternes, pétiolées,
larges, planes, sinuées, ou dentées, ou rarement très-entières. Fleurs glomérulées; glomérules en panicules ou en épis
axillaires et terminaux.

Les *Chénopodes* (vulgairement *Ansérines*) croissent en
général dans les endroits cultivés et au voisinage des demeu-
res de l'homme; aussi plusieurs espèces, indigènes en Europe, ont-elles accompagné les colons dans tous les climats.
Les feuilles de la plupart des vrais Chénopodes peuvent être
employées aux usages alimentaires.

Voici les espèces qui méritent d'être signalées :

CHÉNOPODE BLANC. — *Chenopodium album* Linn. — Engl.
Bot. tab. 1723. — *Chenopodium leiospermum* De Cand. Flor.
Franç. — *Chenopodium concatenatum* Thuil. Flor. Par.

Pulvérulent. Feuilles rhomboïdales ou ovales-rhomboïdales,

dentées ou sinuées-dentées dans leur moitié supérieure, pointues : les supérieures oblongues, ou rhomboïdales-lancéolées, très-entières. Panicules partielles spiciformes, ou divariquées, subaphylles, axillaires et terminales. Carcérules un peu rugueux. Graines légèrement ponctuées, arrondies aux bords.

Plante annuelle, d'un port très-variable, plus ou moins couverte d'une poussière blanchâtre. Tige haute de 1 à 4 pieds, dressée, rameuse, ou rarement simple : rameaux ascendants ou étalés. Feuilles longues de 1 à 3 pouces, larges de 8 à 15 lignes. Graines assez grosses, noirâtres.

CHÉNOPODE VERT. — *Chenopodium viride* Linn. — Flor. Dan. tab. 1150.

Non-pulvérulent. Feuilles rhomboïdales, ou hastiformes-rhomboïdales, ou deltoïdes, sinuées-dentées, ou entières, pointues. Panicules spiciformes ou divariquées, aphylles, axillaires et terminales. Carcérules un peu rugueux. Graines légèrement ponctuées, arrondies aux bords.

Plante annuelle, semblable à la précédente par le port ; mais d'un vert foncé.

CHÉNOPODE A FEUILLES DE FIGUIER. — *Chenopodium ficifolium* Smith, Engl. Bot. tab. 1724. — *Chenopodium viride* Curt. Flor. Lond. tab. 16.

Pulvérulent. Feuilles rhomboïdales-hastiformes ou rhomboïdales-oblongues, sinuolées, ou dentées, entières vers la base : les supérieures oblongues ou oblongues-lancéolées, ordinairement très-entières. Panicules axillaires et terminales, aphylles, spiciformes, ou divariquées. Graines fortement ponctuées.

Plante annuelle, très-semblable au *Chénopode blanc*.

Cette espèce et les deux précédentes sont très-communes dans les champs et les jardins. Dans plusieurs contrées, leurs feuilles se mangent en guise d'Épinards.

CHÉNOPODE QUINOA. — *Chenopodium Quinoa* Willd. — Feuillée, Pér. 2, p. 15, tab. 110.

Pulvérulent. Feuilles ovales-rhomboïdales ou rhomboïdales-oblongues, obtuses, mucronées, très-entières ou peu dentées, longuement pétiolées. Panicules axillaires et terminales, feuillées, racémiformes, souvent plus courtes que le pétiole.

Herbe annuelle, haute de 4 à 5 pieds. Tige rameuse, dressée, anguleuse, striée : rameaux presque dressés. Feuilles longues de 1 à 4 pouces, larges de 6 à 24 lignes, verdâtres ou rougeâtres. Panicules générales ovales-oblongues ou oblongues, denses, longues de 6 à 12 pouces. Graines petites, blanchâtres.

Cette espèce se cultive au Chili et au Pérou, où elle est connue sous le nom de *Quinoa*. « Ses semences, dit le père Feuil» lée, sont excellentes dans la soupe ; on en fait, au Pérou, le » même usage que nous faisons du Riz en Europe. » Ces mêmes graines s'emploient aussi à nourrir la volaille.

CHÉNOPODE FÉTIDE. — *Chenopodium olidum* Smith, Engl. Bot. tab. 1034. — *Chenopodium Vulvaria* Linn.

Pulvérulent. Feuilles ovales-rhomboïdales ou deltoïdes (rarement rhomboïdales-hastiformes), obtuses. Panicules subterminales, courtes, aphylles, subdivariquées. Graines finement ponctuées.

Herbe annuelle, multicaule, diffuse, couverte d'une poussière blanchâtre. Tiges très-rameuses, longues de $^1/_2$ pied à 1 pied. Feuilles longues de $^1/_2$ pouce à 1 pouce, larges de 4 à 10 lignes. Panicules partielles plus courtes que la feuille. Graines noires.

Cette espèce, assez commune dans les décombres, est remarquable par son odeur fétide. On lui attribuait autrefois des vertus antihystériques.

Genre HABLITZIA. — *Hablitzia* Marsch.

Calice rotacé, 5-parti, marcescent, tombant avec le fruit : sépales linéaires-oblongs, obtus, planes, trinervés, inappendiculés, étalés pendant et après la floraison. Disque cupuliforme, hypogyne. Étamines 5, insérées au rebord du disque : filets filiformes, plus courts que le calice; anthères petites, didymes. Ovaire déprimé. Style court, indivisé. Stigmates 5, courts, épais. Pyxide déprimé, lenticulaire, crénelé aux bords, membraneux, s'ouvrant au milieu : moitié inférieure inséparable du calice. Graine horizontale, luisante, lisse, périspermée, réniforme-lenticulaire : embryon périphérique.

Herbe vivace, volubile. Feuilles veineuses, alternes, pétiolées, cordiformes, non - dentées. Cymes ou panicules aphylles, divariquées, dichotomes, sessiles : les inférieures axillaires ; les supérieures rapprochées en longues grappes nues. Fleurs ébractéolées, non-glomérulées ; les dichotoméaires sessiles.

Ce genre, qui est comme intermédiaire entre les Chénopodées et les Amarantacées, ne renferme que l'espèce suivante :

Hablitzia Faux Tamnus. — *Hablitzia tamnoides* Marsch, Bieb. Flor. Taur. Cauc.

Tiges très-longues, très-rameuses, sarmenteuses, striées, grêles, pubescentes inférieurement. Feuilles longues de 1 à 4 pouces, larges de 6 à 30 lignes, d'un vert foncé, un peu molles, glabres, ovales, ou ovales-oblongues, pointues, ou acuminées, profondément cordiformes à la base, quelquefois un peu ondulées : pétiole des inférieures pubescent, à peu près aussi long que la lame. Cymes subfastigiées ou moins souvent paniculées, multiflores, lâches : les fructifères ordinairement recourbées. Pédoncules et pédicelles roides, striés. Fleurs vertes, larges de 1 1/2 ligne. Calice fructifère brun, large d'environ 3 lignes. Pyxide large de 1 ligne. Graine noire.

Cette singulière plante, qu'à voir de loin on serait tenté de prendre pour un *Tamnus* ou un *Dioscorea*, croît au Caucase. Ses sarments touffus grimpent à des hauteurs très-considérables, et il s'en développe sans cesse de nouveaux jusqu'à la fin de l'automne. Par cette raison, le *Hablitzia* est très-propre à recouvrir de vieux murs ou à former promptement des berceaux touffus. Ses feuilles ont d'ailleurs une saveur tout-à-fait semblable à celle des Épinards.

LES GUTTIFÈRES.

GUTTIFERÆ Bartl.

CARACTÈRES.

Herbes, ou *arbrisseaux*, ou *arbres*. Rameaux le plus souvent noueux avec articulation : entrenœuds tétragones ou cylindriques.

Feuilles opposées (très-rarement éparses), simples, indivisées, le plus souvent très-entières, sessiles, ou rétrécies en pétiole, fréquemment parsemées de points transparents. Stipules (le plus souvent nulles) libres, persistantes.

Fleurs hermaphrodites ou polygames, régulières, solitaires, ou en grappe, ou plus souvent en cyme dichotome ; pédoncules axillaires ou terminaux.

Calice inadhérent, persistant, à 2-8 (ordinairement 4 ou 5) sépales libres ou soudés par la base, imbriqués en préfloraison.

Disque hypogyne, le plus souvent confondu avec le réceptacle.

Pétales 4 ou 5 (rarement plus de 5), hypogynes, interpositifs (rarement antépositifs), caducs, ou marcescents, convolutés ou moins souvent imbriqués en préfloraison.

Étamines hypogynes, le plus souvent en nombre indéfini, quelquefois en même nombre que les pétales et antépositives, ou bien en nombre double des pétales :

les unes antépositives, stériles; les autres interpositives, fertiles. Filets libres, ou monadelphes, ou triadelphes, ou pentadelphes. Anthères incombantes ou adnées, à 2 bourses déhiscentes longitudinalement ou très-rarement par des pores apicilaires.

Pistil ? Ovaire uni- ou pluri-loculaire (le plus souvent 3-5-loculaire), non-stipité, ordinairement multiovulé. Styles 2-8 (le plus souvent 3-5), libres ou soudés en un seul. Stigmates le plus souvent libres.

Péricarpe capsulaire, ou baccien, ou drupacé, 3-5-ou pluri-loculaire par le rentrement des bords des valves, ou 1-loculaire ; placentaires marginaux, ou pariétaux, ou axiles.

Graines en nombre indéfini, ou rarement en nombre défini, inarillées, ou arillées, ordinairement anatropes. Périsperme charnu ou pelliculaire. Embryon rectiligne (par exception curviligne) : cotylédons entiers; radicule courte ou allongée.

Cette classe renferme les Garciniées, les Hypéricinées, les Frankéniacées, et les Sauvagésiées. La plupart de ces végétaux sécrètent des sucs-propres résineux. Les régions intertropicales nourrissent beaucoup plus d'espèces que les contrées tempérées.

LES GARCINIÉES. — *GARCINIEÆ*.

(*Guttiferæ* Juss. Gen. — Vent. Tabl. 3 , p. 144. — Choisy, in De Cand.
Prodr. 1, p. 557. — *Garcinieæ* Bartl. Ord. Nat. p. 292. — Cfr. Cambess. Mém. sur les Ternstrémiacées et les Guttifères. — Mart. Guttiferæ, in Plant. Brasil. Rar.)

Toutes les *Garciniées* croissent dans la zone équatoriale. En général elles sont parées d'un feuillage luisant très-élégant, et souvent aussi de fleurs magnifiques.
La plupart contiennent un suc-propre jaunâtre soit résineux, soit gommo-résineux, aromatique, ou drastique.
Dans plusieurs végétaux de la famille ce suc - propre,
concrété au contact de l'air , n'est autre chose que la
Gomme-gutte : aussi M. de Jussieu a-t-il appliqué spécialement aux Garciniées le nom de *Guttifères*. Certaines
espèces, telles que le Mangostan, le Maméi, et autres,
sont d'une haute importance pour les pays chauds, à
cause des fruits délicieux qu'ils produisent.

Le nombre des espèces aujourd'hui connues se monte
à environ quatre-vingt-dix.

Caractères de la famille.

Arbres , ou moins souvent *arbrisseaux* , quelquefois
parasites ou volubiles. Suc-propre résineux ou gommo-
résineux, coloré. Rameaux opposés, articulés à leur
base.

Feuilles simples, opposées, non-stipulées, coriaces ,
entières , ou légèrement dentées , très-rarement ponctuées, souvent striées de nervures transverses parallèles;
pétiole articulé à sa base.

Fleurs hermaphrodites ou polygames, terminales, ou axillaires, ou latérales, blanches, ou roses, ou pourpres, ou jaunes, tantôt solitaires, tantôt disposées en cyme, ou en corymbe, ou en ombelle, ou en grappe. Pédoncules et pédicelles articulés, souvent bractéolés.

Calice inadhérent, persistant, à 2-8 (le plus souvent 2 ou 4) sépales libres ou soudés par la base, imbriqués, opposés-croisés : les extérieurs plus petits.

Réceptacle charnu, quelquefois anguleux.

Disque le plus souvent confondu avec le réceptacle (rarement distinct, charnu, urcéolaire), hypogyne.

Pétales insérés au réceptacle ou au disque (hypogynes), en même nombre que les sépales et interpositifs (rarement antépositifs, ou en nombre double des sépales), non-persistants, imbriqués ou contournés en préfloraison.

Étamines hypogynes, multisériées, ou unisériées, le plus souvent en nombre indéterminé. Filets libres, ou monadelphes, ou pentadelphes (les androphores alternant avec les pétales). Anthères terminales, adnées, à 2 bourses (par exception à une seule bourse) déhiscentes soit antérieurement, soit postérieurement par une fente longitudinale, ou rarement par un pore apicilaire.

Pistil : Ovaire 1-9-loculaire ; loges 1-2- ou pluri-ovulées ; ovules attachés à l'angle interne ou au fond des loges. Style nul ou très-court. Stigmate pelté, disciforme (rarement stigmates libres, en même nombre que les loges).

Péricarpe capsulaire, ou baccien, ou drupacé, 1- ou pluri-loculaire ; placentaires pariétaux ou marginaux, libres, ou connés en axe central.

Graines anatropes, ou rarement orthotropes, quelquefois enveloppées dans un arille pulpeux. Test mince, quelquefois se détachant lors de la maturité et restant collé sur l'endocarpe. Périsperme nul. Embryon rectiligne : cotylédons gros, charnus, très-entiers, souvent entregreffés; radicule petite, mammelonaire.

La famille des Guttifères renferme les genres suivants :

Tovomita (Aubl.) Cambess. (Marialvea Vand. Beauharnoisia Ruiz et Pav. Micranthera Chois. Ochrocarpus Petit-Thou.) — *Verticillaria* Ruiz et Pav. (Chloromyron Pers.) — *Clusia* Linn. — *Arrudea* Cambess. — *Havetia* Kunth. — *Schweiggera* Mart. (non Spreng. nec Aug. Saint-Hil.) — *Quapoya* Aubl. (Xanthe Willd.) — *Moronobea* Aubl. (Symphonia Linn. fil.) — *Platonia* Mart. — *Chrysopia* Petit-Thou. — *Pentadesma* Don. — *Mammea* Linn. — *Rheedia* Linn. — *Garcinia* Rich. fil. (Garcinia Linn. Cambogia Linn. Mangostana Gærtn.) — *Stalagmitis* (Murr.) Cambess. (Xanthochymus Roxb. Brindonia Petit-Thou. Oxycarpus Lour.) — *Macoubea* Aubl. — *Mesua* Linn. — *Calophyllum* Linn. — *Apoterium* Blum. — *Kayea* Wallich.

Genres incomplètement connus.

Macanea Juss. (Macahanea Aubl.) — *Singana* Aubl. (Sterbeckia Schreb.)

Genre voisin des Garciniées.

Canella P. Browne (Winterana Linn.)

SECTION I.

Ovaire à plusieurs loges 1- ou pluri-ovulées. Péricarpe capsulaire, déhiscent, pluriloculaire.

Genre **TOVOMITA.** — *Tomovita* (Aubl.) Cambess.

Calice 2- ou 4- sépale, non-bractéolé. Pétales 4 (moins souvent 6-10), antépositifs, subéquilatéraux. Étamines 20-50, libres, plurisériées : filets épais ; anthères minimes, ad-nées obliquement au sommet. Ovaire 4- ou 5- loculaire : loges 1-ovulées; ovules attachés vers le milieu de l'angle interne ou plus bas. Styles 4 ou 5, très-courts ou presque nuls. Stigmates épais. Capsule coriace, couronnée par les styles, déhiscente du sommet jusqu'à la base en 5 valves : axe central placentifère. Graines arillées : test chartacé, luisant; embryon épais : radicule petite.

Arbres, ou quelquefois arbrisseaux. Feuilles ponctuées ou marquées de lignes transparentes. Fleurs hermaphrodites, ou dioïques, ou polygames, disposées en grappes ou en cymes axillaires et terminales.

L'écorce et les jeunes fruits des *Tomovita* contiennent beaucoup de Gomme-gutte. On connaît sept espèces du genre; en voici les plus notables :

Tovomita de Guiane.— *Tovomita guianensis* Aubl. Guian. tab. 364.— *Marialvea guianensis* Choisy, in De Cand. Prodr. — Vandell. tab. 8, fig. 6.

Feuilles ovales-elliptiques ou obovales, acuminées, discolores. Cymes terminales, trichotomes. Calice 2-sépale. Corolle 4-pétale.

Arbre à tronc haut d'environ 10 pieds, sur 1 pied de diamètre. Écorce rougeâtre. Bois dur, compacte, rouge. Fleurs d'un jaune verdâtre, larges d'environ 1 pouce.

Cette espèce habite la Guiane et le Brésil.

Tovomita paniculé. — *Tovomita paniculata* Cambess. in Flor. Brasil. Merid. 1, tab. 64.

Feuilles lancéolées-oblongues, obtuses, subrévolutées, subsinuolées. Panicules terminales, lâches, composées de cymules opposées subtriflores : pédicelles grêles, allongés, dibractéolés au milieu. Calice 4-sépale. Corolle 4 ou 6-pétale.

Arbrisseau peu rameux. Fleurs verdâtres, abondantes, larges de 1/2 pouce.

Cette espèce a été découverte par M. Aug. de Saint-Hilaire dans les forêts vierges des environs de Rio-Janéiro.

TOVOMITA DE MADAGASCAR. — *Tovomita madagascariensis* Cambess. Monogr. Guttif. — *Ochrocarpus madagascariensis* Petit-Thou.

Feuilles verticillées-ternées. Pédoncules pauciflores, axillaires. Calice 2-sépale. Stigmate subsessile, pelté, 4-6-lobé.

Arbre peu élevé. Fruit de la forme et de la grosseur d'une Olive.

Genre CLUSIA. — *Clusia* Linn.

Calice persistant, souvent dibractéolé; sépales inégaux : les extérieurs plus petits. Pétales 4 ou 6, subéquilatéraux. Étamines très-nombreuses (rarement en nombre défini) et libres dans les fleurs mâles, en nombre défini, stériles et monadelphes dans les fleurs femelles; filets épais; anthères infra-apicilaires, extrorses, à bourses écartées. Ovaire à 5-12 loges pluri-ovulées, couronné par autant de stigmates épais, sessiles, disposés en étoile; ovules suspendus à l'angle interne, imbriqués. Capsule coriace, à 5-12 loges, et à autant de valves alternes avec les cloisons : axe central épais, placentifère. Graines arillées, ovoïdes : test chartacé. Embryon cylindrique : radicule très-courte, mammiforme.

Arbres souvent parasites, ou arbrisseaux volubiles. Feuilles très-entières. Fleurs polygames, ou dioïques, axillaires, ou terminales, disposées en grappe ou rarement en cyme.

Ce genre renferme une vingtaine d'espèces, la plupart indigènes dans l'Amérique méridionale et en général ornées

de fleurs très-brillantes. Nous allons faire connaître les espèces les plus remarquables.

Clusia a fleurs roses. — *Clusia rosea* Linn. — Catesb. Carol. 2, tab. 99. —Tussac, Flore des Antilles, v, 4, tab. 15.

Feuilles subsessiles, cunéiformes-obovales, obtuses, ou échancrées, légèrement veinées. Pédoncules courts, pauciflores. Fleurs
dioïques. Calice 6-sépale. Pétales 6, plus longs que les sépales,
concaves, arrondis. Capsule grosse, globuleuse, obtuse, 7-9-gone,
7-9-loculaire.

« Cet arbre, dit M. de Tussac, est un des plus beaux et des plus
» singuliers que j'aie observés dans les Antilles ; il croît rarement
» en pleine terre : plus souvent il est parasite, et naît dans les cre-
» vasses de quelque vieux arbre, d'où il laisse tomber, quelque-
» fois de plus de cinquante pieds de hauteur, des racines qui, lors-
» qu'elles atteignent la terre, s'y enfoncent, et forment autant d'arcs-
» boutants qui semblent destinés à le soutenir. Cette conformité
» avec quelques espèces de Figuiers des Indes occidentales, lui a fait
» donner par les nègres le nom de *Figuier maudit maron*. — Il
» arrive quelquefois que les racines des Clusia, implantées au
» sommet d'un arbre, au lieu de prendre leur direction vers la
» terre, s'entortillent autour de son tronc, et finissent, en se mul-
» tipliant et en grossissant, par l'envelopper de manière qu'il
» disparaît, et que l'on est surpris de voir sortir du sommet d'un
» Clusia des branches et des fleurs d'un végétal qui lui est étran-
» ger. Quand le Clusia rose est en fleurs, ce qui arrive en août
» et en septembre, il y a peu d'arbres qui puissent lui être com-
» parés ; ses grandes fleurs blanches, agréablement lavées de rose,
» contrastent merveilleusement avec le vert foncé des feuilles ;
» les boutons même, colorés en rouge longtemps avant l'épa-
» nouissement des fleurs, font un effet admirable. Quand un Clu-
» sia prend naissance dans une crevasse de rocher, souvent, au
» lieu de s'élever, il étend ses branches horizontalement, et finit
» par en couvrir toute la masse, ce qui produit l'effet le plus pit-
» toresque.

» Quand on fait une incision dans l'écorce d'un Clusia, il en

» sort une matière jaune résineuse qui, en s'oxygénant par le
» contact de la lumière et de l'air, prend une couleur rousse;
» c'est une espèce de baume dont on se sert pour panser les vieil-
» les plaies des chevaux.

» Les capsules du Clusia rose contiennent abondamment une
» matière résineuse qui a beaucoup d'analogie avec le goudron,
» et qui participe aux mêmes propriétés : l'on s'en sert pour cal-
» fater les pirogues; on en compose aussi une espèce de mastic;
» on peut enfin en faire des flambeaux.

» Le Clusia croît très-lentement, et ne se plaît que dans les
» lieux un peu frais, principalement dans les montagnes, ou s'il
» croît dans les plaines, c'est au milieu des bois, et toujours à
» l'ombre; son bois, très-mou, ne s'emploie à aucun usage do-
» mestique, pas même à brûler. Le suc résineux qui sort de l'é-
» corce, lorsqu'on y fait une incision, occasione sur la peau des
» pustules difficiles à guérir. »

CLUSIA A FLEURS BLANCHES. — *Clusia alba* Linn. — Jacq.
Amer. tab. 166.

Feuilles subsessiles, cunéiformes-obovales, obtuses, non-échan-
crées, légèrement veinées. Pédoncules courts, subtriflores. Fleurs
hermaphrodites. Calice 8-sépale. Pétales 5-8, arrondis, concaves, de la longueur des sépales. Capsule grosse, ovoïde, pentagone, ou hexagone, 5-6-loculaire.

Cet arbre croît dans les forêts de la Martinique, et, quoique
parasite comme le *Clusia rosea*, son tronc acquiert souvent 1 pied
de diamétre; ses rameaux forment une tête ample et touffue qui
se confond avec celle des arbres de première grandeur. Toutes les parties de ce végétal sont remplies d'un suc visqueux,
très-tenace, balsamique, vert à l'état frais, mais rougissant promptement au contact de l'air; on s'en sert en guise de goudron. Les
fleurs, inodores et de couleur blanchâtre, ne peuvent se comparer
en beauté à celles de l'espèce précédente; mais les capsules qui
leur succèdent sont de couleur écarlate, et font un admirable con-
traste avec le vert sombre et luisant des feuilles.

Clusia a feuilles veineuses. — *Clusia venosa* Linn. —
Plum. Amer. tab. 87, fig. 2.

Feuilles obovales, obtuses, veinées. Calice 4-sépale. Pétales 4,
un peu plus longs que le calice. Ovaire 5-loculaire.

Arbre non-parasite, haut d'une trentaine de pieds : tête touffue. Feuilles fortement veinées, longues de 4 pouces. Fleurs blanches, larges de ¹/₂ pouce.

Cette espèce est indigène à la Martinique, où on la nomme *Pa-
létuvier de montagne*.

Clusia Panapanari. — *Clusia Panapanari* Chois. in De
Cand. Prodr. — *Quopaya Panapanari* Aubl. Guian. tab. 344.

Feuilles subsessiles, ovales-oblongues, subobtuses. Fleurs dioïques, disposées en panicules terminales. Pétales 5, plus longs
que les sépales. Capsule petite, oblongue, 5-loculaire.

Arbrisseau grimpant. Fleurs petites, jaunes. L'écorce et les
feuilles, lorsqu'on les entame, laissent échapper un suc jaune qui
se condense en Gomme-gutte.

Cette espèce habite les forêts de la Guiane.

Clusia Criuva. — *Clusia Criuva* Camb. in Flor. Brasil. Mé-
rid. tab. 65.

Feuilles subsessiles, veineuses, obovales, ou oblongues-obovales, arrondies au sommet, cunéiformes à la base. Fleurs polygames, terminales, en corymbes 3-5-flores. Calice 4-sépale. Pétales 5,
plus longs que le calice. Capsule globuleuse, 5-loculaire.

Arbrisseau rameux, haut de 5 à 6 pieds. Fleurs blanches,
d'un pouce de diamétre.

Cette espèce est indigène au Brésil, dans les montagnes de la
province des Mines.

Clusia a feuilles lancéolées. — *Clusia lanceolata* Cambess. l. c.

Feuilles pétiolées, veineuses, lancéolées, obtuses, souvent inéquilatérales. Fleurs polygames, terminales, en corymbes lâches.
Calice 4-sépale. Pétales 5-8, plus longs que le calice.

Petit arbre haut de 5 à 6 pieds. Pétales longs de 1 pouce , sur 7 lignes de large.

Cette espèce a été trouvée par M. Aug. de Saint-Hilaire dans les forêts vierges des montagnes du Brésil méridional.

CLUSIA MAGNIFIQUE. — *Clusia insignis* Mart. Plant. Brasil. tab. 288.

Feuilles elliptiques-obovales, ou cunéiformes-obovales, arrondies au sommet. Fleurs géminées ou rarement ternées, terminales. Pétales 9, oblongs-obovales, discolores. Stigmate convexe, très-squamuleux.

Arbre haut de 20 pieds et plus, parasite : tronc atteignant 1 pied de diamétre. Écorce d'un brun cendré. Rameaux étalés. Feuilles longues de 4 à 7 pouces : pédoncule long de 1 pouce. Fleurs larges de près de 4 pouces. Bractéoles ovales, concaves, carénées. Sépales courts, elliptiques, de couleur pourpre. Pétales blancs en dessous, d'un pourpre foncé en dessus. Anthères pourpres.

Cet arbre, très-remarquable par la rare beauté de ses fleurs, a été observé par M. de Martius au Brésil, dans les forêts vierges de la province de Rio-Négro. Il suinte du réceptacle de ses fleurs une résine aromatique qui répand, lorsqu'on la brûle sur du charbon ardent, une odeur de Benjoin.

Genre ARRUDÉA. — *Arrudea* Cambess.

Calice à 12 ou 15 sépales imbriqués, inégaux : les extérieurs plus petits. Pétales 9 ou 10, imbriqués, subéquilatéraux. Étamines très-nombreuses, insérées sur un réceptacle conique, soudées en masse compacte. Anthères déhiscentes par 2 pores apicilaires. Style court, épais. Stigmates 8, cunéiformes, distincts, disposés en étoile. Ovaire 8-loculaire, enfoncé dans le réceptacle ; loges 1-ovulées. Fruit inconnu.

Ce genre ne renferme que l'espèce suivante :

ARRUDÉA FAUX CLUSIA. — *Arrudea clusioides* Camb. in Flor. Brasil. Merid. tab. 66.

Feuilles pétiolées, très-entières, veineuses, obovales, ou obovales-elliptiques , arrondies au sommet, souvent inéquilatérales.
Fleurs terminales, solitaires, pedonculées.

Petit arbre suintant un suc visqueux blanchâtre. Tronc dressé, rameux. Feuilles longues de 2 à 4 pouces , sur 2 ¹/₂ pouces
de large. Pétales obovales , longs de 15 lignes, sur 1 pouce de
large, d'un rose clair.

Cette espèce, remarquable par la grandeur de ses fleurs , croît
au Brésil , dans les forêts vierges des montagnes de la province
des Mines.

Genre HAVÉTIA. — *Havetia* Kunth.

Fleurs dioïques, dibractéolées. Calice à 4 sépales opposés
en croix, orbiculaires : les extérieurs plus petits, connés ;
les intérieurs imbriqués. Pétales 4, opposés en croix, épais,
orbiculaires, convolutés en préfloraison. — *Fleurs mâles :*
Étamines 4, opposées aux pétales : filets claviformes, connivents, soudés par la base; anthères dressées, adnées; connectif large. — *Fleurs femelles :* Étamines 4 , à anthères
abortives. Ovaire ovoïde. Stigmates 4, subsessiles. Capsule
4-loculaire, 4-valve, polysperme. Graines arillées.

Arbre. Rameaux et ramules opposés. Feuilles opposées,
un peu épaisses, sans veines. Fleurs petites, blanchâtres, en
panicules terminales pyramidales.

L'espèce suivante constitue à elle seule le genre :

Havétia a feuilles de Laurier. — *Havetia laurifolia*
Kunth, in Humb. et Bonpl. Nov. Gen. et Spec. v. 5, p. 204,
tab. 462. — Mart. Plant. Brasil. tab. 297, n° 3.

Grand arbre. Feuilles oblongues-obovales, pointues, ou subacuminées, ou obtuses, glabres, subconcolores, longues de 3 à
4 pouces, larges de 16 à 20 lignes : pétiole long d'environ 6 lignes. Panicules terminales, dressées, solitaires, longues de 2 ¹/₂ à
3 pouces. Bractées ovales, pointues.

Cet arbre a été observé par MM. de Humboldt et Bonpland dans
les Andes de Popayan, à 1,300 toises d'élévation.

Genre SCHWEIGGÉRA. — *Schweiggera* Martius.

Fleurs dioïques, bractéolées. Calice à 5 sépales ovales : éstivation convolutive. Pétales 5', oblongs, courtement onguiculés, étalés. — *Fleurs mâles* : Étamines 10, courtes, conniventes en disque compacte subglobuleux : filets nuls; connectif épais, charnu, comprimé bilatéralement, convexe au dos ; anthères à 2 bourses divergentes, adnées, déhiscentes chacune par 2 pores apicilaires linéaires. — *Fleurs femelles* : Cinq écailles (étamines abortives) charnues, oblongues, anguleuses, appliquées contre l'ovaire. Ovaire pentagone, 5-loculaire, multiovulé. Stigmate pelté, subsessile, conique, 5-lobé. Capsule 5-loculaire, polysperme.

L'espèce suivante constitue à elle seule ce genre :

SCHWEIGGÉRA TOUFFU. — *Schweiggera comata* Mart. Plant. Brasil. tab. 297, fig. 2.

Arbre parasite sur d'autres troncs vivants. Écorce lisse, grisâtre. Bois d'un blanc rougeâtre. Rameaux étalés, très-divisés. Feuilles opposées en croix, étalées, courtement pétiolées, coriaces, d'un vert luisant, glabres comme toute la plante, obovales-spathulées, arrondies au sommet, longues de 3 à 4 pouces. Panicules courtes, trichotomes, terminales : pédoncule commun tétragone. Quatre paires de bractéoles sous chaque fleur. Sépales ovales-orbiculaires, concaves, membranacés, verdâtres. Pétales longs d'environ 4 lignes.

Cet arbre a été trouvé par M. de Martius aux environs de la ville de Para.

SECTION II. (*Symphonieæ* Bartl.)

Pétales coriaces, contournés en préfloraison. Ovaire pluriloculaire : loges pluriovulées. Péricarpe charnu, indéhiscent, uni- ou pluri-loculaire.

Genre MORONOBÉA. — *Moronobea* Aubl.

Calice persistant, non-bractéolé, 5-parti : sépales imbriqués. Pétales 5, interpositifs. Étamines 15-20 : filets soudés en androphore tubuleux, profondément 5-fide; anthères linéaires, adnées 3 à 3 ou 4 à 4 à la face postérieure des segments de l'androphore. Ovaire 5-loculaire : loges 5-ovulées. Stigmates 5, subsessiles, étalés. Baie 1-loculaire, 2-5-sperme. Graines cotonneuses.

Arbres. Fleurs hermaphrodites, axillaires et terminales, disposées en corymbes, ou moins souvent subsolitaires.

L'on ne connaît de ce genre que les deux espèces dont nous allons traiter.

Moronobéa écarlate.—*Moronobea coccinea* Aubl. Guian. v. 2, tab. 313. —Mart. Plant. Brasil. tab. 287.—*Symphonia globulifera* Linn. fil.

Arbre haut de 40 à 50 pieds, sur 1 à 3 pieds de diamétre. Rameaux allongés, étalés. Ramules obscurément tétragones. Feuilles elliptiques-oblongues, ou lancéolées-oblongues, acuminées, glabres, lisses, luisantes en dessus, un peu glauques en dessous, longues de 3 à 4 pouces. Fleurs terminales, en ombelle simple; pédicelles rougeâtres, pendants, longs d'environ 1 pouce. Calice petit, coriace, d'un pourpre verdâtre : sépales suborbiculaires, inégaux. Corolle longue d'environ 8 lignes, épaisse, d'un écarlate brillant. Pétales ovales-orbiculaires. Androphore un peu saillant.

Ce végétal, déjà observé par Aublet à Cayenne, a été retrouvé par M. de Martius dans les forêts-vierges du Brésil, entre les 1er et 12e degrés de Lat. S. Toutes ses parties contiennent un suc résineux jaune, qui noircit au contact de l'air. Ce suc dégoutte spontanément du tronc et des branches : les créoles de la Guiane l'emploient en guise de goudron et de poix. Le bois de l'arbre sert à faire des barriques.

Les naturels de la Guiane nomment ce végétal *Mani* et *Moronoba.*

Moronobéa grandiflore.—*Moronobea grandiflora* Choisy, in De Cand. Prodr.

Cette espèce, qu'Aublet regarde comme une variété de la précédente, croît aussi en Guiane. Elle diffère du *Moronobea coccinea* par des feuilles plus petites, des fleurs 2 fois plus grandes, et un style plus allongé.

Genre PLATONIA. — *Platonia* Martius.

Calice à 5 sépales suborbiculaires, subcoriaces, imbriqués par les bords : les 2 extérieurs plus petits, persistants. Pétales 5, ovales-orbiculaires, concaves, connivents en hémisphère. Étamines en nombre indéterminé, plurisériées, pentadelphes : phalanges alternes avec les pétales, sub-10-andres ; filets simples ou souvent bifurqués, libres presque dès la base ; anthères linéaires, adnées, mucronées, déhiscentes antérieurement par 2 fentes longitudinales. Disque 5-lobé. Ovaire à 5 loges multiovulées ; ovules superposés. Style filiforme. Stigmate 5-radié. Baie grosse, charnue, subglobuleuse, 3-5-loculaire : cloisons charnues. Graines par avortement solitaires dans chaque loge, grosses, oblongues, adnées, convexes postérieurement, planes ou carénées antérieurement. Périsperme charnu, huileux. Embryon cylindrique, curviligne, intraire : cotylédons entregreffés ; radicule súpère.

Arbre. Feuilles pétiolées, opposées en croix, très-entières, coriaces, penninervées, agrégées vers l'extrémité des ramules. Pédoncules 1-flores, bractéolés à la base. Fleurs grandes.

L'espèce dont nous allons parler constitue à elle seule le genre.

PLATONIA MAGNIFIQUE. — *Platonia insignis* Mart. Plant. Brasil. tab. 289, et tab. 228, fig. 2. — *Moronobea esculenta* Arruda, ex Mart. l. c.

Très-grand arbre. Tronc droit, acquérant 4 pieds de diamétre, indivisé jusqu'à la hauteur de 30 pieds et plus. Rameaux gros, formant une ample tête ovale. Ramules opposés, obscurément tétragones, grisâtres. Feuilles oblongues ou elliptiques-oblongues, pointues, luisantes, longues de 3 à 4 pouces : pétiole

long de 6 à 8 lignes. Fleurs terminales , subsolitaires , nutantes,
larges de 1 ¹/₂ pouce. Pédoncule courbé , long de ¹/₂ pouce, muni
à sa base de quelques bractéoles triangulaires , obtuses.. Calice
petit , verdâtre. Pétales roses en dessous , blancs en dessus. Étamines un peu saillantes : filets blancs; anthères jaunes. Style
saillant. Fruit brunâtre , de la grosseur d'une orange : épicarpe
mince ; chair mucilagineuse, acidule et douceâtre. Graines brunâtres, de la grosseur d'une Amande.

Ce végétal remarquable croît dans les forêts du littoral de l'A-
mérique méridionale, depuis le 5ᵉ degré de Lat. N. jusqu'au
6ᵉ de Lat. S.; les aborigènes de ces contrées lui donnent le nom
de *Pacouri*. La chair de son fruit est d'une saveur acidule
très-agréable. M. de Martius assure que les Brésiliens en font des
confitures délicieuses ; les graines ne le cèdent en rien aux Aman-
des. Les fleurs de l'arbre sont magnifiques , et rappellent celles
des Caméllia.

Genre CHRYSOPIA. — *Chrysopia* Petit-Thou.

Calice persistant, non-bractéolé, à 5 sépales presque égaux,
imbriqués. Disque urcéolé à la base, tantôt indivisé , tantôt
à 5 lobes opposés aux pétales. Pétales 5 , insérés à l'extérieur
du disque, interpositifs , inéquilatéraux. Étamines monadelphes, insérées aux parois internes du disque; androphore
charnu, plus ou moins profondément 5-fide ; anthères linéaires, longitudinalement déhiscentes, adnées 3-5 à la
face postérieure des lanières de l'androphore. Ovaire 5-locu-
laire : loges 5-10-ovulées; ovules bisériés dans chaque loge.
Style court. Stigmates 5 , étalés. Péricarpe charnu, 5-locu-
laire. Graines ovales-oblongues : cotylédons épais, entregreffés.

Les deux espèces dont nous allons parler constituent à
elles seules ce genre.

A. *Disque presque indivisé. — Fleurs en ombelle.*

CHRYSOPIA A PETITES FEUILLES — *Chrysopia microphylla*
Cambess. in Mém. du Mus., v. 16, p. 423, tab. 19.

Ramules cylindriques, rapprochés en ombelle. Feuilles longues d'environ 6 lignes, sur 3 lignes de large, spathulées, très-entières, subrévolutées aux bords, très-glabres, penninervées, rétrécies en pétiole court. Ombelles simples, terminales, 4-6-flores. Sépales suborbiculaires, glabres. Pétales longs d'environ 4 lignes, sur 5 lignes de large. Androphore long d'environ 3 lignes : lanières 3-dentées au sommet.

Cette espèce croît à Madagascar.

B. *Disque 5-lobé.* — *Fleurs en corymbe.*

CHRYSOPIA A FLEURS FASCICULÉES. — *Chrysopia fasciculata* Petit-Thou. Hist. des Végét. d'Afr. tab. 24.

Grand arbre, à cime étalée en parasol. Rameaux tétragones. Feuilles roulées avant leur développement dans une stipule caduque, longues de 2 à 3 pouces, sur 1 pouce environ de large, coriaces, d'un vert jaunâtre, obovales, ou oblongues-obovales, courtement acuminées, nerveuses, subsessiles. Pédoncules terminaux, courts, tétragones, rapprochés en corymbe. Corolle d'un pouce de diamétre, d'un pourpre vif.

« Ce végétal, dit M. Aubert du Petit-Thouars, est l'un des
» plus beaux arbres de Madagascar; il se fait remarquer au loin
» parmi les autres arbres, qu'il domine par sa cime étalée en
» parasol. Il répand de toutes ses parties, lorsqu'elles sont enta-
» mées, un suc jaune abondant, qui s'épaissit en une gomme-
» résine très-analogue à la Gomme-gutte. Les naturels le nom-
» ment *Voa Hazigné*, ce qui veut dire fruit jaune. Ils tirent de
» ses graines une huile dont ils font beaucoup usage, surtout pour
» oindre leurs cheveux. »

Genre PENTADÉSMA. — *Pentadesma* Don.

Ce genre est indiqué par M. Sabine (Transact. of the Horticult. Soc. of London, v. 5, p. 457), mais sans l'exposition de ses caractères scientifiques. Le végétal qni le constitue (*Pentadesma butyraceum* l. c.) est un arbre commun aux environs de Sierra-Léoné, et remarquable par le fruit qu'il

produit. Ce fruit, pyriforme, et du volume de deux poings
réunis, est rempli d'un jus gras, jaunâtre, dont les nègres
ont coutume d'assaisonner leur aliments, mais qui n'est
guère du goût des Européens, à cause de sa saveur de Térébenthine.

Genre MAMMÉA. — *Mammea* Linn.

Calice non-bractéolé, caduc, à 2 sépales égaux. Pétales 4
ou 6, presque égaux, subéquilatéraux, caducs. Étamines libres, ou légèrement monadelphes par la base; filets courts ;
anthères adnées, latéralement déhiscentes. Ovaire 4-locu-
laire. Stigmate subsessile, à 4 lobes échancrés. Drupe charnu,
à 2-4 noyaux. Graines grosses, ascendantes.

Arbres. Feuilles ponctuées, penninervées, très-entières.
Fleurs polygames-dioïques, ordinairement solitaires.

Ce genre renferme quatre espèces ; celles que nous allons
décrire produisent des fruits très-estimés dans les colonies.

Mamméa d'Amérique. — *Mammea americana* Linn. —
Sloan. Jam. 2, p. 123, tab. 17. — Jacq. Amer. tab. 181,
fig. 82. — Tussac, Flore des Antill. v. 3, tab. 7.

Arbre à tronc haut de 50 pieds et plus, sur 2 à 3 pieds de diamétre. Cîme pyramidale. Ramules tétragones. Feuilles courtement pétiolées, luisantes, épaisses, ovales, ou obovales, obtuses,
longues de 5 à 8 pouces. Pédoncules courts, axillaires, uniflores.
Fleurs odorantes, blanches, larges de 1 1/2 pouce. Sépales arrondis, obtus, concaves, coriaces, colorés, étalés. Pétales conformes
aux sépales, mais 2 fois plus longs. Drupe subglobuleux, mucroné, 3-ou 4-gone, de 3 à 8 pouces de diamétre; épicarpe double : l'extérieur brunâtre, scabre, épais; l'intérieur pelliculaire,
jaunâtre, adhérent fortement au sarcocarpe : sarcocarpe pulpeux,
compacte, jaune; noyaux ovales-oblongs, subtrigones, aplatis
d'un côté, très-scabres.

Ce végétal croît aux Antilles et dans l'Amérique méridionale :
les colons de ces contrées le connaissent sous les noms de *Maméi*
et *Abricotier de Saint-Domingue*. C'est l'un des arbres les plus

magnifiques de l'Amérique, et son fruit peut se comparer à l'Abricot quant à la saveur.

« Les dames créoles des Antilles, dit M. de Tussac, font beau-
» coup de cas des fruits du Maméï; elles les mangent de plu-
» sieurs manières, dont la plus usitée consiste à en enlever la
» peau, qui est très-épaisse, de manière qu'il n'en reste aucune
» partie, parce qu'elle communiquerait à la pulpe une amertume
» désagréable; il ne faut pas non plus couper cette pulpe trop
» près des noyaux, sans courir les risques du même inconvénient
» Cette double précaution prise, on peut manger ce fruit avec
» plaisir lorsqu'il est bien mûr : il faut cependant consulter son
» estomac, car il est très-indigeste. Il le devient moins lorsqu'a-
» près l'avoir coupé par tranches minces, on le fait macérer pendant
» plusieurs heures dans du vin de Bordeaux ou de Madère, en y
» ajoutant un peu de sucre. La manière la plus saine et la plus
» généralement adoptée, consiste à faire avec ce fruit une marme-
» lade ou compote à mi-sucre. Cette marmelade peut être com-
» parée en bonté et en salubrité à celle d'Abricots. »

Avec les fleurs de Mamméa, l'on fait une excellente liqueur de table, connue aux Antilles sous le nom d'*Eau de créole*. Le bois de l'arbre est peu durable. La décoction de l'écorce passe pour détersive.

Mamméa d'Afrique.—*Mammea africana* Sabine, in Transact. Horticult. Soc. Lond. v. 5, p. 457.

Grand arbre. Feuilles très-pointues, d'un vert sombre. Fruit aussi gros que celui du Mamméa d'Amérique.

Cette espèce, qui habite les forêts des montagnes voisines de Sierra-Léoné, produit un fruit comparable en tout à celui de l'espèce précédente.

Genre GARCINIA. — *Garcinia* Rich. fil.

Calice non-bractéolé, à 4 sépales persistants, presque égaux. Pétales 4, caducs. Étamines 12-20, non-persistantes; filets libres, courts, filiformes; anthères adnées, extrorses, longitudinalement déhiscentes. Ovaire 4-8-loculaire, couronné par un stigmate à 4-8 lobes épais. Baie 4-8-loculaire, charnue. Graines arillées.

Arbres. Fleurs hermaphrodites ou monoïques, terminales, subsolitaires.

Ce genre, propre à l'Asie équatoriale, renferme le *Mangostan*, arbre fruitier précieux pour les contrées intertropicales, et plusieurs autres végétaux remarquables, dont nous allons traiter.

A. *Baie couronnée par le stigmate. Fleurs terminales.*

GARCINIA MANGOSTAN. — *Garcinia Mangostana* Linn. — Rumph. Amb. 1, tab. 43. — Gærtn. Fruct. 2, tab. 105.

Ramules subcylindriques. Feuilles ovales, ou ovales-oblongues, rétrécies aux 2 bouts, subobtuses, très-finement veinées. Fleurs subsessiles, solitaires, hermaphrodites. Sépales suborbiculaires. Stigmate 6-8-lobé, persistant. Baie 6-8-loculaire, globuleuse, dressée.

Arbre de moyenne grandeur, ayant le port du Citronnier. Feuilles longues d'environ 6 pouces. Fleurs rougeâtres, larges de 1 pouce. Fruit du volume d'une Orange, d'un vert tirant sur le jaune : pulpe blanche, succulente, semi-diaphane.

Le *Mangostan* croît spontanément aux îles de la Sonde, et il se cultive comme arbre fruitier dans presque toute l'Asie équatoriale. Rumphius assure que les Mangoustes se préfèrent à tous les autres fruits de ces contrées; elles ont une saveur et une odeur délicieuses; légèrement rafraîchissantes et sans aucune propriété nuisible, leur usage se permet dans toutes les maladies. Avant de manger les Mangoustes, on a soin de détacher une pellicule amère qui en recouvre la pulpe.

L'écorce du Mangostan est amère et astringente; les Malais l'emploient à teindre en noir, et quelquefois ils la mâchent. Lorsqu'on entaille cette écorce, il en découle un suc jaunâtre, qui forme, en se condensant, une gomme molle. L'écorce du fruit jouit des mêmes qualités que celle de la Grenade : aussi l'emploie-t-on dans l'Inde comme remède anti-dyssentérique.

GARCINIA A BOIS DUR. — *Garcinia cornea* Linn. — Rumph.
Amb. 3, tab. 3o.

Ramules tétragones. Feuilles elliptiques-oblongues ou obovales-
oblongues, inéquilatérales, pointues, ou échancrées. Fleurs solitaires ou subfasciculées, subsessiles, nutantes. Sépales suborbiculaires. Stigmate pelté, entier.

Grand arbre. Feuilles longues de 12 à 15 pouces, sur 4 pouces
de large. Fleurs jaunes, de la grandeur de celles d'une Rose.
Fruit brunâtre, de la grosseur d'une Prune.

Cette espèce croît dans les montagnes d'Amboine. Son bois,
blanc à l'état frais, roussit par la dessiccation, et devient si dur
qu'il est presque impossible de le travailler ; les Malais l'emploient
à la construction des édifices publics.

GARCINIA FAUX GUTTIER. — *Garcinia Cambogia* Desrouss.
in Lamk. Encycl. — Roxb. Corom. 3, tab. 298. — *Cambogia
Gutta* Linn. — Hort. Malab. 1, p. 41, tab. 24.

Feuilles elliptiques ou oblongues, rétrécies aux 2 bouts, pointues. Fleurs solitaires ou subfasciculées, subsessiles, hermaphrodites. Sépales obtus. Baie globuleuse, 8-gone, 8-loculaire, pendante.

Grand arbre. Tronc atteignant une grosseur considérable.
Écorce noirâtre en dehors, jaune en dedans. Feuilles longues de
3 à 6 pouces, larges de 1 à 2 pouces, luisantes aux 2 faces.
Fleurs jaunâtres, larges de ¹/₂ pouce. Pétales 2 fois plus longs que
les sépales. Étamines plus courtes que l'ovaire. Baie du volume
d'une petite Orange, d'un jaune pâle.

Cette espèce habite les forêts de la côte de Malabar, où on la
nomme *Ghorka Pulli*, c'est-à-dire Pomme acide. Linnée et la
plupart des auteurs de matière médicale croyaient à tort que la
Gomme-gutte du commerce en provenait ; Murray, le premier,
en faisant connaître l'un des vrais *Guttiers* (Voy. *Stalagmite Guttier*), rectifia cette erreur, qui néanmoins a souvent été répétée
jusqu'à nos jours. A la vérité, le suc propre épaissi du *Garcinia
Cambogia* forme aussi une gomme-résine jaunâtre, mais de

qualité très-médiocre comme substance tinctoriale, et qui ne s'exporte point pour l'Europe.

Le fruit du *Garcinia Faux Guttier* est assez estimé par les Hindous : la pulpe qu'il renferme a une saveur acidule et douceâtre. Les feuilles ainsi que les fleurs de l'arbre sont également acides.

GARCINIA ÉLÉGANT. — *Garcinia speciosa* Wallich, Plant. Asiat. Rar. tab. 258.

Feuilles elliptiques-oblongues, pointues aux 2 bouts, courtement pétiolées. Fleurs hermaphrodites, en corymbes pauciflores. Étamines soudées par la base en 4 faisceaux divergents. Stigmate très-épais, subtétragone.

Grand arbre. Tronc droit, épais; écorce rimeuse, brunâtre. Feuilles rapprochées, très-fermes, luisantes, longues de 6 à 12 pouces. Pédoncules 2 ou 3 fois plus longs que le pétiole. Fleurs d'un jaune vif, larges de 1 pouce.

Cette espèce, qui croît dans les forêts de la côte de Martaban, est l'une des plus élégantes du genre, et ses fleurs répandent un arôme délicieux.

B. *Fleurs latérales ou axillaires. Stigmate multifide, nonplane, s'oblitérant après l'anthèse.* (CLADOGYNOS Blume.)

GARCINIA LATÉRIFLORE.—*Garcinia lateriflora* Blum. Bijdr 1, p. 214.

Ramules subcylindracés. Feuilles elliptiques-oblongues, acuminées-obtuses, rétrécies à la base. Fleurs agrégées, latérales, sessiles. Sépales et pétales en nombre quaternaire. Étamines unisériées, monadelphes.

Arbre haut de 40 à 50 pieds. Baie globuleuse, à 4 loges monospermes.

Cet arbre a été observé par M. Blume à l'île de Nusa-Kambanga.

GARCINIA DIOÏQUE. — *Garcinia dioica* Blum. l. c.

Ramules subcylindriques. Feuilles lancéolées ou elliptiques, acuminées aux 2 bouts, membranacées. Fleurs subsessiles, agrégées, axillaires. Sépales et pétales en nombre quaternaire.

Arbre haut de 3o pieds. Fleurs dioïques, petites, d'un jaune pâle. Fleurs femelles munies de 10 à 12 filets stériles. Ovaire 6-10-loculaire. Baie subglobuleuse, déprimée au sommet, d'un jaune orange pâle.

Cet arbre croît dans les montagnes de Java. Les habitants du pays le nomment *Tjurié.* Son écorce, au témoignage de M. Blume, est un excellent diurétique.

GARCINIA DE JAVA. — *Garcinia javanica* Blum. l. c. p. 2 1 5.

Ramules subcylindriques. Feuilles elliptiques, rétrécies aux 2 bouts, obtuses, coriaces. Fleurs agrégées, axillaires, sessiles, dioïques.

Arbre haut de 3o pieds. Fleurs jaunâtres. Ovaire 4-loculaire.

Cette espèce croît dans les mêmes contrées que la précédente. Les Javanais l'appellent *Mango-Utan*, c'est-à-dire, Mango sauvage.

Genre GUTTIER. — *Stalagmitis* (Murr.) Cambess.

Calice à 4 ou 5 sépales inégaux, persistants, non-bractéolés. Pétales 4 ou 5, interpositifs, subéquilatéraux, caducs, presque égaux. — *Fleurs mâles :* Réceptacle charnu, 4-8-lobé, souvent couvert d'un grand nombre d'anthères abortives. Étamines monadelphes, ou soudées en 4-8 faisceaux étalés, multifides au sommet, à peu près aussi longs que les pétales ; anthères minimes, didymes, latéralement déhiscentes. Pistil rudimentaire, subulé. — *Fleurs femelles :* Réceptacle comme dans les fleurs mâles. Étamines environ 30, soudées en 5 à 8 faisceaux. Ovaire 5-8-loculaire : loges uni-ovulées. Style presque nul. Stigmate 5-8-lobé. Baie 5-8-loculaire, charnue, couronnée par le stigmate, ou moins souvent apiculée par les restes du style ; loges monospermes. Graines arillées : cotylédons épais.

Arbres. Fleurs polygames-monoïques ou polygames-dioïques, axillaires, disposées en cîme, ou en ombelle, ou moins souvent en grappe.

Le suc-propre de plusieurs espèces de *Guttiers*, concrêté à l'air, n'est autre chose que la Gomme-gutte du commerce.

Ce genre, propre à l'Asie équatoriale, renferme environ douze espèces, dont voici les plus notables :

GUTTIER FAUX CAMBOGIA.—*Stalagmitis cambogioides* Murr. in Comment. Gœtting. v. 9, p. 173.

Arbre peu élevé. Tronc rameux, haut de 5 à 8 pieds, de la grosseur du corps d'un homme. Écorce rimeuse, grisâtre. Ramules divariqués, tétragones au sommet, verdâtres, un peu rugueux. Cime ovale-oblongue, beaucoup plus longue que le tronc. Feuilles longues de 2 à 3 pouces, ovales, ou obovales, pointues, fermes, lisses aux 2 faces, d'un vert foncé : pétiole épais, long de 1 ligne. Pédoncules axillaires ou latéraux, longs de 3 à 4 pouces, dressés, articulés, grêles. Pédicelles longs de 3 à 5 lignes, claviformes, anguleux, dressés, subverticillés. Fleurs petites. Sépales ovales-orbiculaires, marginés. Corolle d'un jaune pâle, légèrement rose à la base : pétales obovales, concaves, très-entiers, ciliolés, 2 fois plus longs que les sépales. Filets à peu près aussi longs que la corolle. Baie du volume d'une Cerise ou quelquefois plus grosse, globuleuse, glabre, blanchâtre, lavée de rose d'un côté. Graines oblongues, trigones.

Cet arbre croît dans le royaume de Siam, ainsi qu'à Ceylan où on le connaît sous les noms de *Ghokatu* et *Bokathu*. Son suc-propre, au témoignage de Kœnig, donne de la Gomme-gutte. Le fruit de l'arbre est mangeable.

GUTTIER DES PEINTRES. — *Stalagmitis pictoria* Roxb. Corom. vol. 2, tab. 196.

Feuilles opposées, elliptiques-lancéolées, pointues, glabres et luisantes; pétiole court, épais. Fleurs latérales ou axillaires, en ombelle simple sessile. Calice à 5 sépales concaves, oblongs, obtus. Pétales arrondis.

Grand arbre. Écorce scabre, noirâtre. Branches étalées. Feuilles longues de 6 à 16 pouces, sur 2 à 4 pouces de large. Fleurs blanches, larges de 1 pouce. Fruit de couleur orange, de la grosseur d'une Pomme.

Ce magnifique végétal croît dans les montagnes voisines de la côte de Malabar. Roxburgh assure que son fruit est d'un goût exquis, et que l'arbre mériterait une culture soignée. Avant la parfaite maturité, ce fruit est rempli d'un suc jaune, lequel, par la dessiccation, devient de la Gomme-gutte. Le même suc suinte des incisions qu'on pratique à l'écorce du tronc.

GUTTIER A FRUIT DOUX. — *Stalagmitis dulcis* Cambess. — *Xanthochymus dulcis* Roxb. Corom. 3, tab. 270. — Hook. in Bot. Mag. tab. 3088.

Feuilles elliptiques-oblongues, acuminées. . Fleurs latérales, fasciculées. Corolle globuleuse. Fruit ovale, obtus.

Tronc très-droit. Écorce lisse, olivâtre. Branches et ramules opposés. Feuilles longues d'environ 6 pouces, larges de 2 à 3 pouces. Fleurs petites, inodores, d'un jaune verdâtre. Sépales inégaux, suborbiculaires, petits. Pétales suborbiculaires, beaucoup plus courts que le calice. Baie de la grosseur d'une Pomme, ovale-globuleuse, jaune, charnue : pulpe jaune, douceâtre. Graines 1-5, oblongues, un peu pointues, brunes, marbrées de veines claires; arille jaunâtre, d'une saveur douce agréable.

Cette espèce se cultive aux Moluques, comme arbre fruitier.

GUTTIER A FRUIT ACIDE. — *Stalagmitis acida* Cambess. — *Garcinia cochinchinensis* Choisy, in De Cand. Prodr.— *Oxycarpus cochinchinensis* Lour. Flor. Cochinch.

Ramules tétragones. Feuilles ovales-oblongues, pointues aux 2 bouts. Fleurs axillaires ou raméaires, subsessiles, solitaires. Fruits globuleux ou pyriformes.

Arbre tortueux, peu élevé. Racines s'élevant à plusieurs pieds au-dessus de terre, comme celles des Mangliers. Fruit de la grosseur d'une Pomme.

Ce Guttier croît aux Moluques et en Cochinchine. Ses jeunes fruits ainsi que ses feuilles ont une saveur acidule agréable.

GUTTIER DE JAVA. — *Stalagmitis* (*Xanthochymus*) *javanensis* Blum. Bijdr. p. 216.

Feuilles ovales-oblongues ou elliptiques-oblongues, pointues, coriaces. Fleurs pédonculées, fasciculées, axillaires.

Arbre haut d'environ 3o pieds. Feuilles opposées, glabres, veineuses. Fleurs dioïques. Calice pentasépale. Pétales ovales. Parapétales 5, fimbriés, interpositifs. Étamines pentadelphes.

Cette espèce habite les montagnes de Java, où on la nomme *Mondu.*

SECTION III.

Ovaire 1- ou 2-loculaire : loges 1- ou 2-ovulées. Péricarpe drupacé.

Genre MÉSUA. — *Mesua* Linn.

Calice non-bractéolé, persistant, à 4 sépales inégaux : les 2 extérieurs un peu plus petits. Pétales 4, interpositifs. Étamines en nombre indéfini, monadelphes par la base : filets courts, filiformes; anthères basifixes, latéralement déhiscentes. Ovaire 2-loculaire; loges 2-ovulées; ovules dressés, attachés au fond des loges. Style court. Stigmate épais, concave. Drupe ovoïde ou globuleux, 1-loculaire par avortement, 1-4-sperme. Graines ovoïdes, ou planes d'un côté et convexes de l'autre : radicule petite; cotylédons très-épais.

Arbres. Fleurs axillaires, solitaires, hermaphrodites.

Ce genre renferme les deux espèces suivantes :

MÉSUA ÉLÉGANT. — *Mesua speciosa* Chois. in De Cand. Prodr. — Hort. Malab. 3, p. 63, tab. 53.

Grand arbre à cîme touffue comme celle du Tilleul. Écorce épaisse, brunâtre. Feuilles longues de $^1/_2$ pied et plus, subsessiles, vertes en dessus, glauques en dessous, linéaires-lancéolées, très-entières, pointues. Fleurs de la forme et de la grandeur d'une Rose, blanches, odorantes, subsessiles. Pétales suborbiculaires, étalés. Drupe gros, 4-sperme.

Cet arbre se cultive fréquemment au Malabar, où on le nomme

vulgairement *Châtaignier à Roses*. Son écorce et ses feuilles sont aromatiques et amères : les Hindous les emploient comme remède contre une foule de maladies. Les graines ont la forme et la saveur des Châtaignes. Avant sa maturité, le fruit laisse suinter une gomme visqueuse et aromatique.

Mésua Naghas. — *Mesua ferrea* Linn. — Rumph. Amb. 7, tab. 2. — Hort. Malab. 3, tab. 52.

Feuilles lancéolées-elliptiques, pointues, argentées en dessous, longues de 8 à 12 pouces. Fleurs odorantes. Sépales ovales. Pétales ondulés, un peu tronqués. Étamines aussi longues que la corolle. Drupe subglobuleux, pointu, 4-costé, monosperme. Graine subglobuleuse.

Cet arbre, remarquable par la grande dureté de son bois, croît aux Moluques et dans l'Inde.

Genre CALOPHYLLE. — *Calophyllum* Linn.

Calice 2- ou 4-sépale, non-bractéolé : les 2 sépales extérieurs plus petits. Pétales 4, ou rarement 2, opposés aux sépales. Étamines en nombre indéfini, ou rarement en nombre défini, libres, ou soudées par la base : filets courts; anthères basifixes, introrses, longitudinalement déhiscentes. Ovaire globuleux ou ovoïde, épais, 1-loculaire, 1-ovulé : ovule dressé. Style contourné. Stigmate gros, capitellé, souvent lobé. Drupe globuleux ou ovoïde. Graine conforme au péricarpe; radicule mammiforme, pointant vers l'extrémité opposée au hile; cotylédons très-épais.

Arbres. Feuilles striées de nervures transverses parallèles très-nombreuses. Fleurs hermaphrodites ou polygames, disposées en grappe ou moins souvent en panicule : pédoncules axillaires; pédicelles opposés.

Les *Calophylles* se font remarquer par l'élégance de leur feuillage et de leur inflorescence; plusieurs espèces produisent des gommes-résines aromatiques. On connaît environ douze espèces, dont voici les plus intéressantes :

A. *Calice 4-sépale.*

CALOPHYLLE TACAMAHAC.—*Calophyllum Inophyllum* Linn.
— Hort. Malab. 4, tab. 38. — Rumph. Amb. 2, tab. 71.

Feuilles elliptiques ou obovales, arrondies au sommet, ou
échancrées, courtement pétiolées. Grappes lâches, un peu moins
longues que les feuilles : pédicelles allongés. Drupe globuleux.

Arbre haut d'une trentaine de pieds. Tronc atteignant jusqu'à
4 pieds de diamètre. Branches grosses, étalées, formant une tête
ample. Écorce noire, épaisse, rugueuse. Feuilles longues de 8
à 12 pouces, sur 4 à 8 pouces de large. Fleurs de la forme et de
la grandeur d'une petite Rose. Drupe de la grosseur d'une Prune.

Cet arbre abonde sur les plages de l'Inde, des Moluques et
des îles de la Sonde. Les Malais le nomment *Bintangor,* les
Javanais *Jamplong* ou *Njamplong,* et les Hindous *Ponnama-
ram.* Il en suinte une gomme-résine jaunâtre et aromatique,
laquelle, au témoignage de M. Blume, est le vrai *Tacamahac*
des officines. Les fleurs répandent une odeur de Lys. Les graines
contiennent une huile grasse qu'on en retire soit par expression,
soit au moyen de l'eau bouillante, et qui, au rapport de Rumphius, est un spécifique contre les maladies de la peau ; on l'emploie en outre, aux Moluques, à faire des torches et des chan-
delles. Les fruits, mûrs à moitié, se confisent en guise d'Olives.
Les feuilles, macérées dans de l'eau, donnent une teinture blanchâtre qui passe pour un excellent remède ophtalmique. Le bois
de l'arbre, de couleur brune et composé de fibres curvilignes,
est comparable au Bois de fer quant à la dureté ; par cette raison
il se travaille très-difficilement : mais il est excellent pour certains ouvrages de charronnage et d'architecture navale.

CALOPHYLLE FAUX TACAMAHAC. — *Calophyllum Tacamahaca* Willd. — *Calophyllum Inophyllum* Lamk. (non Linn.)
— Pluck. Alm. 41, tab. 147, fig. 3.

Cette espèce, qui diffère de la précédente principalement par
ses feuilles ovales-elliptiques et pointues, croît à Madagascar
ainsi qu'aux îles de France et de Bourbon. Il en découle aussi
une gomme-résine aromatique, analogue au vrai Tacamahaca.

Le bois de l'arbre est excellent pour les constructions navales et pour le charronnage.

B. *Calice 2-sépale.*

CALOPHYLLE CALABA. — *Calophyllum Calaba* Jacq. Amer. tab. 165.

Feuilles obovales ou elliptiques, obtuses, échancrées, courtement pétiolées. Grappes plus longues que les pétioles, lâches, sub-7-flores : pédicelles grêles. Fleurs hermaphrodites décandres. Fleurs mâles polyandres. Drupe globuleux.

Tronc rameux dès la base. Feuilles longues d'environ 4 pouces. Fleurs petites, blanches, odorantes. Drupe gros, charnu, verdâtre.

Cette espèce habite les Antilles, où elle est connue sous les noms vulgaires de *Calabu* et *Bois-Marie*. On l'emploie souvent à faire des clôtures vivantes. L'amande du drupe contient beaucoup d'huile grasse.

CALOPHYLLE DU BRÉSIL. — *Calophyllum brasiliense* Cambess. in Flor. Brasil. Merid. v. 1, tab. 64.

Feuilles obovales ou elliptiques, très-obtuses, souvent échancrées, courtement pétiolées. Grappes lâches, multiflores, plus courtes que les feuilles : pédicelles filiformes. Fleurs hermaphrodites, 16-andres.

Grand arbre. Feuilles longues de 2 à 4 pouces, larges de 1 ¹/₂ pouce à 2 ¹/₂ pouces. Fleurs petites, blanches.

Cette espèce a été découverte par M. Aug. de Saint-Hilaire au Brésil, dans la province du Saint-Esprit.

Genre APOTÉRION. — *Apoterium* Blum.

Calice nul. Pétales 4. Étamines en nombre indéterminé, légèrement monadelphes par la base ; anthères oblongues, longitudinalement déhiscentes. Ovaire 1-ovulé. Style filiforme, infléchi. Stigmate pelté, déprimé. Drupe charnu, à noyau monosperme.

L'espèce dont nous allons parler constitue à elle seule ce genre.

APOTÉRION SULATRI. — *Apoterion Sulatri* Blum. Bijdr. 1, p. 218.

Arbre semblable aux Calophylles par le port. Feuilles elliptiques-oblongues, obtuses, rétrécies ou arrondies à la base. Pédoncules agrégés, courts, axillaires; pédicelles presque en ombelle.

Cet arbre est cultivé par les Javanais, dans les jardins et autour des habitations. On le désigne par le nom de *Sulatri*. Ses graines contiennent beaucoup d'huile grasse, qu'on emploie aux mêmes usages que celle du *Tacamahac*. Le chair du drupe est acidule et mangeable.

Genre KAYÉA. — *Kayea* Wallich.

Sépales 4 : les 2 extérieurs épais, valvaires en préfloraison. Pétales 4, de la longueur du calice. Étamines très-nombreuses, multisériées : filets légèrement monadelphes par la base. Anthères à bourses disjointes, horizontales, sémilunées; connectif large, ombiliqué au sommet. Ovaire uniloculaire, 4-ovulé. Ovules dressés. Style plus long que les étamines. Stigmate 4-lobé. (Péricarpe inconnu.)

Arbre. Feuilles coriaces, presque sans nervures, très-entières. Fleurs pédonculées, disposées en ample panicule terminale.

L'espèce suivante constitue à elle seule le genre :

KAYÉA MULTIFLORE. — *Kayea floribunda* Wall. Plant. Asiat. Rar. tab. 210.

Arbre très-élevé, à tête ample et touffue. Rameaux cylindriques, opposés, glabres; écorce grisâtre. Feuilles rapprochées en touffe vers l'extrémité des rameaux, étalées, planes, glauques et opaques aux deux faces, lancéolées, ou oblongues-lancéolées, pointues, longues de 5 à 7 pouces. Panicules subsessiles, cymeuses. Fleurs petites, d'un rose pâle, très-odorantes.

Cet arbre, remarquable par l'élégance de son feuillage, croît dans les montagnes du Silhet.

Genre voisin des Guttifères.

Genre CANÉLLA. — *Canella* P. Browne.

Calice 5-parti. Pétales 5 , oblongs , sessiles, dressés, concaves, plus longs que les sépales. Étamines 15-21, monadelphes : androphore urcéolaire; anthères adnées, extrorses,
linéaires , à 1 seule bourse. Ovaire incomplètement 5-locu-
laire ; placentaires pariétaux, 2-ovulés. Style filiforme, indivisé. Stigmates 2 ou 5. Baie globuleuse, subtriloculaire,
5-6-sperme. Graines subréniformes, périspermées; test luisant. Embryon curviligne. Feuilles alternes.

Ce genre ne renferme que l'espèce suivante :

CANÉLLA OFFICINAL. — *Canella alba* Murr. — Browne,
Jam. tab. 27, fig. 2. — Swartz, in Act. Soc. Linn. Lond. 1 , p.
96 , tab. 8.—Catesb. Carol. 2, tab. 50.—*Winteranea Canella*
Linn.

Arbre à tronc droit, cylindrique, haut de 10 à 50 pieds.
Écorce blanche. Rameaux dressés. Feuilles alternes ou éparses,
pétiolées, très-entières, non-veinées, cunéiformes-oblongues, arrondies au sommet. Fleurs petites, violettes, disposées en corymbes terminaux.

Le *Canélla* croît dans les forêts des Antilles. Toutes les parties de l'arbre sont fortement aromatiques, et ses fleurs parfument
l'air au loin. L'infusion de ces fleurs a une odeur de musc. Les
baies, de couleur noirâtre à la maturité, sont recherchées avec
avidité par les oiseaux, à la chair desquels elles communiquent
une saveur délicieuse. L'écorce, connue dans le commerce sous
les noms de *Canelle blanche* ou *Fausse écorce de Winter*, est
un remède tonique et stimulant, mais moins énergique que la véritable Canelle. Dans les Antilles on l'emploie comme épice, et l'on
en retire une huile essentielle avec laquelle on falsifie souvent l'es-
sence de Clous de Girofle.

QUATRE-VINGTIÈME FAMILLE.

LES HYPÉRICACÉES. — *HYPERICACEÆ.*

(*Hyperica* Juss. Gen. — *Hypericineæ* De Cand. Flor. Franç. ed. 5.—
Chois. Prodr. Hyper.; et in De Cand. Prodr. 1, p. 541 (excl. genn.
quibusd.) — Bartl. Ord. Nat. p. 294. — *Hypericaceæ* Spach , Monogr. ined.)

Cette famille renferme environ deux cent cinquante
espèces, distribuées sur presque tout le globe , mais
abondantes surtout dans les contrées tempérées de
l'hémisphère septentrional.

Les sucs gommo-résineux que contiennent les Hypéricacées sont amers ; ils jouissent de propriétés toniques,
anthelmintiques et quelquefois fébrifuges. Certaines
espèces équatoriales produisent des sucs jaunes très-
analogues à la Gomme-gutte. Beaucoup d'Hypéricacées
trouvent place dans les parterres, à cause de l'élégance
de leurs fleurs.

Caractères de la famille (1).

Arbres, ou *arbrisseaux,* ou *sous-arbrisseaux,* ou *herbes* vivaces (par exception annuelles). Rameaux opposés (par exception verticillés), noueux (ainsi que les tiges herbacées ou suffrutescentes et les ramules flori-

---

(1) Nous devons prévenir nos lecteurs que presque tous les caractères attribués jusqu'aujourd'hui à cette famille, se trouvent plus ou
moins modifiés par l'étude comparative que nous avons faite de la plupart
des Hypéricacées ; mais le plan de cet ouvrage ne nous permet pas de signaler ici les points sur lesquels nous sommes en contradiction avec les botanistes qui ont traité avant nous le même sujet.

fères) avec articulation soit complète, soit incomplète , souvent dichotomes, ou tétragones, ou bimarginés. Sucs-propres résineux ou gommo-résineux , colorés ou semi-diaphanes , contenus soit en des réservoirs longitudi-naux parallèles , tantôt filiformes , tantôt nerviformes, tantôt claviformes (1) , soit en petites vésicules poncti-formes, ou vérruciformes, ou globuleuses, ou ellipsoïdes, ou linéaires (2).

Feuilles simples, opposées (par exception verticillées), penninervées , ou penniveinées , très-entières , ou rare-ment soit denticulées-ciliolées, soit dentelées, soit cré-nelées, sessiles (souvent amplexicaules), ou pétiolées , non-stipulées (quelquefois bi-auriculées ou bi-glandu-leuses à la base), ponctuées, souvent bordées en dessous d'une série de vésicules noires.

----

(1) Ces réservoirs, tout-à-fait analogues aux bandelettes (*vittulæ*) qu'on observe sur le péricarpe de beaucoup d'Ombellifères , couvrent les ovaires et capsules, les pétales, et moins souvent aussi les sépales d'un grand nombre d'Hypéricacées; le plus souvent on les aperçoit à l'œil nu , ou du moins à l'aide d'une loupe très-faible; il n'en existe jamais sur les ovaires qui deviennent des fruits charnus, ni sur les tiges ou leurs ramifications , ni sur les feuilles ; quelques espèces seulement en offrent sur les androphores. — Pour abréger les descriptions nous désignons cette organisation par *strié de bandelettes*.

(2) Les vésicules résinifères se trouvent en abondance soit dans le pa-renchyme , soit à la superficie des feuilles de la plupart des Hypéricacées ; les tiges et rameaux en sont moins fréquemment pourvus ; mais les sépales, les pétales et les ovaires ainsi que les fruits en offrent généralement, à moins qu'elles ne soient remplacées sur ces organes par des bandelettes. Dans certaines espèces on en observe jusque sur les cloisons du pé-ricarpe , le tégument extérieur des graines , et quelquefois même sur les cotylédons. Le plus souvent ces vésicules sont éparses , mais il arrive aussi qu'elles affectent une disposition régulière par séries longitudinales , surtout aux angles des tiges, aux bords des feuilles, ou à la surface des capsules. Pour désigner ces diverses modifications en style technique , on emploie les termes de *ponctué, verruqueux , tuberculeux ,* mais très-improprement le terme de *glanduleux.*

Fleurs régulières ou rarement irrégulières, hermaphrodites, jaunes, ou quelquefois rougeâtres, ou par exception blanches. Inflorescence terminale, ou axillaire et terminale, centrifuge, bractéolée, ou moins souvent non-bractéolée, le plus souvent en panicules ou en cymes soit dichotomes, soit trichotomes, soit composées de grappes par avortement unilatérales. Bractées opposées, persistantes, souvent denticulées, ou fimbriées.

Calice inadhérent, persistant (du moins longtemps après la floraison), 5-parti (par exception 4-parti) ou rarement 5-fide; sépales bisériés (ordinairement 2 extérieurs), ou subbisériés, imbriqués en préfloraison, le plus souvent inégaux.—(Un petit nombre d'espèces offrent 4 sépales opposés en croix : 2 extérieurs, grands, valvaires en préfloraison; 2 intérieurs (latéraux), très-petits, inclus.

Disque confondu avec un réceptacle ordinairement peu apparent.

Pétales hypogynes, en même nombre que les sépales, interpositifs, marcescents, ou non-persistants, égaux (très-rarement inégaux), équilatéraux, ou plus fréquemment inéquilatéraux, courtement (par exception longuement) onguiculés, ou inonguiculés, flabelliveinés, inappendiculés, ou munis antérieurement au dessus de leur base soit d'une fovéole nectarifère, soit d'un appendice ou charnu ou pétaloïde, imbriqués et souvent plus ou moins contournés en estivation, après l'anthèse (lorsqu'ils sont persistants) involutés ou contournés.

Étamines hypogynes, en nombre déterminé (multiple des styles ; 9-30 ; par exception 5), ou plus fréquemment en nombre indéterminé, persistantes, ou non-persistantes, libres, ou très-légèrement monadelphes par la base, ou triadelphes, ou pentadelphes : androphores soit filiformes ou liguliformes et plus longs que les filets, soit très-courts, insérés devant les pétales lorsqu'ils sont en même nombre que ceux-ci, ou sans symétrie avec le périanthe lorsqu'il n'y en a que 3, opposés aux cloisons lorsqu'ils sont en même nombre que les styles, souvent alternes chacun avec une glande ou une squamule réceptaculaire. Filets unisériés ou plurisériés, capillaires, ordinairement anisométres. Anthères didymes, submédifixes, mobiles, introrses, longitudinalement déhiscentes, presque toujours couronnées par une glandule ; connectif inapparent.

Pistil : Ovaire soit 3-5-loculaire (quelquefois tricoque ; par exception 6-8-loculaire) et à placentaires soudés en axe central, soit incomplétement 3-5-loculaire et à placentaires distincts adnés au bord antérieur des cloisons, soit 1-loculaire à placentaires suturaux ; cloisons alternes avec les styles, formées par les bords infléchis des valves. Ovules en nombre déterminé (1-6 dans chaque loge), ou plus souvent très-nombreux, 2- ou pluri-sériés (rarement 1-sériés), horizontaux, ou moins souvent ascendants, ou rarement soit appendants soit suspendus, axiles, ou rarement sub-basilaires, presque toujours anatropes. Funicule court ou denticuliforme, persistant au placentaire. Styles 3-5 (par exception 6-8), filiformes, ou moins souvent soit spathulés, soit claviformes, libres, ou quelquefois soudés soit par la base, soit de la base jusque vers le milieu ou au-delà. Stigmates capitellés, ou tronqués, ou par exception bilobés, toujours libres.

Péricarpe soit capsulaire (déhiscence septicide, ou suturale, ou rarement loculicide ; cloisons se séparant des placentaires ; valves le plus souvent cymbiformes ou

naviculaires et persistantes ainsi que les placentaires), soit
indéhiscent et charnu, 3-5- (par exception 6-8-) loculaire, ou 1-loculaire, polysperme, ou moins souvent oligosperme.

Graines horizontales, ou ascendantes, ou rarement
soit appendantes, soit suspendues, rectilignes, ou subrectilignes (par exception courbées en fer à cheval), cylindriques, ou rarement soit comprimées, soit anguleuses, scrobiculées, ou réticulées, ou chagrinées, ou striées,
ou rarement lisses, inarillées, quelquefois prolongées
au-delà de la chalaze en aile membraneuse. Tégument
triple : l'extérieur mince, transparent, celluleux, adhérent (par exception lâche, assez épais, fongueux, prolongé audelà des deux bouts de l'amande); l'intermédiaire crustacé ; l'intérieur pelliculaire, inadhérent,
moulé sur l'embryon. Hile ponctiforme, presque toujours terminal. Chalaze mammiforme, souvent apiculée, située à l'extrémité opposée au hile. Périsperme
nul. Embryon rectiligne ou subrectiligne (rarement
comprimé et curviligne) : radicule cylindrique, obtuse,
souvent beaucoup plus longue que les cotylédons, rarement plus courte que ceux-ci et repliée sur leurs bords;
cotylédons foliacés, ou rarement charnus, le plus souvent
très-petits, obtus (par exception terminés en crochet).

Nous classons les Hypéricacées ainsi qu'il suit :

Iᵉ TRIBU. **LES DÉSMOSTÉMONÉES.** — *DESMÔ-
STEMONEÆ* Spach.

*Pétales équilatéraux, non-contournés, le plus souvent ap-
pendiculés ou fovéolés. Étamines triadelphes ou pentadelphes : androphores plus longs que les filets (par exception plus courts), chacun alternant soit avec une glande,
soit avec une squamule. Péricarpe souvent indéhiscent*

et *charnu. Graines souvent comprimées ou ailées : radicule quelquefois repliée sur le tranchant des cotylédons.*

SECTION I. **VISMINÉES.** — *Vismineæ* Spach.

Étamines persistantes ou non-persistantes, pentadelphes : androphores 3-9-andres, ou polyandres, plus longs que les filets, alternes chacun avec une squamule coriace. Ovaire 5-loculaire, 5-style. Ovules en nombre déterminé (1-3 dans chaque loge), ou en nombre indéterminé, horizontaux, ou ascendants, ou suspendus. Péricarpe indéhiscent, plus ou moins charnu. Graines comprimées ou cylindriques, aptères, souvent bosselées de vésicules résinifères. — Arbres ou arbrisseaux.

A. *Baie polysperme. Graines cylindriques, horizontales; embryon rectiligne.*

Vismia Vandelli. — Genre très-mal connu, renfermant probablement plusieurs autres genres distincts.

B. *Baie oligosperme. Graines comprimées, larges, ascendantes, attachées vers la base de l'angle interne ; radicule repliée sur le tranchant des cotylédons et plus courte que ceux-ci.*

Psorospermum Spach.

C. *Baie drupacée, oligosperme. Graines cylindriques, lisses, suspendues au sommet de l'angle interne.*

Haronga Pet-Thou. (Harongana Lamk. Hæmocarpus Noronh.)

SECTION II. **TRIDÉSMINÉES.** — *Tridesmineæ* Spach.

Étamines persistantes, triadelphes : androphores polyandres, plus longs que les filets, alternes chacun avec une squamule coriace. Ovaire triloculaire, tristyle. Ovules en nombre déterminé, ou en nombre indéterminé, ascendants, ailés. Péricarpe capsulaire, le plus souvent loculicide. Graines cylindriques, ailées : embryon rectiligne. — Arbres ou arbrisseaux.

A. *Capsule septicide.*

Eliæa Cambess.

B. *Capsule loculicide.*

Ancistrolobus Spach. — *Trisdesmis* Spach. — *Cratoxylon* Blume.

Section III. **ÉLODÉINÉES.** — *Elodeineæ* Spach.

Étamines persistantes, triadelphes : androphores 3- ou 5-andres et alternes avec une squamule soit coriace, soit pétaloïde, ou moins souvent polyandres et alternes avec une glande charnue. Ovaire 3-loculaire, 3-style. Ovules horizontaux, axiles, en nombre indéterminé. Péricarpe capsulaire, septicide. Graines cylindriques, aptères ; embryon rectiligne : cotylédons très-courts. — Herbes ou sous-arbrisseaux.

A. *Androphores 3- ou 5-andres. — Herbes.*

Elodea Adans. (non Michx. Triadenium Rafin. Martia Spreng.) — *Elodes* Spach.

B. *Androphores polyandres. — Sous-arbrisseaux.*

Triadenia Spach. (non Triadenium Rafin.)

IIᵉ TRIBU. **LES HYPÉRICÉES.** — *HYPERICEÆ*
Spach.

Pétales inéquilatéraux ou par exception équilatéraux, jamais appendiculés ni fovéolés, le plus souvent contournés en préfloraison. Étamines soit tout à fait libres ou à peine monadelphes par la base, soit triadelphes ou pentadelphes par la base. Squamules ou glandes hypogynes nulles. Péricarpe capsulaire-septicide ou rarement diérésilien (par exception indéhiscent). Graines cylindriques, aptères : radicule longue, cylindrique, obtuse, jamais repliée; cotylédons minces, très-courts.

SECTION I. **DROSANTHINÉES**. — *Drosanthineæ* Spach.

Sépales 5. Pétales 5, équilatéraux, onguiculés, persistants, contournés après la floraison. Étamines triadelphes, persistantes. Ovaire 3-loculaire, 3-coque, 3-style. Ovules horizontaux ou ascendants, au nombre de 6 à 12 dans chaque loge. Diérésile à 3 coques 1-3-spermes, caduques de même que le placentaire.

Eremosporus Spach. — *Drosanthe* Spach.

SECTION II. **HYPÉRINÉES**. — *Hyperineæ* Spach.

Sépales 5. Pétales 5, persistants (excepté dans le *Hypericum empetrifolium*), inéquilatéraux, contournés après la floraison. Étamines triadelphes, persistantes (excepté dans le *Hypericum empetrifolium*). Ovaire 3-loculaire, multiovulé, 3-style. Capsule septicide.

Hypericum (Linn.) Spach. — *Olympia* Spach. — *Webbia* Spach.

SECTION III. **ANDROSÉMINÉES**. — *Androsæmineæ* Spach.

Sépales 5. Pétales 5, très-inéquilatéraux, non-persistants, ou marcescents et contournés après la floraison. Étamines pentadelphes (par exception monadelphes ou tétradelphes), persistantes. Ovaire 3-5-loculaire (par exception 1-loculaire ou 6-8-loculaire), ou moins souvent incomplètement 3-loculaire , multiovulé. Styles 3-5 (par exception 6-8), souvent plus ou moins soudés. Capsule septicide (par exception bacciforme, indéhiscente).

Campylopus Spach. -- *Psorophytum* Spach. — *Andro-sæmum* (Allion.) Spach. — *Eremanthe* Spach. — *Campy-losporus* Spach. — *Norysca* Spach.   *Hoscyna* Spach.

Section IV. **BRATHYDINÉES**. — *Brathydineæ* Spach.

Sépales 5 (par exception 4). Pétales 5 (par exception 4), non-persistants, ou marcescents et involutés après la floraison, très-inéquilatéraux. Étamines tout-à-fait libres et caduques, ou bien submonadelphes par la base et persistantes. Ovaire 1- ou 3-loculaire, 3-style (quelquefois comme 1-style par la soudure plus ou moins complète des 3 styles), multiovulé. Capsule septicide.

Isophyllum Spach. — *Myriandra* Spach. — *Brathy-dium* Spach. — *Brathys* (Mutis.) Spach. (Sarothra Linn.)

Section V. **ASCYRINÉES**. — *Ascyrineæ* Spach.

Sépales 4 , opposés en croix : les 2 extérieurs grands, valvaires en préfloraison et après l'anthèse ; les 2 intérieurs (latéraux) minimes , inclus. Pétales 4 , inégaux, non-persistants , opposés en croix. Étamines persistantes, submonadelphes par la base. Ovaire 1-loculaire, 2- ou 3-style.

Ascyrum Linn.

Le genre *Lancretia* Delile , rangé par MM. Choisy et De Candolle parmi les Hypericacés, n'a aucune affinité avec cette famille, mais il paraît très-voisin des Frankéniacées. Quant aux genres *Eucryphia* Cavan., et *Carpo-dontos* Labill., nous nous sommes assurés que leurs caractères sont absolument les mêmes; le *Carpodontos* doit donc être réuni aux *Eucryphia*. Quoique ce genre offre dans la structure de son péricarpe et de ses graines des analogies avec notre section des Tridésminées et notamment avec l'*Eliæa*, ainsi que le remarque très-justement M. Cambessèdes, l'ensemble de ses caractères a beaucoup plus de rapports avec les Chlénacées et les Ternstrémiacées (surtout avec le *Laplacea*Kunth.); c'est dans l'une ou l'autre de ces familles (d'ailleurs peu distinctes) qu'il devra prendre place. Sans aucun doute les Guttifèferes, les Hypéricacées, les Chlénacées et les Ternstrémiacées sont des groupes peu différents les uns des autres ; aussi leurs caractères distinctifs restent-ils encore à rechercher.

Nous croyons à propos d'exposer ici le résultat de nos observations sur le genre *Eucryphia*, dont nous n'avons point traité ni sous les Chlénacées, ni sous les Ternstrémiacées (1).

---

(1) Genre EUCRYPHIA. — *Eucryphia* Cavan.

Calice non-bractéolé, à 4 sépales presque scarieux, imbriqués, agglutinés au sommet, se déchirant irrégulièrement au-dessus de leur base et tombant sous forme de coiffe avant l'épanouissement de la corolle. Pétales 4, hypogynes, flabelliformes, non-persistants. Étamines non-persistantes, très-nombreuses, multisériées, libres, insérées à un réceptacle charnu et poilu; filets filiformes, subulés ou sommet; anthères petites, mobiles, médifixes, cordiformes-orbiculaires, échancrées et non-glanduleuses au sommet : valves des bourses épaissies aux bords. Ovaire ovoïde ou subfusiforme, 5-12-loculaire; loges subsexovulées; ovules subimbriqués, appendants à l'axe central, 1-sériés dans chaque loge. Styles 5-12, filiformes, dressés. Stigmates minimes, tronqués. Capsule oblongue ou ellipsoïde, rétrécie aux deux bouts, obtuse, 5-12-costée, 5-12-sulquée, 5-12-loculaire, septicide, se séparant en 5-12 coques cymbiformes, osseuses, bifides

Ire TRIBU. **LES DÉSMOSTÉMONÉES.** — *DESMO-STEMONEÆ* Spach.

Pétales équilatéraux, non-contournés en préfloraison, le plus souvent appendiculés ou fovéolés antérieurement au-dessus de leur base. Étamines (rectilignes en préfloraison) triadelphes ou pentadelphes : androphores liguliformes ou filiformes, plus longs que les filets (par exception plus courts), alternes chacun soit avec une squamule, soit avec une glande charnue. Péricarpe baccien ou capsulaire. Graines cylindriques ou comprimées, quelquefois

au sommet, oligospermes, non-persistantes : chacune suspendue par son sommet à deux cordons fibreux provenant de la séparation de l'axe central ; péricarpe crustacé, se détachant de l'endocarpe peu après la déhiscence. Graines comprimées, subimbriquées, oblongues, marginées, apiculées à leur base, prolongées supérieurement en courte aile membraneuse; épisperme lisse, subcrustacé; périsperme charnu, mince; embryon rectiligne, intraire, aussi long que le périsperme : cotylédons foliacés, elliptiques; radicule supère, cylindrique, obtuse, deux fois plus courte et beaucoup plus étroite que les cotylédons.

Arbres résineux. Bourgeons axillaires et terminaux, gros, obtus, écailleux : écailles opposées, valvaires. Rameaux et ramules opposés, subcylindriques, articulés. Feuilles non-ponctuées, opposées, coriaces, persistantes, très-entières ou crénelées, pétiolées, penninervées, réticulées en-dessous. Pédoncules solitaires, axillaires, 1-flores, dressés, munis à leur base de 2 bractées caduques, scarieuses, connées. Corolle grande, blanche.

On ne connaît de ce genre que les deux espèces suivantes, l'une et l'autre remarquables par l'élégance de leurs feuilles et de leurs fleurs :

A. *Ovaire et capsule cotonneux. Styles 5-10. — Feuilles très-entières, visqueuses, discolores.*

Eucryphia de Labillardière. — *Eucryphia Billardieri* Spach, ined. —*Carpodontos lucida* Labill. Voyage, v. 2, p. 16 ; tab. 18 (mala); Flor. Nov. Holland. p. 122.

Feuilles oblongues, arrondies aux 2 bouts, subapiculées, glabres aux *ailées ; radicule souvent plus courte ou à peine aussi longue que les cotylédons. — Rameaux et ramules le plus souvent articulés de même que la base des pétioles, des pédoncules et des pédicelles. Feuilles le plus souvent grandes, pétiolées, dépourvues de ramules abortifs à leurs aisselles. Inflorescences nues ou rarement bractéolées. Sépales très-entiers, non-ponctués, mais striés de bandelettes filiformes ou subclaviformes.*

2 faces, pubérules aux bords, finement penniveinées, comme vernissées en dessus, de couleur cendrée en dessous.

Arbre haut de 25 à 50 pieds, sur ½ pied de diamétre. Branches étalées, retombantes, rameuses : rameaux, ramules et pédoncules pubescents ou cotonneux. Feuilles longues de 1 à 2 pouces, larges de 3 à 7 lignes; pétiole long de 2 à 5 lignes. Sépales petits, ovales-oblongs, subacuminés. Pétales longs de 6 à 9 lignes, sur à peu près autant de large. Étamines presque 3 fois plus courtes que les pétales; pistil à peu près aussi long que les étamines. Styles un peu plus longs que l'ovaire. Capsule longue d'environ 5 lignes, cotonneuse. Graines très-minces, brunâtres.

Cette espèce a été découverte par Labillardière à la terre de Diémen.

B. *Ovaire et capsule glabres. Styles ordinairement 12. — Feuilles irrégulièrement crénelées, concolores, fortement penninervées et réticulées en dessous, non-visqueuses.*

Eucryphia a feuilles cordiformes. — *Eucryphia cordifolia* Cavan. Ic. 4, p. 49 ; tab. 572 (mala).

Feuilles elliptiques, obtuses, légèrement cordiformes à la base, révolutées aux bords : les adultes glabres aux 2 faces ; les jeunes pubescentes en dessous ainsi qu'au pétiole.

Arbre atteignant jusqu'à 50 pieds de haut; bois rougeâtre; écorce brune. Rameaux grisâtres; ramules cotonneux étant jeunes. Feuilles longues de 12 à 20 lignes, larges de 6 à 18 lignes, luisantes en dessus, d'un vert pâle en dessous : les jeunes couvertes d'une pubescence roussâtre plus ou moins abondante; pétiole épais, canaliculé en dessus, long de 1 à 2 lignes. Pédoncules cotonneux, longs d'environ 1 pouce. Pétales longs de 9 lignes, sur 6 lignes de large. Étamines presque 2 fois plus courtes que la corolle, un peu plus longue que le pistil. Capsule longue de 5 à 6 lignes, ellipsoïde, d'un brun de Châtaigne.

Cette espèce croît au Chili.

SECTION I. VISMINÉES. — *Vismineæ* Spach.

Calice 5-parti : sépales presque égaux, persistants, ou non-persistants, dressés ou réfléchis après la floraison, imbriqués par les bords. Pétales non-persistants, le plus souvent garnis à leur face supérieure d'une pubescence étoilée. Étamines pentadelphes, persistantes, ou non-persistantes : androphores 3-9-andres, ou polyandres, plus longs que les filets, plus ou moins poilus ou laineux (très-rarement glabres), alternes chacun avec une squamule coriace subconcave. Ovaire 5-loculaire, 5-style; ovules en nombre indéterminé, ou solitaires, ou géminés, ou ternés, horizontaux, ou ascendants, ou suspendus. Péricarpe indéhiscent, plus ou moins charnu, oligosperme, ou polysperme. Graines comprimées ou cylindriques, aptères; épisperme scrobiculé, ou plus souvent bosselé de vésicules résinifères; radicule courte ou allongée, quelquefois repliée sur le tranchant des cotylédons.

Arbres ou arbrisseaux. Ramules articulés de même que la base des pétioles, des pédoncules et des pédicelles. Feuilles coriaces ou membranacées, courtement pétiolées, ou subsessiles, très-entières, ou crénelées, ou sinuolées, ponctuées de vésicules soit noires, soit semidiaphanes. Inflorescences terminales, ou rarement dichotoméaires et terminales, dichotomes, ou trichotomes, ou irrégulièrement cymeuses, nues, le plus souvent multiflores. Sépales striés de bandelettes opaques (d'un pourpre noirâtre) soit linéaires, soit linéaires-claviformes, plus ou moins allongées. Corolle jaunâtre ou rougeâtre. Ovaire et le plus souvent aussi péricarpe et graines couverts de vésicules verruciformes d'un pourpre noirâtre.

Toutes les espèces de cette section sont propres à la zone équatoriale.

Genre VISMIA. — *Vismia* Vandell.

Sépales 5, réfléchis ou dressés après la floraison, persistants, ou non-persistants, coriaces. Pétales 5, obovales ou spathulés, cotonneux antérieurement et fovéolés au-dessus de leur base (du moins dans la plupart des espèces. Androphores persistants ou non-persistants, polyandres, filiformes, ou liguliformes; filets courts, multisériés, poilus; anthères cordiformes-orbiculaires, ou subréniformes, couronnées (toujours?) par une glandule noire. Ovaire pentagone, 5-loculaire; loges multiovulées; ovules horizontaux. Styles 5, dressés ou recourbés, quelquefois soudés par la base. Baie ovale ou subglobuleuse, subpentagone, à 5 loges polyspermes; endocarpe et cloisons membraneux, souvent parsemés de vésicules résinifères colorées. Graines (quelquefois séparées les unes des autres par des diaphragmes membraneux) oblongues (inconnues dans presque toutes les espèces), obtuses aux deux bouts; épisperme bosselé; embryon (observé par M. Kunth, mais sur une seule espèce) rectiligne, conforme à la graine; radicule 2 fois plus longue que les cotylédons.

Arbres ou arbrisseaux. Feuilles coriaces ou subcoriaces, très-entières, pétiolées, ponctuées de vésicules ordinairement opaques. Inflorescences terminales, solitaires, nues, pédonculées, dichotomes, ou trichotomes, multiflores, ordinairement paniculées. Pétales jaunâtres ou rougeâtres.

Ce genre, qui compte une trentaine d'espèces, est propre à l'Amérique équatoriale. La plupart des *Vismia* se font remarquer par l'élégance de leur port et de leur feuillage. Leur suc-propre, résineux et de couleur jaunâtre, est analogue à la *Gomme-gutte;* il paraît jouir de propriétés médicales fort prononcées.

Voici les espèces les plus notables:

Vismia de Guiane. — *Vismia guianensis* Pers. Ench. — — *Hypericum guianense* Aubl. Guian. tab. 312, fig. 1.

Feuilles oblongues, ou ovales-oblongues, ou ovales-lancéolées, acuminées, courtement pétiolées, glabres en dessus, cotonneuses-roussâtres ou grisâtres en dessous. Sépales obtus, velus. Baie ovoïde.

Petit arbre. Tronc haut de 7 à 8 pieds, sur 5 à 6 pouces de diamétre; écorce rugueuse. Branches à écorce lisse et roussâtre. Panicules corymbiformes. Calice roussâtre. Pétales jaunes en dehors, couverts en dedans d'un duvet blanchâtre. Baie molle, jaunâtre.

Cette espèce croît dans les forêts de Cayenne et de la Guiane.

Vismia a larges feuilles. — *Vismia latifolia* Chois. in De Cand. Prodr. 1, p. 543. — *Hypericum latifolium* Aubl. Guian. tab. 312, fig. 1.

« Cet arbre, dit Aublet, diffère de l'espèce précédente par ses » feuilles plus larges et cordiformes à la base; les plus grandes » ont huit pouces de longueur, et quatre pouces de largeur à la » base. Il croît dans les mêmes localités. »

Vismia a feuilles sessiles. — *Vismia sessilifolia* Pers. Ench. — *Hypericum sessilifolium* Aubl. Guian. tab. 312, fig. 2.

Feuilles subsessiles, glabres, elliptiques-lancéolées, pointues, cordiformes à la base.

Petit arbre. Feuilles atteignant jusqu'à 10 pouces de long, sur 4 pouces de large, vertes en dessus, rougeâtres en dessous. Panicules très-rameuses.

Cette espèce croît dans les mêmes contrées que les deux précédentes. « Toutes trois, dit Aublet, sont connues par les créoles » sous différents noms, tels que ceux de *Bois dartre*, *Bois de* » *sang*, *Bois d'Écossais*, *Bois à la fièvre*, etc. L'on enlève » facilement l'écorce de leur tronc et de leurs branches, que l'on » fait sécher; la couche extérieure de ces écorces est rejetée » comme inutile. On emploie la seconde pour couvrir les cases.

» Le suc résineux de ces arbres, que l'on fait couler par inci-
» sion, employé à la dose de 7 à 8 grains, est purgatif. Il est
» aussi employé extérieurement pour apaiser les démangeaisons
» que causent les dartres. La décoction des feuilles, prise inté-
» rieurement, est estimée pour guérir les fièvres intermit-
» tentes. »

Vismia discolore. — *Vismia dealbata* Kunth, in Humb. et
Bonpl. Nov. Gen. et Spec. v. 5, p. 184; tab. 454.

Feuilles ovales, acuminées, pétiolées, cotonneuses-blanchâtres
en dessous. Panicules très-rameuses, cymeuses, cotonneuses-
ferrugineuses. Sépales elliptiques-oblongs, obtus.

Feuilles longues de 4 à 6 pouces, larges de 25 à 33 lignes,
ponctuées de glandules transparentes. Fleurs de la grandeur de
celles de l'*Androsœmum officinale*. Calice cotonneux-ferrugineux. Pétales obovales, arrondis au sommet, plus longs que les
androphores, parsemés de vésicules noires linéaires.

Cette espèce a été trouvée dans l'Amérique méridionale, par
MM. de Humboldt et Bonpland.

Vismia a longues feuilles. — *Vismia longifolia* Aug.
Saint-Hil. Flor. Brasil. Merid. v. 1, p. 326; tab. 68.

Feuilles ovales-lancéolées, ou lancéolées, ou elliptiques, ou
plus souvent oblongues, acuminées, presque glabres en dessus,
pubérules en dessous et cotonneuses-ferrugineuses aux nervures.
Sépales oblongs, obtus, cotonneux en dehors. Androphores 5- ou
6-andres, glabres de même que les styles.

Arbrisseau haut de 5 pieds. Tige dressée, rameuse, rougeâtre.
Ramules comprimés et pubescents au sommet. Gemmes ovales,
cotonneuses-ferrugineuses. Feuilles longues de 3 à 6 pouces,
larges de 1 1/2 à 2 1/2 pouces : les jeunes cotonneuses-ferrugineuses aux deux faces; pétiole long de 3 à 6 lignes. Panicules
longues de 2 1/2 à 3 pouces, sessiles, ou pédonculées, quelquefois
subcorymbiformes; rameaux et ramules cotonneux-ferrugineux. Sépales longs de 2 lignes. Pétales plus longs que les sépales, obtus,
d'un blanc-verdâtre, laineux en dessus, ponctués. Étamines uu

peu plus longues que les pétales. Squamules hypogynes très-ve-
lues, de moitié plus courtes que l'ovaire.

Cette espèce a été trouvée par M. Aug. de Saint-Hilaire au
Brésil, dans la province des Mines.

Genre PSOROSPERME. — *Psorospermum* Spach.

Sépales 5, persistants, subcoriaces. Pétales 5, dressés, oblongs, cotonneux ou pubescents antérieurement, appendiculés à la base (rarement inappendiculés), prolongés au sommet
en pointe infléchie avant la floraison. Androphores liguliformes ou filiformes, 5-9-andres (le plus souvent 5-andres),
poilus (rarement glabres), persistants; filets terminaux, ou
latéraux et terminaux; anthères réniformes, ou cordiformes-
orbiculaires, couronnées par une glandule noire (rarement
non-couronnées). Ovaire ovale ou subglobuleux, pentagone,
5-sulqué, 5-loculaire; ovules solitaires, ou rarement collatéraux, presque dressés, attachés à la base de l'angle central.
Styles raides, un peu épais, dressés, soudés par la base. Stigmates claviformes. Baie subcoriace, 5-loculaire (quelquefois
4-2-loculaire par avortement), oligosperme, bosselée de vésicules verruciformes et striée de quelques bandelettes; endocarpe et cloisons membraneux. Graines solitaires dans chaque loge et en remplissant toute la cavité, ovales ou elliptiques, un peu comprimées; épisperme crustacé, bosselé de
vésicules conformes à celles du péricarpe. Embryon ponctué de vésicules noires: cotylédons larges, ovales, aplatis
d'un côté, un peu convexes de l'autre; radicule claviforme,
plus courte que les cotylédons, repliée sur le tranchant de
ceux-ci, ascendante.

Rameaux souvent dichotomes : les adultes subcylindriques; les jeunes comprimés. Pubescence nulle ou étoilée.
Feuilles coriaces, ou subcoriaces, ou membranacées, très-entières, ou sinuolées, ou crénelées, penniveinées, ou penninervées, ponctuées de vésicules noires. Inflorescences pédonculées (rarement sessiles), terminales, ou dichotoméaires et terminales (rarement axillaires et terminales), en cyme, ou en

corymbe, ou en panicule. Pédoncules solitaires, comprimés, dressés, le plus souvent dichotomes ou trichotomes ; pédicelles allongés, raides, épaissis au sommet, subterminaux. Fleurs petites. Pétales jaunes ou de couleur orange, ponctués de quelques vésicules noires. Graines assez grosses, noirâtres, comme verruqueuses.

Ce genre, propre à l'Afrique équatoriale, diffère de toutes les autres Hypéricacées par son embryon à cotylédons très-larges et à radicule repliée ; les *Vismia* s'en éloignent en outre par leurs graines horizontales et en nombre indéterminé ; les *Haronga*, par leur péricarpe drupacé.

Les *Psorospermies* renferment des sucs résineux et aromatiques, probablement doués de qualités médicales. Nous connaissons huit espèces du genre, dont voici les plus notables :

SECTION I.

Androphores 3-andres (rarement 4-ou 5-andres); filets terminaux. Pétales appendiculés à la base. Cymes fastigiées, pédonculées, terminales.

A. *Androphores 3-andres (très-rarement 4-andres) ; anthères couronnées par une glandule noire.*

Psorosperme a feuilles de Citronnier. — *Psorospermum citrifolium* Spach, in Ann. des Sciences Nat. sér. 2, v. 5, p. 159. — *Haronga lanceolata* Chois. in De Cand. Prodr.

Feuilles ovales, ou ovales-elliptiques, ou lancéolées-oblongues, ou lancéolées, acuminées, cunéiformes ou arrondies à la base, courtement pétiolées, coriaces, très-glabres, très-entières, luisantes aux 2 faces. Cymes lâches ; pédoncules et calices légèrement cotonneux-ferrugineux, plus tard glabres. Sépales ovales-lancéolés ou oblongs-lancéolés, pointus. Étamines un peu plus longues que le pistil, un peu plus courtes que le calice. Styles aussi longs que l'ovaire. Baies subglobuleuses, plus grandes que le calice.

Rameaux grisâtres, nus, subdichotomes. Ramules courts ou allongés, feuillés, tantôt très-simples, tantôt munis aux aisselles des feuilles supérieures de courts ramules florifères. Feuilles lon-

gues de 10 à 3o lignes , larges de 5 à 20 lignes , presque concolores aux 2 faces, ponctuées d'une multitude de vésicules très-
petites ; pétiole long d'environ 1 ligne. Cymes 7-20-flores ,
bi-ou tri-furquées : pédoncule commun long de 4 à 6 lignes ;
pédicelles longs de 3 à 6 lignes, grêles, plus ou moins divergents. Sépales longs de 1 ½ ligne, munis de 3-5 bandelettes.
Pétales longs de 2 lignes. Androphores linéaires-liguliformes ,
poilus, triandres. Squamules hypogynes oblongues, obtuses. Baies
de la grosseur d'un Pois, d'un violet-noirâtre à l'état sec.

Cette espèce croît à Madagascar.

PSOROSPERME DISCOLORE. — *Psorospermum discolor* Spach ,
l. c. p. 160. — *Haronga revoluta* Chois. in De Cand.
Prodr.

Feuilles obovales, ou elliptiques-obovales , ou obovales-oblongues, ou elliptiques, très-obtuses, échancrées, ou rétuses,
cunéiformes à la base, subcoriaces, très-entières, pétiolées,
vertes et comme chagrinées en dessus, blanches en dessous et
cotonneuses à la côte ainsi qu'aux nervures. Cymes multiflores,
denses, longuement pédonculées, à 2-5 rayons subtrichotomes.
Sépales oblongs, ou ovales-oblongs, obtus, plus ou moins cotonneux de même que les pédicelles. Pistil aussi long que le
calice, un peu plus long que les étamines ; styles plus longs que
l'ovaire. Baies subglobuleuses, plus grandes que le calice.

Rameaux blanchâtres , nus , dichotomes. Ramules florifères
terminaux , ou subterminaux aux aisselles des anciennes feuilles ,
grêles , très-simples , longs de 1 à 6 pouces. Feuilles longues de
1 à 4 pouces, larges de 6 à 18 lignes, subrévolutées aux bords,
penninervées, non-réticulées : les jeunes couvertes aux 2 faces
(ainsi que les ramules, les pétioles, les pédicelles et les calices)
d'un duvet ferrugineux-laineux. Pétiole long de 2 à 5 lignes.
Cymes larges de 4 à 6 lignes ; pédoncule long de 6 à 15 lignes ;
pédicelles longs de 3 à 4 lignes. Sépales longs de 1 ½ ligne ,
munis de 4 à 6 bandelettes. Pétales longs de 2 lignes, larges
de ¾ de ligne. Androphores triandres, linéaires-liguliformes ,
poilus. Squamules hypogynes linéaires-spathulées, obtuses, d'un

pourpre-noirâtre. Baies d'un pourpre-violet, de la grosseur d'un Pois.

Cette espèce croît à Madagascar.

B. *Androphores 5-andres; anthères rétuses, non-glanduleuses au sommet.*

PSOROSPERME FÉBRIFUGE. — *Psorospermum febrifugum* Spach, l. c. p. 163.

Feuilles elliptiques, ou elliptiques-obovales, ou oblongues-obovales, ou spathulées-obovales, ou lancéolées-obovales, rétuses, ou subacuminées, arrondies à la base, subsessiles, discolorés, lisses, très-coriaces, très-entières, glabres en dessus, pubescentes en dessous aux nervures : les jeunes cotonneuses-ferrugineuses ainsi que les ramules, les pédoncules et les calices. Cymes denses, dichotomes, courtement pédonculées. Sépales ovales-oblongs, ou ovales-lancéolés, pointus, un peu plus longs que les étamines, de moitié plus courts que les pétales. Baies ellipsoïdes.

Rameaux grisâtres. Ramules opposés, ordinairement bifurqués au sommet. Ramules florifères courts. Feuilles longues de 12 à 30 lignes, larges de 6 à 12 lignes, d'un vert foncé en dessus, blanchâtres en dessous; pétiole long à peine de $^{1}/_{2}$ ligne. Cymes larges de 5 à 10 lignes, 7-25-flores : pédoncule commun long de 3 à 5 lignes; pédicelles longs de 2 à 3 lignes, dichotoméaires et en ombelle. Sépales longs de 1 $^{1}/_{2}$ ligne, larges de $^{1}/_{2}$ ligne à $^{3}/_{4}$ de ligne, marqués de 3 à 6 bandelettes. Pétales dressés, révolutés au sommet, lancéolés, fortement barbus à la face antérieure, d'un jaune orange, longs de 2 $^{1}/_{2}$ lignes, larges de $^{3}/_{4}$ de ligne. Androphores barbus, filiformes, d'un pourpre noirâtre, un peu plus longs que le pistil. Squamules subspathulées, bifides au sommet, 2 fois plus courtes que l'ovaire, de même couleur que les androphores. Styles un peu plus longs que l'ovaire. Baie longue d'environ 3 lignes, obtuse, d'un violet noirâtre.

Cette espèce croît dans le royaume d'Angola, où on lui attribue des propriétés fébrifuges.

SECTION II.

Androphores 5-9-andres; filets plurisériés : les inférieurs très-courts; anthères non-glanduleuses au sommet. Pétales inappendiculés. — Cymes dichotoméaires et terminales, sessiles, ou rarement subpédonculées, trichotomes, subpaniculées, multiflores. Feuilles coriaces, très-entières.

PSOROSPERME DU SÉNÉGAL. — *Psorospermum senegalense* Spach, l. c. p. 164. — *Vismia guineensis* Guill. et Perrott. in Flor. Seneg. v. 1, tab. 13. — *Hypericum guineense* Linn.?

Feuilles lancéolées-oblongues, ou lancéolées-elliptiques, ou lancéolées-obovales, subacuminées, courtement pétiolées : les jeunes cotonneuses-subferrugineuses aux 2 faces (de même que les ramules, pédoncules et calices); les adultes glabres et luisantes en dessus, pubescentes et réticulées en dessous. Sépales ovales ou elliptiques, obtus, presque aussi longs que les étamines, un peu plus courts que le pistil. Styles plus longs que l'ovaire.

Tige haute de 12 à 15 pieds. Rameaux dichotomes ou trichotomes, subdivariqués, le plus souvent feuillés seulement aux bifurcations. Ramules terminaux grêles, comprimés, diphylles au sommet, nus inférieurement. Feuilles longues de 1 '/₂ pouce à 3 pouces, larges de 6 à 20 lignes; pétiole long de 2 à 3 lignes, cotonneux. Cymes tantôt paniculées, tantôt subfastigiées, 2-5-radiées : les dichotoméaires inférieures quelquefois pédonculées; les supérieures sessiles; pédicelles longs de 3 à 6 lignes, le plus souvent divariqués. Sépales à peine longs de 2 lignes, larges de ³/₄ de ligne à 1 ligne, munis de 3 à 5 bandelettes. Pétales longs de 2 '/₂ lignes, larges de 1 ligne. Androphores légèrement poilus. Squamules hypogynes spathulées, quelquefois échancrées. Baie ellipsoïde, d'un pourpre noirâtre.

Cette espèce a été trouvée dans la Sénégambie, par MM. Leprieur et Perrottet.

Genre HARONGA. — *Haronga* Petit-Thou.

Sépales 5, subcoriaces, réfléchis après la floraison. Pétales 5, oblongs, subacuminés, courtement onguiculés, poilus antérieurement, recourbés au sommet, inappendiculés. Androphores 5, filiformes, glabres, 5-andres, persistants ; filets courts, capillaires, terminaux, 1-sériés : l'intermédiaire plus long que les deux latéraux ; anthères minimes, réniformes, rétuses, non-glanduleuses au sommet. Squamules petites, subcoriaces, apprimées. Ovaire petit, subglobuleux, 5-sulqué, 5-loculaire ; ovules géminés ou ternés dans chaque loge, collatéraux, suspendus au sommet de l'angle interne. Styles 5, courts, recourbés au sommet, soudés par la base. Stigmates capitellés. Baie petite, globuleuse, 5-loculaire : sarcocarpe très-mince, séparable de l'endocarpe ; endocarpe testacé, séparable en 5 noyaux 1-ou 2-spermes. Graines rectilignes ou un peu courbées, oblongues, cylindriques, subapiculées aux deux bouts, roussâtres, finement scrobiculées ; radicule obtuse, supère, aussi longue que les cotylédons.

Rameaux florifères simples, ou trifurqués au sommet, feuillés, cylindriques. Feuilles grandes, pétiolées, coriaces, obscurément crénelées, ou subsinuolées, fortement penninervées : les jeunes recouvertes aux deux faces (ainsi que les ramules, les pédoncules, pédicelles et calices) d'une laine ferrugineuse ; les adultes glabres en dessus et ponctuées d'une multitude de vésicules opaques, couvertes en dessous d'un duvet étoilé subferrugineux très-dense. Inflorescences terminales, solitaires, nues, longuement pédonculées, corymbiformes, amples, plurimiflores : rameaux opposés, dichotomes ; pédicelles courts, dressés, raides, en cymules. Fleurs petites : sépales et ovaire parsemés de vésicules noires suborbiculaires ou plus ou moins allongées. Pétales jaunâtres, ponctués.

L'espèce que nous allons décrire constitue à elle seule le genre.

Haronga à panicules. — *Haronga (Arongana) paniculata* Pers. Ench. 2, p. 191. — *Harungana madagascariensis* Lamk. Ill. tab. 645. — Poir. Encycl. 6, p. 314. — *Haronga madagascariensis* Chois. in De Cand. Prodr. 1, p. 541.

Grand arbrisseau. Rameaux d'un brun de Châtaigne : entrenœuds 2 à 4 fois plus courts que les feuilles. Feuilles longues de
3 à 6 pouces, larges de 15 à 30 lignes, d'un vert foncé et comme
chagrinées en dessus, blanchâtres ou roussâtres en dessous, oblongues, ou ovales-oblongues, ou elliptiques-oblongues, ou
ovales, acuminées, cordiformes ou arrondies ou subcunéiformes
à la base ; pétiole long de 5 à 10 lignes. Panicules très-rameuses,
plus ou moins divariquées, atteignant jusqu'à 9 pouces de large,
recouvertes à l'époque de la floraison (ainsi que la face extérieure
des sépales) d'un duvet laineux très-épais et plus ou moins ferrugineux ; pédoncule commun long d'environ 2 pouces, raide,
assez épais ; pédicelles subfasciculés, à peu près aussi longs
que le calice. Sépales oblongs, obtus, 1-nervés, longs de $^3/_4$ de
ligne, larges de $^1/_4$ de ligne. Pétales oblongs, de moitié plus
longs que le calice, larges de $^1/_2$ ligne, recourbés au sommet.
Androphores glabres, plus courts que le calice, bordés de chaque
côté d'une bandelette noire ; filets à peine saillants. Squamules
hypogynes 2 fois plus courtes que l'ovaire, d'un pourpre noir,
spathulées, ou obovales, arrondies au sommet, ou plus souvent
soit échancrées, soit tridentées. Pistil un peu plus court que les
pétales : styles 2 fois plus longs que l'ovaire, soudés à peu près
jusqu'au tiers de leur longueur. Baie rougeâtre, globuleuse, de
la grosseur d'un grain de Poivre ; endocarpe et cloisons jaunâtres,
parsemés de vésicules noires plus ou moins abondantes. Graines
d'un brun de Châtaigne, à peu près aussi longues que la cavité
des loges.

Ce végétal croît à Madagascar (où son nom vulgaire est *Ha-
roungan*), ainsi qu'à l'Ile-de-France. Il en découle un suc-propre
gommo-résineux, dont les naturels de Madagascar tirent parti
pour la teinture.

SECTION II. TRIDÉSMINÉES. — *Tridesmineæ* Spach.

Calice campaniforme, 5-parti ; sépales inégaux, dressés,
persistants : les deux intérieurs presque entièrement re-

couverts par les extérieurs. Pétales non-persistants, ou marcescents, glabres. Étamines persistantes, triadelphes : androphores liguliformes, polyandres, plus longs que les filets, alternes chacun avec une squamule coriace ; filets plurisériés, capillaires, anisométres. Ovaire 3-loculaire, 3-style ; ovules en nombre déterminé ou en nombre indéterminé, ascendants, minimes, prolongés supérieurement en aile membraneuse. Capsule loculicide, ou septicide, 3-loculaire, 3-valve, polysperme, ou oligosperme ; valves persistantes. Graines petites, oblongues, cylindriques, prolongées supérieurement en longue aile membraneuse bordée d'un côté d'une nervure filiforme. Arbrisseaux ou arbres. Rameaux articulés de même que la base des pétioles, des pédoncules et des pédicelles. Feuilles assez grandes, coriaces, ou rarement membranacées, courtement pétiolées, ponctuées d'une multitude de vésicules soit transparentes, soit noires. Point de ramules abortifs aux aisselles des feuilles. Inflorescences terminales, ou axillaires et terminales, ou rarement latérales (aux aisselles des anciennes feuilles sur les ramules de l'année précédente). Pédoncules 1-flores ou plus souvent pluriflores, non-bractéolés. Sépales striés (ainsi que les pétales) de bandelettes semi-diaphanes ou opaques. Corolle jaune, ou rougeâtre, ou blanche, de grandeur médiocre. Ovaire légèrement bosselé de vésicules.

Genre TRIDÉSMIS. — *Tridesmis* Spach.

Sépales 5, subcartilagineux : les 3 extérieurs convexes, subopaques ; les 2 intérieurs planes, semi-diaphanes, plus petits que les 3 extérieurs. Pétales 5, non-persistants, spathulés, onguiculés, munis d'un appendice 3-lobé. Androphores 3, glabres, filamentifères presque dès leur milieu ; anthères suborbiculaires, subpersistantes, échancrées aux 2 bouts, non-glanduleuses. Squamules minimes, subulées. Ovaire trigone, 3-loculaire, multiovulé ; ovules ascendants, imbriqués, attachés à un axe central filiforme, bisériés dans chaque loge. Styles 3, filiformes, dressés, plus longs que l'ovaire. Stigmates bilobés! pubérules aux bords. Capsule ligneuse, 3-loculaire, loculicide! 3-valve, polysperme; valves presque planes, bifides au sommet; cloisons épaisses, placentifères. Graines (d'après les notes de Labillardière) imbriquées.

Arbrisseaux (ou arbres?). Rameaux subdichotomes, cylindriques, complètement dépouillés des anciennes feuilles à l'époque de la floraison. Ramules anguleux. Feuilles nonpersistantes (les nouvelles se développant à la même époque que les fleurs, mais de bourgeons différents et toujours terminaux), membranacées, subsinuolées, ou sinuolées-denticulées, penninervées, réticulées, ponctuées d'une multitude de vésicules transparentes (du moins sur les jeunes feuilles). Inflorescences nues, latérales (aux aisselles des feuilles déjà tombées, sur les ramules de l'année précédente). Pédoncules en ombelle, ou rarement soit solitaires, soit géminés, uniflores, dressés. Sépales striés de bandelettes semi-diaphanes très-fines. Pétales striés de veinules (résineuses) divergentes.

Ce genre diffère par son inflorescence de toutes les autres Hypéricacées connues. Outre l'espèce dont nous allons donner la description, il faut encore y rapporter l'*Elodea formosa* de M. Jack.

TRIDESMIS FAUX-OCHNA. — *Tridesmis ochnoides* Spach, Monogr. Hyperic. ined. — *Hypericum biflorum* Chois. in De Cand. Prodr. 1, p. 546? (1) (non Desrouss.)

Rameaux ligneux; écorce grisâtre, rugueuse, résineuse. Ramules grêles : les florifères nus. Feuilles longues de 1 pouce à 3 pouces, larges de 5 à 15 lignes, glabres, oblongues, ou elliptiques-

---

(1) Le savant auteur des Hypéricinées, dans l'ouvrage cité, paraît avoir eu sous les yeux la même plante que la nôtre, parce qu'il l'indique comme originaire de Bouton; mais il se trompe quant au synonyme de l'Encyclopédie méthodique, et surtout en transplaçant l'île de Bouton en Chine : « *Crescit in China ad fretum Bouton.* »

oblongues, ou lancéolées-oblongues, ou lancéolées-obovales, acuminées, ou pointues, ou arrondies au sommet et mucronées; pétiole
long de 2 à 4 lignes. Ombelles simples, 2-6-flores. Pédoncules
subisométres, ou anisométres, grêles, longs de 3 à 6 lignes.
Sépales très-obtus: les extérieurs elliptiques-oblongs, ou ovales-
oblongs, longs de 2 à 2 ¹/₂ lignes, sur 1 à 1 ¹/₄ de ligne de large;
les intérieurs oblongs, un peu plus courts et à peu près du tiers
moins larges que les extérieurs. Pétales longs de 5 à 6 lignes,
larges de 1 ¹/₂ à 2 lignes vers leur sommet, obovales-spathulés,
ou oblongs-spathulés, obtus, striés de veinules brunâtres. Androphores à peu près aussi longs que le calice, 20-3o-andres;
filets saillants. Pistil débordant les étamines, un peu plus court
que les pétales; styles presque 3 fois plus longs que l'ovaire.
Capsule longue d'environ 6 lignes, brunâtre, un peu rugueuse,
oblongue; valves larges de 2 lignes.

Cette espèce a été trouvée par M. de Labillardière à l'île de
Bouton.

Genre ANCISTROLOBE. — *Ancistrolobus* Spach.

Sépales 5, subcoriaces : les 3 extérieurs opaques, convexes;
les 2 intérieurs semi-diaphanes, planes, plus courts mais plus
larges que les extérieurs. Pétales 5, subpersistants, spathulés,
inappendiculés. Androphores 3, glabres, filamentifères presque dès la base; anthères subréniformes. Squamules obovales, assez grandes, recourbées au sommet. Ovaire ovoïde;
3-sulqué, 3-loculaire : loges 5-6-ovulées; ovules obliquement dressés, attachés vers la base de l'angle central. Styles 3, courts, divergents, filiformes, épaissis au sommet. Stigmates subcapitellés, papilleux. Capsule coriace, oblongue,
subcylindrique, apiculée par les styles, 3-loculaire, loculicide!
3-valve : loges oligospermes; cloisons cartilagineuses, assez
épaisses; axe nul. Graines ascendantes, à peine scrobiculées,
beaucoup plus petites que leur aile; embryon mince, cylindrique : radicule courte, infère; cotylédons subfoliacés, linéaires, oncinés! aussi longs que la radicule.

Arbrisseau (ou peut-être arbre) très-glabre. Rameaux cy-

lindriques. Ramules anguleux ou ancipités. Feuilles subcoriaces, très-entières, courtement pétiolées, subrévolutées
aux bords, ponctuées (surtout en dessous) d'une multitude
de très-petites vésicules noires, bordées en dessous d'une ran-
gée de vésicules de même nature, mais plus grosses que les
autres. Pédoncules axillaires et terminaux, courts, 1-5-flo-
res ; pédicelles courts, ordinairement en cymule. Sépales et
pétales munis de bandelettes subclaviformes, assez épaisses,
d'un pourpre noirâtre. Corolle d'un jaune orange (du moins
à l'état sec).

Outre l'espèce que nous allons décrire, il paraît qu'il faut
encore rapporter à ce genre le *Hypericum cochinchinense*
Lour., l'*Elodea sumatrana* Jack (in Hook. Journ. of Bot. 4,
p. 372), et peut-être quelques autres *Hypericum* des auteurs.

ANCISTROLOBE A FEUILLES DE TROÊNE. — *Ancistrolobus li-
gustrinus* Spach, Monogr. Hyper. ined. — *Hypericum biflorum* Desrouss. in Lamk. Encycl. v. 4, p. 170? — *Hypericum
chinense* Retz. Obs. ?

Rameaux des années précédentes nus, grisâtres. Jeunes rameaux grêles, rougeâtres, feuillés, ordinairement munis de ramules axillaires également feuillés et 2 à 4 fois plus longs que
les feuilles raméaires. Feuilles longues de 10 à 30 lignes, larges
de 6 à 12 lignes, lancéolées, ou lancéolées-elliptiques, ou lancéolées-oblongues, acuminées aux 2 bouts, très-finement penninervées, d'un vert clair en dessus, d'un vert très-pâle en dessous ; pétiole long de 1 à 2 lignes. Pédoncules (le plus souvent
aux aisselles de toutes les feuilles ramulaires) longs de 2 à 4
lignes : les axillaires ordinairement 2-ou 3-flores ; les terminaux
3-ou 5-flores ; pédicelles plus courts que le calice. Sépales très-
obtus, longs de 2 ¹/₂ à 3 lignes : les extérieurs elliptiques-oblongs, brunâtres, larges de 1 ligne à 1 ¹/₄ de ligne ; les intérieurs
elliptiques-obovales, ou cunéiformes-obovales, larges de près de
2 lignes. Pétales oblongs-spathulés, arrondis au sommet, longs
de 4 lignes, larges de 1 ¹/₂ ligne vers leur sommet. Étamines
un peu saillantes ; andropbores rougeâtres, 30 - 40 - andres.

Squamules hypogynes de même couleur que les androphores,
presque aussi longs que l'ovaire. Pistil un peu plus court
que le calice : styles presque 3 fois plus courts que l'ovaire.
Capsule de moitié plus longue que le calice, brunâtre, obtuse,
parsemée de vésicules peu saillantes ; valves larges de 1 ¹/₂
ligne, légèrement convexes au dos. Graines d'un brun noirâtre,
longues (l'aile non comprise) de 1 ¹/₂ ligne; aile oblongue-
obovale, oblique, semi-diaphane, roussâtre, aussi longue que
la loge, finement alvéolée à la loupe.

Cette espèce croît en Chine, aux environs de Macao.

Section III. ÉLODÉINÉES. — *Elodeineæ* Spach.

Calice campaniforme, 5-parti : sépales presque égaux, dressés, persistants, imbriqués par les bords. Pétales caducs ou
marcescents, glabres. Étamines persistantes, triadelphes :
androphores liguliformes ou filiformes, oligandres, ou
rarement polyandres, plus longs que les filets (par exception courts), alternes chacun avec une glande charnue,
ou avec une squamule soit coriace, soit pétaloïde. Ovaire
1- ou 3-loculaire, multiovulé; ovules horizontaux, bisériés sur chaque placentaire. Styles 3, libres. Capsule
chartacée, 1- ou 3-loculaire, septicide, 3-valve, polysperme; valves et placentaires persistants après la déhiscence. Graines petites, cylindriques, apiculées aux 2 bouts,
scrobiculées, rectilignes, ou peu arquées : embryon cylindrique, rectiligne ; radicule beaucoup plus longue que
les cotylédons.

Herbes vivaces, ou arbuscules touffus. Rameaux incomplètement articulés. Feuilles coriaces ou membranacées, sessiles, ou subsessiles, ponctuées d'une multitude de vésicules transparentes. Inflorescences terminales, ou axillaires
et terminales (très-souvent sur des ramules axillaires),
ou rarement dichotoméaires, bractéolées. Pédoncules le
plus souvent dichotomes ou trichotomes, 2-bractéolés

aux bifurcations. Sépales striés (ainsi que les pétales et
la capsule) de bandelettes semi-diaphanes. Corolle jaune
ou rougeâtre, de grandeur médiocre. Anthères couronnées par une glandule transparente ou semi-diaphane.

Genre ÉLODÉA. — *Élodea* Adans. Pursh. (non Michx.)

Sépales 5, subcoriaces, un peu membraneux aux bords, striés,
un peu plus longs que les étamines. Pétales non-persistants,
subspathulés, presque dressés, inappendiculés. Androphores
3, triandres, liguliformes, ou plus courts que les filets, alternes chacun avec une squamule subcoriace, entière; filets
terminaux, linéaires-filiformes, subulés au sommet : l'intermédiaire de chaque androphore un peu plus long que les 2
latéraux; anthères réniformes-orbiculaires, minimes. Ovaire
3-loculaire. Styles dressés ou divergents, filiformes. Stigmates minimes, tronqués, pubérules. Capsule membranacée,
oblongue, trisulquée; placentaires 3, filiformes, d'abord
connés en axe central, libres après la déhiscence. Graines
minimes, très-finement scrobiculées.

Herbes vivaces, très-glabres, ordinairement rameuses. Tiges et rameaux cylindriques. Rameaux simples : tous florifères. Feuilles sessiles, ou amplexicaules, ou courtement
pétiolées, arrondies au sommet, ordinairement rétuses, assez grandes, minces, penniveinées, légèrement glauques en
dessous, ponctuées. Inflorescences partielles de chaque rameau soit axillaires et terminales, soit terminales ou subterminales, aphylles, pédonculées, ordinairement en cymule,
quelquefois en panicule. Pédoncules 1-3-flores, ou pluriflores soit dichotomes, soit trichotomes, raides, dressés, grêles,
toujours plus courts que les feuilles, quelquefois à peine aussi
longs que les pédicelles; pédicelles terminaux et bifurcations dibractéolés. Bractéoles petites, linéaires-subulées.
Fleurs petites. Sépales finement 5- ou 7-nervés. Pétales imbriqués en forme de coiffe après la floraison, rougeâtres,
striés, ponctués de vésicules jaunâtres. Graines oblongues,
rectilignes, brunâtres.

SECTION I.

Androphores 3 à 4 fois plus courts que les filets.

Feuilles (soit toutes, soit du moins les supérieures de la tige ainsi que des rameaux) amplexicaules et cordiformes à la base. Rameaux non florifères aux aisselles inférieures ; pédoncules (quelquefois tous terminaux) 1-7-flores, plus ou moins allongés (les axillaires ordinairement 3-flores; les terminaux 5-ou 7-flores).

a) *Feuilles toutes ou presque toutes cordiformes à la base et amplexi-*
caules.

ÉLODÉA DE VIRGINIE. — *Elodea virginica* Nuttall ! Gen. — *Elodea campanulata* Pursh, Flor. Amer. Sept. (ex Nuttall.) — *Hypericum virginicum* Linn. — Andr. Bot. Rep. tab. 552 (mala).

Feuilles oblongues, ou elliptiques-oblongues, ou ovales-oblongues, ou ovales-elliptiques, ou elliptiques, rétuses, ou échancrées, ou subapiculées. Sépales oblongs-linéaires, ou oblongs-lancéolés, ou linéaires-lancéolés, pointus. Pétales lancéolés-elliptiques, acuminés, du tiers plus longs que le calice. Styles à peu près aussi longs que l'ovaire.

Racines grêles, rameuses, un peu rampantes, garnies de fibres menues. Tige simple dans sa moitié inférieure, ou moins souvent soit rameuse presque dès la base, soit presque simple, dressée, ou ascendante à la base, grêle, quelquefois rougeâtre, haute de 1 à 2 pieds; entrenœuds inférieurs ordinairement plus longs que les feuilles; entrenœuds supérieurs plus courts que les feuilles. Rameaux très-grêles, plus ou moins ouverts : les inférieurs 2 à 4 fois plus longs que les feuilles caulinaires; les supérieurs presque semblables aux pédoncules, et garnis seulement d'une ou de deux paires de feuilles assez petites. Feuilles caulinaires longues de 1 à 2 pouces, larges de 6 à 12 lignes. Feuilles raméaires longues de 4 à 15 lignes, larges de 2 à 6 lignes. Pédoncules longs de 2 à 8 lignes. Cymes plus ou moins compactes, ou subpaniculées. Sépales longs de 2 ¹/₂ à 2 ³/₄ lignes, larges de ¹/₃ à ³/₄ de ligne. Écailles hypogynes brunâtres, à peu près aussi longues que les androphores. Étamines un peu plus courtes que les sépales. Pétales longs de 3 ¹/₂ à 4 lignes, larges de 1 ¹/₄ à 1 ¹/₂ ligne au sommet. Capsule longue de 5 à 6 lignes, brunâtre, pointue. Graines très-menues, longues de ¹/₃ de ligne.

Cette espèce croît depuis la Floride jusqu'au Canada.

b) *Feuilles inférieures des tiges et des rameaux non amplexicaules ni cordiformes à la base.*

ÉLODÉA DE DRUMMOND. — *Elodea Drummondii* Spach, in Ann. des Sciences Nat. 2ᵉ série, v. 5, p. 167.

Feuilles profondément échancrées ou rétuses : les caulinaires et raméaires inférieures oblongues-spathulées, sessiles ; les supérieures oblongues, ou elliptiques-oblongues, cordiformes à la base, amplexicaules. Sépales oblongs-linéaires, ou linéaires-lancéolés, pointus. Pétales lancéolés-oblongs, acuminés, du tiers plus longs que le calice. Écailles hypogynes cunéiformes, ou cunéiformes-obovales, tronquées. Styles du tiers plus longs que l'ovaire.

Tige grêle, dressée, haute d'environ 15 pouces, rameuse presque dès la base ; entrenœuds un peu plus courts que les feuilles. Rameaux très-grêles, ascendants, simples, feuillés : les inférieurs beaucoup plus longs que les entrenœuds de la tige. Feuilles caulinaires longues de 2 à 2 ¹/₂ pouces, larges de 6 à 15 lignes (les plus inférieures longues seulement de 12 à 18 lignes, sur 4 à 6 lignes de large) ; les raméaires longues de 1 à 2 pouces (les inférieures également plus petites que les supérieures), larges de 4 à 8 lignes. Pédoncules longs de 3 à 12 lignes, presque filiformes : les axillaires 3-flores ou moins souvent 5-flores ; les terminaux 5-flores ou 7-flores, ordinairement paniculés. Sépales longs de 2 ¹/₂ à 2 ³/₄ lignes, larges de ¹/₄ à ³/₄ de ligne. Pétales longs de 3 ¹/₂ lignes. Étamines à peu près aussi longues que le calice. Pistil un peu plus long que les étamines. Capsule inconnue.

Cette espèce a été trouvée par Drummond en Louisiane.

SECTION II.

Androphores au moins aussi longs que les filets, ou jusqu'à trois fois plus longs.

Feuilles amplexicaules, ou sessiles, ou courtement pétiolées. Rameaux soit florifères à toutes les aisselles, soit florifères seulement au sommet : pédoncules 1-3-flores (très-rarement 5-flores).

a) *Feuilles amplexicaules ou subsessiles. Pédoncules solitaires ou ternés, 1- 3- flores, tous terminaux.*

ÉLODÉA DE FRASER. — *Elodea Fraseri* Spach, l. c. p. 168. —*Elodea canadensis* Fraser fil. musc. in Herbar. Webb.

Feuilles elliptiques, ou obovales-elliptiques, ou elliptiques-oblongues, rétuses, ou échancrées, ou apiculées : les inférieures cordiformes à la base, amplexicaules ; les supérieures arrondies à la base, sessiles. Sépales elliptiques ou oblongs, obtus. Pétales spathulés-obovales, obtus, à peine plus longs que les sépales. Androphores un peu plus longs que les filets. Styles presque 2 fois plus courts que l'ovaire.

Rameaux grêles : entrenœuds à peu près aussi longs que les feuilles. Feuilles (raméaires) longues de 6 à 12 lignes, larges de 3 à 7 lignes. Pédoncules 3-flores, subfastigiés, longs de 2 à 3 lignes. Sépales longs de 1 1/4 de ligne à 2 1/2 lignes, larges de 1/2 ligne. Pétales longs de 2 lignes. Capsule oblongue, pointue, longue de 4 à 5 lignes.

Cette espèce croît au Canada, et probablement aussi aux États-Unis.

ÉLODÉA PAUCIFLORE. — *Elodea pauciflora* Spach, l. c. p. 169. — *Hypericum tubulosum* Walt. Flor. Carol. (ex descript.)

Feuilles elliptiques, ou elliptiques-oblongues, ou ovales, ou ovales-elliptiques, échancrées, cunéiformes ou arrondies à la base, subsessiles. Sépales oblongs, ou oblongs-lancéolés, pointus, ou acuminés. Pétales obovales-spathulés, obtus, un peu

plus longs que le calice. Androphores de moitié plus longs que
les filets, un peu plus longs que le pistil. Styles 3 fois plus
courts que l'ovaire.

Racines grêles, rampantes, garnies de fibres très-menues.
Tige haute de 6 à 12 pouces, dressée, grêle, rameuse; entrenœuds supérieurs plus courts que les feuilles. Rameaux très-
grêles : les supérieurs débordant la tige. Feuilles caulinaires longues de 1 à 2 pouces, larges de 5 à 10 lignes. Feuilles raméaires
longues de 6 à 15 lignes, larges de 4 à 8 lignes. Pédoncules solitaires ou ternés, 1-ou 3-flores, terminaux, presque filiformes,
longs de 1 à 5 lignes. Bractéoles minimes, linéaires-lancéolées.
Sépales longs de 2 lignes, larges de $^1/_2$ ligne à $^3/_4$ de ligne. Pétales longs de 2 $^1/_4$ à 2 $^1/_2$ lignes, larges au sommet de 1 ligne.
Étamines un peu plus courtes que les sépales. Squamules oblongues,
3 fois plus courtes que les androphores. Capsule oblongue-conique, pointue, longue de 5 lignes.

Cette espèce croît aux États-Unis.

b) *Feuilles courtement pétiolées. Rameaux florifères dès leur base.*

ÉLODÉA MULTIFLORE. — *Elodea floribunda* Spach, l. c. p.
169. — *Hypericum petiolatum* Leconte! mnscr. (non Walt.)

Feuilles elliptiques-oblongues, ou oblongues, ou spathulées-
oblongues, rétuses, ou subapiculées, très-courtement pétiolées.
Pédoncules allongés, 2-ou 3-flores. Sépales oblongs, très-obtus.
Pétales spathulés-obovales, très-obtus, de moitié plus longs que
les sépales. Filets presque aussi longs que les androphores. Styles
presque aussi longs que l'ovaire.

Tige grêle, dressée, rougeâtre, haute d'environ 2 pieds, rameuse supérieurement; entrenœuds (du moins à partir de la moitié
supérieure de la tige) plus courts que les feuilles; rameaux très-
grêles, assez ouverts, disposés en panicule subpyramidale : les
inférieurs longs de 4 à 8 pouces, feuillés dans presque toute leur
longueur; les supérieurs à peine plus longs que les feuilles caulinaires, ou quelquefois plus courts et munis d'une seule paire de
feuilles assez petites. Feuilles caulinaires inférieures longues de
3 pouces, sur 1 pouce de large; les supérieures graduellement

plus petites ; celles de la dernière paire longues de 7 lignes, sur 3 lignes de large ; feuilles des rameaux inférieurs atteignant jusqu'à 2 pouces de long, sur 8 lignes de large, mais décroissantes. aussi vers le haut ; feuilles des rameaux supérieurs longues au plus de 6 lignes, sur 2 lignes de large. Pédoncules longs de 2 à 3 lignes. Bractéoles oblongues, ou ovales - oblongues, obtuses. Sépales longs de 2 lignes, larges de $^1/_2$ ligne à $^2/_3$ de ligne. Étamines un peu plus courtes que le calice. Squamules oblongues-obovales, plus courtes que les androphores. Pétales longs de 3 lignes, larges de 1 $^1/_2$ ligne au sommet. Pistil un peu plus long que les étamines. Capsule inconnue.

Cette espèce croît dans le midi des États-Unis.

Élodéa axilliflore. — *Elodea axillaris* Spach, l. c. p. 170. — *Elodea petiolata* Elliot, Sketch. — *Hypericum axillare* Michx ! Flor. Bor. Amer. — *Hypericum petiolatum* Walt. Carol. (ex Elliot.)

Feuilles oblongues, ou spathulées-oblongues, ou obovales-oblongues, échancrées, ou rétuses, ou apiculées, courtement pétiolées. Pédoncules très-courts, subtriflores. Sépales oblongs, ou ovales-oblongs, ou elliptiques-oblongs, très-obtus. Pétales oblongs-spathulés, très-obtus, un peu plus longs que le calice. Androphores 2 à 3 fois plus longs que les filets. Styles 2 fois plus courts que l'ovaire.

Tige haute de 1 à 2 pieds, grêle, rougeâtre, dressée, rameuse ; entrenœuds ordinairement plus courts que les feuilles. Rameaux feuillés, un peu ouverts, longs de 4 à 12 pouces. Feuilles caulinaires longues de 1 $^1/_2$ à 3 pouces, larges de 6 à 12 lignes. Feuilles raméaires longues de 8 lignes à 2 pouces, larges de 3 à 6 lignes. Pétioles longs de 3 à 6 lignes. Pédoncules longs de 1 à 3 lignes (rarement les pédoncules inférieurs du rameau terminal atteignent jusqu'à 6 lignes de long). Fleurs ordinairement en cymules denses. Bractéoles ovales, ou oblongues, obtuses. Sépales longs de 2 lignes, larges de $^3/_4$ de ligne à 1 ligne. Pétales longs de 2 $^1/_4$ à 2 $^1/_2$ lignes, larges de $^3/_4$ de ligne au sommet. Étamines un peu plus courtes que le calice. Squamules

obovales, ou oblongues-obovales, obtuses, beaucoup plus courtes
que les androphores. Ovaire ellipsoïde, trisulqué. Capsule longue
de 3 à 4 lignes, obtuse. Graines longues de $1/3$ de ligne.

Cette espèce croît dans les marécages du midi des États-Unis.

Genre ÉLODE. — *Elodes* Spach.

Sépales 5, submembranacés, 3-nervés, striés, finement ciliolés de glandules stipitées. Pétales 5, persistants, contournés
après la floraison, spathulés-oblongs, munis au dessus de
leur base d'un appendice fimbriolé. Androphores 3, filiformes, 5-andres, alternes chacun avec une squamule pétaloïde
bifide; filets subterminaux, capillaires, anisométres, poilus;
anthères petites, réniformes. Ovaire oblong-conique, 3-gone,
1-loculaire : placentaire 3, filiformes, suturaux. Styles 3,
filiformes, dressés, pubescents vers leur sommet. Stigmates
petits, capitellés, pubérules. Capsule chartacée, oblongue, obtuse, couronnée par les styles, 1-loculaire, 3-valve. Graines
petites, ellipsoïdes, mamelonnées aux 2 bouts, finement
striées et scrobiculées.

Herbe vivace. Feuilles minces, sessiles, ponctuées, finement 5-nervées. Inflorescences cymeuses ou subpaniculées,
dichotomes : pédoncules solitaires, d'abord terminaux, plus
tard latéraux par l'allongement des ramules; pédicelles allongés, grêles. Corolle jaune, épanouie seulement au milieu
du jour. Pétales non-ponctués, striés de veinules résineuses
rougeâtres.

L'espèce suivante constitue à elle seule ce genre :

ÉLODÉA DE MARÉCAGE. — *Elodes palustris* Spach, in Annales
des Sciences Nat., 2ᵉ série, v. 5, p. 171. — *Hypericum Elodes*
Linn. — Engl. Bot. tab. 109.—Schk. Handb. tab. 213.

Tiges procombantes, radicantes, grêles, articulées, cylindriques, fongueuses, longues de 6 à 12 pouces et plus; rameaux
ascendants, couverts (ainsi que les feuilles) de longs poils articulés incanes. [Feuilles longues de 4 à 8 lignes, larges de 3 à
5 lignes, ovales-elliptiques, ou ovales-orbiculaires, obtuses : les

supérieures plus longues que les entrenœuds. Cymes 5-13-flores, lâches, 1 ou 2 fois bifurquées ; pédicelles dichotoméaires et terminaux, ou dichotoméaires et en grappe alterniflore subunilatérale. Bractéoles petites, ovales-lancéolées, semi-diaphanes, bordées de glandules diaphanes pédicellées. Calice à peine long de plus de 1 ligne : sépales elliptiques, ou ovales-elliptiques. Corolle longue de 4 à 5 lignes. Étamines un peu plus longues que les sépales ; filets plus courts que l'androphore. Pistil aussi long que les étamines : styles un peu plus longs que l'ovaire. Capsule d'un brun tirant sur le jaune, un peu plus longue que le calice.

Cette plante croît dans les marais tourbeux, en France, ainsi que dans beaucoup d'autres contrées d'Europe.

Genre TRIADÉNIA.—*Triadenia* Spach. (non Triadenium, Rafin.)

Sépales 5, convexes, striés, obtus. Corolle persistante, subcampaniforme : pétales 5, spathulés-oblongs, obtus, dressés inférieurement, recourbés supérieurement et imbriqués par les bords, munis d'un appendice linéaire-cuculliforme, un peu charnu. Androphores 3, linéaires, 9-15-andres, connivents au sommet, planes antérieurement, carénés postérieurement, alternes chacun avec une glande ovoïde charnue : filets plurisériés, capillaires ; anthères didymes, réniformes. Ovaire petit, ovoïde, 3-loculaire, profondément 3-sulqué, tricéphale. Styles 3, rectilignes, dressés, ou divergents. Stigmates petits, capitellés. Capsule ovoïde, profondément 3-sulquée, 3-loculaire, chartacée ; placentaires 3, filiformes, d'abord soudés en axe central, finalement libres. Graines très-finement scrobiculées.

Arbuscules très-rameux. Ramules incomplètement articulés, feuillus, obscurément tétragones. Feuilles opposées-croisées, petites, persistantes, un peu charnues, glauques, ponctuées, étalées, ou recourbées, plus longues que les entrenœuds, planes en dessus, carénées en dessous, sans autres nervures que la côte (inapparente à la face supérieure), rétrécies en pétiole épais et très-court. Pédoncules terminaux

(solitaires ou ternés), ou axillaires et terminaux, très-courts,
1-flores, 2-bractéolés soit au sommet, soit plus bas, ou garnis de 2 ou 3 paires de bractées. Bractées assez conformes
aux sépales. Corolle d'un jaune vif; pétales striés : appendice
nectarifère de couleur orange.

Les quatre espèces qui constituent ce genre croissent sur les
côtes et les îles de la Méditerranée; elles paraissent avoir été
confondues par les auteurs sous le nom de *Hypericum œgyptiacum*. Ce sont de petits arbrisseaux à feuillage élégant et
semblable à celui de certains *Mélaleuca.* —Le nom de *Triadénia* fait allusion aux trois glandes réceptaculaires alternes
avec les androphores.

> a) *Pistil presque 2 fois plus court que le calice. Styles 5 fois plus
> courts que l'ovaire.*

Triadénia a petites feuilles. — *Triadenia microphylla*
Spach, in Annales des Sciences Nat., 2ᵉ série, v. 5, p. 173;
tab. 5. — *Hypericum œgyptiacum* Linn. Amœn. 8, p. 323,
fig. 3. — Bot. Reg. tab. 196.

Feuilles ovales, ou ovales-lancéolées, ou lancéolées-elliptiques,
pointues. Sépales ovales, ou elliptiques, 2 fois plus courts que
les pétales, à peu près aussi longs que les androphores. Étamines
saillantes, de moitié débordées par les pétales.

Arbrisseau irrégulièrement rameux, très-touffu, haut de 2 à
3 pieds. Tige dressée, tortueuse, cylindrique, raboteuse. Rameaux presque dressés, anguleux. Ramules très-grêles, longs
de 1 à 4 pouces, simples, ou peu rameux. Feuilles longues de
1 à 3 lignes, larges de ¹/₂ ligne à 1 ¹/₂ ligne. Fleurs le plus souvent axillaires et terminales (en grappe feuillée), portées sur des
pédoncules (ramules abortifs) à peine plus longs que les feuilles
ou plus courts, garnis tantôt de 2 à 4 paires de bractées conformes aux feuilles mais plus petites (les supérieures plus
grandes que les inférieures), tantôt d'une seule paire de bractées
située immédiatement sous le calice; quelquefois les ramules se
terminent soit par une seule fleur subsessile et non-bractéolée,
soit par 3 fleurs dont les 2 latérales seules sont pédonculées et

bractéolées , soit enfin par 2 fleurs courtement pédonculées. Calice souvent rougeâtre, ou d'un vert jaunâtre; sépales longs de 1 ¹/₂ ligne à 2 lignes, larges de ³/₄ de ligne à 1 ¹/₄ de ligne. Corolle longue de 4 lignes , large de 3 lignes. Étamines longues de 2 ¹/₂ à 3 lignes. Capsule oblongue , un peu plus longue que le calice.

Cette espèce, originaire d'Égypte , se cultive souvent dans les orangeries, comme arbuste d'agrément.

TRIADÉNIA A FEUILLES DE THYM. — *Triadenia thymifolia* Spach, l. c. p. 174; tab. 6, fig. **B**.

Feuilles lancéolées-elliptiques, ou lancéolées-oblongues, subobtuses. Sépales oblongs, obtus, 2 fois plus courts que les pétales, plus longs que les androphores. Étamines peu saillantes, presque 2 fois plus courtes que les pétales.

Ramules très-grêles, diffus, allongés, très-simples ou peu rameux, 1-ou pauci-flores. Feuilles très-glauques, en général plus grandes que dans l'espèce précédente (longues de 1 ¹/₂ à 3 ¹/₂ lignes, larges de ¹/₂ à 1 ¹/₂ ligne). Fleurs terminales, solitaires, courtement pédonculées; pédoncules filiformes, plus courts que le calice , munis au sommet de 2 bractées lancéolées-oblongues, étroites, beaucoup plus petites que les sépales. Sépales longs de 2 ¹/₂ lignes , larges de 1 ligne à 1 ¹/₄ de ligne. Pétales longs de 5 lignes, larges de 1 ligne ou un peu plus. Étamines longues d'un peu moins de 3 lignes. Capsule .....

Nous avons décrit cette espèce sur des échantillons récoltés par M. Ph. Barker-Webb, au Jardin d'acclimatation de l'île de Malte.

b) Pistil débordant le calice. Styles plus longs que l'ovaire.

TRIADÉNIA DE WEBB. — *Triadenia Webbii* Spach, l. c. p. 174; tab. 6. fig. A.

Feuilles lancéolées-oblongues , ou lancéolées-elliptiques , ou suboblongues , ou elliptiques , pointues , ou subobtuses. Sépales oblongs , ou elliptiques , presque 3 fois plus courts que les pétales, aussi longs que les étamines. Styles 2 à 3 fois plus longs que l'ovaire.

Arbuscule touffu, haut de ¹/₂ pied. Ramules grêles, sub-1-flores.

Feuilles longues de 1 à 3 lignes, sur 1/2 à 1 1/2 ligne de large. Fleurs terminales, solitaires; pédoncules beaucoup plus courts que le calice, non-bractéolés, ou munis à leur base de 2 bractées submembraneuses, conformes aux feuilles, longues de 1 à 2 lignes. Sépales longs de 2 lignes, sur $^3/_4$ de ligne de large. Pétales longs de 4 à 5 lignes. Androphores un peu plus courts que le calice; filets peu saillants. Pistil long de 3 lignes. Capsule un peu plus longue que le calice. Graines noires, longues de 1/2 ligne.

Cette espèce a été découverte à l'île de Malte, par M. Ph. Barker-Webb; elle existe aussi dans l'herbier d'Orient de Labillardière, mais sans indication précise de localité.

TRIADÉNIA DE SIEBER. — *Triadenia Sieberi* Spach, l. c. p. 175, tab. 6, fig. C. — *Hypericum maritimum* Sieber,! Herb. Cret.

Feuilles elliptiques, ou lancéolées-elliptiques, ou lancéolées-oblongues, pointues, ou obtuses. Sépales elliptiques-oblongs, obtus, 2 fois plus courts que les pétales, de moitié plus longs que les étamines, Styles peu saillants.

Tige basse. Rameaux longs de 5 à 6 pouces, diffus, ou ascendants, ou étalés, grêles; ramules très-grêles, feuillus, courts, 1-flores. Feuilles longues de 1 à 2 lignes, larges de 1/2 ligne à 1 ligne. Fleurs terminales, solitaires, subsessiles, ordinairement accompagnées de 2 bractées conformes aux feuilles, plus courtes que le calice. Sépales longs de 2 lignes, larges de $^3/_4$ de ligne à 1 ligne. Pétales longs de 3 1/2 à 4 lignes, larges de 1 1/4 de ligne. Étamines à peine aussi longues que l'ovaire.

Cette espèce croît à l'île de Candie.

IIe TRIBU. **LES HYPÉRICÉES. —** *HYPERICEÆ* Spach.

Pétales inéquilatéraux ou rarement équilatéraux, souvent contournés en préfloraison, jamais appendiculés ni fo-

véolés. *Étamines (le plus souvent contournées en prefloraison) soit tout-à-fait libres, ou à peine monadelphes par la base, soit soudées en 3 ou 5 (très-rarement 4) androphores très-courts, presque contigus. Squamules ou glandes hypogynes nulles. Capsule septicide ou 3-coque. Graines cylindriques, aptères; cotylédons très-courts, minces; radicule cylindrique, obtuse, jamais repliée sur les cotylédons.*

Rameaux et ramules inarticulés ou incomplètement articulés. Feuilles sessiles ou subsessiles, le plus souvent petites : les caulinaires et raméaires inférieures presque toujours munies à leurs aisselles de ramules stériles ou abortifs. Inflorescences bractéolées ou feuillées. Sépales très-entiers, ou fimbriés, ou denticulés, parsemés de vésicules ponctiformes, ou striés de bandelettes filiformes.

Section I. DROSANTHINÉES. — *Drosanthineæ* Spach.

Calice 5-parti ou 5-fide : sépales fimbriés ou denticulés, persistants, dressés après la floraison, tricostés : une bandelette semi-diaphane de chaque côté de la côte médiane. Pétales équilatéraux, onguiculés, obtus, persistants, réfléchis et contournés après la floraison. Étamines triadelphes, persistantes; androphores 8-20-andres, quelquefois subliguliformes; anthères couronnées par une glandule semi-diaphane. Ovaire 3-loculaire, profondément 5-sulqué, 5-céphale, 3-style; ovules horizontaux ou ascendants, au nombre de 6 à 12 dans chaque loge. Péricarpe à 3 coques chartacées ou membraneuses, striées, par avortement monospermes ou oligospermes, accolées contre un placentaire central soit globuleux, soit 3-cuspidé; non-persistantes (de même que le placentaire). Graines plus ou moins arquées, assez grosses.

Genre ÉRÉMOSPORE. — *Eremosporus* Spach.

Calice 5-parti : sépales presque égaux, denticulés-ciliés.

Pétales 5, obovales-oblongs. Andróphores courts, suboctandres. Ovaire à 5 coques 6-8-ovulées. Styles 5, filiformes, dressés. Stigmates minimes, tronqués. Diérésile à 5 coques monospermes, cymbiformes, subcoriaces, convexes au dos, comprimées bilatéralement, indéhiscentes mais munies antérieurement d'un trou circulaire; placentaire subglobuleux, fongueux. Graines remplissant toute la cavité de chaque coque, submédifixes, presque réniformes, finement réticulées; embryon verdâtre, courbé en fer à cheval : radicule infère.

Herbe vivace, suffrutescente à la base. Feuilles linéaires, ponctuées, un peu charnues, révolutées (du moins à l'état sec). Ramules florifères axillaires et terminaux, courts, subaphylles, formant une panicule terminale assez dense, composée de cymes une ou plusieurs fois bifurquées ; pédicelles 5-angulaires, courts, dichotoméaires et en grappes alterniflores; bractéoles petites, linéaires-lancéolées, planes en dessus, carénées en dessous ; ramules des cymes bimarginés par la décurrence des bractées. Denticules des sépales terminés par une glandule noire.

L'espèce dont nous allons donner la description est la seule que nous connaissions de ce genre.

Érémospore d'Olivier. — *Eremosporus Olivierii* Spach, Monogr. Hyper. ined.

Plante ayant le port du *Hypericum linearifolium*. Tiges hautes de 12 à 18 pouces, grêles, dressées, subcylindriques, rougeâtres, simples mais munies aux aisselles des feuilles inférieures de petits ramules stériles, et vers leur sommet de ramules florifères plus ou moins divergents. Feuilles longues de 5 à 8 lignes (celles des ramules axillaires beaucoup plus petites), plus courtes que les entrenœuds, larges de $^1/_3$ de ligne à $^1/_2$ ligne, glauques, très-entières, obtuses, ou subapiculées, sessiles. Panicule générale (fructifère) longue de 4 à 6 lignes, multiflore, assez dense. Cymes longues de 1 à 2 pouces : ramules plus ou moins divergents; pédicelles fructifères plus courts que les interstices. Sépales longs au plus de 1 ligne, sur $^1/_2$ ligne à $^3/_4$ de ligne de large, ovales, ou ovales-lancéolés, ou sublancéolés, pointus, bordés de denticules sétacés, très-rapprochés, glandulifères au sommet. Pétales longs d'environ 3 lignes (ceux que nous avons pu observer n'étaient pas bien conservés). Péricarpe tout-à-fait semblable par sa forme à celui des Euphorbes, brunâtre, à peine plus long que le calice.

Cette plante, que la structure singulière de son fruit rapproche des Rutacées et des Géraniacées, a été recueillie par Olivier entre Bagdad et Halep.

Genre DROSANTHE. — *Drosanthe* Spach.

Calice profondément 5-fide ; sépales denticulés ou pectinés, presque égaux. Pétales 5, obovales. Androphores liguliformes, courts, polyandres; filets plurisériés; anthères petites, réniformes. Ovaire 3-loculaire, profondément trisulqué, tricéphale; loges 8-10-ovulées; ovules ascendants ou horizontaux. Styles longs, filiformes. Stigmates petits, capitellés. Diérésile à 3 coques oligospermes, membraneuses, subcymbiformes, convexes au dos, ouvertes antérieurement après leur séparation du placentaire; placentaire osseux, ovoïde, 3-cuspidé. Graines arquées, comme veloutées, finement scrobiculées, presque aussi longues que les coques ; embryon conforme à la graine : radicule infère ou centripète.

Herbes vivaces, suffrutescentes à la base. Tiges cylindriques, légèrement bimarginées, simples (mais produisant des ramules abortifs à toutes les aisselles non-florifères) ou rarement rameuses supérieurement. Feuilles glauqués, subcoriacés, sessiles, ou subamplexicaules, révolutées aux bords (du moins à l'état sec), ponctuées de vésicules les unes transparentes, les autres opaques. Inflorescence générale de chaque tige en grappe simple, ou en panicule allongée composée soit de cymules triflores, soit de cymes 3-furquées. Ramules florifères axillaires et terminaux, aphylles, ou rarement feuillés. Fleurs de grandeur médiocre. Denticules ou lanières des sépales couronnés par une glandule noire. Pétales érosés-den-

ticulés au sommet : denticules couronnés par une glandule
noire.

Voici les espèces que nous connaissons de ce genre :

SECTION I.

Calice 5-parti : sépales pectinés de même que les bractées.
Ovules ascendants.

*Inflorescence générale en panicule oblongue ou subpyrami-
dale, composée de cymes 5-7-flores, bifurquées, très-denses
pendant la floraison; pédicelles latéraux très-courts, en
grappe alterniflore; une fleur subsessile dans la bifurcation
de chaque cyme.*

DROSANTHE HISPIDULE. — *Drosanthe hirtella* Spach, Monogr.
Hyper. ined.

Hérissé de poils scabres très-courts. Feuilles sessiles, très-
obtuses : les caulinaires oblongues-linéaires; les ramulaires linéaires, presque imbriquées. Sépales oblongs, ou oblongs-linéaires, pointus, pectinés-pennatifides, pubérules, 2 fois plus
courts que les pétales. Styles 3 fois plus longs que l'ovaire.

Racine ligneuse, rameuse, de la grosseur d'un tuyau de
plume. Tiges grêles, hautes d'environ 1 pied, couvertes (de
même que toutes les parties herbacées de la plante) d'un duvet
roide et blanchâtre; entrenœuds aussi longs que les feuilles, ou
plus longs; ramules stériles tantôt abortifs, tantôt allongés. Feuilles
caulinaires et raméaires longues de 4 à 6 lignes, larges de 1 ¹/₂ ligne à 2 lignes; feuilles ramulaires longues de 1 à 3 lignes, larges
de ¹/₄ à ¹/₂ ligne; les jeunes presque cotonneuses. Sépales longs
de 2 lignes, larges de ¹/₂ ligne à 1 ligne : lanières inégales, linéaires, subulées au sommet, aussi longues ou plus longues que la
lame. Pétales longs de 4 lignes, larges de 1 ¹/₂ ligne au sommet.
Capsule brunâtre, à peu près aussi longue que le calice. Graines
longues de 1 ¹/₄ de ligne, sur ¹/₄ de ligne de diamétre, roussâtres,
arquées aux 2 bouts.

Cette espèce a été trouvée en Perse, par Olivier et Bruguière.

DROSANTHE A SÉPALES FIMBRIÉS. — *Drosanthe fimbriata*
Spach , Monogr. Hyper. ined.

Très-glabre. Feuilles obtuses, ou subapiculées, linéaires. Sépales ovales, ou ovales-oblongs , pectinés-fimbriés, 2 fois plus
courts que les pétales. Styles 3 fois plus longs que l'ovaire.

Tiges hautes de 6 à 12 pouces, dressées, grêles ; garnies aux
aisselles des feuilles inférieures de ramules stériles feuillus.
Entrenœuds à peu près aussi longs que les feuilles. Feuilles
caulinaires et raméaires longues de 4 à 6 lignes, larges de $^1/_3$ à
$^3/_4$ de ligne; feuilles ramulaires 2 à 3 fois plus petites.
Panicule longue de 3 à 4 pouces; ramules plus ou moins divergents, aussi longs que les entrenœuds, ou plus longs. Bractées et
sépales longs de 1 $^1/_4$ à 1 $^1/_2$ ligne. Pétales longs d'environ 3 lignes; lame large de 1 $^1/_2$ ligne. Étamines un peu plus courtes
que les pétales, à peu près aussi longues que le pistil. Fruit inconnu.

Cette espèce a été trouvée par Olivier et Bruguière, entre
Bagdad et Kermanchah.

SECTION II.

Calice profondément 5-fide : sépales finement dentelés. Ovules horizontaux.

Inflorescence générale en grappe simple, ou en panicule ra-
cémiforme composée de cymules triflores. Bractées entières
ou dentelées.

a) *Pédoncules triflores (rarement les inférieurs 1- flores), disposés*
en panicule racémiforme assez dense; pédicelles en cymule. Brac-
tées entières.

DROSANTHE A FEUILLES DE LÉDUM. — *Drosanthe ledifolia*
Spach, Monogr. Hyper. ined.

Feuilles elliptiques ou oblongues, très-obtuses, subamplexicaules, pubérules-glanduleuses aux bords. Sépales elliptiques ou
oblongs, obtus, presque 3 fois plus courts que les pétales. Éta-

mines un peu plus courtes que la corolle, un peu plus longues
que le pistil. Styles à peu près aussi-longs que l'ovaire.

Tiges hautes de 4 à 6 pouces, grêles, touffues ; ascendantes,
glabres, simples, florifères le plus souvent dès leur moitié supérieure. Feuilles longues de 5 à 8 lignes, larges de 1 ¹/₂ ligne à 3
lignes (celles des ramules abortifs linéaires, très-petites, comme
fasciculées; les florales supérieures réduites à de courtes bractées
sublinéaires). Panicule longue de 2 à 4 pouces. Pédoncules (ramules florifères) ascendants, très-grêles : les inférieurs (quelquefois 1-flores et tantôt nus, tantôt garnis de 2 ou 3 paires de
petites feuilles) à peu près aussi longs que les feuilles; pédicelles latéraux courts; pédicelles terminaux presque nuls. Bractées petites, linéaires-oblongues, obtuses, pubérules-glanduleuses
aux bords. Calice long de 1 ¹/₂ ligne; sépales coriaces, larges
de ¹/₄ de ligne à ¹/₂ ligne. Pétales longs de 4 lignes, larges de 2
lignes, ponctués de quelques vésicules noires. Fruit inconnu.

Cette espèce a été trouvée en Perse, par Olivier.

b) *Pédoncules 1-flores, disposés en grappe lâche feuillée. Bractéoles
dentelées.*

Drosanthe Faux-Hélianthème. — *Drosanthe helianthe-
moides* Spach, Monogr. Hyper. ined.

Feuilles obtuses ou subapiculées, linéaires, glabres, sessiles.
Sépales ovales ou ovales-lancéolés, pointus, 3 à 4 fois plus courts
que les pétales. Étamines un peu plus courtes que la corolle, à
peu près aussi longues que le pistil. Styles divariqués, 3 fois
plus longs que l'ovaire.

Tiges hautes de 4 à 6 pouces, dressées, grêles, touffues,
simples. Feuilles longues de 4 à 9 lignes, larges de ¹/₂ ligne à 1
ligne (celles des ramules axillaires beaucoup plus petites, comme
fasciculées), à peu près aussi longues que les entrenœuds; les
florales supérieures petites, bractéiformes. Grappes longues de 2
à 4 pouces, lâches, 7-15-flores; pédoncules opposés : les inférieurs à peu près aussi longs que la feuille florale; bractées opposées, beaucoup plus petites que le calice, oblongues, pointues.
Sépales longs d'environ 1 ligne, sur ¹/₂ ligne à ³/₄ de ligne de large.

Pétales longs de 4 lignes, larges de 2 lignes. Ovaire à peine aussi long que le calice. Styles longs de 2 $^{1}/_{2}$ lignes.

Cette espèce a été observée par Olivier et Bruguière, entre Kermanchah et Hamadan.

SECTION ? III.

Calice campanulé, 5-fide (au plus jusqu'à la moitié) : lobes finement denticulés, ou ciliolés. Androphores sub-12-andres. Ovaire à 5 loges multiovulées : ovules horizontaux. Fruit inconnu.

Herbes vivaces, scabres, suffrutescentes à la base. Tiges obscurément 4-gones, ne produisant dans presque toute leur longueur que des rameaux stériles soit abortifs, soit plus ou moins allongés. Ramules florifères subterminaux, roides, dressés, ancipités, ou 4-gones, fastigiés, nus inférieurement, 2-phyllés ou 2-bractéolés à la première bifurcation. Inflorescence générale corymbiforme, très-dense. Inflorescence de chaque ramule en cyme subtrichotome, ou en corymbe composé de plusieurs cymules soit bifurquées, soit trifurquées : pédicelles dichotoméaires et terminaux, ou dichotoméaires et en grappes unilatérales. Fleurs de grandeur médiocre. Calice petit, membraneux aux bords. Pétales ciliolés au sommet de glandules noires süpitées.

a) *Calice fendu jusqu'au tiers : lobes denticulés sans glandules. — Tiges parsemées de vésicules peu nombreuses et à peine visibles à l'œil nu. Ramules axillaires la plupart courts et indivisés. Styles à peu près aussi longs que l'ovaire.*

DROSANTHE ? A FEUILLES DE HYSSOPE. —*Drosanthe? hyssopifolia* Spach, Monogr. Hyper. ined. — *Hypericum capitatum* Chois. Hyper. tab. 9? (Icon miserrima.)

Tiges presque lisses, ramulifères. Feuilles arrondies au sommet, apiculées : les caulinaires oblongues ou oblongues-lancéolées, 3- ou 5-nervées ; les ramulaires linéaires ou oblongues-linéaires. Lobes calicinaux elliptiques ou ovales-elliptiques, très-obtus, 2 fois plus courts que les pétales. Étamines à peu près aussi longues que les pétales, un peu plus longues que le pistil.

Souches ligneuses, multicaules, de la grosseur d'un tuyau de plume d'oie. Tiges dressées ou ascendantes, assez grêles, hautes de 8 à 12 pouces; entrenœuds à peu près aussi longs que les feuilles ou un peu moins longs; ramules axillaires très-feuillus : les inférieurs ordinairement plus courts que les feuilles caulinaires; les supérieurs 2 à 4 fois plus longs et produisant souvent eux-mêmes des ramules axillaires abortifs. Feuilles légèrement glauques : les caulinaires longues de 1 ½ à 4 lignes; les ramulaires longues de 2 à 5 lignes, larges de ¼ à 1 ½ ligne. Corymbes atteignant jusqu'à 3 pouces de large. Bractéoles longues d'environ 1 ligne, sur ¼ de ligne de large, submembranacées, 2- ou 3-nervées, linéaires, obtuses, ou pointues, subdenticulées au sommet. Calice long de près de 2 lignes, d'un jaune brunâtre : côtes saillantes, presque contiguës. Pétales longs de 4 lignes, sur 1 ½ ligne de large au sommet. Fruit inconnu.

Cette plante a été trouvée par Olivier et Bruguière, entre Kermanchah et Hamadan.

b) *Calice fendu jusqu'au milieu ou un peu au delà : lobes ciliolés au sommet de glandules noires stipitées. Styles 2 fois plus longs que l'ovaire. — Tiges et rameaux parsemés d'une multitude de glandules scabres, verruciformes, très-visibles à l'œil nu.*

DROSANTHE? SCABRE. — *Drosanthe? scabra.* Spach Monogr. Hyper. ined.— *Hypericum scabrum* Linn. (ex Synonym. Tournefort.)

Tiges très-scabres, rameuses, presque nues au sommet. Feuilles glauques, un peu scabres, arrondies au sommet, très-obtuses, ou subapiculées : les caulinaires oblongues, 3-nervées; les florales ovales-oblongues, ou ovales; les raméaires linéaires ou oblongues-linéaires, 1-nervées; les ramulaires linéaires ou elliptiques-linéaires, presque imbriquées. Calice presque 3 fois plus court que la corolle : lobes elliptiques, très-obtus. Étamines un peu plus longues que les pétales, un peu plus courtes que le pistil.

Tiges hautes de 1 à 1 ½ pied, cylindriques, striées, grêles,

dressées, ou ascendantes, rameuses presque dès la base, parsemées
(ainsi que les rameaux et ramules) d'une multitude de glandules
jaunâtres ; entrenœuds inférieurs à peu près 2 fois plus longs que
les feuilles ; entrenœuds supérieurs non-florifères beaucoup plus
longs que les feuilles. Rameaux très-grêles (quelquefois filiformes), plus ou moins ouverts (quelquefois presque horizontaux),
longs de 1 à 4 pouces (accrescents de la base de la tige jusque vers
son milieu, puis décrescents jusqu'au sommet); le plus souvent
ramulifères à toutes les aisselles ; entrenœuds ordinairement aussi
longs que les feuilles , ou quelquefois 2 à 3 fois plus longs. Ramules plus ou moins feuillus, tantôt très-courts, tantôt aussi longs
que les feuilles raméaires ou même jusqu'à 3 fois plus longs.
Feuilles glauques, ponctuées : les caulinaires longues de 3 à 8 lignes, larges de 1 à 2 lignes (les florales supérieures très-petites,
bractéiformes) ; feuilles raméaires longues de 3 à 6 lignes, larges
de ¹/₂ ligne à 1 ligne; feuilles ramulaires longues de 1 à 2 lignes,
larges de ¹/₄ de ligne à ¹/₂ ligne, tantôt un peu écartées, tantôt presque imbriquées ou comme fasciculées. Corymbe large de 1 à 2
pouces. Bractéoles ovales ou ovales-lancéolées, petites, ciliolées au
sommet. Calice à peine long de plus de 1 ligne, large de 2 lignes,
vert. Pétales longs de 3 lignes, larges de 1 ¹/₂ ligne au sommet,
d'un jaune vif, ciliolés au sommet de glandules noires.

Cette plante croît en Arménie.

Section II. HYPÉRINÉES. — *Hyperineæ* Spach.

Calice 5-parti ou 5-fide : sépales très-entiers, ou fimbriés, ou
   denticulés, dressés après la floraison (par exception réfléchis), le plus souvent parsemés de vésicules ponctiformes.
   Pétales inéquilatéraux, ou rarement équilatéraux, marcescents, contournés après la floraison souvent parsemés ou
   bordés de vésicules noires soit ponctiformes, soit plus ou
   moins allongées. Étamines persistantes, triadelphes. Androphores 5-30-andres, très-courts. Anthères couronnées par
   une glandule le plus souvent noire. Ovaire 3-loculaire (par

exception 4-loculaire), multiovulé : ovules 2-4-sériés dans chaque loge, horizontaux. Styles 3 (rarement 4), libres. Capsule coriace, ou chartacée, ou cartilagineuse, très-finement striée de bandelettes, ou moins souvent bosselée de vésicules glanduliformes, 3-loculaire, 3-valve, septicide, polysperme; placentaire central, trigone, indivisé, persistant de même que les valves; cloisons membraneuses. Graines rectilignes ou légèrement arquées.

Herbes, ou rarement sous-arbrisseaux.

Genre MILLEPERTUIS. — *Hypericum* (Linn.) Spach.

Calice 5-parti : sépales presque égaux, ou inégaux, très-entiers, ou ciliolés-denticulés, ou fimbriés, dressés après la floraison (par exception réfléchis). Pétales lancéolés-obovales ou lancéolés-oblongs, marcescents (excepté dans le *Hypericum empetrifolium*). Androphores 5-30-andres; anthères cordiformes - orbiculaires, ou réniformes, glandulifères. Ovaire 3-loculaire; ovules 2- ou 4-sériés dans chaque loge. Styles 3 (par exception 4), filiformes, divergents, subrectilignes. Stigmates petits, tronqués, ou subglobuleux. Capsule cartilagineuse, ou chartacée, ou rarement coriace, striée, ou bosselée, ou verruqueuse, 3-sulquée, ou comme 3-coque, 3-loculaire, 3-valve, polysperme; placentaire grêle ou pyramidal. Graines scrobiculées, ou chagrinées, ou striées (rarement papilleuses ou réticulées), subrectilignes.

Herbes vivaces, ou rarement sous-arbrisseaux. Feuilles petites ou de grandeur médiocre, sessiles, ou amplexicaules, très-entières (rarement subdenticulées-ciliolées), ponctuées de vésicules transparentes, souvent en outre parsemées ou bordées (surtout en dessous) de vésicules noires. Inflorescences axillaires et terminales, ordinairement paniculées ou cymeuses; pédicelles latéraux, ou dichotoméaires et latéraux, ou rarement subterminaux, très-courts. Fleurs ordinairement de grandeur médiocre. Sépales ponctués de vésicules, ou rarement striés de bandelettes subdiaphanes, souvent bordés de vésicules noires orbiculaires, quelquefois aussi parsemés de vésicules noires plus ou moins allongées : dents, ou cils, ou lanières le plus souvent couronnés d'une glandule concave (ordinairement noire ou d'un pourpre noirâtre). Pétales ordinairement inéquilatéraux, presque toujours ou bordés d'une série de vésicules noires poncti- formes, ou ciliolés de glandules noires substipitées, ou par- semés de vésicules noires plus ou moins allongées. Capsule striée de bandelettes très-fines, ou moins souvent bosselée de vésicules soit éparses, soit rangées par séries longitu- dinales.

Dans les limites que nous lui assignons, ce genre renferme environ cinquante espèces, dont voici les plus remarquables :

Section I.

Feuilles opposées, très-entières. Sépales très-entiers, dressés et non-imbriqués après la floraison. Capsule chartacée, finement striée d'une multitude de bandelettes longitudi- nales.

A. *Androphores 5-7-andres. Sépales assez inégaux. Tiges pauciflores, diffuses. — Feuilles et sépales fort peu ponc- tués. Inflorescence terminale très-lâche, paniculée, ou cy- meuse, dichotome ; inflorescences axillaires nulles ou peu nombreuses, 1-ou 2-flores ; pédicelles filiformes, allongés ; bractées grandes, foliacées.*

Millepertuis diffus. — *Hypericum humifusum* Linn. — Engl. Bot. tab. 1226. — Flor. Dan. tab. 141. — *Hypericum Liotardi* Vill. Delph. tab. 44.

Feuilles oblongues, ou elliptiques, ou ovales-oblongues, ob- tuses, subpétiolées, glabres, penninervées. Sépales oblongs ou elliptiques-oblongs, obtus, à peine plus courts que les pétales, aussi longs que les étamines. Styles un peu plus longs que l'o- vaire.

Herbe multicaule, diffuse. Tiges très-grêles, feuillues, lon- gues de 2 à 6 pouces. Feuilles longues de 2 à 6 lignes, glauques en dessous, parsemées (ainsi que les sépales) de quelques points transparents et quelquefois aussi d'un petit nombre de vésicules noires. Cymes ou panicules 3-9-flores. Sépales longs de 1 ½ ligne à 3 lignes, larges de ½ ligne à 1 ligne. Pétales lancéolés-oblongs, d'un jaune très-pâle. Pistil un peu plus long que les étamines. Capsule ovale, à peu près aussi longue que le calice. Graines minimes, très-nombreuses.

Cette espèce, commune dans presque toute l'Europe, croît de préférence dans les terrains sablonneux légèrement humides.

B. *Androphores* 10-25-*andres. Sépales presque égaux. — Tiges multiflores, dressées, rameuses. Feuilles et sépales abondamment ponctués de vésicules transparentes. Ramules florifères axillaires et terminaux; pédicelles courts; bractées petites.*

a) *Tiges suffrutescentes, très-rameuses dès la base : rameaux et ramules divariqués; tous les ramules florifères. Inflorescences partielles terminales, paniculées, bifurquées, divariquées, 5-7-flores. Calice minime.*

MILLEPERTUIS CRÉPU. — *Hypericum crispum* Linn. — Bocc. Mus. tab. 12.

Ramules tétragones, ponctués de noir. Feuilles subobtuses, sessiles, amplexicaules, glabres, ondulées, petites, subtriner-vées : les raméaires ovales, ou ovales-oblongues, ou ovales-lancéolées; les ramulaires oblongues ou oblongues-lancéolées. Sépales elliptiques ou oblongs, obtus, beaucoup plus courts que la corolle. Étamines presque aussi longues que la corolle, un peu plus longues que le pistil : androphores subdécandres. Styles 2 fois plus courts que l'ovaire. Capsule ovoïde, beaucoup plus longue que le calice.

Tiges grêles, fermes, cylindriques, touffues, hautes de 6 à 18 lignes. Rameaux très-rapprochés, disposés en panicule pyramidale : les inférieurs atteignant quelquefois près de 1 pied de long; ramules très-grêles, feuillus, ordinairement trichotomes au sommet. Feuilles fermes, d'un vert glauque, crépues surtout vers leur base, parsemées en dessous (outre les points transpa-

rents) de quelques vésicules noires : les caulinaires longues de
3 à 5 lignes, sur environ 2 lignes de large ; les raméaires et
ramulaires 2 à 3 fois plus petites. Sépales longs de $^3/_4$ de ligne,
étalés pendant la floraison. Pétales longs d'environ 4 lignes, sur
1 ligne de large vers leur sommet, obovales-oblongs, obtus,
entiers, non-glanduleux, étalés pendant l'anthèse, contournés
et convolutés mais non-imbriqués après la floraison. Bractéoles
minimes, presque subulées. Capsule longue de 2 $^1/_2$ à 3 lignes.
Graines brunes, finement scrobiculées, 1-sériées dans chaque
loge.

Cette espèce, très-caractérisée par son port touffu et divariqué,
croît dans les contrées voisines de la Méditerranée ; on la cultive
quelquefois comme plante d'ornement.

b) *Tiges herbacées, simples inférieurement ou n'y produisant que des
ramules soit stériles, soit abortifs. Inflorescence générale de chaque
tige corymbiforme ou pyramidale. Inflorescence de chaque rameau
cymeuse ou paniculée, assez dense : pédicelles dichotoméaires et
latéraux.*

MILLEPERTUIS QUADRANGULAIRE. — *Hypericum quadran-
gulum* Linn. — *Hypericum dubium* Leers. — Engl. Bot. tab.
296. — *Hypericum maculatum* Crantz. — Allion. Pedem.
tab. 83, fig. 1. — *Hypericum delphinense* Vill. — *Hypericum quadrangulare* Svensk Bot. tab. 359.

Tiges et rameaux quadrangulaires. Feuilles subamplexicaules,
obtuses, sub-5-nervées : les caulinaires elliptiques ou elliptiques-
obovales ; les raméaires oblongues, ou elliptiques-oblongues, ou
obovales-oblongues. Inflorescences subpaniculées ou fastigiées.
Sépales oblongs, ou oblongs-lancéolés, ou ovales-lancéolés,
mucronés, 3-ou-5-nervés, 3 à 4 fois plus courts que les pétales.
Étamines du quart plus courtes que la corolle, à peu près aussi
longues que le pistil : androphores sub-25-andres. Styles un peu
plus longs que l'ovaire.

Racine rampante. Tiges hautes de $^1/_2$ à 1 $^1/_2$ pied, tantôt presque simples, tantôt plus ou moins paniculées, parsemées (ainsi
que les rameaux, la face inférieure des feuilles, les sépales et les

pétales) de points noirs (surtout aux angles). Feuilles vertes en dessus, plus ou moins glauques en dessous, minces : les caulinaires longues de 12 à 15 lignes, larges de 5 à 8 lignes ; les raméaires 2 à 3 fois plus petites. Sépales longs de 2 à 2 ¹/₂ lignes, larges de ¹/₂ ligne à 1 ligne. Pétales longs de 5 à 6 lignes, larges de 1 ¹/₂ ligne, lancéolés-oblongs, obtus, striés de bandelettes d'un pourpre noirâtre et plus ou moins allongées. Capsule 2 fois plus longue que le calice, ovoïde, tricéphale, assez grosse. Graines petites, d'un brun clair, finement scrobiculées.

Cette espèce est commune dans presque toute l'Europe, au bord des bois et dans les endroits herbeux humides. On l'emploie en médecine aux mêmes usages que le *Millepertuis commun.*

Millepertuis tétraptère. — *Hypericum tetrapterum* Fries. — Reichenb. Flor. Germ. excurs. — *Hypericum quadrangulare* Smith, Engl. Bot. tab. 370. — Flor. Dan. tab. 640. — De Cand. Flor. Fr.

Tiges et rameaux tétraptères. Feuilles subamplexicaules, très-obtuses, 5-ou 7-nervées : les caulinaires et raméaires elliptiques, ou ovales-elliptiques, ou ovales ; les ramulaires elliptiques-oblongues. Inflorescences très-denses, fastigiées. Sépales oblongs-lancéolés ou linéaires-lancéolés, acuminés, 2 fois plus longs que les pétales. Étamines un peu plus courtes que la corolle, à peu près aussi longues que le pistil : androphores subdécandres. Styles de moitié plus courts que l'ovaire.

Racines rampantes. Tiges hautes de 6 à 12 pouces, plus épaisses que celles du *Millepertuis quadrangulaire,* peu ou point ponctuées de noir, tantôt presque simples, tantôt plus ou moins rameuses : rameaux (du moins les supérieurs) plus ou moins divergents, disposés en corymbe subfastigié. Feuilles longues de 6 à 15 lignes, larges de 3 à 8 lignes, d'un vert clair, bordées en dessous d'une série de points noirs. Pétales longs de 2 ¹/₂ à 3 lignes, d'un jaune clair, peu ou point ponctués de noir, oblongs-obovales, obtus. Capsule 2 fois plus longue que le calice, ovale-conique, triapiculée. Graines petites, d'un brun jaunâtre, finement scrobiculées.

Cette espèce croît dans les mêmes localités que la précédente, avec laquelle on la confond très-souvent.

Section II.

Feuilles opposées, très-entières. Sépales très-entiers, non-imbriqués après la floraison. Capsule cartilagineuse : coques munies de deux bandelettes dorsales; l'espace entre chacune des bandelettes et le rentrement du bord de la coque couvert de vésicules ovoïdes ou claviformes, obliquement transversales, subbisériées.

Androphores 20-25-andres. Sépales presque égaux. — Tiges dressées, très-rameuses dès la base : rameaux disposés en panicule pyramidale ou subpyramidale, la plupart flori-fères. Feuilles ponctuées d'une multitude de vésicules transparentes. Inflorescence de chaque rameau paniculée ou subfastigiée : pédicelles dichotoméaires et terminaux, ou dichotoméaires et latéraux.

MILLEPERTUIS COMMUN. — *Hypericum perforatum* Linn. — Engl. Bot. tab. 295. — Gœrtn. Fruct. tab. 62. — Flor. Dan. tab. 1043. — Svensk Bot. tab. 75. — Turp. in Dict des Sc. Nat., et in Dict. des Sc. Méd. Ic. — Blackw. Herb. tab. 15.

Tiges herbacées, cylindriques, bimarginées. Feuilles sessiles, un peu rétrécies à la base, obtuses, penninervées : les caulinaires et raméaires oblongues ou elliptiques-oblongues; les ramulaires linéaires-oblongues. Sépales oblongs-lancéolés, finement triner-vés, mucronés, 2 fois plus courts que la corolle. Étamines de moitié plus courtes que les pétales, un peu plus courtes que le pistil. Styles de moitié plus longs que l'ovaire.

Racine rampante. Tiges hautes de 1 à 2 pieds, touffues, grêles, bordées (ainsi que les rameaux, les ramules, les sépales et les pétales) de points noirs. Rameaux très-grêles, plus ou moins ouverts, ou ascendants, produisant aux aisselles de presque toutes les feuilles un ramule stérile très-court. Feuilles vertes en dessus, glauques en dessous, minces : les caulinaires et raméaires longues de 6 à 15 lignes, larges de 1 à 6 lignes; les ramulaires longues de 1 à 3 lignes, larges au plus de '7, ligne. Sépales longs de 2 .'7, lignes, larges de '7, ligne à 1 ligne. Pétales longs d'environ 6 lignes, sur 2 lignes de large, d'un jaune vif, obovales-oblongs, obtus. Capsule 2 à 3 fois plus longue que le calice, ovale-pyramidale, triapiculée, brunâtre. Graines noirâtres, luisantes, légèrement chagrinées (à une forte loupe).

Cette espèce, à laquelle s'applique plus spécialement le nom vulgaire de *Millepertuis*, ou *Herbe aux mille pertuis*, est très-commune au bord des champs et des bois, ainsi que dans les prairies sèches. C'était jadis un vulnéraire très-accrédité, et on lui attribuait en outre une foule d'autres vertus médicinales. Quoique peu employée aujourd'hui, elle jouit en effet de propriétés astringentes, emménagogues et vermifuges.

SECTION III.

Feuilles opposées, très-entières. Sépales ciliolés-denticulés (de même que le plus souvent les pétales) ou pectinés: denticules couronnés par une glandule noirâtre concave. Capsule chartacée, finement striée d'une multitude de bandelettes longitudinales. Inflorescences axillaires et terminales.

A. *Tiges paniculées, ou munies aux aisselles non-florifères de ramules stériles. Feuilles ponctuées d'une multitude de vésicules transparentes, mais dépourvues de vésicules noires. Inflorescence générale de chaque tige ou rameau en panicule allongée ou pyramidale. Sépales courtement ciliolés-denticulés.*

a) *Tiges très-rameuses : rameaux florifères supérieurs formant une panicule pyramidale. — Anthères couronnées par une glandule d'un pourpre violet.*

MILLEPERTUIS ÉLÉGANT. — *Hypericum elegans* Steph. — Reichenb. Plant. Crit. 3, fig. 443.

Très-glabre. Tiges cylindriques, finement bimarginées, ponctuées de noir. Feuilles finement veinées, obtuses, semi-amplexi-caules, sessiles, glauques en dessous : les caulinaires ovales-oblongues, ou ovales-lancéolées ; les raméaires oblongues, ou oblongues-lancéolées. Sépales lancéolés ou oblongs-lancéolés, acuminés, finement trinervés, 3 fois plus courts que les pétales. Étamines un peu plus courtes que la corolle, un peu plus longues que le pistil : androphores sub-15-andres. Styles presque 3 fois plus longs que l'ovaire.

Tiges hautes de 1 à 2 pieds, touffues, grêles, dressées : entre-nœuds à peu près aussi longs que les feuilles ; rameaux très-grêles, feuillus : les inférieurs pauciflores ou stériles ; les supérieurs multiflores. Feuilles caulinaires longues d'environ 1 pouce, sur 3 à 4 lignes de large ; feuilles raméaires 2 à 3 fois plus petites, ordinairement plus longues que les entrenœuds. Ramules florifères 1-5-flores, roides, grêles, aphylles ; pédicelles terminaux, ou di-chotoméaires et terminaux. Bractées linéaires-lancéolées, poin-tues. Sépales longs d'environ 2 lignes, sur $^1/_2$ ligne à $^3/_4$ de ligne de large. Pétales longs de 6 lignes, larges de 2 lignes vers leur sommet, oblongs-obovales, bordés de vésicules noires subses-siles. Capsule presque 2 fois plus longue que le calice, ovoïde, triapiculée. Graines d'un brun jaunâtre, chagrinées.

Cette espèce, indigène en Allemagne, en Hongrie, ainsi que dans la Russie méridionale, mérite d'être cultivée dans les par-terres.

b) *Tiges peu rameuses, ou ne produisant dans presque toute leur lon-gueur que de courts ramules stériles. Ramules florifères disposés en panicule allongée. — Anthères couronnées par une glandule jau-nâtre.*

MILLEPERTUIS CHARMANT. — *Hypericum pulchrum* Linn. — Engl. Bot. tab. 1227. — Flor. Dan. tab. 75. — Reichenb. Plant. Crit. 3, fig. 447.

Très-glabre. Tiges grêles, cylindriques, presque nues vers leur sommet. Feuilles obtuses, glauques en dessous : les cauli-naires cordiformes ou cordiformes-oblongues, sessiles ; les ramu-laires oblongues ou elliptiques-oblongues, subpétiolées. Ramules florifères 1-3-flores, beaucoup plus longs que les feuilles. Sépales obovales, très-obtus, trinervés, 3 fois plus courts que les pétales. Étamines un peu plus courtes que la corolle, un peu plus longues que le pistil : androphores sub-15-andres. Styles de moitié plus longs que l'ovaire.

Tiges hautes de 1 à 2 pieds, produisant dans la plus grande partie de leur longueur des ramules axillaires stériles, presque filiformes, plus ou moins allongés; entrenœuds 2 à 6 fois plus longs que les feuilles. Feuilles caulinaires longues de 5 à 8 lignes, larges de 3 à 6 lignes; feuilles ramulaires petites. Panicule générale longue de 2 à 5 pouces : ramules nus ou rarement garnis de 2 ou 3 paires de petites feuilles; pédicelles solitaires, ou géminés, ou en cymule, très-inégaux. Bractées ovales ou ovales-lancéolées. Sépales longs de 1 1/2 ligne, larges de 1/2 ligne à 3/4 de ligne. Pétales longs d'environ 4 lignes, suboblongs. Capsule ovoïde, de moitié plus longue que le calice.

Cette plante est assez commune dans les endroits découverts des bois sablonneux.

MILLEPERTUIS PUBESCENT. — *Hypericum hirsutum* Linn. — Engl. Bot. tab. 1156. — Flor. Dan. tab. 802.

Tiges cylindriques, velues. Feuilles elliptiques, ou oblongues, ou lancéolées-oblongues, subobtuses, nerveuses, courtement pétiolées, pubescentes en dessous. Ramules florifères dichotomes ou trichotomes, 3-12-flores. Sépales linéaires, obtus, mucronés, trinervés, de moitié plus courts que les pétales. Étamines un peu plus longues que la corolle : androphores sub-12-andres. Pistil plus court que la corolle. Styles à peine plus longs que l'ovaire.

Tiges grêles, très-touffues, couvertes d'un court duvet roussâtre un peu crépu; entrenœuds ordinairement à peine plus courts que les feuilles; ramules stériles ordinairement plus courts que les feuilles. Feuilles d'un vert foncé en dessus, pâles en dessous, assez molles : les caulinaires longues de 10 à 20 lignes, larges de 3 à 10 lignes. Panicules générales longues de 3 à 6 pouces, oblongues, assez denses : ramules très-grêles, allongés, roides, nus jusqu'à la première bifurcation. Bractées ciliolées-denticulées.

assez conformes aux sépales. Sépales longs de 1 ¹/₂ ligne, larges de ¹/₄ de ligne à ¹/₂ ligne. Pétales longs de 2 ¹/₂ à 3 lignes, oblongs-obovales. Capsule ovale-globuleuse, subobtuse, presque 2 fois plus longue que le calice. Graines roussâtres, tronquées aux 2 bouts, finement papilleuses.

Cette espèce est commune dans les bois secs.

B. *Tiges simples, subsolitaires, dépourvues de ramules axillaires stériles. Feuilles (du moins les adultes) non-ponctuées de vésicules transparentes, mais bordées en dessous d'une série de vésicules noires très-rapprochées. Ramules florifères subterminaux, peu nombreux, en panicule corymbiforme aphylle. — Sépales fimbriés de même que les bractées.*

MILLEPERTUIS DE MONTAGNE. — *Hypericum montanum* Linn. — Engl. Bot. tab. 371. — Flor. Dan. tab. 173.

Tiges cylindriques, glabres, non-ponctuées, presque nues supérieurement. Feuilles sessiles, semi-amplexicaules, multinervées, glabres en dessus, pubérules en dessous et aux bords : les inférieures elliptiques ou elliptiques-oblongues, obtuses ; les supérieures ovales, ou ovales-oblongues, ou ovales-lancéolées, un peu pointues. Sépales ovales-lancéolés ou oblongs-lancéolés, fortement trinervés, 2 fois plus courts que la corolle. Étamines à peine plus courtes que les pétales, plus longues que le pistil : androphores sub-12-andres. Styles à peu près aussi longs que l'ovaire.

Tiges grêles, fermes, rougeâtres, dressées, hautes de 1 à 2 pieds : les 2 ou 3 entrenœuds supérieurs beaucoup plus longs que les feuilles ; les entrenœuds inférieurs souvent plus courts que les feuilles. Feuilles longues de 1 à 2 pouces, larges de 4 à 12 lignes, minces, d'un vert foncé en dessus, d'un vert pâle ou blanchâtre en dessous. Ramules florifères courts ou rarement allongés, dressés, 3-7-flores : pédicelles en cymules denses. Bractées linéaires ou linéaires-lancéolées. Sépales longs de 2 lignes, larges de ¹/₂ ligne à 1 ligne. Pétales longs d'environ 4 lignes, ovales-lancéolés, d'un jaune pâle. Capsule ovoïde, tricéphale, de moitié plus longue que le calice. Graines brunes, très-finement scrobiculées.

Cette plante n'est pas rare sur les pelouses des bois, surtout dans les montagnes.

SECTION IV.

Feuilles opposées, sessiles : les supérieures plus ou moins amplexicaules, quelquefois denticulées-ciliolées. Sépales denticulés-ciliolés ou fimbriés, inégaux : denticules ou lanières le plus souvent couronnés par une glandule opaque. Androphores 20-25-andres : capsule cartilagineuse ou subcoriace, couverte (ainsi que l'ovaire) de vésicules soit éparses, soit superposées, disposées par séries plus ou moins régulières. — Herbes ordinairement touffues, produisant souvent, après la floraison, des tiges stériles diffuses. Ramules florifères terminaux ou axillaires et terminaux, ordinairement bifurqués ; fleurs solitaires aux dichotomies et en grappes unilatérales (d'abord très-denses et raccourcies en corymbe).

A. *Capsule cartilagineuse, parsemée d'une multitude de vésicules verruciformes non-contiguës, disposées sur chaque coque en plusieurs séries irrégulières ; point de bandelettes dorsales.*

a) *Vésicules de la capsule assez grosses, subglobuleuses, jaunâtres, semi-diaphanes. Feuilles ponctuées de vésicules diaphanes très-apparentes, bordées en outre en dessous d'une série de vésicules noires. Sépales finement 3-nervés, ponctués de vésicules soit transparentes, soit noires. Pétales ciliolés de glandules stipitées, parsemés de vésicules plus ou moins allongées : les unes d'un pourpre noirâtre, les autres jaunâtres.*

MILLEPERTUIS BARBU. — *Hypericum barbatum* Linn. — Jacq. Flor. Austr. tab. 259.

Feuilles oblongues-lancéolées, ou lancéolées-oblongues, subobtuses, très-entières. Sépales oblongs-lancéolés, mucronés,

longuement fimbriés, 2 fois plus courts que les pétales : lanières
sétacées, non-glanduleuses. Étamines un peu plus courtes que la
corolle, à peu près aussi longues que le pistil. Styles presque 2
fois plus longs que l'ovaire. Capsule ovoïde. Graines presque
lisses.

Plante multicaule, très-glabre, haute de 1 à 2 pieds. Tiges
dressées, touffues, cylindriques, simples dans la plus grande
partie de leur longueur, ou rarement paniculées : entrenœuds (excepté les 2 ou 3 supérieurs) plus longs que les feuilles. Feuilles
longues d'environ 18 lignes, sur 5 à 8 lignes de large, d'un vert
foncé et un peu luisantes en dessus, glauques en dessous, fermes,
nerveuses. Panicule générale subpyramidale, atteignant jusqu'à
6 pouces de long : ramules axillaires et terminaux, inclinés en préfloraison, nus, ou garnis de 1 à 3 paires de petites feuilles grêles.
Cymes bifurquées, 5-9-flores. Bractées subulées, fimbriées comme
les sépales. Sépales longs de 2 ¼ lignes, larges de 1 ligne. Pétales
longs de 5 à 6 lignes, obovales-oblongs. Pistil long de 5 lignes.
Capsule de moitié plus longue que le calice, brunâtre, 5-api-
culée. Graines jaunâtres, apiculées aux 2 bouts, très-légèrement
striées à un fort grossissement.

Cette espèce élégante croît en Autriche et en Hongrie.

MILLEPERTUIS À FEUILLES D'EUPHORBE. — *Hypericum eu-
phorbiæfolium* Spach, Monogr. Hyper. inéd.

Feuilles très-obtuses : les inférieures elliptiques, ou oblongues,
ou cordiformes-oblongues; les supérieures ovales ou ovales-elliptiques, profondément cordiformes à la base; celles de la paire
terminale quelquefois subdenticulées. Sépales lancéolés, ou linéaires-lancéolés, mucronés, denticulés-ciliolés, de moitié plus
courts que les pétales. Pistil un peu plus court que la corolle, un
peu plus long que les étamines. Styles à peine plus longs que
l'ovaire. (Ovaire ovoïde, comme verruqueux; péricarpe inconnu.)

Racine dure, rameuse, plus ou moins épaisse. Tiges (florifères) peu nombreuses; hautes de 8 à 18 pouces, dressées,
subcylindriques, tantôt très-simples, tantôt rameuses vers leur som-

met ; entrenœuds tantôt un peu plus longs que les feuilles, tantôt un peu plus courts ; rameaux grêles, dressés, bifurqués au sommet, disposés en corymbe : les inférieurs ordinairement feuillés ; les supérieurs aphylles. Feuilles fermes, un peu luisantes en dessus, d'un vert glauque en dessous : les caulinaires longues de 6 à 18 lignes (les 4 ou 5 paires inférieures beaucoup plus petites que les supérieures), larges de 3 à 12 lignes ; les raméaires longues d'environ 6 lignes, sur 2 à 3 lignes de large. Cymes plus ou moins dichotomes, multiflores, solitaires tantôt au sommet d'une tige très-simple, tantôt au sommet des rameaux et formant une panicule subcorymbiforme. Bractées linéaires-subulées, plus ou moins fimbriolées. Sépales longs de 3 à 4 lignes, larges de $\frac{1}{3}$ de ligne à 1 ligne, parsemés de quelques vésicules transparentes : denticules assez écartés, subulés au sommet, couronnés par une glandule noirâtre peu apparente. Pétales longs d'environ 5 lignes, obovales-oblongs, obtus, parsemés de vésicules jaunâtres entremêlées de quelques vésicules d'un pourpre violet.

Cette espèce a été trouvée en Orient, par Olivier et Bruguière.

MILLEPERTUIS DE MONTBRET. — *Hypericum Montbretii* Spach, Monogr. Hyper. ined. — *Hypericum adenocarpum* Montbr. ! in Hort. Paris.

Feuilles très-obtuses : les inférieures obovales, ou elliptiques-obovales, petites ; les supérieures elliptiques, ou ovales-elliptiques, ou ovales, la plupart cordiformes à la base ; celles des 2 ou 3 paires terminales ciliolées-denticulées. Sépales oblongs, ou oblongs-lancéolés, mucronés, denticulés-ciliolés, de moitié plus courts que les pétales. Étamines à peine plus courtes que la corolle, aussi longues que le pistil. Styles de moitié plus longs que l'ovaire. Capsule oblongue, tricoque, tricuspidée. Graines striées longitudinalement.

Herbe touffue, très-glabre. Tiges hautes de 8 à 12 pouces, cylindriques, dressées, grêles, simples (du moins à l'époque de la floraison ; plus tard il se développe quelquefois des ramules stériles plus ou moins allongés à l'aisselle des feuilles inférieures) :

entrenœuds (excepté les plus inférieurs), plus courts que les feuilles, ou à peine aussi longs. Feuilles fermes, d'un vert pâle et un peu luisantes en dessus, glauques en dessous, fortement nervées; les caulinaires longues de 12 à 16 lignes, larges de 5 à 10 lignes (les 4 ou 5 paires basilaires beaucoup plus petites, très-rapprochées); les ramulaires (ordinairement elliptiques-oblongues) longues d'environ 6 lignes. Panicule générale subfastigiée ou allongée. Ramules (tantôt terminaux, tantôt axillaires et terminaux) ascendants, grêles, bifurqués au sommet, 5-9-flores : les inférieurs longs de 12 à 16 lignes, souvent munis d'une paire de petites feuilles au-dessous de la bifurcation; les supérieurs plus courts, aphylles. Bractées linéaires, ciliolées comme les sépales : denticules des uns et des autres terminés par une glandule noire très-petite. Sépales longs de 2 à 3 lignes, larges d'environ 1 ligne. Pétales longs de 4 à 5 lignes, sur 2 lignes de large, oblongs-obovales. Capsule longue d'environ 4 lignes, brune, comme verruqueuse. Graines jaunâtres, apiculées aux 2 bouts, longues de ½ ligne.

Cette espèce élégante a été trouvée en Orient, par M. Coquebert de Montbret.

b) *Vésicules de la capsule déprimées, orbiculaires, petites : la plûpart d'un pourpre noirâtre. Inflorescence terminale, ou subterminale, corymbiforme. Feuilles peu ou point ponctuées de vésicules transparentes, mais seulement bordées en-dessous d'une série de vésicules noires. Fleurs (surtout les dichotoméaires) souvent 4- ou 5-gynes.*

MILLEPERTUIS FRANGÉ. — *Hypericum Richeri* Vill. Delph. tab. 44. — *Hypericum fimbriatum* Desrouss. in Lamk. Encycl. 4, p. 148.

Feuilles ovales, ou ovales-lancéolées, ou ovales-oblongues, ou elliptiques-oblongues, subcartilagineuses aux bords : les inférieures sessiles, subobtuses; les supérieures pointues ou acuminées. Sépales lancéolés-linéaires, ou lancéolés, ou lancéolés-rhomboïdaux, ou lancéolés-obovales, acuminés-subulés, longuement-fimbriés, 2 à 3 fois plus courts que les pétales. Styles à peine aussi longs que l'ovaire. Capsule ovoïde, un peu plus longue que le calice.

Herbe touffue, très-glabre. Tiges cylindriques, grêles, fermes, ascendantes, très-simples, non-ramulifères, hautes de 6 à 12 pouces; entrenœuds (excepté quelquefois les 2 terminaux) plus courts que les feuilles. Feuilles longues de 6 à 18 lignes, larges de 4 à 10 lignes, fermes mais non coriaces, d'un vert gai (opaque) en dessus, d'un vert pâle ou glauque en dessous, fortement nervées, réticulées : la paire terminale quelquefois fimbriolée. Cyme ou panicule 3-12-flore, aphylle, ou subaphylle; ramules terminaux ou subterminaux, aphylles, pauciflores, ordinairement bifurqués; pédicelles dichotoméaires, latéraux et terminaux. Bractées linéaires, ou linéaires-subulées, fimbriées comme les sépales : lanières sétacées, terminées en glandule minime. Sépales longs de 3 à 3 $\frac{1}{2}$ lignes, larges de $\frac{1}{4}$ de ligne à 2 lignes, 3-ou 5-nervés, ponctués d'une multitude de vésicules noires. Pétales lancéolés-oblongs, longs d'environ 5 lignes. Étamines 2 fois plus courtes que la corolle. Pistil un peu débordé par les étamines. Capsule ovoïde, un peu plus longue que le calice.

Cette espèce, remarquable par la grandeur de ses fleurs, croît dans les Alpes.

MILLEPERTUIS DE BURSER. — *Hypericum Burseri* C. Bauh. — *Hypericum fimbriatum* β : *Burseri*, De Cand. Flor. Franç. Suppl. p. 630.

Feuilles ovales, ou ovales-oblongues, ou elliptiques-oblongues, obtuses, subcartilagineuses aux bords : les supérieures cordiformes à la base. Sépales lancéolés, ou lancéolés-rhomboïdaux, ou ovales-lancéolés, acuminés, mucronés, denticulés-ciliolés, 2 à 3 fois plus courts que les pétales. Capsule ovoïde, un peu plus courte que le calice.

Plante semblable à la précédente par le port, le feuillage et l'inflorescence, mais un peu plus grande dans toutes ses parties. Sépales 3-ou-5-nervés, très-inégaux, longs de 3 à 4 lignes, larges de $\frac{3}{4}$ de ligne à 1 $\frac{1}{2}$ ligne. Pétales lancéolés-oblongs, obtus,

longs de 6 à 9 lignes. Capsule tricoque, tricuspidée. Graines
jaunâtres, finement striées et réticulées.

Cette espèce croît dans les Pyrénées et probablement aussi dans
les Alpes.

B. *Capsule subcoriace : coques munies de 2 bandelettes
dorsales : l'espace compris entre chaque bandelette et le
rentrement du bord de la coque presque recouvert par
une série continue de vésicules ovoïdes, très-saillantes,
superposées horizontalement (ce qui fait paraître la capsule transversalement rugueuse). — Sépales très-inégaux,
tricostés, pectinés-ciliolés : cils couronnés par une glandule noire très-apparente. Tiges légèrement bimarginées.
Feuilles ponctuées aux 2 faces d'une multitude de vésicules
diaphanes. Styles presque 3 fois plus longs que l'ovaire.
Graines fortement striées longitudinalement.*

MILLEPERTUIS A FEUILLES DENTICULÉES. — *Hypericum den-
tatum* Lois. Flor. Gall. p. 499, tab. 17. — *Hypericum ciliatum* Desrouss. in Lamk. Encycl. 4, p. 470 (excl. var. β).

Tiges simples, ascendantes. Feuilles obtuses : les inférieures
oblongues ou elliptiques-oblongues; les supérieures ovales-oblongues, ou ovales, ou ovales-elliptiques, cordiformes à la base,
finement denticulées-ciliolées. Sépales oblongs-lancéolés, ou linéaires-lancéolés, ou elliptiques, pointus, 2 fois plus courts que
les pétales. Étamines de moitié plus courtes que la corolle, à
peine débordées par les styles. Capsule presque 2 fois plus longue que le calice.

Plante très-glabre. Tiges hautes de 6 à 18 pouces, peu touffues, fermes, grêles, souvent rougeâtres, dépourvues de ramules
axillaires stériles : entrenœuds ordinairement plus courts que
les feuilles. Feuilles longues de 6 à 18 lignes, larges de 3 à
12 lignes, subcoriaces, luisantes en dessus, glauques en dessous
et ponctuées d'une série de vésicules noires. Inflorescence corymbiforme, d'abord très-dense ; ramules florifères courts,
aphylles, terminaux, ou subterminaux, ordinairement bifurqués; pédicelles très-courts : les fructifères en grappes uni-

latérales. Bractées linéaires ou oblongues, pointues, ciliées comme les sépales. Sépales longs de 1 $^1/_2$ ligne à 3 lignes, larges de $^1/_2$ ligne à 1 ligne, souvent d'un pourpre violet, parsemés de quelques vésicules noirâtres. Pétales longs d'environ 6 lignes, subciliolés, ponctués de vésicules noirâtres. Capsule brune, longue de 3 à 4 lignes, ovoïde, tricuspidée. Graines longues de $^1/_2$ ligne, d'un brun jaunâtre, subapiculées aux 2 bouts.

Cette espèce croît dans l'Europe méridionale.

MILLEPERTUIS A FEUILLES DE MYRTE.—*Hypericum myrtifolium* Spach, Monogr. Hyper. ined. — *Hypericum ciliatum* : β, Desrouss. in Lamk. Encycl. v. 1, p. 171. — *Hypericum ciliatum* Desfont. Coroll. Tourn. tab. 53 (mala).

Tiges paniculées. Feuilles luisantes en dessus, obtuses : les inférieures oblongues ou ovales-oblongues ; les supérieures cordiformes ou cordiformes-ovales, subacuminées. Sépales linéaires, ou oblongs, ou ovales-oblongs, obtus, mucronés, 3 à 4 fois plus courts que les pétales. Étamines de moitié plus courtes que la corolle, débordées par les styles.

Plante très-glabre. Tiges hautes de 1 à 2 pieds, fermes, dressées ou ascendantes, ne produisant aux aisselles des feuilles inférieures que des ramules stériles très-grêles ; rameaux plus ou moins allongés : les inférieurs feuillés ; les supérieurs aphylles excepté à la première bifurcation. Feuilles presque coriaces, un peu glauques en dessous ; les caulinaires longues de 12 à 18 lignes, larges de 5 à 10 lignes (tantôt plus longues que les entrenœuds, tantôt plus courtes) ; les raméaires 3 à 4 fois plus petites, toujours plus courtes que les entrenœuds ; celles des ramules stériles (plus longues que les entrenœuds) longues de 3 à 6 lignes, larges de $^1/_2$ ligne à 3 lignes. Ramules florifères aphylles, ordinairement bifurqués (avec un pédicelle solitaire dans la dichotomie), disposés en corymbe au sommet de la tige et des rameaux ; pédicelles d'abord en cymes très-denses, plus tard en longues grappes unilatérales. Bractées fimbriées comme les sépales. Sépales longs de $^1/_2$ ligne à 2 lignes, larges de $^1/_2$ ligne à 1 ligne, ordinairement d'un pourpre violet, parsemés ainsi que les pétales de vésicules peu nombreuses. Pétales longs de 5 à 6 lignes, larges de 1 ¹/₂ ligne, lancéolés-obovales, obtus. Capsule ovoïde, tricuspidée, brunâtre, à peine plus longue que le calice.

Cette espèce croît dans l'île de Candie.

Section V.

Feuilles verticillées, petites, très-entières. Sépales dentelés ou subdentelés, presque égaux, non imbriqués après la floraison : dents couronnées par une glandule noire assez grosse. Capsule cartilagineuse, striée de bandelettes longitudinales, ou couverte de vésicules ovoïdes rangées par séries. — Sous-arbrisseaux. Rameaux florifères feuillus, simples. Pédoncules terminaux, ou axillaires et terminaux. Feuilles subcoriaces, persistantes, ponctuées de vésicules diaphanes.

A. *Coques de la capsule munies de 2 bandelettes dorsales peu apparentes ; l'espace compris entre chacune des bandelettes et le rentrement du bord de la coque presque recouvert par une série de vésicules ovoïdes ou subclaviformes, saillantes, obliquement superposées (ce qui fait paraître la capsule transversalement tuberculeuse). Graines papilleuses. Androphores 12-15-andres. Pédoncules axillaires et terminaux, ou en ombelle terminale, 1-3-flores. Feuilles non-imbriquées.*

a) *Sépales réfléchis après la floraison. Pétales et étamines non-persistants. Graines comme veloutées. Anthères couronnées par une glandule jaune.*

Millepertuis a feuilles d'Empétrum. — *Hypericum empetrifolium* Willd. Spec. — Tourn. Voy. v. 2, p. 220. — Wats. Dendr. Brit. tab. 141.

Tiges ligneuses, très-rameuses : ramules anguleux. Feuilles linéaires ou linéaires-spathulées, obtuses, révolutées aux bords, ternées, sessiles. Sépales elliptiques ou oblongs, très-obtus,

trinervés, 3 à 4 fois plus courts que la corolle. Pétales lancéolés-
elliptiques, onguiculés, obtus, un peu plus longs que les étamines.
Pistil à peu près aussi long que les étamines : styles divariqués,
un peu plus longs que l'ovaire.

Arbuscule touffu, haut d'environ 1 pied. Tiges ligneuses,
dressées, très-rameuses. Ramules plus ou moins allongés, verticillés, grêles, dressés, ou ascendants : entrenœuds (excepté les
2 ou 3 terminaux) plus courts que les feuilles. Feuilles longues
de 4 à 9 lignes, larges de ¹/₃ de ligne à 1 ligne, d'un vert foncé
en dessus, un peu glauques en dessous. Ramules florifères grêles,
roides, aphylles, 1-5-flores, tantôt en ombelle terminale, tantôt
axillaires et terminaux ; pédicelles en cymules divariquées, ou
plus souvent en grappes lâches unilatérales. Bractées oblongues
ou linéaires-oblongues, obtuses, très-entières. Sépales longs de
1 ligne, larges de ¹/₂ ligne. Pétales longs de 4 lignes, larges de
1 ¹/₂ ligne à 2 lignes. Capsule ovoïde, tricoque, triapiculée, brunâtre, longue de 2 lignes. Graines longues de ¹/₂ ligne, couvertes
de papilles roussâtres.

Cette espèce élégante, qu'on cultive souvent dans les collections
d'orangerie, est indigène en Grèce et en Syrie.

b) *Sépales dressés après la floraison. Étamines et pétales persistants.
Graines très-finement papilleuses. Anthères couronnées par une
glandule noirâtre.*

MILLEPERTUIS A FEUILLES DE CORIS. — *Hypericum Coris*
Linn. — Bot. Mag. tab. 178. — *Hypericum Coris* et *Hyperi-
cum multicaule* Desrouss. in Lamk. Dict. v. 4, p. 178. —
Hypericum verticillatum Lamk. Flor. Franç.

Tiges diffuses ou ascendantes, suffrutescentes : ramules anguleux. Feuilles ternées ou quaternées, subpétiolées, linéaires,
obtuses, ou submucronulées, révolutées. Sépales linéaires ou
linéaires-oblongs, obtus, tricostés, presque 3 fois plus courts que
la corolle. Pétales lancéolés-oblongs, obtus, un peu plus longs
que les étamines. Pistil à peu près aussi long que les étamines :
styles presque 2 fois plus longs que l'ovaire.

Plante glabre. Tiges grêles, très-touffues, rameuses, étalées en rond, longues de 6 à 12 pouces. Rameaux effilés, feuillus : entrenœuds (excepté les 2 ou 3 terminaux) plus courts que les feuilles. Feuilles longues de 3 à 10 lignes, larges de $\frac{1}{3}$ de ligne à 2 lignes, 1-nervées, d'un vert glauque en dessous. Inflorescence (de chaque rameau) subfastigiée ou moins souvent paniculée : ramules florifères aphylles, grêles, plus ou moins divergents, ordinairement 2-ou 3-flores, quelquefois 1-ou 5-flores, tantôt en ombelle terminale, tantôt terminaux et aux aisselles du dernier verticille de feuilles ; pédicelles ordinairement en cymule divariquée. Bractées linéaires, obtuses, denticulées comme les sépales. Sépales longs de 1 $\frac{1}{2}$ ligne à 2 lignes, larges de $\frac{1}{4}$ à $\frac{1}{2}$ ligne. Pétales longs de 5 lignes, non-ponctués. Capsule brunâtre, ovoïde, tricoque, triapiculée, de moitié plus longue que le calice. Graines très-menues, longues de $\frac{3}{4}$ de ligne, d'un brun de Châtaigne.

Cette espèce, qui mérite d'être cultivée dans les parterres, croît dans les Alpes.

B. *Capsule striée de beaucoup de bandelettes. Graines très-finement chagrinées. Androphores 5-ou 6-andres. Inflorescence terminale, cymeuse. Feuilles imbriquées, recouvrantes.*

MILLEPERTUIS FAUSSE-BRUYÈRE. — *Hypericum ericoides* Linn. — Pluck. Phyt. tab. 93, fig. 5. — Barrel. Ic. p. 351. — Cavan. Ic. tab. 122.

Tiges basses, ligneuses, tortueuses, diffuses ; rameaux quadrangulaires. Feuilles quaternées, subpétiolées, très-courtes, glauques, finement papilleuses, linéaires, révolutées en dessous, mucronées. Sépales ovales ou ovales-lancéolés, acuminés, mucronés, subdenticulés, 2 fois plus courts que les pétales. Étamines de moitié plus courtes que la corolle, à peu près aussi longues que le pistil. Styles plus longs que l'ovaire.

Arbuscule haut de 3 à 5 pouces, très-touffu, ayant le port d'un *Erica*. Racine épaisse, ligneuse. Tiges grêles, cicatriqueuses, rougeâtres, irrégulièrement rameuses. Ramules presque

filiformes. Feuilles longues de plus de 1 ligne, très-étroites, subincanes, révolutées de manière à paraître comme cylindriques
et canaliculées en dessous. Inflorescence terminale, courtement
pédonculée, 3-7-flore, bifurquée, d'abord en cyme assez dense,
plus tard subpaniculée : pédicelles dichotoméaires et en grappes
unilatérales. Bractées minimes, lancéolées-subulées. Sépales longs
de $^3/_4$ de ligne à 1 ligne, larges de $^1/_4$ de ligne à $^1/_2$ ligne, trinervés, non-ponctués. Pétales lancéolés-oblongs, obtus, longs de
2 lignes. Capsule de moitié plus longue que le calice, brunâtre,
ovoïde, tricoque, triapiculée. Graines menues, brunâtres.

Cette espèce, très-remarquable par son port, est indigène en
Espagne.

Section VI.

Feuilles opposées, sessiles, biauriculées à la base, dentelées-
 ciliées ou pectinées-ciliolées de même que les sépales : cils
 glandulifères. Capsule subcartilagineuse, striée de beaucoup de bandelettes; placentaire pyramidal, triédre,
 5-fide au sommet.
Herbes touffues, à souches ligneuses diffuses. Tiges bimarginées, feuillues. Feuilles non-coriaces, prolongées au-
 delà de leur base en deux appendices plus ou moins allongés, tantôt divergents, tantôt amplexicaules; cils divariqués en 2 ou 3 séries. Inflorescences terminales ou axillaires
 et terminales, dichotomes, ou 1-flores. Bractées conformes aux feuilles, mais plus petites. Sépales et feuilles dépourvus de vésicules noires, mais parsemés de vésicules
 diaphanes très-apparentes. Pétales lancéolés-oblongs, subonguiculés, très-inéquilatéraux, très-entiers, courtement
 acuminés-cuspidés d'un côté, non-ponctués, striés de veines et de bandelettes longitudinales très-fines. Androphores
 res 6-12-andres. Anthères réniformes, couronnées par une
 glandule jaunâtre semi-diaphane. Ovules plurisériés dans
 chaque loge; funicules allongés, quelquefois pendants.

Les trois espèces qui constituent cette section ont été confondues par
Tournefort sous le nom de *Hypericum orientale Ptarmicæ foliis*, et

plus tard par Desrousseaux et ses copistes sous celui de *Hypericum orientale*.

A. *Sépales très-inégaux, denticulés-ciliolés de même que les
feuilles : denticules très-courts, très-rapprochés, couronnés
par une glandule jaunâtre peltée. Capsule ovoïde, 2 fois
plus large que le calice : chacune des 3 coques striée d'une
multitude de bandelettes filiformes.*

MILLEPERTUIS DE TOURNEFORT. — *Hypericum Tournefortii*
Spach, Monogr. Hyper. ined. — *Hypericum cappadocicum
Ptarmicæ folio* Tournef. Herbar.!

Tiges simples. Feuilles fermes, presque imbriquées, très-obtuses : les inférieures obovales, ou oblongues-obovales ; les supérieures oblongues ; appendices basilaires subulés, subdenticulés.
Fleurs en cymes, ou subsolitaires. Sépales très-obtus : les majeurs
ovales, ou obovales, ou elliptiques. Styles de moitié plus longs
que l'ovaire. Graines fortement réticulées.

Racine ligneuse. Tiges touffues, ascendantes, grêles, 1-7-
flores, hautes de 3 à 6 pouces : entrenœuds beaucoup plus courts
que les feuilles. Feuilles longues de 4 à 6 lignes (celles du bas
des tiges longues de 1 à 2 lignes), larges de 3/4 de ligne à 1 1/2 ligne, glabres, vertes, assez minces, presque sans veines ; côte
saillante en dessous. Fleurs subsolitaires, ou en cyme dense. Pédoncules terminaux, ou axillaires et terminaux, courts, dressés.
Sépales longs de 1 ligne à 2 lignes, larges de 1/4 de ligne à 1 ligne :
les mineurs sublinéaires, finement trinervés ; les majeurs subquin-
quénervés. Pétales longs de 3 à 4 lignes (à l'époque de la floraison ; plus tard ils s'allongent de 1 à 2 lignes), larges d'environ
1 ligne. Étamines de moitié environ plus courtes que la corolle,
un peu plus longues que le pistil. Capsule ovoïde, assez grosse,
d'un brun de Châtaigne. Graines roussâtres, longues de 1/2 ligne.

Cette espèce a été trouvée par Tournefort dans l'Asie-Mineure.

MILLEPERTUIS A FEUILLES DE PTARMIQUE. — *Hypericum
ptarmicæfolium* Spach, Monogr. Hyper. ined.

Tiges rameuses au sommet. Feuilles minces, rapprochées : les

inférieures oblongues, très-obtuses, mucronées ; les supérieures
lancéolées-oblongues, ou oblongues-lancéolées, ou oblongues-liguliformes, un peu pointues ; appendices basilaires linéaires-lancéolés, ou falciformes, ou subulés, souvent laciniés. Inflorescences paniculées. Sépales un peu pointus : les majeurs lancéolés,
ou lancéolés-oblongs, ou lancéolés-obovales. Styles 2 fois plus
longs que l'ovaire.

Racine épaisse, ligneuse, multicaule. Tiges hautes d'environ
1 pied, grêles, ascendantes, plus ou moins rameuses vers leur
sommet : entrenœuds 2 à 4 fois plus courts que les feuilles.
Feuilles longues de 6 à 12 lignes, larges de 1 à 3 lignes (celles
de la base des tiges longues seulement de 2 à 3 lignes), vertes et
glabres aux 2 faces, finement penninervées. Panicules terminales,
ou axillaires et terminales, lâches, pédonculées. Sépales longs de
2 à 3 lignes, larges de ¹/₂ ligne à 1 ligne, finement 3-ou 5-ner-
vés : les mineurs linéaires, ou oblongs-linéaires. Pétales longs
d'environ 4 lignes (pendant la floraison). Étamines de moitié plus
courtes que les pétales, à peu près aussi longues que le pistil.

Cette espèce croît dans les mêmes contrées que la précédente
avec laquelle elle a été confondue, mais dont on la distingue sans
peine à son inflorescence, ainsi qu'à la forme et la grandeur de
ses feuilles.

B. *Sépales presque égaux, linéaires, dentelés-ciliés de même
que les feuilles ; cils très-longs, divariqués, terminés par
une petite glandule noire cyathiforme. Capsule oblongue-
conique, un peu plus courte que le calice : chacune des
coques striée d'environ 6 bandelettes nerviformes.*

MILLEPERTUIS A CILS GLANDULEUX. — *Hypericum adeno-
trichum* Spach, Monogr. Hyper. ined.

Tiges simples. Feuilles minces, rapprochées, très-obtuses :
les inférieures oblongues ; les supérieures oblongues-linéaires ;
appendices basilaires auriculiformes, longuement fimbriés. Inflorescence subpaniculée. Sépales mucronés, fortement trinervés.
Graines finement réticulées.

Racine épaisse, ligneuse. Tiges hautes d'environ 6 pouces, ascendantes, grêles, feuillues ; entrenœuds beaucoup plus courts que les feuilles. Feuilles longues d'environ 6 lignes, sur 1 ligne de large (celles de la base des tiges longues de 2 à 3 lignes), minces, subréticulées, glabres et vertes aux deux faces. Inflorescence en cyme terminale pauciflore, ou en panicule composée de ramules axillaires et terminaux subtriflores. Sépales longs de 2 ½ à 3 lignes, larges de ⅓ de ligne à ½ ligne. Pétales plus longs que les sépales. Capsule longue de 3 lignes, brune, ovoïde, pointue. Graines longues de ½ ligne, brunes.

Cette espèce croît dans les mêmes contrées que les deux précédentes.

Genre OLYMPIA. — *Olympia* Spach.

Calice 5-parti : sépales larges, acuminés, imbriqués après la floraison : les 2 extérieurs beaucoup plus grands. Pétales oblongs-dolabriformes. Androphores polyandres ; anthères cordiformes-orbiculaires, couronnées par une glandule opaque adnée aux bourses. Ovaire gros, ovale, 3-gone, 3-céphale, 3-loculaire ; ovules plurisériés. Styles longs, filiformes, divergents. Stigmates petits, subcapitellés. Capsule grosse, subcoriace, ovale-conique, 3-céphale, 3-gone, 3-sulquée, 3-valve au sommet, 3-loculaire, polysperme ; placentaire pyramidal, triédre. Graines luisantes, très-finement ponctuées, apiculées aux 2 bouts, subrectilignes.

Herbe vivace, suffrutescente à la base. Feuilles sessiles, très-entières, subcoriaces, glauques, finement penniveinées, bordées de vésicules noires, ponctuées d'une multitude de vésicules transparentes. Inflorescence terminale de chaque tige tantôt en cyme soit 3-flore, soit dichotome et pluriflore, soit composée de 2 grappes alterniflores, tantôt en panicule allongée ou subfastigiée, feuillée, composée de cymes dichotomes ou incomplètement dichotomes. (Pendant et après la première floraison, il se développe aux aisselles des feuilles inférieures de nouveaux ramules plus

ou moins allongés , terminés par 1-3 fleurs.) Pédicelles
courts, épais. Bractées foliacées. Calice membraneux , d'un
vert-jaunâtre, ordinairement marbré de taches noires. Corolle grande, jaune. Capsule recouverte par le calice, striée
de bandelettes très-fines.

L'espèce que nous allons décrire constitue à elle seule le
genre.

Olympia a feuilles glauques. — *Olympia glauca* Spach,
Monogr. Hyper. ined.—*Hypericum olympicum* Linn.—Dillen.
Hort.Elth. tab. 151, fig. 183. — Smith, Exot. Bot. tab. 96. —
Bot. Mag. tab. 1867.

Tiges hautes de 1 à 2 pieds, dressées, ou ascendantes, touffues,
cylindriques, grêles, légèrement bimarginées, ordinairement très-
rameuses. Feuilles longues de 6 à 18 lignes (les inférieures ordinairement plus petites que les supérieures),larges de 2 à 6 lignes,
oblongues, ou oblongues-lancéolées, ou lancéolées-oblongues, ou
lancéolées, pointues , ou obtuses , subverticales ; 2 à 3 fois plus
longues que les entrenœuds. Bractées ovales, ou ovales-lancéolées,
ou oblongues-lancéolées, acuminées-cuspidées, ou pointues, tantôt
très-entières, tantôt finement érosées, maculées , ou immaculées.
Sépales longs de 3 à 9 lignes , larges de 1 1/2 ligne à 7 lignes,
ovales, ou elliptiques, acuminés, ou cuspidés, tantôt marbrés de
violet et ponctués de glandules noirâtres , tantôt ni maculés ni
ponctués, très-entiers, ou subfimbriolés : les plus grands au moins
de moitié plus courts que les pétales. Pétales longs de 12 à 15 lignes, larges de 3 à 5 lignes. Étamines à peu près aussi longues
que les pétales. Styles beaucoup plus longs que l'ovaire. Capsule
lisse, brunâtre, longue d'environ 5 lignes. Graines d'un brun
noirâtre.

Cette espèce, indigène en Grèce et dans l'Asie-Mineure, se
cultive souvent comme plante d'ornement ; elle fleurit pendant
presque tout l'été ; on la distingue sans peine de la plupart des
Hypéricacées à la forme de son calice, semblable à celui de
certains Cistes.

Genre WÉBBIA. — *Webbia* Spach (1).

Calice campanulé, 5-fide : lobes ou segments presque égaux, dressés, imbriqués par les bords, nerveux, ponctués, ciliolés de très-petites glandules stipitées. Pétales obliquement spathulés, dressés inférieurement, recourbés en dehors supérieurement. Androphores 12-15-andrés ; anthères cordiformes-orbiculaires, couronnées par une glandule transparente. Ovaire gros, ovale-conique, 5-céphale, 5-gone, 5-sulqué, 5-loculaire ; ovules horizontaux, multisériés dans chaque loge. Styles 5, filiformes, rectilignes, divergents. Stigmates capitellés. Capsule coriace, subovale, 5-gone, 5-apiculée, légèrement 5-sulquée, 5-loculaire, 5-valve, lisse ou finement ponctuée ; placentaire épais, pyramidal, 5-gone. Graines remplissant exactement toute la cavité des loges ; tégument extérieur inadhérent, fongueux, réticulé, plus ou moins prolongé au-delà des 2 bouts de l'amande en appendice tronqué.

Arbrisseaux très-rameux, glabres. Feuilles très-entières, sessiles, rétrécies à la base, fermes mais non-coriaces, persistantes, penniveinées, finement ponctuées. Inflorescence (très-variable dans toutes les espèces) tantôt en cyme terminale trichotome plus ou moins rameuse (très-rarement les fleurs sont terminales-subsolitaires), tantôt en panicule pyramidale composée de cymes axillaires et terminales, tantôt mais moins souvent (par l'avortement des fleurs latérales de chaque cymule) en grappe feuillée ; pédoncules et pédicelles anguleux, ordinairement divariqués ; bractées tantôt petites et submembranacées, tantôt assez grandes et foliacées. Corolle grande, d'un jaune vif de même que les filets. Anthères assez grandes, d'un jaune orange, souvent noirâtres

---

(1) Nous avons dédié ce genre à M. Ph. Barker-Webb, célèbre botaniste anglais, auteur (conjointement avec M. Sabin Berthelot) un magnifique ouvrage sur l'histoire naturelle des îles Canaries.

après l'anthèse. Capsule beaucoup plus grande que le calice.

Les trois espèces de *Webbia* que nous connaissons croissent aux îles Canaries ; deux d'entre elles (peut-être toutes) habitent aussi Madère. On les cultive souvent comme arbrisseaux d'ornement dans les collections d'orangerie ; leurs fleurs sont très-élégantes et naissent en abondance pendant toute la belle saison.

Wébbia multiflore. — *Webbia floribunda* Spach, Monogr. Hyper. ined. — *Hypericum floribundum* Ait. Hort. Kew. — Reichenb. Gart. Magaz. tab. 95.

Feuilles lancéolées ou lancéolées-oblongues, obtuses, ou pointues, mucronulées. Sépales ovales, ou ovales-lancéolés, ou oblongs - lancéolés, acuminés, acérés. Pétales spathulés-oblongs. Étamines à peine plus courtes que les pétales, un peu plus longues (lors de l'anthèse) que le pistil. Styles 3 fois plus longs que l'ovaire. Capsule subverruqueuse, à 3 pointes divariquées.

Feuilles longues de 16 à 18 lignes, larges de 3 à 5 lignes (celles des ramules axillaires à peu près 2 fois plus petites), d'un vert gai en dessus, un peu glauques en dessous. Fleurs ordinairement en panicule pyramidale longue de 3 à 8 pouces : ramules axillaires feuillus, pauciflores, ou plus souvent multiflores. Calice long de 1 1/2 ligne à 3 lignes : segments larges de 1/2 ligne à 1 1/2 ligne. Pétales longs de 7 à 8 lignes, larges de 1 1/2 ligne à 2 lignes. Étamines longues de 6 à 7 lignes. Capsule longue de 4 1/2 à 5 lignes, ovale, comme tronquée au sommet et mucronée par 3 courtes pointes divariquées. Graines longues à peine de 2/3 de ligne, roussâtres.

Cette espèce abonde à Madère ainsi qu'aux Canaries.

Wébbia hétérophylle. — *Webbia heterophylla* Spach, Monogr. Hyper. ined. — *Hypericum canariense* Linn.?

Feuilles lancéolées, ou lancéolées-oblongues, ou lancéolées-obovales, pointues, ou obtuses, mucronulées. Segments caliciaux elliptiques, ou obovales, ou ovales, acuminés, ou subacuminés.

Pétales spathulés-oblongs. Étamines presque de moitié plus courtes que les pétales, débordées (lors de l'épanouissement) par le pistil. Styles 2 fois plus longs que l'ovaire. Capsule très-lisse, à 3 pointes dressées.

Arbrisseau ayant le même port que l'espèce précédente. Feuilles longues de 10 à 30 lignes, larges de 2 à 6 lignes, ordinairement diversiformes sur les mêmes ramules : les supérieures ou les inférieures plus courtes et plus larges. Fleurs ordinairement en panicules subpyramidales. Calice long de 2 à 3 lignes : segments larges de $^3/_4$ de ligne à 1 $^1/_2$ ligne. Pétales longs de 6 à 7 lignes, larges de 1 $^1/_2$ ligne. Pistil (lors de l'épanouissement de la fleur) long de 5 à 6 lignes. Capsule longue de 6 lignes, moins grosse que celle du *Webbia floribunda*. Graines longues de 1 ligne, très-minces.

WÉBBIA A LARGES PÉTALES. — *Webbia platypetala* Spach, Monogr. Hyper. ined. — *Hypericum canariense* Linn.? — Hort. Paris.!

Feuilles lancéolées-oblongues, ou lancéolées-elliptiques, obtuses, submucronulées. Segments calicinaux obovales ou obovales-elliptiques, arrondis au sommet. Pétales spathulés-obovales. Étamines un peu plus courtes que les pétales, à peu près aussi longues que le pistil. Styles 2 fois plus longs que l'ovaire. Capsule lisse, à 3 pointes dressées.

Feuilles ordinairement plus courtes et plus larges que celles des deux espèces précédentes (larges de 3 à 6 lignes, rarement longues de plus de 1 pouce), d'un vert gai en dessus, pâles ou glauques en dessous. Fleurs ordinairement en cyme subfastigiée, ou en panicule courte. Calice long de 2 à 3 lignes : segments longs de 1 à 1 $^1/_2$ ligne. Pétales longs de 6 à 8 lignes, larges d'environ 3 lignes. Pistil long de 6 à 7 lignes. Capsule longue d'environ 5 lignes.

Cette espèce, originaire des Canaries, se cultive plus communément que les deux précédentes.

Section III. ANDROSÉMINÉES. — *Androsæmineæ* Spach.

Calice 5-parti : sépales très-entiers, ou rarement subdenticulés , réfléchis ou étalés (très-rarement dressés) après la
floraison, ponctués, ou striés de bandelettes. Pétales persistants ou caducs, très-inéquilatéraux, non-ponctués, très-
finement striés de bandelettes. Étamines persistantes ou
caduques, pentadelphes (par exception monadelphes);
androphores polyandres , insérés devant les pétales ; filets
plurisériés , contournés en estivation ; anthères le plus
souvent couronnées par une glandule subdiaphane. Ovaire
5-5-loculaire (par exception 1-loculaire, à 3 placentaires
suturaux); ovules plurisériés dans chaque loge , horizontaux. Styles 5-5, souvent soudés de la base jusqué vers
le milieu ou au-delà. Capsule coriace on subchartacée
(ordinairement grande, quelquefois bacciforme avant la
maturité, par exception indéhiscente), très-finement striée
de bandelettes, septicide, 5-5-valve, 3-5-loculaire, ou
subuniloculaire (par exception complètement 1-locu-
laire), polysperme; valves cymbiformes, persistantes;
cloisons membraneuses; placentaires suturaux, ou adnés
au bord antérieur des cloisons, ou soudés en axe central
pyramidal, persistants.
Arbrisseaux, ou sous-arbrisseaux.

Genre CAMPYLOPUS. — *Campylopus* Spach.

Calice 5-parti : sépales presque égaux, membraneux, semi-
diaphanes, très-entiers, imbriqués par les bords, dressés
après la floraison. Pétales persistants, lancéolés-oblongs,
contournés après la floraison. Étamines persistantes , très-
nombreuses, monadelphes par la base. Ovaire ovoïde, 5-
céphale, 5-loculaire; placentaire pyramidal, tripartible;
ovules subquadrisériés dans chaque loge. Styles 5, filiformes,
rectilignes. Stigmates petits, capitellés. Fruit inconnu.

Herbe basse, touffue, multicaule. Tiges suffrutescentes à
la base, subtétragones, bimarginées; entrenœuds beaucoup
plus courts que les feuilles. Feuilles non-coriaces, très-en-

tières, sessiles, finement penniveinées, ponctuées (ainsi que les sépales et les pétales) de vésicules diaphanes soit orbiculaires, soit plus ou moins allongées. Pédoncules solitaires ou ternés, 1-flores, terminaux (rarement axillaires et terminaux), recourbés après la floraison : les latéraux ou axillaires 2-bractéolés vers leur milieu ; l'intermédiaire court, non-bractéolé. Pétales bordés de glandules noires substipitées. Anthères cordiformes-orbiculaires, couronnées par une glandule jaunâtre. Ovaire strié d'une multitude de bandelettes filiformes.

Ce genre, que nous ne pouvons classer avec certitude, faute d'en connaître le fruit mûr, ne renferme que l'espèce suivante :

CAMPYLOPUS FAUX-CÉRAISTE. — *Campylopus cerastoides* Spach, Monogr. Hyper. ined.. — *Hypericum origanifolium* Dum. d'Urv. ! Enum. (non Willd.)

Plante ayant le port du *Cerastium latifolium*. Racine ligneuse, garnie d'une multitude de fibres rameuses. Tiges longues de 2 à 4 pouces, simples ou peu rameuses, cotonneuses, très-feuillues, diffuses, munies aux aisselles de presque toutes les feuilles de ramules stériles le plus souvent abortifs, ou rarement (vers le sommet des tiges) plus longs que les feuilles. Feuilles (accrescentes de bas en haut) légèrement cotonneuses aux deux faces, subincanes : les caulinaires longues de 2 à 6 lignes, larges de 1 ligne à 3 lignes, recouvrantes, ovales, ou ovales-elliptiques, ou ovales-oblongues, ou oblongues, arrondies aux deux bouts, quelquefois acuminulées : les inférieures souvent réfléchies ; feuilles ramulaires oblongues ou oblongues-linéaires, longues de 1 ligne à 2 1/2 lignes, larges de 1/3 de ligne à 1 ligne. Pédoncules longs de 3 à 6 lignes (lorsqu'ils sont ternés, l'intermédiaire est plus court que les latéraux), pubescents, presque aussi gros que les tiges. Bractées longues de 1 1/2 ligne à 3 lignes, ovales, ou ovales-oblongues, ou ovales-lancéolées, un peu pointues, pubescentes. Sépales longs de 2 1/2 à 3 lignes, larges de 1 1/4 à 1 1/2 ligne, ovales-elliptiques, ou ovales-oblongs, ou elliptiques-oblongs, obtus, ou subacuminés, très-finement 5- ou 7-nervés, glabres aux deux faces, très-légèrement pubérules aux bords. Pétales longs d'en-

viron 6 lignes. Étamines longues de 4 lignes. Pistil plus court
que les étamines : styles 2 fois plus longs que l'ovaire. Capsule
(non-mûre) un peu plus longue que le calice, ovale-globuleuse.

Cette plante a été trouvée aux environs de Constantinople par
Olivier et Bruguière, ainsi que par M. Dumont d'Urville.

Genre PSOROPHYTE. — *Psorophytum* Spach.

Calice 2-bractéolé à la base : sépales inégaux, larges, coriaces, très-entiers, non-ponctués, striés, réfléchis après la
floraison. Pétales non-persistants, subcultriformes, non-contournés en préfloraison. Étamines caduques; androphores
presque nuls; anthères suborbiculaires, échancrées aux deux
bouts, non-glanduleuses. Ovaire gros, ovale-pyramidal, 4-
ou 5-angulaire, 4- ou 5-loculaire; ovules quadrisériés dans
chaque loge. Styles 5 (quelquefois 4), libres dès la base, filiformes, dressés. Stigmates petits, tronqués. Capsule un peu
coriace, ovale-pyramidale, prismatique, 4- ou 5-gone, 4- ou
5-loculaire, 4- ou 5-valve, polysperme; placentaire pyra
midal, 4- ou 5-gone, indivisé. Graines subbisériées dans
chaque loge, petites, subrectilignes, apiculées aux 2 bouts,
finement scrobiculées.

Arbrisseaux irrégulièrement rameux. Ramules opposés,
4-gones, parsemés (surtout aux angles) ainsi que les feuilles
de grosses vésicules verruciformes. Feuilles opposées-croisées, coriaces, fortement ondulées, sessiles, 1-nervées. Fleurs
terminales, solitaires. Pédoncules courts, nus, 4-gones, dressés. Bractées conformes aux sépales. Sépales (les 2 extérieurs
plus larges mais plus courts que les 3 intérieurs) striés d'une
multitude de bandelettes très-fines et de quelques nervures.
Corolle grande, d'un jaune de citron ainsi que les filets.

L'espèce suivante est la seule que nous connaissions de ce
genre :

Psorophyte a feuilles ondulées. — *Psorophytum undula-
tum* Spach, Monogr. Hyper. ined. — *Hypericum balearicum*
Linn. —Bot. Mag. tab. 137. — Mill. Ic. tab. 54.

Arbuste touffu, très-résineux, très-glabre, haut de 2 à 3 pieds. Rameaux diffus, verruqueux. Ramules courts, feuillus. Feuilles longues de 3 à 5 lignes, larges de 1 à 3 lignes, d'un vert luisant en-dessus, ovales, ou ovales-elliptiques, ou elliptiques-oblongues, très-obtuses, glanduleuses aux bords, bosselées en dessous. Bractées elliptiques ou ovales-orbiculaires, concaves, plus larges que les sépales mais de moitié moins longs. Sépales longs de 2 ¹/₂ à 3 ¹/₂ lignes, larges de 1 ¹/₂ à 2 lignes, presque membraneux, d'un blanc verdâtre, scarieux aux bords, obovales, ou elliptiques, très-obtus, très-entiers, ou subérosés au sommet. Pétales longs de 8 à 10 lignes, larges de 2 à 3 lignes. Étamines longues d'environ 6 lignes. Pistil aussi long que les étamines : styles 2 fois plus longs que l'ovaire. Capsule longue de 5 à 6 lignes, couronnée par les styles. Graines d'un brun noirâtre.

Cette plante, indigène aux îles Baléares, se cultive fréquemment dans les collections d'orangerie. Les glandes dont elle est couverte exhalent une odeur de Térébenthine très-forte.

Genre ANDROSÈME. — *Androsæmum* (Allion.) Spach.

Calice 5-parti : sépales étalés pendant la floraison, puis réfléchis, très-inégaux, très-entiers, striés. Pétales étalés, rétrécis à la base, non-persistants. Étamines caduques; androphores larges, très-courts; anthères cordiformes-orbiculaires, échancrées, couronnées par une glandule transparente. Ovaire épais, subglobuleux, ou ovale, 5-loculaire (par exception uniloculaire); ovules multisériés dans chaque loge. Styles 5, libres, divergents. Stigmates petits, subcapitellés. Capsule coriace ou subchartacée (quelquefois bacciforme avant la maturité), 1-loculaire, ou incomplètement 5-loculaire, 5-valve (par exception indéhiscente); placentaires 5, lamelliformes, oblongs, séminifères aux bords, biapiculés au sommet, libres après la déhiscence, adnés avant la maturité par leur nervure médiane aux bords infléchis des valves. Graines plurisériées sur chaque placentaire, apiculées aux 2 bouts, criblées de fossettes ponctiformes.

Arbrisseaux ou sous-arbrisseaux très-glabres, exhalant une odeur plus ou moins forte et quelquefois fétide. Rameaux et ramules bimarginés par la décurrence des feuilles, subtétragones. Feuilles subcoriaces, ou membranacées, opposées, décussées, finement penniveinées, sessiles ou subsessiles, très-entières, souvent très-grandes, ponctuées de vésicules transparantes. Fleurs (par exception solitaires ou subsolitaires) en cyme 3-chotome, ou en panicule, ou en ombelle; pédoncules terminaux, ou terminaux et aux aisselles des feuilles supérieures, courts, dressés, anguleux, 1-flores, articulés et 2-bractéolés au sommet; pédicelles anguleux, très-épaissis au sommet; bractéoles petites. Calice ponctué de vésicules transparentes : les 3 sépales extérieurs à peu près deux fois plus grands que les 2 intérieurs. Corolle jaune, ordinairement grande. Filets d'un jaune brillant tirant sur l'orange. Ovaire finement strié de bandelettes subdiaphanes.

SECTION I.

Ovaire et capsule subuniloculaires (les bords des valves étant à peine rentrants). Styles recourbés, 2 à 3 fois plus courts que l'ovaire. Péricarpe subglobuleux, ombiliqué, d'abord bacciforme, un peu charnu, puis chartacé, fragile, tripartible, mais indéhiscent, se détachant du calice peu après la maturité des graines. Calice plus long que le pistil, persistant longtemps après la chute du fruit.

ANDROSÈME OFFICINAL. — *Androsæmum officinale* Allion. Pedem. — *Hypericum Androsæmum* Linn. — Blackw. Herb. tab. 94. — Curt. Flor. Lond. 1, tab. 164. — Engl. Bot. tab. 1225.

Tiges simples ou brachiées, dressées, ou ascendantes, ou retombantes. Feuilles ovales, ou ovales-oblongues, ou elliptiques, ou ovales-elliptiques, arrondies au sommet, subapiculées, subamplexicaules, discolores. Fleurs subsolitaires, ou en cyme, ou en ombelle : pédoncules plus courts que les feuilles. Sépales très-obtus ou subacuminulés : les extérieurs elliptiques, ou ovales-elliptiques, ou ovales-oblongs, aussi longs que les pétales ; les intérieurs oblongs ou elliptiques-oblongs. Pétales concaves, obovales, un peu plus courts que les étamines.

Tiges touffues, rougeâtres, hautes de 2 à 3 pieds. Feuilles longues de 2 à 3 pouces, larges de 1 à 2 pouces, fermes, d'un vert foncé en dessus, blanchâtres en dessous (souvent rougeâtres en automne). Cymes ou ombelles 3-9-flores (quelquefois les ramules latéraux ne produisent qu'une seule fleur), terminales, ou terminales et aux aisselles de l'avant-dernière paire de feuilles. Bractées très-petites, lancéolées subulées. Calice plus grand que celui des autres espèces du genre : sépales longs de 2 $^{1}/_{2}$ à 6 lignes, larges de 1 $^{1}/_{2}$ ligne à 4 $^{1}/_{2}$ lignes. Corolle plus petite que celle des congénères : pétales longs de 4 lignes, larges de 2 $^{1}/_{2}$ à 3 lignes. Étamines longues d'environ 5 lignes. Fruit d'abord rougeâtre, puis d'un violet noirâtre, du volume d'un gros Pois, ou quelquefois du volume d'une Merise, couronné par les 3 styles très-courts et oncinés. Graines noirâtres.

Cette plante, nommée vulgairement *Toute-Saine*, croît en Écosse, en Angleterre, dans l'ouest et dans le midi de la France, ainsi qu'en Italie ; elle aime les localités ombragées et humides. Toutes ses parties ont une odeur aromatique mais très-forte. La thérapeutique ancienne croyait y trouver un remède contre une foule de maladies, et on lui attribuait surtout de merveilleuses vertus vulnéraires. Aujourd'hui son emploi est confiné à la médecine empirique.

Section II.

Ovaire presque complètement 3-loculaire. Styles divergents, subrectilignes, au moins aussi longs que l'ovaire, souvent très-longs. Capsule incomplètement 3-loculaire, ovale, ou ellipsoïde, ou ovoïde, obscurément 5-gone, coriace, déhiscente peu après la maturité des graines. Calice beaucoup plus petit que le pistil, ou rarement aussi long que l'ovaire, tombant avant ou peu après la maturité du fruit.

A. *Tiges suffrutescentes. Inflorescence très-variée dans chaque espèce : tantôt ombelle simple terminale, ou cyme tri-*

*chotome terminale. soit pauciflore, soit pluriflore, tantôt
pédoncules axillaires et terminaux, 1-5-flores, formant une
panicule feuillée ; tantôt (mais moins habituellement) fleurs
solitaires ou subsolitaires au sommet des ramules. Feuilles
des tiges et des rameaux principaux ordinairement grandes
(longues d'environ 3 pouces) ; feuilles des ramules de grandeur médiocre.*

ANDROSÈME PYRAMIDAL.—*Androsœmum pyramidale* Spach,
Monogr. Hyper. ined. —*Hypericum elatum* Ait. Hort. Kew.—
Wats. Dendr. Brit. tab. 85 (forma grandifolia, pedunculis axil-
laribus terminalibusque).—Desrouss. in Lamk. Encycl. (ex Herbar. Desfont.) — Juss. in Annal. du Mus. vol 3 , tab. 17 (forma
grandifolia, umbella terminali).

Tige dressée ; rameaux en panicule pyramidale. Feuilles ovales, ou ovales-oblongues, ou ovales-elliptiques, ou elliptiques,
très-obtuses, ou subacuminées, discolores, sessiles, subamplexicaules, fermes. Pédoncules ordinairement triflores et plus courts
que les feuilles. Calice persistant ; sépales très-obtus ou subacuminés : les extérieurs subelliptiques, plus longs que l'ovaire,
2 fois plus courts que les pétales; les intérieurs linéaires-oblongs.
Pétales obovales, concaves, du tiers plus courts que les étamines.
Styles filiformes, de moitié à 2 fois plus longs que l'ovaire , un
peu débordés par les étamines. Capsule ovale ou ellipsoïde, obtuse , à peine plus longue que les sépales.

Sous-arbrisseau touffu, haut de 3 à 4 pieds, souvent très-
semblable, quant au feuillage , à l'*Androsème officinal*. Tiges
grêles mais fermes, rougeâtres, le plus souvent rameuses dès
la base : rameaux simples, presque dressés. Feuilles longues de
1 1/2 pouce à 4 pouces, larges de 1/2 pouce à 2 pouces, d'un beau
vert en dessus, d'un vert blanchâtre en dessous. Fleurs le plus
souvent disposées vers l'extrémité des ramules en panicule feuillée
subpyramidale , composée de cymules 3-7-flores ; sur les individus moins vigoureux les rameaux se terminent soit par une seule
fleur, soit par un petit nombre de fleurs tantôt en cyme, tantôt

en ombelle; quelquefois les tiges sont simples et se terminent soit
par une ombelle simple; soit par une cyme plus ou moins rameuse. Bractées lancéolées, ou lancéolées - linéaires. Sépales
longs de 1 ¹/₂ ligne à 3 ¹/₂ lignes; larges de ¹/₂ ligne à
2 ¹/₂ lignes : les extérieurs ovales, ou ovales-oblongs, ou elliptiques, ou ovales-elliptiques, ou oblongs; les intérieurs oblongs, ou
linéaires-oblongs. Pétales longs de 5 à 6 lignes, sur 2 ¹/₂ à 3 lignes de large. Étamines longues de 6 à 8 lignes. Pistil long de 5
à 7 lignes. Capsule longue de 2 à 4 lignes, d'abord rougeâtre ou
blanchâtre, un peu charnue, puis d'un pourpre noirâtre, enfin
brunâtre et subcoriace à l'époque de la déhiscence. Graines légèrement scrobiculées, d'un brun noirâtre.

Cette espèce, qui a souvent été confondue avec l'*Androsème
fétide*, et peut-être aussi avec l'*Androsème officinal*, croît dans
l'Europe australe (non dans l'Amérique septentrionale, ainsi qu'il
a été avancé à tort par plusieurs auteurs). On la cultive dans les
jardins, comme arbuste d'ornement; elle se recommande par un
port touffu et très-élégant, surtout à l'époque de la floraison, laquelle a lieu en juillet. Toutes ses parties exhalent une odeur
aromatique très-forte, mais non fétide, tout-à-fait semblable à
celle de l'*Androsème officinal*.

ANDROSÈME DE WEBB. —*Androsœmum Webbianum* Spach,
Monogr. Hyper. ined. — *Hypericum foliosum* Ait. Hort. Kew?
—*Hypericum grandifolium* Chois. Hyper. p. 38, tab. 3 (pes-
sima quoad flores).

Rameaux diffus ou étalés. Feuilles ovales, ou ovales-oblongues, ou elliptiques-oblongues, obtuses, ou subobtuses, apiculées, sessiles, subamplexicaules, fermes. Pédoncules ordinairement 3-flores et presque aussi longs que les feuilles. Calice
persistant. Sépales oblongs, ou oblongs-lancéolés, ou ovales-
lancéolés, ou elliptiques, ou lancéolés-linéaires, pointus, aussi
longs que l'ovaire, 3 à 4 fois plus courts que les pétales. Étamines et pistil de longueur à peu près égale. Styles 3 fois plus
longs que l'ovaire. Capsule ovoïde, pointue, 2 à 3 fois plus longue que les sépales.

Sous-arbrisseau haut de 2 à 3 pieds, très-semblable à l'*An-drosème pyramidal* par le feuillage et les fleurs. Feuilles longues de 1 à 3 pouces ; veines et nervures souvent rougeâtres en dessous. Fleurs ordinairement en cymes terminales divariquées. Sépales longs de 2 à 4 lignes, sur $^3/_4$ de ligne à 2 lignes de large. Pétales longs de 8 à 10 lignes, larges de 2 $^1/_2$ à 3 lignes, lancéolés-obovales, subacuminés. Étamines longues de 9 à 10 lignes. Pistil long de 9 lignes ; ovaire subglobuleux. Capsule brunâtre, grosse, longue de 5 à 6 lignes.

Cette espèce, extrêmement voisine de la précédente, est indigène aux Canaries et peut-être aussi aux Açores. Suivant l'observation de M. Webb, la plante a une odeur beaucoup moins forte que l'*Androsœmum hircinum*. La grandeur de ses feuilles est très-variable, et ne peut servir à la faire distinguer des autres espèces du genre.

ANDROSÈME FÉTIDE. — *Androsœmum hircinum* Spach, Monogr. Hyper. ined. — *Hypericum hircinum* Linn. — Dillen. Hort. Elth. tab. 151, fig. 181 et 182. — Watson, Dendr. Brit. tab. 86 et 87.—*Hypericum canariense* Cambess.! Enum. Plantar. Balear. (non Linn.)

Tiges dressées, rameuses. Feuilles lancéolées-oblongues, ou oblongues-lancéolées, ou ovales-lancéolées, ou ovales, pointues, ou courtement acuminées, ou subobtuses, sessiles, minces. Pédoncules ordinairement 1-flores, aussi longs que les feuilles, ou plus longs. Calice non-persistant ; sépales pointus ou acuminés, ordinairement plus courts que l'ovaire, 3 à 4 fois plus courts que la corolle : les extérieurs ovales-lancéolés, ou oblongs-lancéolés ; les intérieurs linéaires-lancéolés. Pétales lancéolés-oblongs, de moitié plus courts que les étamines. Styles filiformes, 6 fois plus longs que l'ovaire, débordant les étamines. Capsule ovoïde, pointue.

Sous-arbrisseau touffu, haut de 2 à 3 pieds. Tiges fermes, grêles, souvent rougeâtres. Rameaux ordinairement disposés en panicule pyramidale. Feuilles longues de 1 pouce à 2 $^1/_2$ pouces, larges de 5 à 12 lignes, non-persistantes, finement veinées, d'un vert gai. Panicules 5-12-flores (ordinairement pauciflores), sub-corymbiformes, ou fastigiées, ou subpyramidales; souvent les ramules ne produisent que 1 ou 2 fleurs, ou bien une cyme 3-5-flore terminale. Pédicelles roides, très-épaissis au sommet. Bractées lancéolées-subulées. Sépales longs de 1 $^1/_2$ à 3 lignes, larges de $^1/_2$ à 1 $^1/_4$ de ligne. Pétales longs de 6 à 7 lignes, larges de 2 $^1/_2$ lignes. Étamines longues de 9 à 10 lignes. Pistil long de 1 pouce. Capsule longue de 4 à 5 lignes.

Cette espèce, qu'on cultive souvent comme arbuste d'agrément, croît dans l'Europe méridionale et en Orient. Elle exhale une odeur hircine très-forte, qui se fait même sentir à quelque distance, lorsque la température est élevée.

B. *Arbrisseaux. Fleurs terminales, tantôt solitaires, tantôt en cyme trichotome. Feuilles minces, subsessiles, toutes de grandeur médiocre.*

ANDROSÈME A FEUILLES DE XYLOSTÉUM. — *Androsæmum xylosteifolium* Spach, Monogr. Hyper. ined. — *Hypericum inodorum* Willd. Spec. — *Hypericum cappadocicum frutescens, fœtido simile sed inodorum* Tournef.! Herbar.

Feuilles ovales-oblongues, ou elliptiques-oblongues, ou oblongues-lancéolées, ou elliptiques, obtuses, subapiculées. Sépales lancéolés, ou lancéolés-oblongs, ou linéaires-lancéolés, pointus, ou obtus, très-entiers, ou denticulés-glanduleux, plus longs que l'ovaire, 2 fois plus courts que les pétales. Pétales elliptiques-oblongs, ou lancéolés-oblongs, ou oblongs, un peu plus courts que les étamines, aussi longs que le pistil. Styles 2 fois plus longs que l'ovaire. Capsule ovoïde.

Arbrisseau haut d'environ 2 pieds, touffu, irrégulièrement rameux. Tiges atteignant l'épaisseur du petit doigt. Rameaux grêles, ligneux. Ramules florifères longs de 3 à 6 pouces, très-grêles, feuillus, rougeâtres, subopposés : entrenœuds plus courts que les feuilles. Feuilles longues de 5 à 12 lignes, larges de 5 à 6 lignes, d'un vert foncé en dessus, d'un vert pâle en dessous. Cymes 3- ou 7-flores, sessiles, ou subsessiles (quelquefois les ramu-

les se terminent par un seul pédoncule 1- ou 2-flore) ; bractées oblongues, ou lancéolées, ou lancéolées-subulées, aussi longues que le
pédicelle, ou plus courtes ; pédicelles ordinairement plus courts
que le calice. Sépales longs de 2 à 3 lignes, larges de $^1/_3$ de ligne
à 1 ligne. Pétales longs de 5 à 6 lignes, larges de 2 à 3 lignes.
Étamines longues de 7 à 8 lignes. Pistil long d'environ 6 lignes.
Capsule longue de 3 à 4 lignes.

Cette espèce croît dans l'Asie-Mineure et sur les côtes de la mer
Noire.

Genre ÉRÉMANTHE. — *Eremanthe* Spach.

Sépales 5, dressés pendant la floraison, puis étalés, inégaux,
subcoriaces, très-entiers, multinervés, finement striés, non-
ponctués. Pétales 5, subdolabriformes, rétrécis à la base, non-
persistants. Étamines caduques : androphores larges, courts ;
filets capillaires, anisométres ; anthères cordiformes-orbiculaires, non-glanduleuses au sommet. Ovaire 5-loculaire,
gros, ovale. Styles 5, libres, longs, filiformes. Stigmates petits, subcapitellés. Capsule ovale-conique, subcoriace, pentagone, 5-sulquée, obtuse (d'abord un peu charnue et très-
résineuse), 5-loculaire, 5-valve, polysperme ; placentaire
pyramidal, pentaédre, se séparant en 5 lamelles linéaires-lancéolées, subulées au sommet, séminifères aux bords, porté
sur un stipe court, épais, 5-gone. Graines cylindriques,
subrectilignes, petites, apiculées aux 2 bouts, finement
scrobiculées.

Sous-arbrisseaux. Feuilles opposées, distiques, subsessiles,
coriaces, persistantes, très-entières, finement ponctuées, munies d'un léger rebord cartilagineux. Pédoncules 1-flores ou
rarement 2-flores, terminaux, solitaires, recourbés après la
floraison, 2-bractéolés à la base ou plus haut ; bractées subcoriaces, beaucoup plus petites que les sépales. Sépales grands,
striés d'une multitude de bandelettes très-fines. Corolle
grande, d'un jaune vif de même que les filets ; pétales cou-

verts d'une multitude de bandelettes (surtout du côté court).
Anthères d'un jaune orange.

L'espèce que nous allons décrire paraît constituer à elle
seule le genre.

ÉRÉMANTHE A GRAND CALICE. — *Eremanthe calycina* Spach,
Monogr. Hyper. ined. — *Hypericum calycinum* Linn. — Bot.
Mag. tab. 146. — Lamk. Ill. tab. 642, fig. 1 (mala).

Souches ligneuses. diffuses, traçantes. Rameaux longs de 1 à 2
pieds, très-touffus, grêles, simples, ou peu divisés, procombants,
ou ascendants et souvent retombants, tétragones : angles marginés ;
entrenœuds 2 à 3 fois plus courts que les feuilles. Feuilles longues
de 1 à 3 pouces, larges de 6 à 15 lignes , d'un vert foncé et luisantes en dessus, glauques en dessous , elliptiques-oblongues , ou
ovales-oblongues , ou lancéolées-elliptiques , ou rarement lancéolées, pointues, ou subobtuses. Pédoncules longs de 5 à 12 lignes,
subcylindriques, à peine épaissis au sommet. Bractées elliptiques
ou obovales, obtuses, dressées, de même consistance que le calice,
2 à 4 fois plus courtes que le pédoncule. Sépales longs de 3 à 7
lignes, larges de 2 à 6 lignes (les 2 intérieurs presque 2 fois plus
petits que les 3 extérieurs), d'un vert blanchâtre, peu ou point
ponctués, elliptiques, ou elliptiques-obovales , très-obtus, 2 à 3
fois plus courts que les pétales. Pétales longs de 15 à 18 lignes,
larges de 7 à 9 lignes, obovales-dolabriformes. Étamines de moitié plus courtes que les pétales, très-nombreuses. Ovaire blanchâtre ou rougeâtre, épais, plus court que le calice, ovale, obtus. Styles longs de 7 à 8 lignes, un peu débordés par les étamines. Capsule longue de 5 à 7 lignes, d'abord blanchâtre ou rougeâtre, enfin d'un brun clair. Graines d'un brun clair.

Cette espèce, très-remarquable par son feuillage élégant ainsi
que par la beauté de ses fleurs, croît en Grèce et dans l'Asie-
Mineure. On la cultive communément dans les grands parterres
et les bosquets. Elle se multiplie avec rapidité au moyen de
ses longues racines traçantes, qui poussent une multitude de
tiges. Elle prospère dans les plus mauvais terrains , et même
sous les arbres. Son port touffu et son feuillage toujours vert

la recommandent pour former de larges bordures, ou des glacis de verdure. Toute la plante a une odeur balsamique ; la résine contenue dans le péricarpe paraît tout-à-fait analogue à la Térébenthine.

Genre CAMPYLOSPORE. — *Campylosporus* Spach.

Sépales coriaces, presque égaux, striés, non-ponctués, dressés après la floraison. Pétales marcescents, subacuminés d'un côté, contournés en préfloraison. Étamines persistantes : androphores courts, larges ; anthères elliptiques ou oblongues, inappendiculées. Ovaire gros, ovale-conique, 5-loculaire. Styles 5, plus ou moins soudés (quelquefois jusqu'au sommet). Stigmates petits, suborbiculaires, peltés. Capsule ovale ou conique, chartacée, 5-gone, 5-loculaire, 5-valve, polysperme ; placentaire pyramidal, indivisé, pentagone, à 5 crêtes séminifères au dos, alternes avec les cloisons. Graines très-menues, lisses, fortement arquées, subulées aux 2 bouts.

Arbrisseaux irrégulièrement rameux. Ramules florifères indivisés, subarticulés, 4-gones : entrenœuds très-rapprochés, beaucoup plus courts que les feuilles. Feuilles coriaces, persistantes, un peu rétrécies à la base, amplexicaules, presque connées, munies d'un léger rebord subcartilagineux, finement penniveinées, parsemées de vésicules transparentes sublinéaires plus ou moins allongées. Pédoncules solitaires, non-bractéolés, terminaux, 1-flores, très-courts. Fleurs grandes. Sépales striés de bandelettes très-rapprochées et très-fines. Pétales d'un jaune vif, convolutés ou contournés (mais non-imbriqués) et ordinairement réfléchis après la floraison, non-ponctués, striés d'une multitude de bandelettes très-fines. Filets d'un jaune tirant sur l'orange. Graines brunâtres, presque scobiformes.

Les *Campylospores* se font remarquer par l'élégance de leur feuillage et de leur inflorescence. Voici les espèces que nous pouvons rapporter avec certitude à ce genre :

A. *Feuilles subcoriaces, discolores, ponctuées, finement pen-*
niveinées et subréticulées, bordées en dessous d'une série de
glandules noires.

CAMPYLOSPORE RÉTICULÉ. — *Campylosporus reticulatus*
Spach, Monogr. Hyper. ined. — *Hypericum lanceolatum* Des-
rouss. in Lamk. Encycl. 4, p. 145. — *Hypericum Penticosia*
Commers. mss.

Ramules tétragones. Feuilles lancéolées-oblongues, ou spathulées-oblongues, ou lancéolées, obtuses, ou subapiculées. Sépales
ovales ou ovales-lancéolés, subacuminés, obtus, 3 fois plus courts
que les pétales. Étamines de moitié plus courtes que la corolle,
un peu plus longues que le pistil. Styles soudés presque jusqu'au
sommet. Capsule 2 fois plus longue que le calice.

Petit arbre dont le tronc, suivant Commerson, atteint quelquefois la grosseur du corps d'un homme. Rameaux grêles, d'un
brun de Châtaigne. Ramules florifères très-grêles, longs de 3 à
6 pouces : entrenœuds 4 à 6 fois plus courts que les feuilles.
Feuilles longues de 6 à 18 lignes, larges 1 ¹/₂ ligne à 4 lignes,
d'un vert foncé en dessus, d'un vert blanchâtre en dessous, fermes mais moins épaisses que celles des autres espèces du genre.
Pédoncules longs de 1 à 2 lignes. Sépales longs d'environ 5 lignes, larges de 2 à 2 ¹/₂ lignes, quelquefois très-légèrement ciliolés-denticulés, rarement munis d'une bordure de glandules noires. Pétales longs de 18 lignes, larges de 5 lignes vers leur
sommet. Ovaire à peu près aussi long que le calice, un peu plus
court que les styles. Capsule ovale-conique, luisante, d'un brun
de Châtaigne, longue d'environ 6 lignes.

Cette espèce, fort semblable aux *Webbia* par le port, a été
trouvée par Commerson sur les hautes plaines de l'île de Bourbon, surtout sur le plateau dit *Plaine des Cafres* (1), où on la
connaît sous les noms vulgaires de *Lambaville* et *Fleur jaune.*

(1) C'est là sans doute qu'on doit chercher l'*île des Cafres,* dont parle
M. Choisy, au sujet de la patrie du *Hypericum lanceolatum.*

Il suinte quelquefois des vieux pieds une résine balsamique, fort estimée des colons.

B. *Feuilles très-coriaces, concolores, non-ponctuées, ni réticulées, ni bordées de glandules noires.*

CAMPYLOSPORE A FEUILLES ÉTROITES. — *Campylosporus an-
gustifolius* Spach, Monogr. Hyper. ined. — *Hypericum angus-
tifolium* Desrouss. in Lamk. Encycl. 4, p. 145.

Ramules tétragones. Feuilles lancéolées-linéaires ou linéaires-
lancéolées, pointues, striées en dessous, réfléchies aux bords à
leur base. Sépales ovales, subacuminés, 3 à 4 fois plus courts que
la corolle. Étamines presque 2 fois plus courtes que les pétales,
du tiers plus courtes que le pistil. Styles soudés jusqu'au milieu,
un peu plus longs que l'ovaire.

Arbrisseau. Rameaux nus, d'un brun de Châtaigne. Ramules
florifères grêles, longs de 1 à 4 pouces : entrenœuds beaucoup
plus courts que les feuilles. Feuilles longues de 6 à 12 lignes,
larges de $^1/_2$ ligne à 1 $^1/_2$ ligne, non-luisantes et d'un vert tirant
sur le jaune (du moins à l'état sec), striées en dessous de nervures
très-fines semi-diaphanes. Sépales (quelquefois très-légèrement
ciliolés-denticulés aux bords) longs de 4 $^1/_2$ à 5 lignes, larges de
2 $^1/_2$ à 3 lignes, pointus, ou subobtus, striés de bandelettes
rougeâtres très-fines. Pétales longs de 16 lignes, larges de 6 à
7 lignes, obliquement cunéiformes, arrondis au sommet d'un
côté, obliquement tronqués et unidentés de l'autre, d'un jaune
orangé (brunâtres en dessous du côté étroit), striés de veines
brunes. Filets d'un jaune tirant sur le brun, luisants. Ovaire à
peu près aussi long que le calice. Capsule longue de 6 à 7 lignes,
d'un brun de Châtaigne, luisante, conique. Graines brunâtres,
longues de $^1/_2$ ligne.

Cette espèce, remarquable par la grandeur de ses fleurs, a été
trouvée par Commerson à l'île Bourbon.

Campylospore de Madagascar. — *Campylosporus madagascariensis* Spach, Monogr. Hyper. ined.

Feuilles oblongues ou oblongues-lancéolées, pointues, à peine striées. Sépales oblongs, obtus, 2 fois plus courts que les pétales. Pétales lancéolés, étroits, de moitié plus longs que les étamines. Styles soudés presque jusqu'au sommet.

Rameaux nus, brunâtres. Ramules florifères grêles, opposés, très-rapprochés, courts : entrenœuds 3 à 5 fois plus courts que les feuilles. Feuilles longues de 4 à 6 lignes, larges de 1 à 1 ¹/₂ ligne, étalées, ou réfléchies, d'un vert jaunâtre (du moins à l'état sec) : nervures latérales peu nombreuses et presque inapparentes. Pédoncules longs de 1 à 2 lignes. Sépales longs de 3 lignes, larges de 1 ligne. Capsule ovale, à peine plus longue que le calice, luisante, d'un brun de Châtaigne.

Cette espèce croît à Madagascar, où elle porte le nom d'*Ambaracha*.

Genre NORYSCA. — *Norysca* Spach.

Sépales 5, coriaces, presque égaux, striés, ponctués, ou non-ponctués, dressés après la floraison. Pétales 5, non-persistants, très-inéquilatéraux, subdolabriformes, obliquement acuminés, étalés, contournés en préfloraison. Étamines non-persistantes; androphores très-courts, polyandres; filets anisométres, filiformes; anthères cordiformes-orbiculaires, couronnées par une glandule jaunâtre opaque. Ovaire gros, ovale, 5-loculaire. Styles longs, plus ou moins soudés (quelquefois presque jusqu'au sommet). Stigmates petits, suborbiculaires. Capsule coriace, ovale, obscurément pentagone, 5-loculaire, 5-valve, polysperme; placentaire pyramidal, indivisé, 5-gone, à 5 crêtes séminifères au dos, alternes avec les cloisons. Graines menues, petites, presque lisses, subrectilignes, pointues aux 2 bouts.

Arbrisseaux irrégulièrement rameux. Ramules florifères subcylindriques ou tétragones, indivisés, ou rarement bifurqués au sommet. Feuilles coriaces ou subcoriaces, persistantes, sessiles, amplexicaules, ou subamplexicaules, ponctuées de vésicules transparentes. Pédoncules anguleux, 1-flores, ou 3-chotomes et 5- ou pluri-flores, terminaux, en ombelle; pédicelles (latéraux) 2-bractéolés et articulés vers leur milieu, épaissis au sommet. Fleurs grandes. Sépales soit ponctués, soit striés d'une multitude de bandelettes très-fines. Pétales d'un jaune vif, non-ponctués, finement striés.

Outre les deux espèces que nous allons décrire, il faut probablement en rapporter à ce genre plusieurs autres, confondues par les auteurs avec les *Hypericum*.

A. *Styles soudés presque jusqu'au sommet. — Ramules florifères subcylindriques, inarticulés : entrenœuds à peu près de moitié plus courts que les feuilles. Feuilles subcoriaces, finement réticulées en dessous, parsemées (ainsi que les sépales) d'une multitude de vésicules ponctiformes.*

Norysca de Chine. — *Norysca chinensis* Spach , Monogr. Hyper. ined. — *Hypericum chinense* Linn. — *Hypericum monogynum* Mill. Ic. tab. 151, fig. 2 — Bot. Mag. tab. 334.

Feuilles oblongues, ou elliptiques-oblongues, ou spathulées-oblongues, subamplexicaules, arrondies au sommet, apiculées, ou rétuses. Sépales oblongs ou elliptiques-oblongs, obtus, subacuminés, 3 à 4 fois plus courts que les pétales. Étamines presque aussi longues que les pétales, un peu débordées par les styles.

Tiges dressées ou ascendantes, suffrutescentes, hautes d'environ 1 pied. Ramules grêles, longs de 3 à 6 pouces, le plus souvent rougeâtres, quelquefois bifurqués au sommet. Feuilles longues de 1 à 2 pouces, larges de 5 à 10 lignes, d'un vert foncé et luisantes en dessus, un peu glauques ou d'un vert pâle en dessous. Inflorescence générale de chaque ramule corymbiforme, ou subpaniculée, aphylle, ou moins souvent feuillée. Pédoncules 3-5, roides, grêles, presque dressés, ou divergents, plus longs que les pédicelles, ordinairement un peu plus courts que la dernière paire de feuilles, garnis au sommet de 2 bractées foliacées plus ou moins grandes. Pédicelles longs de 4 à 6 lignes, ordinairement rougeâtres. Bractéoles petites, lancéolées. Sépales longs de

3 à 4 lignes, larges de 1 à 1 '7₂ ligne, souvent rougeâtres. Pétales longs de 9 à 10 lignes, larges de 5 à 6 lignes. Ovaire un peu plus court que le calice. Style long de 8 lignes. Filets et anthères d'un jaune pâle. Capsule d'un brun de Châtaigne, luisante, ovale, subacuminée, de moitié plus longue que le calice. Graines luisantes, d'un brun de Châtaigne, longues de ²⁄₃ de ligne.

Cette espèce se cultive très-communément dans les jardins, en Chine, au Japon, et dans l'Inde; depuis longtemps aussi introduite en Europe, on la rencontre dans toutes les orangeries; elle fleurit pendant toute la belle saison.

B. *Styles soudés seulement jusques vers leur milieu. — Ramules florifères tétragones, subarticulés : entrenœuds beaucoup plus courts que les feuilles. Feuilles très-coriaces, non-discolores, striées en dessous, parsemées de vésicules linéaires ou oblongues et plus ou moins allongées. Pédoncules ternés, 1-flores.*

NORYSCA A FEUILLES DE MYRTE.—*Norysca myrtifolia* Spach, Monogr. Hyper. ined.

Feuilles lancéolées-elliptiques, ou lancéolées-oblongues, ou ovales-lancéolées, pointues, ou subobtuses, amplexicaules, presque connées. Sépales ovales ou ovales-lancéolés, pointus, 3 fois plus courts que les pétales. Étamines de moitié plus courtes que les pétales, débordées par les styles.

Rameaux nus, ligneux, cylindriques, grêles, brunâtres. Ramules florifères courts, rougeâtres. Feuilles étalées ou réfléchies, longues de 6 à 12 lignes, larges de 2 à 4 lignes, d'un vert jaunâtre (du moins à l'état sec) aux 2 faces, 5-nervées à la base : nervures très-fines, convergentes. Pédoncules longs de 4 à 6 lignes, un peu divergents. Bractéoles petites, ovales-lancéolées. Sépales longs de 4 lignes, larges de 1 '7₂ ligne à 2 lignes, finement striés de bandelettes rougeâtres. Pétales longs de près de 1 pouce, larges de 6 lignes vers leur sommet. Ovaire à peu près aussi long que le calice. Styles grêles, longs de 5 à 6 lignes.

Cette espèce a été trouvée par Léchenault dans les montagnes de l'Inde.

Genre ROSCYNA. — *Roscyna* Spach.

Sépales 5, très-inégaux (rarement presque égaux), foliacés, très-entiers, multinervés, ponctués, étalés pendant la floraison, plus tard dressés ou presque dressés. Pétales marcescents, subdolabriformes, acuminés d'un côté. Étamines persistantes : androphores courts, larges ; anthères cordiformes-orbiculaires, assez grandes, couronnées par une glandule. Ovaire gros, ovale-conique, 5-loculaire. Styles 5, soudés inférieurement, grêles, rectilignes, un peu divergents. Stigmates gros, subhémisphériques, peltés. Capsule grande, chartacée, conique, 5-gone, 5-loculaire, 5-valve, polysperme ; placentaire pyramidal, 5-gone, indivisé, à 5 crêtes séminifères au dos, alternes avec les cloisons. Graines petites, subrectilignes, luisantes, apiculées aux 2 bouts, très-faiblement scrobiculées.

Herbes vivaces, multicaules, glabres. Tiges (quelquefois simples) et rameaux 4-angulaires ; entrenœuds à peine plus courts que les feuilles, ou plus longs. Feuilles (ordinairement grandes) sessiles, amplexicaules, membranacées, d'un vert glauque, finement penninervées, subréticulées, parsemées (ainsi que les sépales) de vésicules (transparentes) linéaires ou oblongues plus ou moins allongées. Pédoncules solitaires ou ternés, anguleux, 1-flores, terminaux (rarement terminaux et aux aisselles des feuilles supérieures), non-bractéolés, dressés, plus ou moins allongés (lorsqu'ils sont ternés l'intermédiaire est très-court). Sépales souvent exactement conformes aux feuilles. Corolle grande, d'un beau jaune. Ovaire quelquefois à 6-8 loges et à autant de styles (ce caractère varie dans les mêmes espèces).

SECTION I.

Sépales des fleurs primaires de chaque ramule (ou quelquefois de presque toutes les fleurs) dissemblables : les 2 extérieurs beaucoup plus grands, conformes aux feuilles, souvent plus longs que les pétales.

A. *Styles soudés jusqu'au tiers, de moitié plus longs que la capsule.*

ROSCYNA DE GMÉLIN. — *Roscyna Gmelini* Spach, Monogr. Hyper. ined. — *Hypericum Ascyron* Linn. — Gmel. Flor. Sibir. 4. p. 176, tab. 69.

Feuilles oblongues, ou oblongues-lancéolées, cordiformes à la base, ordinairement pointues. Tiges simples ou peu rameuses. Étamines presque 2 fois plus courtes que la corolle, à peu près aussi longues que le pistil. Styles presque 2 fois plus longs que l'ovaire.

Tiges hautes de 1 1/2 pied à 2 1/2 pieds, dressées, grêles, ordinairement simples et triflores, quelquefois divisées vers leur sommet en 3 rameaux 1-flores (dont l'intermédiaire plus court que les 2 latéraux); après la floraison il se développe, aux aisselles de presque toutes les feuilles, un ramule stérile plus ou moins allongé. Feuilles longues de 1 1/2 pouce à 3 pouces, larges de 6 à 10 lignes (celles des ramules stériles beaucoup plus petites, linéaires-oblongues), d'un vert gai en dessus, un peu glauques en dessous. Fleurs tantôt terminales, soit solitaires, soit ternées (le pédoncule intermédiaire plus court que les 2 latéraux), tantôt en corymbe formé par 5 pédoncules 1-flores, dont 3 terminaux plus courts, et 2 aux aisselles de l'avant-dernière paire de feuilles. Sépales tantôt conformes aux feuilles, et presque aussi longs ou plus longs que la corolle, tantôt elliptiques, ou ovales-elliptiques, ou ovales, ou ovales-orbiculaires, obtus, 3 à 5 fois plus courts que la corolle. Pétales longs d'environ 18 lignes, sur 6 lignes de large vers leur sommet. Étamines longues de 9 à 12 lignes.

Cette espèce croît en Sibérie.

B. *Styles soudés seulement par la base, 4 à 5 fois plus courts que la capsule.*

ROSCYNA DE GEBLER. — *Roscyna Gebleri* Spach, Monogr. Hyper. ined. — *Hypericum Gebleri* Ledebour, Ic. Flor. Alt. tab. 487.

Tiges rameuses ou rarement simples. Feuilles oblongues, ou oblongues-lancéolées, ou ovales-oblongues, cordiformes à la base, subobtuses. Étamines presque 2 fois plus courtes que la corolle, un peu plus longues que le pistil. Styles à peu près aussi longs que l'ovaire.

Plante très-semblable à l'espèce précédente, mais presque toujours plus élancée et rameuse; tiges rameuses tantôt presque dès la base, tantôt seulement vers leur sommet; rameaux disposés en corymbe, ou en panicule subpyramidale : les inférieurs stériles ; les supérieurs 1-ou 3-flores , débordant ordinairement la tige. Feuilles longues de 1 pouce à 3 ¹/₂ pouces , larges de 5 à 15 lignes, d'un vert gai en dessus, un peu glauques en dessous. Sépales variant de la même manière que ceux du *Roscyna Gmelini* , ordinairement obtus. Pétales longs de 10 à 12 lignes, sur 5 à 6 lignes de large. Capsules longues de 6 à 8 lignes.

Cette espèce croît en Sibérie.

SECTION II.

Sépales presque égaux, jamais conformes aux feuilles.

ROSCYNA D'AMÉRIQUE. — *Roscyna americana* Spach, Monogr. Hyper. ined — *Hypericum amplexicaule* Desrouss. ! in Lamk. Encycl. 4, p. 147. — *Hypericum pyramidatum* Ait. Hort. Kew. 3, p. 103. — Vent. Hort. Malm. tab. 118! — *Hypericum ascyroides* Nuttall ! Gen. — *Hypericum macrocarpum* Michx. ! Flor. Bor. Amer.

Feuilles oblongues, ou oblongues-lancolées , ou ovales-lancéolées, ou ovales-oblongues, pointues, cordiformes à la base. Sépales ovales, ou ovales-lancéolés, pointus, 3 fois plus courts que la corolle. Étamines plus courtes que les pétales , à peu près aussi longues que le pistil. Styles un peu plus courts que l'ovaire, 2 fois plus courts que la capsule.

Tiges hautes de 1 ¹/₂ pied à 2 ¹/₂ pieds, plus ou moins rameuses, ou rarement simples. Rameaux ordinairement disposés en panicule subpyramidale : les inférieurs courts, stériles; les supérieurs plus ou moins allongés , 1-ou 3-flores, ou rarement

5-flores. Feuilles longues de 1 pouce à **3** pouces, larges de 6 à
15 lignes. Pédoncules longs de 6 à 20 lignes. Sépales longs de
4 à 5 lignes, larges de 2 ½ à 3 lignes. Pétales longs d'environ
15 lignes, sur 4 à 5 lignes de large. Capsule subpyramidale, ou
ovale-conique, obtuse, d'un brun de Châtaigne, longue de 6 à
8 lignes.

Cette espèce, qu'on cultive fréquemment comme plante de parterre, croît dans le nord des États-Unis ainsi qu'au Canada.

Section IV. BRATHYDINÉES. — *Brathydineæ* Spach.

Calice à 5 (par exception 4) sépales inégaux ou égaux, très-
entiers, dressés ou réfléchis après la floraison. Pétales 5
(par exception 4), persistants ou caducs, très-inéquilatéraux, acuminés ou cuspidés au sommet du côté le plus
étroit, arrondis de l'autre côté, involutés après la floraison (lorsqu'ils sont persistants). Étamines en nombre déterminé ou plus souvent en nombre indéterminé, tout-à-
fait libres et caduques, ou bien très-légèrement monadelphes par la base et persistantes. Ovaire 1- ou 5-loculaire,
5-style (quelquefois comme monostyle par la soudure plus
ou moins complète des 5 styles); placentaires suturaux
ou axiles, multiovulés; ovules horizontaux, 2- ou plurisériés sur chaque placentaire. Capsule 5-valve, septicide,
polysperme, finement striée de bandelettes; placentaires
libres après la déhiscence, lamelliformes, ou filiformes,
ou nerviformes, persistants de même que les valves.
Graines cylindriques, apiculées aux 2 bouts, finement
striées et scrobiculées, ordinairement petites et légèrement arquées.
Herbes vivaces (rarement annuelles), ou sous-arbrisseaux,
ou arbrisseaux.

Genre ISOPHYLLE. — *Isophyllum* Spach.

Sépales 4, persistants, sublinéaires, presque égaux. Pétales non-persistants, cunéiformes-obovales, courtement cuspidés. Étamines persistantes, en nombre indéterminé : filets capillaires; anthères didymes, réniformes, couronnées par une glandule transparente. Ovaire 1-loculaire. Styles 5, filiformes, allongés, droits, appliqués les uns contre les autres. Stigmates ponctiformes. Fruit inconnu.

Arbrisseau bas, très-rameux. Ramules florifères courts, axillaires, feuillus, 1-flores. Feuilles petites, coriaces, persistantes, ponctuées, sessiles, accompagnées de chaque côté à leur base d'une glande assez grosse. Pédoncules terminaux, solitaires, nus, dressés. Corolle jaune.

Nous ne connaissons de ce genre que l'espèce dont nous allons donner la description.

Isophylle de Drummond. — *Isophyllum Drummondii* Spach, Monogr. Hyper. ined.

Arbrisseau bas, touffu, ayant le port d'un *Helianthemum*. Rameaux grêles, feuillus, munis soit dans toute leur longueur, soit seulement vers leur sommet de petits ramules florifères; entre-nœuds plus courts que les feuilles. Feuilles longues de 2 à 4 lignes, larges de $^1/_2$ ligne à 1 ligne, linéaires, ou linéaires-oblongues, ou linéaires-spathulées, révolutées aux bords, arrondies au sommet, mutiques, ou submucronulées, sans autres nervures que la côte moyenne laquelle est saillante en dessous, parsemées de vésicules noirâtres presque invisibles à l'œil nu. Ramules florifères tétragones, bimarginés, souvent à peine plus longs que les feuilles des rameaux. Pédoncules longs de 2 à 5 lignes, roides, tétragones. Sépales longs de 1 $^1/_2$ ligne à 2 lignes, larges de $^1/_4$ à $^1/_3$ de ligne, linéaires, ou linéaires-spathulés, subtrinervés, obtus, quelquefois mucronés. Pétales longs de près de 4 lignes, sur 2 lignes de large. Étamines un peu plus courtes que les pétales, un peu plus longues que le pistil. Styles un peu plus longs que l'ovaire.

Cette plante a été trouvée par Drummond dans la Floride.

Genre MYRIANDRA. — *Myriandra* Spach.

Sépales 5, inégaux (2 intérieurs, latéraux, plus petits), 1-nervés, foliacés, après la floraison dressés, ou réfléchis, ou étalés. Pétales 5, étalés ou recourbés, non-persistants, sub-dolabriformes, cuspidés. Étamines très-nombreuses, non-persistantes, insérées à un réceptacle subhémisphérique; filets capillaires, divergents, subfastigiés; anthères didymes, couronnées par une glandule transparente. Ovaire 3-loculaire (soit complètement, soit incomplètement), ou 1-loculaire. Styles 3, filiformes, droits, appliqués les uns contre les autres (quelquefois subcohérents). Stigmates tronqués. Capsule coriace ou chartacée, complètement ou incomplètement 3-loculaire, ou 1-loculaire, 3-valve, polysperme; placentaires filiformes, ou linéaires-lancéolés.

Arbrisseaux, ou sous-arbrisseaux, ou herbes. Feuilles opposées (les nouvelles très-souvent comme fasciculées aux aisselles des anciennes par l'avortement des ramules), persistantes, plus ou moins coriaces, luisantes, sessiles, ou amplexicaules, ou rétrécies en pétiole, ponctuées de vésicules subdiaphanes. Inflorescences cymeuses ou paniculées, terminales, ou axillaires et terminales, régulièrement dichotomes (quelquefois les ramules florifères inférieurs ne produisent qu'une seule fleur). Corolle jaune, le plus souvent assez grande. Filets des étamines d'un jaune orange. Graines finement striées et scrobiculées, petites.

Les espèces de ce genre, toutes indigènes dans l'Amérique septentrionale, se font en général remarquer par une inflorescence très-élégante; en voici les plus remarquables :

Section I.

Sépales peu inégaux (anisomètres mais tous à peu près de même largeur), conformes aux feuilles et le plus souvent presque aussi grands que celles-ci. Ovaire grêle, oblong-pyramidal, triédre, 1-loculaire. Styles cohérents pendant la floraison. Capsule 1-loculaire, pyramidale, triédre; placentaires filiformes, intervalvaires. — Feuilles (le plus souvent sessiles, petites, linéaires : celles des ramules abortifs presque aussi grandes que les autres) révolutées aux bords, ponctuées de glandules subopaques.

A. *Inflorescence générale de chaque rameau en panicule très-lâche, divariquée, feuillée : pédicelles dichotoméaires et terminaux, solitaires. (Les ramules axillaires inférieurs ne produisent que 1 ou 3 fleurs.)*

MYRIANDRA A COURTES FEUILLES.— *Myriandra brachyphylla* Spach, Monogr. Hyper. ined. — *Hypericum aspalathoides* Elliot, Sketch. (ex descript.)

Rameaux ligneux, paniculés, cylindriques ; ramules dichotomes, obscurément 4-gones. Feuilles semi-cylindriques, linéaires, obtuses, ou subobtuses, canaliculées en dessous.

Arbrisseau touffu, très-rameux, haut de 1 pied ou plus, ayant le port d'une Bruyère. Branches dressées, de la grosseur d'un tuyau de plume d'oie. Rameaux grêles, roides, rougeâtres, souvent bifurqués à la base, feuillés, tantôt produisant dans presque toute leur longueur des ramules florifères paniculés, tantôt ne produisant inférieurement que des ramules feuillus abortifs. Feuilles longues de 1 ¹/₂ ligne à 2 lignes, larges de ¹/₄ à ¹/₃ de ligne. Sépales presque aussi longs que les feuilles, tombant vers l'époque de la maturité du fruit. Capsule longue d'environ 2 lignes, chartacée, oblongue-pyramidale, pointue, brunâtre.

Cette espèce a été trouvée en Floride par Drummond.

B. *Ramules florifères axillaires et terminaux, courts, 3-7-flores (rarement les inférieurs 1-flores), nus inférieurement, diphylles à la première bifurcation, dibractéolés aux bifurcations supérieures, formant vers l'extrémité de chaque rameau une panicule allongée plus ou moins dense, feuillée, compo-*

*sée de cymules subfastigiées. Fleurs dichotoméaires subses-
siles.*

MYRIANDRA A FEUILLES LUISANTES. — *Myriandra nitida*
Spach, Monogr. Hyper. ined. — *Hypericum nitidum* Desrouss.
in Lamk. Encycl. 4, p. 160.

Rameaux opposés, ligneux, anguleux, effilés. Ramules florifères ancipités. Feuilles linéaires, très-étroites, pointues, planes,
innervées. Pétales un peu plus courts que le calice. Étamines plus
courtes que la corolle, un peu plus longues que le pistil.

Arbuste touffu, haut d'environ 2 pieds. Tiges nues, dressées,
cylindriques, grêles, d'un brun de Châtaigne. Branches et rameaux
très-grêles : entrenœuds plus courts que les feuilles. Feuilles longues d'environ 1 pouce, sur 1/3 de ligne de large, luisantes (noirâtres à l'état sec), souvent plus ou moins arquées. Ramules florifères ordinairement plus longs que les feuilles ramulaires. Panicules partielles très-lâches, divariquées, pauciflores. Fleurs larges de 5 à 6 lignes.

Cette espèce croît en Caroline.

MYRIANDRA FAUX-BRATHYS. — *Myriandra Brathydis* Spach,
Monogr. Hyper. ined. — *Hypericum fasciculatum* Desrouss.
in Lamk. Encycl. (ex descriptione et fide speciminum Herbarii
Fontanesiani; non Michx.) — *Hypericum aspalathoides* Willd.
Spec. (ex Desrouss. l. c.)

Ligneux. Branches subdichotomes. Rameaux effilés, anguleux
au sommet. Feuilles linéaires, pointues, planes, 3-nervées en-
dessous. Panicules interrompues, bifurquées au sommet. Pétales
un peu plus longs que les sépales.

Arbrisseau touffu, haut de 1/2 pied à 1 pied. Branches et rameaux grêles, roides, brunâtres; entrenœuds à peu près aussi
longs que les feuilles. Feuilles longues de 5 à 7 lignes, larges
de 1/4 à 1/3 de ligne, d'un vert foncé. Panicules longues d'environ 1 pouce : ramules florifères ancipités, ordinairement débordés par les feuilles à l'aisselle desquelles ils naissent: les inférieurs 3-flores ou rarement 1-flores ; les terminaux souvent 5-

flores. Sépales longs de 2 ¹/₂ à 3 lignes, plus étroits qne les feuilles. Pétales longs de 3 lignes. Étamines un peu plus courtes que
les pétales, débordées par les styles. Capsule oblongue-pyramidale, pointue, longue de 2 lignes.

Cette espèce croît dans le midi des États-Unis.

MYRIANDRA FAUX-GALIUM. — *Myriandra galioides* Spach,
Monogr. Hyper. ined. — *Hypericum galioides* Desrouss.! in
Lamk. Encycl. v. 4, p. 163. — *Hypericum fasciculatum* El-
liot, Sketch, v. 2, p. 285. (néc aliorum). — *Hypericum Coris*
Walt. Carol. (ex Elliot. non Linn.) — *Hypericum tenuifolium*
Pursh, Flor. Amer. Sept. (ex Elliot.)

Rameaux ligneux, tétragones, effilés, indivisés. Feuilles 1-
nervées en dessous, glanduleuses, linéaires, semi-cylindriques,
très-obtuses, ou tronquées, comme verticillées. Panicules racémiformes, à peine interrompues. Pétales de moitié plus longs que
les sépales, à peu près aussi longs que les étamines. Styles à peine
saillants.

Arbrisseau touffu, haut de 1 à 2 pieds, ayant l'aspect du *Ga-*
lium verum. Branches et rameaux très-grêles, roides, dressés,
rougeâtres; entrenœuds à peu près aussi longs que les feuilles.
Feuilles longues d'environ 3 lignes, sur ¹/₄ de ligne de large, d'un
vert foncé. Panicules longues de 1 à 2 pouces : ramules courts,
filiformes, ancipités : les inférieurs 1- ou 3-flores ; les terminaux
ordinairement 5-flores. Calice réfléchi après la floraison (suivant
Desrousseaux). Sépales longs de 2 lignes, sur ¹/₄ de ligne de
large. Pétales longs de 3 lignes, sur 2 lignes de large au sommet.
Styles filiformes, presque aussi longs que l'ovaire. Capsule (suivant Desrousseaux) pyramidale, rougeâtre. Graines (suivant le
même auteur) petites, ovales, noirâtres.

Cette espèce croît dans les landes sablonneuses humides de la
Géorgie et des Carolines.

MYRIANDRA DE MICHAUX. — *Myriandra Michauxii* Spach,
Monogr. Hyper. ined. — *Hypericum fasciculatum* Michx.!
Flor. Bor. Amer. (non Lamk.) — *Hypericum axillare* Desrouss.
in Lamk. Encycl. 4, p. 161.— *Hypericum Michauxii* Desrouss.

l. c. Suppl. v. 3, p. 696. — *Hypericum rosmarinifolium* Elliot, Sketch. v. 2, p. 29 (non Desrouss.)

Rameaux paniculés, obscurément anguleux. Feuilles lancéolées-linéaires, ou lancéolées-spathulées, ou linéaires-spathulées, rétrécies à la base, acuminées, ou mucronées, planes, 1-nervées en dessous. Panicules interrompues. Pétales un peu plus longs que les étamines. Styles un peu saillants, à peu près aussi longs que l'ovaire.

Arbrisseau haut de 2 à 3 pieds, touffu. Branches et rameaux grêles, dressés, subcylindriques, rougeâtres; entrenœuds à peu près aussi longs que les feuilles ou quelquefois plus longs. Feuilles longues de 5 à 9 lignes, larges de ¹/₃ de ligne à 1 ¹/₂ ligne, d'un vert foncé en dessus, d'un vert pâle en dessous : celles des ramules abortifs plus étroites et plus fortement révolutées aux bords. Panicules longues de 1 à 3 pouces, oblongues, multiflores (la panicule qui termine le rameau principal est très-dense et subthyrsiforme) : ramules ancipités, plus courts que la feuille; cymules denses, 5-9-flores. Bractées conformes aux sépales. Sépales longs de 1 ¹/₂ ligne à 3 lignes, larges de ¹/₂ ligne, lancéolés-spathulés, ou lancéolés-linéaires, ou lancéolés, acuminés, mucronés, réfléchis après la floraison. Pétales longs d'environ 3 lignes, sur 2 lignes de large. Capsule longue de 2 lignes, oblongue-pyramidale, triédre, pointue. Graines minimes, ellipsoïdes, finement scrobiculées.

Cette espèce est commune dans les Carolines et dans la Géorgie.

Section II.

Sépales très-inégaux, non-conformes aux feuilles et beaucoup plus petits que celles-ci. Ovaire assez gros, ovale- ou oblong-conique, 3-gone, 3-sulqué, complètement ou incomplètement 3-loculaire. Styles ordinairement non-cohérents, mais appliqués les uns contre les autres. Capsule complètement ou incomplètement 3-loculaire : placentaires linéaires-lancéolés, avant la déhiscence adnés aux bords rentrants des valves, ou (lorsque la capsule est complètement 3-loculaire) soudés en axe central. — Feuilles amplexicaules, ou sessiles, ou rétrécies en pé-

tiole, très-finement ponctuées : les caulinaires et les raméaires assez grandes; celles des ramules abortifs beaucoup plus petites.

A. *Tige ligneuse, irrégulièrement rameuse. Inflorescence générale de chaque rameau en panicule non-fastigiée, plus
ou moins dense, composée de cymules axillaires et terminales, tantôt compactes, tantôt divariquées, 5-15-flores ;
cymes axillaires le plus souvent courtement pédonculées et
débordées par les feuilles ; cyme terminale sessile.*

MYRIANDRA PROLIFÈRE. — *Myriandra prolifica* Spach, Mo-
nogr. Hypér. ined. — *Hypericum prolificum* Linn. —Watson,
Dendr. Brit. tab. 88. — *Hypericum foliosum* Jacq. Hort.
Schœnbr. 3, tab. 299 (non Ait.)

Rameaux biangulaires, dressés. Feuilles obtuses, mucronulées :
les raméaires lancéolées-oblongues, rétrécies en pétiole court; les
ramulaires lancéolées-linéaires, ou linéaires, ou linéaires-spathulées, révolutées aux bords. Sépales suboblongs, ou lancéolés, ou
ovales-lancéolés, ou obovales, pointus, mucronés, plus courts
que les pétales. Pétales obtus, un peu plus longs que les étamines.
Styles un peu saillants, non-soudés. Capsule presque 2 fois plus
longue que le calice.

Arbuste touffu, haut de 2 à 3 pieds. Tige ligneuse, basse,
atteignant la grosseur du doigt d'un homme. Rameaux touffus,
frutescents, grêles, indivisés inférieurement et garnis, aux aisselles de presque toutes les feuilles, de ramules abortifs feuillus.
(Très-rarement les aisselles de l'avant-dernière paire de feuilles
produisent chacune un ramule feuillé pauciflore.) Feuilles finement
ponctuées, luisantes et d'un vert gai en dessus, glauques en dessous, sans autres nervures que la côte : les caulinaires longues de
1 1/2 pouce à 3 pouces, larges de 3 à 6 lignes ; celles des ramules
abortifs comme fasciculées, longues de 3 à 8 lignes, assez semblables aux feuilles du Romarin. Ramules florifères naissant aux aisselles des 2 ou 3 dernières paires de feuilles, courts, roides, ancipités, presque toujours aphylles. Bractées lancéolées ou lancéolées-
spathulées. Panicule générale multiflore, longue de 2 à 4 pouces.

Fleurs d'un jaune vif, larges de 8 à 10 lignes. Sépales étalés, 3-nervés. Capsule longue d'environ 5 lignes, brunâtre, oblongue-conique, pointue.

Cette espèce, originaire des États-Unis, se cultive très-fréquemment comme arbuste d'agrément. Elle fleurit en juillet et août. Ses feuilles ont une odeur aromatique agréable.

B. *Tiges suffrutescentes ou ligneuses. Rameaux florifères indivisés (rarement les aisselles des feuilles supérieures donnent aussi naissance à des ramules florifères). Inflorescence (de chaque rameau) cymeuse ou paniculée, terminale, pédonculée, aphylle. — Sépales petits, réfléchis après la floraison, persistants jusqu'à la maturité.*

MYRIANDRA A FEUILLES SPATHULÉES. — *Myriandra spathulata* Spach, Monogr. Hyper. ined. — *Hypericum prolificum* Leconte! manscr. in Herb. Mus. Par.

Tiges ligneuses; ramules tétragones, bimarginés. Feuilles spathulées-oblongues, obtuses, mucronées, rétrécies en pétiole. Panicules pédonculées, divariquées. Sépales lancéolés-spathulés ou oblongs-lancéolés, acuminés, 2 à 4 fois plus courts que la corolle. Étamines de moitié plus courtes que les pétales, presque aussi longues que le pistil.

Arbrisseau s'élevant à environ 2 pieds. Branches grêles, cylindriques, dressées. Rameaux florifères très-grêles : entrenœuds de moitié environ plus courts que les feuilles. Feuilles longues de 9 à 18 lignes, larges de 2 à 3 lignes (celles des ramules abortifs beaucoup plus petites, sublancéolées), d'un vert foncé en dessus, légèrement glauques en dessous. Panicules 5-15-flores ; pédoncule commun roide, anguleux, à peu près aussi long que la dernière paire de feuilles. Bractées petites, lancéolées-linéaires. Sépales longs de 1 ligne à 2 lignes, larges de $^1/_5$ à $^1/_3$ de ligne. Pétales longs de 3 à 4 lignes. (Le fruit nous est inconnu.)

Cette espèce croît dans les provinces méridionales des États-Unis.

MYRIANDRA A PANICULES APHYLLES. — *Myriandra nudiflora*

Spach, Monogr. Hyper. ined. —*Hypericum nudiflorum* Michx. Flor. Amer. Bor.

Tiges tétragones, diptères. Feuilles oblongues, ou oblongues-lancéolées, ou ovales-oblongues, obtuses, submucronulées, sub-sessiles. Panicules divariquées. Bractées petites, linéaires-subu-lées. Sépales persistants, linéaires, ou lancéolés, ou lancéolés-obovales, pointus, réfléchis après l'anthèse. Pétales 2 à 3 fois plus longs que les sépales, de moitié plus longs que les étamines. Pistil saillant.

Tiges hautes d'environ 1 pied. Feuilles longues de 1 à 2 pouces, larges de 5 à 9 lignes, un peu glauques, ponctuées en dessous d'une multitude de vésicules noirâtres. Panicule multiflore, plus ou moins dense, large de 2 à 3 pouces. Sépales longs de 1 '/₂ ligne à 2 lignes, larges de '/₄ de ligne à 1 ligne. Pétales longs de 3 à 4 lignes. Pistil long de 3 lignes : style aussi long que l'o-vaire. Capsule ovale-oblongue, trigone, 3-sulquée, incomplète-ment 3-loculaire.

Cette plante croît au bord des marais et des étangs, dans le midi des États-Unis.

Myriandra a feuilles de Lédum. — *Myriandra ledifolia* Spach, Monogr. Hyper. ined.

Tiges ligneuses. Rameaux florifères indivisés, ancipités. Feuil-les lancéolées ou lancéolées-oblongues, subobtuses, apiculées, glauques en dessous. Panicules solitaires, pédonculées, lâches, sub-7-flores. Sépales lancéolés, ou lancéolés-spathulés, ou linéai-res-lancéolés, acuminés, mucronés, 2 fois plus courts que les pé-tales. Étamines presque aussi longues que la corolle, un peu plus longues que le pistil.

Tiges irrégulièrement rameuses. Rameaux florifères grêles, touffus, feuillus, longs de 3 à 6 pouces ; entrenœuds plus courts que les feuilles. Feuilles longues d'environ 1 pouce, sur 1 '/₂ ligne à 2 lignes de large (celles des ramules abortifs petites, lancéo-lées-linéaires). Panicules 3-12-flores : pédoncule commun long d'environ 1 pouce, muni à sa première bifurcation de 2 bractées linéaires-lancéolées. Bractées des bifurcations supérieures petites, sublinéaires. Sépales longs de 2 $\frac{1}{2}$ à 3 $\frac{1}{2}$ lignes, larges de $\frac{1}{2}$ ligne à 1 $\frac{1}{4}$ de ligne. Pétales longs de 6 lignes, sur 3 lignes de large, d'un jaune tirant sur l'orange, obliquement cunéiformes, courtement cuspidés d'un côté. Styles presque aussi longs que l'ovaire. Ovaire 3-loculaire. Capsule inconnue.

Cette espèce a été trouvée par M. Leconte dans le midi des États-Unis.

C. *Tiges ligneuses, subdichotomes : rameaux dichotomes au sommet. Fleurs dichotoméaires et terminales, solitaires, subsessiles, disposées en panicules feuillées terminales ou axillaires et terminales. — Sépales grands, dressés après la floraison, non-persistants jusqu'à la maturité. Point de ramules abortifs aux aisselles des feuilles.*

Myriandra glauque.—*Myriandra glauca* Spach, Monogr. Hyper. ined.—*Hypericum glaucum* Michx.! Flor. Bor. Amer.

Rameaux obscurément tétragones. Feuilles oblongues, ou ova·les-oblongues, ou ovales-elliptiques, ou ovales, très-obtuses, cordiformes à la base, amplexicaules. Sépales ovales ou elliptiques, obtus, ou subacuminés, presque aussi longs que les pétales. Étamines un peu plus courtes que la corolle, débordées par les styles.

Arbrisseau haut de 1 à 2 pieds. Tiges dressées, cylindriques. Rameaux effilés, feuillus, plus ou moins divariqués. Feuilles longues de 6 à 12 lignes, larges de 3 à 6 lignes, très-coriaces, glauques. Sépales longs de 2 $\frac{1}{2}$ à 4 lignes, larges de 1 $\frac{1}{2}$ ligne à 2 lignes. Styles à peu près aussi longs que l'ovaire. Capsule longue de 3 lignes, luisante, coriace, d'un brun de Châtaigne. Graines très-menues, noirâtres, finement striées et ponctuées.

Cette espèce habite la Floride.

Genre BRATHYDIUM. — *Brathydium* Spach.

Sépales 5, très-inégaux, foliacés, dressés après la floraison. Pétales non-persistants, subdolabriformes, cuspidés d'un côté. Étamines en nombre indéterminé : filets persistants, capillairés, subfastigiés; anthères didymes, couronnées par une glandule transparente. Ovaire 5-gone, 1-loculaire. Styles 5, filiformes, allongés, droits, soudés inférieurement. Stigmates minimes, tronqués. Capsule chartacée, 5-valve, 1-loculaire, polysperme; placentaires lamelliformes, linéaires-lancéolés, intervalvaires. Graines ellipsoïdes, ou oblongues, scrobiculées, ou alvéolées.

Tiges herbacées ou ligneuses. Feuilles opposées, subconnées par la base, le plus souvent coriaces, très-entières, 1-nervées, ponctuées (ainsi que le calice) de vésicules transparentes. Inflorescence terminale, dichotome ou trichotome, aphylle, ordinairement en panicule plus ou moins divariquée; pédicelles anguleux, courts. Corolle jaune.

Ce genre, propre à l'Amérique septentrionale, renferme les espèces suivantes :

A. *Ovaire plus long que les styles, ovoïde de même que la capsule, rétréci en col au sommet. — Bractées foliacées, presque aussi grandes que les sépales. Graines grosses, alvéolées.*

BRATHYDIUM A GRANDES FLEURS. — *Brathydium grandiflorum* Spach, Monogr. Hyper. ined. — *Hypericum procumbens* Michx.! Flor. Bor. Amer. — *Hypericum dolabriforme* Vent.! Hort. Cels. tab. 45 (floris, capsulæ et seminis analysi ex toto erronea !)

Souche suffrutescente, procombante. Tiges dressées, très-rameuses. Feuilles linéaires ou linéaires-oblongues, obtuses, un peu rétrécies à la base. Sépales lancéolés, ou oblongs-lancéolés, ou ovales-lancéolés, ou elliptiques, ou oblongs, pointus, ou acuminés : les majeurs à peine plus courts que les pétales. Étamines 2 fois plus courtes que les pétales, presque aussi longues que le pistil. Capsule ovoïde, pointue, 3-sulquée.

Tiges grêles, tétragones, bimarginées, atteignant 1 pied de haut. Rameaux tantôt simples, tantôt munis de ramules axillaires la plupart stériles. Feuilles un peu coriaces, d'un vert foncé en

dessus, glauques en dessous : les caulinaires longues de 12 à
18 lignes, larges de 1 ½ ligne à 2 ½ lignes; les raméaires environ 2 fois plus petites. Panicules 5-15-flores (quelquefois les
rameaux inférieurs se terminent par une cymule 3-flore), pédonculées, subfastigiées : ramifications anguleuses, ancipitées. Bractées oblongues-lancéolées, pointues. Sépales longs de 3 à 7 lignes,
larges de ½ ligne à 3 lignes. Pétales longs d'environ 5 lignes,
d'un jaune tirant sur l'orange. Capsule longue d'environ 5 lignes,
d'un brun de Châtaigne. Graines beaucoup plus grosses que
celles de la plupart des Hypéricacées, longues de 1 ligne, noires,
rugueuses transversalement, comme alvéolées.

Cette plante, qui mérite d'être cultivée dans les parterres, croît
sur les collines arides du Kentuckey.

B. *Ovaire aussi long que les styles ou plus long, ellipsoïde,
ou subglobuleux. — Bractées (à l'exception de la paire la
plus inférieure) très-petites, sublinéaires.*

a) *Ovaire presque 5 fois plus court que les styles, subglobuleux de
même que la capsule.*

BRATHYDIUM A CAPSULE GLOBULEUSE. — Monogr. Hyper. ined.
— *Brathydium sphærocarpum* Spach. *Hypericum sphærocarpum* Michx.! Flor. Bor. Amer.

Tiges simples, herbacées. Feuilles oblongues, ou linéaires-
oblongues, obtuses, mucronées. Sépales linéaires-lancéolés, ou
oblongs-lancéolés, acérés, plus courts que les pétales. Étamines
longuement débordées par les styles. Capsule globuleuse.

Tiges subtétragones, bimarginées, grêles, dressées, hautes
d'environ 1 pied, munies de ramules axillaires abortifs. Feuilles
un peu coriaces, longues d'environ 18 lignes, sur 3 lignes de
large (celles des ramules stériles beaucoup plus petites). Panicule sub-15-flore : rameaux ancipités. Bractées linéaires-lancéolées. Sépales longs de 2 à 3 lignes, larges de ⅓ à ¾ de ligne.
Pétales longs de 4 lignes, sur 1 ½ ligne de large. (Les échantillons que nous avons vus sont dépourvus de fruits mûrs.)

Cette espèce a été trouvée par Michaux au Kentuckey.

BRATHYDIUM CHAMÉNÉRION. — *Brathydium Chamœnerium*
Spach, Monogr. Hyper. ined. — *Hypericum dolabriforme* Steud.
et Hochst. ! Herb. Moser. (non Vent.)

Tiges ligneuses, rameuses. Feuilles linéaires ou linéaires-oblongues, obtuses, mucronées. Bractées petites, linéaires-lancéolées. Sépales linéaires-lancéolés, ou oblongs-lancéolés, ou ovales-
lancéolés, mucronés, plus courts que les pétales. Étamines longuement débordées par les styles. Capsule globuleuse.

Sous-arbrisseau touffu. Branches très-rameuses. Rameaux
grêles, indivisés, feuillus. Feuilles longues de 6 à 18 lignes,
larges de 1 à 3 lignes, d'un vert foncé en dessus, légèrement
glauques en dessous, presque coriaces, un peu rétrécies à la base.
Panicules 5-3o-flores, divariquées : rameaux ancipités. Sépales
longs de 2 à 3 lignes, larges de ⅓ de ligne à 1 ligne. Pétales
longs d'environ 5 lignes. (Nous n'avons pas vû le fruit mûr.)
Cette espèce croît dans l'état de l'Ohio.

*b) Ovaire à peu près aussi long que les styles, ellipsoïde de même
que la capsule.*

BRATHYDIUM A FEUILLES DE HYSSOPE. — *Brathydium hysso-
pifolium* Spach, Monogr. Hyper. ined. — *Hypericum cistifolium*
Desrouss,! in Lamk. Encycl.

Frutescent. Rameaux tétragones, diptères. Feuilles obtuses :
les raméaires oblongues-lancéolées; les ramulaires oblongues-linéaires. Panicules subtrichotomes, multiflores. Sépales obovales-
oblongs, ou obovales, ou lancéolés-obovales, ou linéaires, obtus,
du tiers plus courts que les pétales. Étamines un peu plus courtes que la corolle, à peu près aussi longues que le pistil. Styles
soudés presque jusqu'au sommet.

Tiges grêles, rameuses. bimarginées. Rameaux florifères longs
de 4 à 9 pouces, grêles, indivisés, feuillus. Ramules axillaires abortifs ou plus courts que les feuilles. Feuilles coriaces, persistantes, légèrement glauques en dessous : les raméaires longues de 5

à 10 lignes, larges de 1 '/₂ ligne à 2 '/₂ lignes; celles des ramules axillaires longues de 1 ligne à 5 lignes, larges de '/₄ de ligne à 1 ligne. Panicules 15-50-flores, assez denses, corymbiformes, pédonculées : pédoncule et ramifications ancipités ; pédicelles très-courts. Bractées de la première trifurcation foliacées, lancéolées-oblongues, subobtuses, longues d'environ 3 lignes, larges de 1 ligne. Bractéoles petites, linéaires-lancéolées. Sépales très-inégaux, 3-nervés, longs de 1 '/₂ ligne à 2 lignes, larges de '/₃ à '/₄ de ligne. Pétales longs de 2 '/₂ lignes, larges de 1 '/₂ ligne. Capsule de moitié plus longue que le calice; mucronée par le style. Graines ellipsoïdes, brunâtres, finement scrobiculées.

Cette espèce croît dans le midi des États-Unis.

BRATHYDIUM DU CANADA. — *Brathydium canadense* Spach, Monogr. Hyper. ined.

Tige simple, herbacée, dressée, quadrangulaire. Feuilles oblongues ou elliptiques-oblongues, très-obtuses, non-coriaces. Panicule lâche, dichotome. Sépales lancéolés, ou lancéolés-oblongs, ou lancéolés-obovales, mucronés, presque aussi longs que les pétales. Étamines de moitié plus courtes que la corolle, débordées par le style.

Tige haute de 6 à 12 pouces, très-grêle, ascendante à la base, munie aux aisselles des feuilles supérieures de petits ramules stériles; entrenœuds plus courts que les feuilles. Feuilles caulinaires longues de 4 à 9 lignes, larges de 1 '/₂ ligne à 3 lignes (les inférieures plus petites que les supérieures), minces, d'un vert pâle en dessus, un peu glauques en dessous. Panicule longuement pédonculée, 7-15-flore : rameaux anguleux. Bractées lancéolées. Sépales longs de 1 '/₂ ligne à 3 lignes, larges de '/₃ de ligne à 1 ligne. Pétales longs d'environ 4 lignes.

Cette espèce croît au Canada.

Genre BRATHYS. — *Brathys* Mutis.

Calice 5-parti : sépales inégaux ou presque égaux, dressés après la floraison. Pétales 5, dolabriformes, cuspidés, persistants, involutés après la floraison. Étamines très-nombreuses (40-100), ou en nombre déterminé (9-50; par exception 5), persistantes; anthères réniformes, didymes, couronnées par une glandule subdiaphane. Ovaire 1-loculaire; ovules bisériés sur chaque placentaire. Styles 5 (rarement 4-6), rectilignes, ou recourbés. Stigmates assez gros, peltés, capitellés. Capsule chartacée ou subcoriace, 1-loculaire, 5-valve (rarement 4-6-valve), polysperme; placentaires filiformes ou nerviformes, intervalvaires. Graines ellipsoïdes ou oblongues, finement striées et scrobiculées, ou chagrinées, minimes.

Arbrisseaux, ou sous-arbrisseaux, ou herbes soit vivaces, soit annuelles. Feuilles subsessiles, ou sessiles, ou amplexicaules, ou connées, très-entières, quelquefois petites et presque imbriquées, souvent coriaces, ponctuées de vésicules subdiaphanes. Fleurs solitaires (soit terminales, soit dichotoméaires et terminales), ou en cymes dichotomes, ou en panicules.

Ce genre, auquel nous réunissons le *Sarothra gentianoides*, renferme environ quarante espèces, toutes exotiques, et la plupart indigènes en Amérique; en voici les plus remarquables :

SECTION I.

Arbrisseaux très-rameux : ramules feuillus, souvent dichotomes. Feuilles très-rapprochées, ordinairement petites et très-étroites. Fleurs terminales ou dichotoméaires et terminales, solitaires, courtement pédonculées. Sépales presque égaux. Étamines le plus souvent très-nombreuses.

a) *Fleurs trigynes, polyandres.*

BRATHYS DE MUTIS. — *Brathys Mutisiana* Kunth (sub Hyperico), in Humb. et Bonpl. Nov. Gen. et Spec. v. 5, p. 185. — *Hypericum mexicanum* Linn. fil. (ex Kunth.)

Feuilles subimbriquées, obovales-oblongues, arrondies au som-

met, flabellinervées, coriaces, visqueuses. Sépales oblongs, pointus.

Rameaux subfasciculés, subtétragones. Feuilles longues de 8 à
9 lignes, larges de 4 à 4 ¹/₂ lignes.

Cette espèce croît aux environs de Santa-Fé de Bogota.

BRATHYS DE CARACAS. — *Brathys caracasana* Kunth (sub
Hyperico), l. c. p. 186. — *Hypericum caracasanum* Willd.
Spec.

Feuilles subimbriquées, ovales-oblongues, pointues, 1-nervées.
Sépales lancéolés, pointus, 2 fois plus courts que les pétales, à
peu près aussi longs que les étamines.

Rameaux tétragones, subdichotomes, roussâtres, rugueux.
Feuilles longues de 5 à 6 lignes, concolores, très-courtement pétiolées. Fleurs de la grandeur de celles du Millepertuis commun.

Cette espèce a été trouvée par MM. de Humboldt et Bonpland
aux environs de Caracas.

BRATHYS A FEUILLES DE THYM.— *Brathys thymifolia* Kunth,
l. c. p. 186 (sub Hyperico); tab. 455.

Feuilles petites, oblongues, subobtuses, 1-nervées, coriaces.
Pédoncules dichotoméaires et terminaux. Sépales oblongs, pointus,
plus courts que les pétales. Étamines plus courtes que la corolle.

Rameaux dichotomes. Feuilles longues de 3 à 3 ¹/₂ lignes, larges de 1 ¹/₃ de ligne. Fleurs de la grandeur de celles du *Hyperi-*
cum pulchrum. Capsule oblongue, 3-sulquée, plus grande que
le calice. Graines minimes, chagrinées.

Cette espèce croît dans l'Amérique méridionale.

BRATHYS FAUX-THUYA. — *Brathys thuyoides* Kunth, l. c.
p. 187 (sub Hyperico); tab. 456.

Feuilles petites, subimbriquées, ovales, pointues, 1-nervées,
coriaces. Fleurs terminales, subsessiles. Sépales elliptiques-oblongs, pointus, 3 fois plus courts que les pétales. Étamines de
moitié plus courtes que la corolle, un peu débordées par les styles.

Rameaux cylindriques, rugueux, roussâtres; ramules subdisti-

ques. Feuilles longues de 1 à 1 ¹/₂ ligne, très-courtement pétiolées. Fleurs de la grandeur de celles de l'*Hypericum hirsutum*.

Cette espèce a été trouvée par MM. de Humboldt et Bonpland
dans les andes de Quindiu, à 1,500 toises d'élevation.

BRATHYS A FEUILLES DE BRUYÈRE. — *Brathys acerosa* Kunth,
l. c. p. 187 (sub Hyperico); tab. 457.

Feuilles subimbriquées, petites, linéaires, pointues, subcoriaces. Fleurs terminales. Sépales lancéolés-oblongs, pointus, 3 fois
plus courts que les pétales. Étamines de moitié plus courtes que
la corolle, un peu débordées par les styles.

Rameaux cylindriques, rugueux, roussâtres; ramules rapprochés, quadrangulaires. Feuilles longues de 2 à 2 ¹/₂ lignes, roides,
canaliculées : les florales un peu plus longues, planes. Fleurs de
la grandeur de celles du *Millepertuis commun*.

Cette espèce a été trouvée par MM. de Humboldt et Bonpland
dans les Andes de Quito, à 1,800 toises d'élevation.

BRATHYS A FEUILLES DE STRUTHIOLA. — *Brathys struthiolæ-
folia* Spach. — *Hypericum struthiolæfolium* Juss. in Annales
du Mus. 5, p. 160, tab. 16, fig. 2.

Feuilles lancéolées ou lancéolées-linéaires, subimbriquées, acérées, étroites, 1-nervées. Fleurs dichotoméaires et terminales,
subsessiles. Sépales linéaires-lancéolés, pointus, de moitié plus
courts que les pétales.

Rameaux grêles, effilés, rugueux, dichotomes au sommet; ramules très-feuillus, plusieurs fois bifurqués. Feuilles longues de
3 à 7 lignes, larges de ¹/₄ de ligne à 1 ligne, rétrécies en court
pétiole. Sépales longs de 3 lignes, sur ¹/₄ de ligne de large. Pétales longs de 4 lignes, larges de 2 ¹/₂ lignes. Styles filiformes,
divergents, à peu près aussi longs que l'ovaire. Stigmates petits.
Capsule ovale, 3-gone, chartacée, de moitié plus courte que le calice. Graines très-petites, d'un brun fauve.

Cette espèce croît au Pérou.

BRATHYS A FEUILLES DE MÉLÈZE. — *Brathys laricifolia* Kunth,

l. c. p. 188 (sub Hyperico). — *Hypericum laricifolium* Juss. in Annal. du Mus. 3, p. 160, tab. 16, fig. 1.

Feuilles sessiles, étalées, petites, linéaires, pointues, 1-nervées, roides. Fleurs terminales, solitaires, pédonculées. Sépales oblongs, acuminés, 3 fois plus courts que les pétales.

Arbrisseau très-touffu, ayant le port d'un Genévrier : rameaux épars, tortueux; ramules très-feuillus, rapprochés. Feuilles longues de 2 1/2 à 3 lignes, larges de 1/2 ligne. Fleurs de la grandeur de celles du *Hypericum perforatum*. Étamines un peu débordées par les styles.

Cette espèce a été observée par MM. de Humboldt et Bonpland aux environs de Quito, à 1,540 toises de hauteur. Au Pérou, on se sert de ses feuilles pour teindre les étoffes de laine en jaune de safran.

b) *Fleurs 4-6-gynes, 25-50-andres.*

BRATHYS FAUX-GENÉVRIER. — *Brathys juniperina* Mutis, ex Kunth, in Humb. et Bonpl. l. c. p. 189. — *Hypericum Brathys* Smith, Ic. tab. 41.

Feuilles sessiles, petites, linéaires, mucronées, canaliculées, 1-nervées. Fleurs terminales, solitaires, subsessiles. Sépales oblongs-lancéolés, acuminés, 2 fois plus courts que les pétales.

Arbrisseaux très-rameux. Rameaux et ramules rapprochés, feuillus. Feuilles longues de 4 à 6 lignes, larges au plus de 1/2 ligne. Fleurs de la grandeur de celles du *Hypericum humifusum*. Étamines plus courtes que les pétales, plus longues que le pistil. Capsule ellipsoïde.

Cette espèce croît dans la Nouvelle-Grenade.

Section II.

Tiges suffrutescentes. Feuilles coriaces, assez grandes, connées-perfoliées. Fleurs en cymes terminales dichotomes. Sépales inégaux. Étamines très-nombreuses. Styles 5-5.

BRATHYS A FEUILLES CONNÉES. — *Brathys connata* Spach ,

Monogr. Hyper. ined. — *Hypericum connatum* Desrouss.! in
Lamk. Encycl.—Saint-Hil., Juss. fil., et Cambess. Plant. Usuelles des Brasil. tab. 61.

Tiges feuillues, peu rameuses. Feuilles ovales, ou ovales-elliptiques, obtuses, ou subacuminées, marginées. Sépales oblongs-
lancéolés ou lancéolés-rhomboïdaux, acuminés, mucronés, de
moitié plus courts que les pétales, un peu plus longs que les
étamines. Styles recourbés, un peu plus longs que l'ovaire. Capsule ovale-globuleuse, chartacée, un peu plus courte que le calice.

Sous-arbrisseau glabre, haut de 1 à 2 pieds. Feuilles longues
de 9 à 10 lignes, sur 6 à 7 lignes de large, un peu glauques en
dessous. Cymes lâches, aphylles, solitaires, courtement pédonculées; pédicelles très-courts. Bractées linéaires-lancéolées, carénées, un peu plus longues que les pédicelles. Sépales longs de
2 à 2 ¼ lignes, larges de ½ ligne à 1 ligne. Pétales longs de
3 lignes, larges de 2 lignes au sommet. Graines petites, jaunâtres,
finement striées et scrobiculées.

« Cette espèce, dit M. Aug. de Saint-Hilaire, commune au
» Brésil extratropical, dans les *campos* des provinces Cisplatine
» et des Missions, s'étend au nord jusque dans la province de
» Saint-Paul. Ses feuilles exhalent, lorsqu'elles sont froissées,
» une odeur forte, peu agréable, qui indique l'existence d'une
» huile volatile, et des propriétés toniques qu'elle partage avec
» les autres Millepertuis. Sa décoction est astringente. Elle est
» employée avec succès contre les maux de gorge, et remplace
» pour les habitants du Brésil méridional nos décoctions de Roses
» rouges, d'écorce de Grenade, etc. »

Section III.

Tiges herbacées, 4-angulaires. Ramules florifères axillaires
et terminaux, dichotomes, ou subdichotomes. Sépales inégaux. Étamines nombreuses (au moins 50). Styles 5.

A. *Tiges plus ou moins rameuses supérieurement. Rameaux
dichotomes. Inflorescence (tantôt subterminale, tantôt axillaire et terminale) en panicules très-lâches, une ou plusieurs*

fois bifurquées, divariquées, dibractéolées aux bifurcations: pédicelles les uns dichotoméaires, les autres en grappes alterniflores; bractées linéaires-subulées. (Les rameaux inférieurs des tiges produisent ordinairement une grappe pauciflore simple, ou une panicule composée de 2 grappes.)

BRATHYS FAUX-LIN. — *Brathys linoides* Spach, Monogr. Hyper. ined. — *Hypericum angulosum* Michx.! Flor. Bor. Amer.

Tiges paniculées. Fueilles pointues ou courtement acuminées, ovales, ou ovales-elliptiques, ou elliptiques-oblongues, ou oblongues, ou oblongues-lancéolées, ou lancéolées-oblongues : les inférieures amplexicaules. Sépales 3-ou 5-nervés, acuminés : les extérieurs lancéolés-oblongs, ou lancéolés-rhomboïdaux , plus longs que les étamines ; les intérieurs lancéolés. Pétales 2 fois plus longs que le calice. Styles très-saillants, 2 fois plus longs que l'ovaire.

Herbe vivace, très-glabre, haute de 1 à 2 pieds. Rameaux effilés, feuillés, très-grêles, dichotomes vers leur sommet. Feuilles longues de 3 à 8 lignes, larges de 1 à 4 lignes, finement ponctuées (ainsi que les tiges, les rameaux et les calices) de vésicules noires. Entrenœuds ordinairement plus longs que les feuilles. Rameaux des panicules atteignant jusqu'à 6 pouces de long. Fleurs très-écartées : la plupart latérales. Sépales longs de 2 à 3 lignes, larges de 1/2 ligne à 1/4 de ligne. Pétales longs de 4 à 5 lignes, d'un jaune orange, dolabriformes, courtement cuspidés d'un côté.

Cette espèce croît dans le midi des États-Unis.

BRATHYS FAUX-ÉRYTHRÉA. — *Brathys Erythreæ* Spach, Monogr. Hyper. ined.

Tige dichotome au sommet. Ramules florifères subterminaux, nus, non-fastigiés. Feuilles oblongues, ou oblongues-lancéolées, subobtuses, amplexicaules. Sépales 3-ou 5-nervés, acérés, 2 fois plus courts que les pétales : les extérieurs lancéolés ; les intérieurs lancéolés-linéaires. Étamines plus courtes que la corolle. Styles très-saillants, 2 fois plus longs que l'ovaire.

Tige grêle, dressée, haute d'environ 2 pieds ; entrenœuds très-écartés, 2 à 4 fois plus courts que les feuilles. Feuilles longues de 6 à 12 lignes, larges de 2 à 3 lignes. Panicule générale terminale, multiflore, très-lâche, longue d'environ 5 pouces. Pédicelles la plupart dichotoméaires et terminaux. Bractées linéaires ou linéaires-lancéolées, très-étroites, longues d'environ 2 lignes. Sépales longs de 2 lignes, larges de $\frac{1}{4}$ de ligne à $\frac{1}{2}$ ligne.

Cette plante, dont nous n'avons vu qu'un seul échantillon, a été trouvée par M. Leconte dans le midi des États-Unis ; quoique très-voisine de l'espèce précédente, elle paraît en différer par ses tiges non-paniculées, ainsi que par la forme de ses feuilles et de ses sépales.

BRATHYS LANCÉOLÉ. — *Brathys lanceolata* Spach, Monogr. Hyper. ined.

Feuilles lancéolées, acuminées, amplexicaules. Ramules florifères axillaires et terminaux. Sépales 3-ou 5-nervés, acérés, 2 fois plus courts que les pétales : les extérieurs lancéolés-rhomboïdaux, un peu plus longs que les étamines ; les intérieurs lancéolés. Styles très-saillants, 3 fois plus longs que l'ovaire.

Feuilles longues d'environ 1 pouce, sur 2 à 2 $\frac{1}{2}$ lignes de large, d'un vert glauque en dessous. Ramules axillaires nus, plus longs que les feuilles, incomplètement dichotomes au sommet, pauciflores. Panicule terminale multiflore, assez régulièrement dichotome. Bractées linéaires-lancéolées, étroites, longues de 2 lignes. Sépales longs de 2 à 2 $\frac{1}{2}$ lignes, larges de $\frac{1}{4}$ de ligne à $\frac{1}{2}$ ligne. Pétales longs de 4 lignes, larges de 2 lignes, d'un jaune orange.

Cette espèce, dont nous n'avons vu qu'un seul échantillon, croît dans les mêmes contrées que les deux précédentes.

B. *Tiges très-simples, ou produisant seulement vers leur sommet quelques ramules indivisés, très-courts à l'époque de la floraison. Inflorescence terminale en panicule dichotome ou subdichotome, assez dense ; inflorescence des ramules axillaires tantôt en panicule dichotome pauciflore, tantôt en grappe alterniflore.*

BRATHYS COTONNEUX. — *Brathys tomentosa* Spach, Monogr.

Hyper. ined. — *Hypericum simplex* Michx. Flor. Bor. Amer.
— *Hypericum pilosum* Michx.! Herbar.

Tiges effilées, subtétragones, cotonneuses. Feuilles ovales-
lancéolées, ou oblongues-lancéolées, pointues, sessiles, plus ou
moins cotonneuses aux 2 faces : les inférieures subamplexicaules.
Sépales lancéolés, ou lancéolés-oblongs, ou lancéolés-obovales,
pointus, ciliolés. Étamines plus courtes que la corolle. Pistil
presque 2 fois plus long que les étamines : styles un peu plus
longs que l'ovaire.

Tiges hautes de 1 à 2 pieds, roides, grêles, couvertes (ainsi
que les feuilles) d'un duvet crépu plus ou moins épais, ordinairement roussâtre ; entrenœuds presque aussi longs que les feuilles,
ou même un peu plus longs. Feuilles longues de 4 à 6 lignes, sur
1 ¹/₂ ligne à 2 lignes de large (celles des ramules florifères axillaires beaucoup plus petites), sans autres nervures apparentes
que la côte, laquelle est proéminente en dessous. Bractées petites,
linéaires-lancéolées, ciliolées. Sépales longs de 1 ligne à 2 lignes,
larges de ¹/₃ de ligne à 1 ligne, 3-ou 5-nervés, carénés en dessous
à la base. Pétales longs d'environ 3 lignes, de couleur orange,
dolabriformes, courtement cuspidés d'un côté. Capsule ovale, à
peu près aussi longue que le calice. Graines très-petites, ellipsoïdes, apiculées aux 2 bouts, d'un brun roux, striées longitudinalement et très-finement réticulées.

Cette espèce croît dans le midi des États-Unis.

SECTION IV. (SAROTHRA Linn.)

Sépales presque égaux. Étamines 5-9 (nombre variable sur
les mêmes individus; le plus souvent 9). Styles 3.
Herbe annuelle, unicaule, très-rameuse : rameaux opposés,
paniculés, articulés, anguleux : entrenœuds beaucoup plus
courts que les feuilles. Feuilles minimes, très-entières,
squamiformes, subconnées par la base, non-ponctuées.
Pédoncules latéraux et terminaux, très-courts, 1-flores,
solitaires. Fleurs très-petites. Sépales munis d'une bandelette peu apparente de chaque côté de la nervure mé-

diane. Corolle rougeâtre. Capsule chartacée, légèrement
striée, conique, prismatique, 5-gone. Graines minimes,
ellipsoïdes, obtuses aux 2 bouts, finement striées, subréticulées.

BRATHYS FAUSSE-GENTIANE. — *Brathys gentianoides* Spach,
Monogr. Hyper. ined. — *Sarothra gentianoides* Linn.— *Hypericum Sarothra* Michx.! Flor. Bor. Amer.

Plante haute de 6 à 12 pouces, très-glabre, ordinairement rameuse dès la base, ayant le port de l'*Erythrea spicata*. Tige et
rameaux dressés, effilés, très-grêles. Feuilles très-étroites, longues
au plus de 1 ligne. Fleurs alternes, en grappes très-lâches. Bractées opposées, semblables aux feuilles mais plus petites. Sépales
linéaires-lancéolés, pointus, 3-nervés, non-ponctués, longs de
1 ligne. Pétales cunéiformes-oblongs. Étamines de moitié plus
courtes que le calice. Styles courts, filiformes-spathulés, rectilignes, dressés. Anthères non-glanduleuses. Capsule rougeâtre,
2 fois plus longue que le calice.

Cette espèce croît dans le midi des États-Unis.

Section V. ASCYRINÉES. — *Ascyrineæ* Spach.

Calice à 4 sépales très-entiers, très-inégaux, opposés en croix :
les 2 extérieurs (l'un supérieur, l'autre inférieur) valvaires
en estivation et après la floraison, beaucoup plus grands
que les 2 intérieurs (latéraux) (1). Pétales 4, non-persistants, inéquilatéraux, inégaux. Étamines en nombre indéterminé, persistantes, à peine monadelphes par la base.
Ovaire 1-loculaire, 2-4-style; placentaires suturaux, en
même nombre que les styles; ovules horizontaux, bisériés
sur chaque placentaire. Capsule 1-loculaire, 2-4-valve,

---

(1) M. Choisy se trompe très-fort en avançant (au sujet du caractère du
genre *Ascyrum*), que les 2 sépales intérieurs sont plus grands que les extérieurs.

polysperme; placentaires filiformes ou lamelliformes, intervalvaires, persistants après la déhiscence de même que les valves. Graines minimes, apiculées aux 2 bouts, finement scrobiculées.

Sous-arbrisseaux, ou arbrisseaux, ou herbes. Rameaux et ramules ancipités, anguleux, articulés. Feuilles très-entières, sessiles, accompagnées de chaque côté de leur base d'une glandule subglobuleuse ou dentiforme, ponctuées (de même que les sépales) de vésicules transparantes. Pédoncules solitaires ou ternés, 1-flores, dibractéolés. Capsule striée de bandelettes très-fines et très-nombreuses.

Genre ASCYRUM. — *Ascyrum* Linn.

Sépales 4 : les 2 extérieurs dressés et connivents après la floraison, finement 3- ou 5-nervés, ordinairement cordiformes à la base; les 2 intérieurs très-étroits, ou squamiformes, un peu divergents. Pétales 4, obliquement acuminés. Étamines 9-10 : anthères minimes, réniformes, didymes. Styles 2-4, très-courts, subulés, ou filiformes, connivents, ou recourbés. Stigmates minimes, tronqués. Capsule oblongue, ou ellipsoïde, ou ovale-conique, couverte par le calice, finement striée, 1-loculaire, polysperme, bivalve, un peu comprimée, ou soit 3- soit 4-valve et 3- ou 4-sulquée; placentaires filiformes ou lamelliformes. Graines très-menues, oblongues.

Sous-arbrisseaux ou arbrisseaux. Rameaux feuillus, souvent munis de ramules axillaires abortifs. Feuilles coriaces, persistantes, souvent amplexicaules. Fleurs dichotoméaires et terminales, ou axillaires et terminales, solitaires, ou en cyme, ou en panicule. Pédoncules courts, ou plus ou moins allongés, roides et dressés, ou rarement filiformes et rabattus après la floraison, tétraédres; bractéoles minimes, subulées, presque étalées. Sépales et pétales disposés en croix renversée. Corolle et étamines jaunes.

Ce genre, propre aux régions chaudes ou tempérées de l'Amérique septentrionale, renferme les espèces suivantes :

Section I.

Sépales intérieurs à peu près aussi longs que les extérieurs, mais beaucoup plus étroits. Étamines très-nombreuses (60-100). Styles 2-4, subulés, un peu recourbés, soudés par la base.—Feuilles assez grandes, munies d'un léger rebord cartilagineux, non-rétrécies à la base. Tige à angles plus ou moins marginés. Pédoncules dressés, roides, dibractéolés peu au-dessous du sommet.

ASCYRUM A FEUILLES AMPLEXICAULES. — *Ascyrum amplexicaule* Michx.! Flor. Bor. Amer.

Feuilles ovales, ou ovales-elliptiques, ou ovales-oblongues, subacuminées, ondulées, cordiformes à la base, amplexicaules. Pédoncules 3 à 4 fois plus longs que le calice. Sépales intérieurs oblongs ou lancéolés-oblongs, un peu plus longs que les extérieurs. Étamines presque 2 fois plus courtes que la corolle. Styles de moitié plus courts que l'ovaire.

Arbrisseau haut d'environ 2 pieds. Rameaux effilés, feuillus, subdichotomes au sommet. Feuilles longues de 3 à 6 lignes, larges de 1 ¹/₂ ligne à 3 lignes, ordinairement plus longues que les entrenœuds, d'un vert pâle. Panicules lâches, 5-12-flores, quelquefois subfastigiées. Ramules axillaires et terminaux, plus longs que les feuilles, munis d'une seule paire de feuilles. Pédoncules très-grêles, longs de 4 à 8 lignes. Sépales extérieurs longs de 3 à 4 lignes, larges de 2 à 3 lignes, ovales-orbiculaires, ou ovales-elliptiques, subobtus, ondulés, cordiformes à la base; sépales intérieurs longs de 4 à 4 ¹/₂ lignes, larges de 1 ligne ou un peu plus, obtus, ou pointus. Pétales un peu plus longs que le calice. Capsule un peu plus courte que le calice.

Cette espèce croît dans la Floride.

ASCYRUM ROIDE. — *Ascyrum stans* Michx.! Flor. Bor. Amer.

Feuilles oblongues, ou elliptiques-oblongues, ou elliptiques, obtuses, subapiculées, sessiles, ou amplexicaules. Pédoncules ordinairement plus courts que le calice. Sépales intérieurs linéaires-lancéolés ou lancéolés, pointus, plus courts que les extérieurs. Étamines 2 à 3 fois plus courtes que la corolle. Styles beaucoup plus courts que l'ovaire.

Arbrisseau haut de 1 pied à 3 pieds. Tiges grêles, dressées, roides, rameuses presque dès leur base, ou simples inférieurement et dichotomes au sommet, subcylindriques, bimarginées par la décurrence des feuilles. Rameaux tantôt une ou plusieurs fois bifurqués au sommet, tantôt simples, tantôt ramulifères aux aisselles de presque toutes les feuilles. Feuilles longues de 6 à 18 lignes, larges de 2 à 6 lignes, quelquefois un peu ondulées, arrondies à la base et sessiles, ou échancrées et plus ou moins amplexicaules. Pédoncules longs de 2 à 6 lignes. Sépales extérieurs longs de 5 à 8 lignes, larges de 4 à 6 lignes, ovales-elliptiques, ou ovales-orbiculaires, courtement acuminés, quelquefois ondulés, subcordiformes ou arrondis à la base; sépales intérieurs longs de 3 à 6 lignes, larges de ¹/₂ ligne à 1 ligne. Pétales longs de 5 à 8 lignes, larges de 3 à 5 lignes (tantôt un peu plus longs que le calice, tantôt un peu plus courts). Pistil à peu près aussi long que les étamines. Capsule ovale, brunâtre, presque aussi longue que le calice; placentaires linéaires-lancéolés, pointus, larges de ¹/₃ de ligne. Graines noirâtres, de la grosseur d'un grain de Pavot.

Cette espèce croît dans le midi des États-Unis.

SECTION II.

Sépales intérieurs minimes, squamiformes. Étamines 9-40 (le plus souvent environ 20). Styles 2 ou rarement 3, très-courts, dressés, linéaires, comprimés.—Feuilles petites, non-cartilagineuses aux bords, rétrécies à la base. Tiges adultes cylindriques. Pédoncules roides, dressés, dibractéolés peu au-dessous du sommet.

A. *Tiges ligneuses, dressées.*

a) *Tiges et rameaux régulièrement dichotomes. Ramules florifères tous terminaux, presque toujours 1-flores.*

ASCYRUM FAUX-MILLEPERTUIS. — *Ascyrum hypericoides* Linn. — Plum. Amer. ed. Burm. 1, tab. 152, fig. 1.

Feuilles oblongues-linéaires ou spathulées-linéaires, obtuses. Fleurs 20-30-andres, digynes. Sépales extérieurs elliptiques, subacuminés; sépales intérieurs oblongs - lancéolés, pointus, presque aussi longs que l'ovaire.

Arbrisseau haut d'environ 1 pied. Tige nue et indivisée dans sa moitié inférieure, dressée, de la grosseur d'un tuyau de plume de corbeau. Rameaux plusieurs fois bifurqués, plus ou moins divariqués, feuillus, dépourvus de ramules stériles : bifurcations terminales, très-grêles, florifères. Feuilles longues de 2 à 5 lignes, larges de $^1/_3$ de ligne à 1 ligne. Bractées linéaires-subulées, longues de 1 ligne. Sépales extérieurs trinervés, longs de 4 à 5 lignes, larges de 2 $^1/_2$ lignes; sépales intérieurs longs de 1 ligne, larges de $_1/_3$ de ligne. Étamines presque aussi longues que le pistil, 3 fois plus courtes que le calice. Capsule oblongue, pointue, un peu comprimée, presque aussi longue que le calice.

Cette espèce croît à Saint-Domingue; elle est très-différente de toutes les espèces des États-Unis, avec plusieurs desquelles on a coutume de la confondre.

b) *Tiges et rameaux non-dichotomes ou dichotomes seulement au sommet. Ramules florifères axillaires et terminaux, 4-5-flores.*

Ascyrum a feuilles de Lin. — *Ascyrum linifolium* Spach, Monogr. Hyper. ined.

Tiges très-rameuses. Feuilles linéaires ou spathulées-linéaires, obtuses. Sépales extérieurs ovales, pointus; sépales intérieurs minimes, linéaires-subulés. Fleurs 12-20-andres, 2-gynes. Pétales lancéolés-linéaires, subfalciformes, presque aussi longs que le calice, un peu plus longs que les étamines.

Arbuscule touffu, haut de 6 à 12 pouces. Tiges grêles, dressées, très-rameuses. Rameaux très-grêles, dressés, ou ascendants; entrenœuds plus courts que les feuilles. Feuilles d'un vert un peu glauque, révolutées à l'état sec : les raméaires longues de 4 à 6 lignes, larges de $^1/_2$ ligne à 1 ligne; les ramulaires longues de 2 à 3 lignes, larges de $^1/_4$ de ligne à $^1/_2$ ligne. Bractéoles subulées, longues de $^1/_2$ ligne. Sépales extérieurs 3-nervés, longs de

3 à 4 lignes , larges de 1 1/4 de ligne à 2 lignes ; sépales intérieurs tout-à-fait conformes aux bractéoles. Pétales longs de 3 lignes, larges de 1/2 ligne à 3/4 de ligne. Pistil un peu plus long que les étamines.

Cette espèce a été découverte en Louisiane par Drummond.

ASCYRUM DE MICHAUX. — *Ascyrum Michauxii* Spach, Monogr. Hyper. ined.—*Ascyrum multicaule* var. Herb. Michx.!

Feuilles obtuses : les caulinaires ou raméaires oblongues-linéaires ; les ramulaires linéaires. Fleurs digynes, sub-20-andres. Sépales extérieurs ovales ou ovales-elliptiques , pointus ; sépales intérieurs minimes, elliptiques, obtus.

Tiges (ou rameaux) grêles, effilées, rougeâtres, longues d'environ 1 pied, feuillées et ramifères dans toute leur longueur, bifurquées au sommet ; entrenœuds à peu près aussi longs que les feuilles. Ramules presque filiformes, feuillus : les inférieurs abortifs ou plus courts que les feuilles, stériles; les supérieurs florifères, 2 à 3 fois plus longs que les feuilles. Feuilles caulinaires ou raméaires longues de 4 à 7 lignes, larges de 1/2 ligne à 1 1/4 ligne ; feuilles ramulaires longues de 2 à 4 lignes , larges au plus de 1/2 ligne. Pédoncules longs de 1 à 2 lignes : ceux des ramules inférieurs 1-flores ; ceux des ramules terminaux 2- ou 3-flores, en cyme. Bractées subulées, longues d'environ 1 ligne. Sépales extérieurs longs de 3 lignes , larges de 2 à 2 1/2 lignes ; sépales intérieurs à peine longs de 1/2 ligne , presque imperceptibles à l'œil nu. Pétales.... Capsule ellipsoïde ou oblongue, un peu comprimée, obtuse, biapiculée par les styles, brunâtre , à peu près aussi longue que le calice. Graines noirâtres, de la grosseur d'un grain de Pavot.

Cette espèce croît aux États-Unis.

ASCYRUM A FEUILLES DE HÉLIANTHÈME. — *Ascyrum helianthemifolium* Spach, Monogr. Hyper. ined. — *Ascyrum Crux-Andreæ* Linn.? — *Ascyrum Crux-Andreæ* var. Torrey.!

Rameaux indivisés, opposés. Feuilles obtuses : les caulinaires et raméaires lancéolées-oblongues ou lancéolées ; les ramulaires sublinéaires ou lancéolées-linéaires. Fleurs sub-20-andres, 2-gynes. Sépales pointus : les extérieurs elliptiques ou ovales-elliptiques; les intérieurs ovales ou ovales-lancéolés, 2 fois plus courts que l'ovaire. Pétales lancéolés-obovales, 2 fois plus longs que les étamines.

Arbuscule multicaule, haut d'environ 1 pied. Tiges de la grosseur d'un tuyau de plume de corbeau, rameuses presque dès la base; entrenœuds à peu près aussi longs que les feuilles. Rameaux ascendants ou plus ou moins ouverts, feuillus, grêles : les inférieurs beaucoup plus longs que les entrenœuds de la tige, garnis dans toute leur longueur de ramules axillaires; les supérieurs ordinairement courts, non-ramulifères aux aisselles, tantôt indivisés et 1-flores au sommet, tantôt bifurqués au sommet en ramules 1- ou très-rarement 3-flores. Feuilles assez semblables à celles du *Helianthemum vulgare*, un peu glauques en dessous : les caulinaires longues d'environ 10 lignes, sur 1 ¹/₂ ligne à 2 lignes de large; les raméaires longues de 5 à 6 lignes, sur 1 ligne à 1 ¹/₄ de ligne de large; celles des ramules stériles longues de 1 ¹/₂ ligne à 3 lignes, larges de ¹/₃ de ligne à 1 ligne, le plus souvent comme fasciculées; celles des ramules florifères longues d'environ 3 lignes, sur ¹/₂ ligne à 1 ligne de large. Pédoncules longs de 1 à 2 lignes, solitaires, ou très-rarement ternés. Bractéoles subulées. Sépales extérieurs longs de 3 ¹/₂ à 4 ¹/₄ lignes, larges de 2 ¹/₂ à 3 ¹/₂ lignes; sépales intérieurs longs de 1 ligne, larges de ¹/₄ de ligne. Pétales longs de 4 à 4 ¹/₂ lignes, larges de 1 ligne à 1 ¹/₂ ligne. Étamines à peu près aussi longues que le pistil. Capsule inconnue.

Cette espèce croît dans la Louisiane.

Ascyrum a feuilles oblongues.—*Ascyrum oblongifolium* Spach, Monogr. Hyper. ined. — *Ascyrum multicaule* Michx. Flor. Bor. Amer. (ex parte). — *Ascyrum Crux-Andreæ* var. Torrey !

Rameaux opposés. Feuilles obtuses : les caulinaires et raméaires oblongues ou lancéolées-oblongues; les ramulaires linéaires-oblongues ou linéaires-spathulées. Fleurs 30-40-andres, 2-gynes.

Sépales obtus : les extérieurs ovales ou ovales-elliptiques ; les intérieurs ovales-lancéolés ou oblongs-lancéolés, 2 à 3 fois plus
courts que l'ovaire. Pétales oblongs-dolabriformes, 2 fois plus
longs que les étamines.

Plante très-semblable à l'espèce précédente par le port, mais
plus grande dans toutes ses parties. Rameaux inférieurs munis de
ramules florifères à presque toutes les aisselles. Rameaux supérieurs 3-flores au sommet et indivisés, ou divisés seulement en
5 ramules terminaux 1- ou 3-flores. Feuilles en général 2 fois
plus grandes que celles de l'espèce précédente. Ramules florifères
tantôt plus longs que les feuilles raméaires, tantôt plus courts. Pédoncules longs de 4 à 4 ¹/₂ lignes, larges de 3 lignes. Sépales intérieurs longs de 1 ligne. Pétales longs de 5 lignes, larges de 2
lignes. Pistil un peu plus court que les étamines.

B. *Tiges diffuses ou procombantes, suffrutescentes.*

ASCYRUM A FEUILLES SPATHULÉES. — *Ascyrum spathulatum*
Spach, Monogr. Hyper. ined. — *Ascyrum multicaule* var. Herb.
Michx. ! — *Ascyrum multicaule* Torrey.!

Tiges très-grêles, irrégulièrement rameuses. Feuilles spathulées-oblongues, ou spathulées-obovales, ou obovales-oblongues,
très-obtuses. Sépales obtus : les extérieurs elliptiques-oblongs, ou
elliptiques ; les intérieurs ovales-lancéolés ou ovales-oblongs,
minimes. Pétales lancéolés-linéaires, 5 fois plus longs que les étamines. Fleurs 2-gynes, 10-20-andres.

Tiges longues de 4 à 12 pouces. Rameaux dressés, ou ascendants, ou diffus, indivisés, ou quelquefois trifurqués au sommet,
feuillus, le plus souvent ramulifères à toutes les aisselles. Feuilles longues de 6 à 9 lignes, larges de 1 ligne à 3 lignes (celles des
ramules florifères ou abortifs beaucoup plus petites). Ramules florifères subterminaux ou axillaires et terminaux, ordinairement
plus courts que les feuilles raméaires, 1-flores, ou très-rarement
3-flores. Pédoncules longs d'environ 1 ligne. Bractéoles très-petites, linéaires-subulées. Sépales extérieurs longs de 3 à 4 lignes,
larges de 1 à 2 lignes ; sépales intérieurs à peine longs de ¹/₂ ligne.

Pétales longs de 3 à 4 lignes , larges de $^1/_2$ ligne à $^3/_4$ de ligne. Capsule oblongue, obtuse, un peu comprimée, brunâtre, longue de 3 lignes.

Cette espèce croît aux États-Unis.

SECTION III.

Sépales intérieurs (quelquefois nuls) minimes, squamiformes. Étamines 9-24. Styles 2, dressés.—Tiges suffrutescentes. Rameaux dichotomes. Feuilles petites, très-rapprochées. Pédoncules dichotoméaires et terminaux, solitaires, grêles, dibractéolés peu au-dessus de la base et rabattus après la floraison.

ASCYRUM NAIN. — *Ascyrum pumilum* Michx.! Flor. Bor. Amer.

Tige très-courte, ou procombante et longue de 4 à 10 pouces, ligneuse. Rameaux dressés ou étalés, grêles, rougeâtres, frutescents, longs de 1 à 4 pouces, plusieurs fois bifurqués vers leur sommet ; ramules feuillus, presque filiformes, divariqués. Feuilles (assez semblables de forme et de grandeur à celles du *Hypericum humifusum*) longues de 1 à 3 lignes, larges de $^1/_2$ ligne, persistantes, elliptiques, ou oblongues, ou spathulées-oblongues, ou obovales-oblongues, ou obovales, plus ou moins échancrées à la base, arrondies au sommet, ou quelquefois subacuminées. Pédoncules longs de 2 à 5 lignes, filiformes, ancipités. Bractéoles minimes, subulées. Sépales extérieurs longs de 2 à 3 lignes, sur 2 lignes de large, orbiculaires, ou ovales-orbiculaires, ou ovales-elliptiques, cunéiformes ou subcordiformes à la base, décurrents, adnés au pédoncule par leur base, finement palmatinervés ; sépales intérieurs tantôt nuls, tantôt minimes et subulés. Pétales obovales ou oblongs-obovales, pointus, un peu plus longs que le calice. Étamines de moitié plus courtes que la corolle. Pistil à peu près aussi long que les étamines : styles un peu plus courts que l'ovaire. Capsule large de 1 ligne ou un peu plus, presque aussi longue que le calice et recouverte par celui-ci, obtuse, apiculé par les styles. Graines longues de ⅓ de ligne, noirâtres.

Cette plante croît dans le midi des États-Unis. A en juger par la description, l'*Ascyrum pumilum* d'Elliot paraît en différer par des feuilles très-étroites (« linéaires-elliptiques »), ainsi que par des pédoncules de près de 1 pouce de long.

LES FRANKÉNIACÉES. — *FRANKE-NIACEÆ*.

(*Frankeniaceæ* Aug. Saint-Hil. Mém. sur le placentaire central , p. 59. — De Cand. Prodr. I, p. 549. — Bartl. Ord. Nat., p. 249.)

Les Frankéniacées n'offrent en général qu'un intérêt purement scientifique. On en connaît une trentaine d'espèces, la plupart exotiques.

Caractères de la Famille.

Arbrisseaux ou *sous-arbrisseaux* très-rameux, ou *herbes*.Tiges et rameaux noueux avec articulation, cylindriques.

Feuilles opposées (souvent comme fasciculées ou verticillées par l'avortement des ramules) ou alternes, simples, très-entières, ou dentées, non-ponctuées, très-souvent révolutées aux bords, stipulées, ou non-stipulées.

Fleurs hermaphrodites, régulières, dichotoméaires et terminales, ou subterminales, ou axillaires et terminales, pédonculées, ou subsessiles.

Calice inadhérent, persistant, ou rarement caduc, 5-parti, ou 5-fide : segments égaux, imbriqués en préfloraison.

Disque inapparent.

Pétales en même nombre que les segments calicinaux, interpositifs, hypogynes, souvent longuement onguiculés, imbriqués et contournés en préfloraison.

Étamines en nombre déterminé (5-10, souvent en partie stériles), ou en nombre indéterminé, hypogynes. Filets planes , rectilignes en préfloraison. Anthères incombantes, extrorses en estivation, suborbiculaires, ou linéaires, à 2 bourses déhiscentes longitudinalement ou par des pores apicilaires.

Pistil : Ovaire 1-loculaire ; placentaires 2-4 (le plus souvent 3), suturaux, multiovulés. Style 2-4-fide, ou indivisé.

Péricarpe capsulaire, 1-loculaire, 2-4-(le plus souvent 3-) valve ; placentaires nerviformes, adnés aux bords infléchis des valves.

Graines petites, en nombre indéfini, périspermées. Embryon rectiligne, axile : radicule appointante ; cotylédons planes, elliptiques, foliacés en germination.

La famille ne renferme que les genres suivants :

Frankenia Linn. (Nothria Berg.) — *Beatsonia* Roxb. — *Lancretia* Délile. — *Luxemburgia* Aug. Saint-Hil. (Plectanthera Mart.)

Genre LUXEMBURGIA. — *Luxemburgia* Aug. Saint-Hil.

Sépales 5, inégaux, caducs. Pétales 5, presque égaux. Étamines en nombre indéfini, ou moins souvent en nombre défini. Anthères conniventes, subsessiles, linéaires-tétragones, s'ouvrant par 2 pores apicilaires. Ovaire 1-loculaire, ou incomplètement 3-loculaire. Style pyramidal, subulé. Stigmate simple ou 3-parti. Capsule 1-loculaire, polysperme, 3-valve. Graines oblongues, ailées supérieurement, attachées aux bords plus ou moins rentrants des valves.

Arbrisseaux glabres. Feuilles alternes, penninervées, dentées, mucronées, coriaces. Stipules caduques ou persistantes. Fleurs grandes, jaunes, terminales, disposées en grappe ou en corymbe. Pédoncules articulés et dibractéolés au-dessus de leur base.

Ce genre, propre aux régions élevées du Brésil méridional, renferme cinq espèces, toutes remarquables par la beauté de leurs fleurs.

LUXEMBURGIA ÉLÉGANT. — *Luxemburgia speciosa* Aug. Saint-Hil. Plant. Rem. du Brés. p. 333; tab. 29.

Feuilles subsessiles, cunéiformes-oblongues, obtuses. Stipules fimbriées. Grappes multiflores. Étamines en nombre indéfini.

Arbrisseau haut de 3 à 4 pieds, ayant le port d'un *Rhododendron*. Feuilles longues de 12 à 18 lignes, sur 6 à 8 lignes de large, subimbriquées. Fleurs larges de 16 lignes. Capsule stipitée, ovoïde, pointue, triédre, noirâtre, longue d'environ 8 lignes.

ette espèce a été observée par M. Aug. de Saint-Hilaire dans la province des Mines, à 3700 pieds d'élevation.

LUXEMBURGIA A CORYMBES. — *Luxemburgia corymbosa* Aug. Saint-Hil. l. c. p. 334; tab. 30.

Feuilles lancéolées-oblongues, pointues, sessiles : dentelures oncinées. Stipules ciliées. Corymbes pauciflores. Étamines en nombre indéfini.

Sous-arbrisseau haut de 5 à 6 pieds. Feuilles subimbriquées, longues de 12 à 30 lignes. Fleurs larges d'environ 18 lignes.

M. Aug. de Saint-Hilaire a observé cette espèce dans la *Serra de Caraça*, à environ 6,000 pieds au-dessus du niveau de la mer.

LUXEMBURGIA MULTIFLORE. — *Luxemburgia octandra* Aug. Saint-Hil. l. c. — *Plectanthera floribunda* Mart. et Zuccar. Plant. Brasil. 1, tab. 26.

Feuilles subsessiles, cunéiformes-oblongues, obtuses : dentelures oncinées. Fleurs 5-15-andres, en grappes lâches. Sépales ciliés.

Arbrisseau haut de 4 à 6 pieds. Rameaux feuillés, subfastigiés. Feuilles longues de 18 à 24 lignes, larges de 4 à 6 lignes.
Fleurs petites, nombreuses. Capsule longue de 3 lignes, trigone,
oblongue, stipitée.

Cette espèce croît dans les montagnes de la province des
Mines.

LES SAUVAGÉSIÉES, — *SAUVAGESIEÆ*.

(Violaricarum trib. III. sive *Sauvageæ* Ging. in De Cand. Prodr.
v I, p. 315. — Frankeniacearum genn. Aug. Saint-Hil. Plant. Rem.
du Brés. et du Parag. — *Sauvagesieæ* Bartl. Ord. Nat. p. 289.)

Ce groupe, que M. Aug. de Saint-Hilaire comprend,
peut-être à plus juste titre, parmi les Frankéniacées,
renferme un petit nombre d'espèces, toutes indigènes
dans la zone équatoriale. En général les Sauvagésiées
se font remarquer par l'élégance de leur port.

CARACTÈRES DE LA FAMILLE.

Sous-arbrisseaux, ou *herbes* annuelles. Tiges cylindriques, inarticulées.

Feuilles éparses, simples, très-entières, ou dentelées,
rétrécies en pétiole. Stipules libres, persistantes, le plus
souvent fimbriées ou pectinées.

Fleurs hermaphrodites, régulières, terminales, ou
axillaires et terminales (soit solitaires, soit géminées),
pédicellées, souvent rapprochées en grappe.

Calice inadhérent, persistant, 5-parti; éstivation quinconciale.

Disque inapparent.

Pétales 5, interpositifs, hypogynes, caducs, contournés en préfloraison.

Squamules pétaloïdes 5, insérées devant les pétales,
persistantes, libres et conniventes en côna, ou bien
soudées en tube staminifère. Quelquefois une ou plusieurs
séries de *staminodes* persistants, claviformes, ou fim-

briés, insérés entre la corolle et les squamules pétaloïdes.

Étamines 5 , persistantes. Filets courts, subulés , alternes avec les squamules pétaloïdes (lorsque celles-ci sont libres) , ou insérés au tube. Anthères linéaires ou oblongues, basifixes, immobiles, à 2 bourses parallèles, déhiscentes soit latéralement au sommet, soit postérieurement.

Pistil : Ovaire incomplètement 3-loculaire par le rentrement des valves, ou 1-loculaire ; placentaires suturaux , multiovulés, correspondants aux sépales intérieurs. Style indivisé. Stigmate ponctiforme.

Péricarpe : Capsule incomplètement 3-loculaire, ou 1-loculaire, 3-valve, polysperme.

Graines ovales ou oblongues, petites, bisériées, scrobiculées, attachées aux bords rentrants des valves ; funicule très-court ; chalaze verticale. Périsperme charnu. Embryon axile, subcylindrique, presque aussi long que le périsperme ; radicule allongée, obtuse, contiguë au hile ; cotylédons très-courts.

La famille ne renferme que les genres *Sauvagesia* Jacq. (Sauvagea Neck.), et *Lavradia* (Velloz.) Aug. Saint-Hil. — Le *Luxemburgia* A. Saint-Hil., nous a paru plus voisin des Frankéniacées que des Sauvagésiées.

Section I.

Squamules pétaloïdes libres, imbriquées par les bords , alternes avec les étamines. Une ou plusieurs séries de staminodes entre les pétales et les squamules.

Genre SAUVAGÉSIA. — *Sauvagesia* Jacq.

Sépales 5, égaux, étalés pendant l'anthèse, plus tard dressés. Pétales 5, étalés, obovales. Staminodes claviformes ou fimbriés, en nombre déterminé, ou en nombre indéterminé. Squamules pétaloïdes conniventes en tube. Étamines 5 ; filets adhérents latéralement à la base des squamules ; anthères linéaires, latéralement déhiscentes au sommet. Ovaire 1-loculaire. Style filiforme. Stigmate ponctiforme. Capsule 1-loculaire, 5-valve, polysperme. Graines attachées vers la base des bords valvaires.

Arbrisseaux, ou sous-arbrisseaux, ou herbes. Feuilles petites, coriaces, étroites, sessiles, ou courtement pétiolées. Stipules ciliées ou fimbriées. Fleurs axillaires, solitaires, quelquefois rapprochées en grappe. Corolle blanche, ou rose, ou violette.

Le port des *Sauvagésia* est semblable à celui de nos *Hélianthèmes*. On en connaît sept ou huit espèces, dont voici les plus remarquables :

SAUVAGÉSIA COMMUN. — *Sauvagesia erecta* Linn. — Jacq. Amer. tab. 51, fig. 3. — Aug. Saint-Hil. Hist. des Plant. Rem. du Bras. tab. 3, fig. A. — Aubl. Guian 1, tab. 100, fig. *a* et *b*.

Tiges dressées ou procombantes, suffrutescentes. Feuilles lancéolées, pointues, dentelées. Pédoncules solitaires, ou géminés, ou ternés, pendants, axillaires. Sépales ovales-lancéolés, pointus, un peu plus longs que la corolle. Staminodes nombreux. — Fleurs d'un blanc tirant sur le rouge.

Cette espèce croît depuis le Mexique jusqu'aux provinces extra-tropicales du Brésil. On assure qu'elle se retrouve à Java et à Madagascar. Ses feuilles sont mucilagineuses ; les nègres de Cayenne l'emploient en guise d'herbe potagère ; les Péruviens l'estiment comme remède pectoral, et Claude Richard assure qu'elle jouit de propriétés diurétiques.

SAUVAGÉSIA A GRAPPES. — *Sauvagesia racemosa* Aug. Saint-Hil. l. c. tab. 1. — *Sauvagesia ovata* Mart. et Zuccar. Plant. Brasil. 1, tab. 24.

Tiges suffrutescentes, ascendantes, rameuses à la base. Feuilles ovales, ou ovales-oblongues, pointues, pétiolées, dentelées vers leur sommet. Grappes terminales, rameuses à la base. Sépales pointus, plus courts que les pétales. Staminodes nombreux. — Fleurs petites, roses. Tiges hautes d'environ 1 pied.

Cette espèce croît dans les provinces méridionales du Brésil.

SAUVAGÉSIA A FEUILLES DE SERPOLET. — *Sauvagesia Sprengelii* Aug. Saint-Hil. l. c. tab. 2, fig. A. — *Sauvagesia serpyllifolia* Mart. et Zuccar. l. c. tab. 1.—*Sauvagesia erecta* Spreng. Syst.

Tiges dressées, ligneuses. Feuilles rapprochées, subsessiles, lancéolées, pointues, légèrement crénelées. Grappes lâches, terminales. Sépales inégaux, obtus, plus courts que les pétales. Staminodes nombreux.—Arbrisseau haut de 2 à 3 pieds. Fleurs roses.

SECTION II.

Squamules pétaloïdes soudées en tube ovoïde-conique. Staminodes nuls. Étamines insérées au tube pétaloïde.

Genre LAVRADIA. — *Lavradia* Velloz.

Sépales 5, étalés pendant l'anthèse, plus tard dressés et connivents. Pétales 5, ovales, ou ovales-lancéolés, étalés. Tube pétaloïde recouvrant les étamines. Étamines 5 : filets adhérents à la base du tube; anthères elliptiques, extrorses, longitudinalement déhiscentes. Ovaire 3-loculaire à la base, 1-loculaire supérieurement. Style dressé, filiforme. Stigmate ponctiforme. Capsule ovale, profondément trisulquée, pointue, 3-valve, 1-loculaire et asperme supérieurement, 3-loculaire et polysperme vers la base. Graines scrobiculées, attachées aux bords infléchis des valves.

Sous-arbrisseaux très-glabres. Feuilles rapprochées ou presque imbriquées, coriaces. Stipules ordinairement ciliées

ou fimbriées. Fleurs blanches ou roses, axillaires, ou terminales, bractéolées, disposées en grappe ou quelquefois en
panicule.

Ce genre appartient à la Flore des hautes montagnes du
Brésil méridional ; aussi le port des *Lavradia* rappelle-t-il
les formes élégantes de nos Éricinées alpines. Les découvertes de MM. de Martius et Aug. de Saint-Hilaire ont fait
connaître six espèces, dont voici les plus notables :

LAVRADIA FAUSSE-BRUYÈRE. — *Lavradia ericoides* Aug.
Saint-Hil. Hist. des Plant. Rem. tab. 4, B.

Feuilles courtement pétiolées, très-rapprochées, étalées, lancéolées-linéaires, pointues, révolutées. Stipules entières ou légèrement ciliées, subulées. Pédoncules solitaires, axillaires, capillaires, plus longs que les feuilles. Sépales subulés, glabres,
à peu près aussi longs que la corolle. Pétales ovales, pointus.
— Arbuscule ayant le port d'un *Erica*. Fleurs petites, roses.

M. Aug. de Saint-Hilaire a trouvé cette espèce au sommet du
mont Caraça, dans la province des Mines, à 5,700 pieds d'élevation.

LAVRADIA ÉLÉGANT. — *Lavradia elegantissima* Aug. Saint-
Hil. l. c. tab. 5.

Feuilles minimes, fasciculées, imbriquées, subsessiles, ovales-
elliptiques, obtuses, très-entières, glabres. Stipules multipar-
ties. Pédoncules subterminaux, capillaires. Sépales ovales,
obtus, 4 fois plus courts que la corolle. Pétales ovales, obtus.

Tiges grêles, rameuses, longues de 1 à 2 pieds. Feuilles
recouvrantes, à peine longues de 1 ligne. Fleurs petites, carnées.

Cette espèce, qui a le port d'un Lycopode, croît dans les
montagnes de la province des Mines.

LAVRADIA GLANDULEUX. — *Lavradia glandulosa* Aug. Saint-
Hil. l. c. tab. 7, A. — *Lavradia montana* Mart. et Zuccar.
Plant. Brasil. tab. 23.

Feuilles subsessiles, cunéiformes-obovales, mucronées, membraneuses et glandulifères aux bords. Stipules pennatifides, ciliolées de glandules de même que les sépales et les bractées. Grappes terminales ou axillaires, rameuses. Pétales et sépales lancéolés. — Arbrisseau haut de 2 à 3 pieds, rameux à la base. Fleurs roses, larges d'environ 6 lignes.

Cette espèce croît dans les montagnes de la province des Mines.

LAVRADIA ALPESTRE. — *Lavradia alpestris* Mart. et Zuccar. Plant. Brasil. 1, tab. 23.

Feuilles rapprochées, courtement pétiolées, lancéolées-linéaires, pointues, révolutées, très-entières, étalées. Stipules presque entières, sétacées. Fleurs en panicule terminale. Bractées et sépales non-ciliés.

Sous-arbrisseau haut de 2 à 3 pieds, semblable à un *Diosma*. Tiges très-grêles. Fleurs nombreuses, roses, larges de 2 à 3 lignes.

Cette espèce habite les mêmes contrées que la précédente.

———————

LES CISTIFLORES.

CISTIFLORÆ Bartl.

CARACTÈRES.

Herbes, ou *sous-arbrisseaux*, ou *arbrisseaux*, ou rarement *arbres*. Sucs-propres le plus souvent aqueux. Tiges et rameaux cylindriques ou anguleux, feuillés, rarement articulés.

Feuilles éparses, ou moins souvent opposées, simples, entières (rarement bifides ou pédalées), presque toujours penninervées. Stipules libres, ou adhérentes (quelquefois nulles), ordinairement persistantes. Vrilles nulles.

Fleurs hermaphrodites ou rarement unisexuelles, régulières, ou irrégulières, solitaires-axillaires, ou en grappe.

Calice inadhérent, persistant, ou rarement caduc, à 2-7 (le plus souvent 5) sépales soit libres, soit plus ou moins soudés, 1- ou 2-bisériés, imbriqués en préfloraison.

Disque hypogyne, ou quelquefois périgyne, ou inapparent.

Pétales (rarement nuls) hypogynes ou quelquefois subpérigynes, en même nombre que les sépales et interpositifs, caducs, ou marcescents, indivisés, imbriqués ou contournés en préfloraison.

Étamines en nombre défini (souvent en même nombre que les pétales et alternes avec ceux-ci), ou en nombre indéfini, hypogynes, ou périgynes. Filets persistants, libres. Anthères adnées ou mobiles, à 2 bourses déhiscentes soit par des pores apicilaires, soit par des fentes longitudinales.

Pistil : Ovaire 1- ou 3-loculaire, ou moins souvent soit 2- soit 4-10-loculaire; placentaires 2-10, pariétaux, ou adnés aux bords plus ou moins infléchis des valves, quelquefois soudés en axe central, ordinairement multiovulés. Styles en même nombre que les placentaires, libres, ou plus souvent soudés. Stigmates libres (quelquefois bifides) ou plus souvent soudés.

Péricarpe capsulaire (déhiscent de haut en bas), ou rarement charnu, 1- ou moins souvent 2- ou pluri-loculaire, ordinairement polysperme.

Graines arillées, ou caronculées, ou strophiolées, ou inappendiculées. Périsperme charnu ou farineux, ou nul. Embryon curviligne ou rectiligne : cotylédons foliacés en germination.

Cette classe, plus artificielle que naturelle, se compose des Tamariscinées, des Droséracées, des Violariées, des Cistinées, des Bixinées, des Marcgraviacées et des Flacourtianées.

QUATRE-VINGT-TROISIÈME FAMILLE.

LES TAMARISCINÉES. — *TAMARIS-CINEÆ*.

(*Tamariscineæ* Bartl. Ord. Nat. p. 286, exclus. Fouquieraceis et genn. dubiis. — Desv. in Ann. des Sciences Nat. 1825, v. 4, p. 544. — Aug. Saint-Hil. in Mém. du Mus. v. 2, p. 205. — Link, Enum. 1, p. 291. — De Cand. Prodr. v. 3, p. 95. — *Tamariscineæ* et *Reaumurieæ* Ehrenb. in Linnæa, 1827, fasc. 2. — *Portulacacearum* genn. Juss. Gen.)

Ce petit groupe, sur la classification duquel les botanistes sont peu d'accord, appartient à l'hémisphère septentrional; la plupart des espèces croissent dans les contrées méridionales de la zone tempérée de l'ancien continent.

En général, les *Tamariscinées* sont des arbustes très-élégants, auxquels leurs ramules innombrables, déliés et recouverts de très-petites feuilles, donnent l'aspect des Cyprès.

CARACTÈRES DE LA FAMILLE.

Arbres, ou *arbrisseaux*, ou *sous-arbrisseaux* très-rameux. Rameaux cylindriques ou subcylindriques, inarticulés.

Feuilles éparses ou fasciculées, simples, entières, un peu charnues, sessiles, ou plus ou moins adnées inférieurement, ordinairement petites et imbriquées (du moins sur les jeunes pousses), souvent criblées de fossettes ponctiformes lesquelles exsudent des matières salines. Stipules nulles.

Fleurs régulières, hermaphrodites, disposées en grappes, ou rarement solitaires-terminales. Pédicelles épars, inarticulés, unibractéolés à la base.

Calice inadhérent, persistant, 5- (rarement 4-) parti (2 sépales extérieurs, 3 intérieurs) ; éstivation quinconciale.

Réceptacle confondu avec le fond du calice.

Disque (quelquefois nul) hypogyne, scutelliforme, ou cupuliforme, souvent lobé ou crénelé, engaînant la base de l'ovaire.

Pétales en même nombre que les sépales, interpositifs, hypogynes, persistants, ou marcescents, quelquefois soudés par la base ; éstivation imbricative.

Étamines insérées au bord du disque (ou sous l'ovaire lorsque le disque manque), en même nombre que les pétales et alternes avec ceux-ci (par exception en nombre indéfini), ou moins souvent en nombre double des pétales : les unes antépositives ; les autres interpositives. Filets libres ou monadelphes (par exception polyadelphes). Anthères médifixes ou supra-médifixes, incombantes, à 2 bourses longitudinalement déhiscentes.

Pistil : Ovaire courtement stipité, ovale-pyramidal, rétréci en col, 1-loculaire (rarement pluriloculaire) ; placentaires 2-6, pariétaux, ou basilaires ; ovules ascendants, en nombre indéfini ou rarement en nombre défini sur chaque placentaire. Style nul. Stigmates terminaux, non-persistants, correspondants aux placentaires, le plus souvent linéaires-spathulés, ou subulés, ou rarement soudés en disque lobé.

Péricarpe : Capsule 2-6-angulaire (le plus souvent 3-angulaire), 1-loculaire, ou moins souvent 2-5-loculaire, 2-6-valve (déhiscente de haut en bas aux angles) ; placentaires poly- ou rarement oligo-spermes, adnés ou opposés au milieu des valves, quelquefois dilatés en cloison membraneuse.

Graines ascendantes, oblongues, anatropes, couronnées par une aigrette de poils sessiles, ou amincies au sommet en fil roide longuement plumeux, ou couvertes de poils à toute leur surface. Hile basilaire. Exostome latéral au hile. Funicule nul. Épisperme mince. Périsperme farineux ou plus souvent nul. Embryon rectiligne (recouvert par le périsperme lorsqu'il en a); cotylédons oblongs, courts, obtus, subfoliacés, quelquefois verticillés-ternés ; radicule infère.

La famille des Tamariscinées renferme les genres suivants :

SECTION I.

Capsule 1 - loculaire, polysperme. Graines apérispermées.

Tamarix (Linn.) Desv. — *Myricaria* Desv.

SECTION II.

Capsule 3 - loculaire, oligosperme. Graines périspermées, couvertes de poils à toute leur surface.

Hololachne Ehrenb. — *Reaumuria* Linn.

Les genres *Fouquieria* Kunth, et *Bronnia* Kunth, que M. Bartling classe parmi les Tamariscinées, et dont M. de Candolle fait sa famille des Fouquiéracées, nous paraissent différer fort peu des Portulacacées.

Genre TAMARISC. — *Tamarix* (Linn.) Desv.

Calice 5- (rarement 4-) parti. Pétales 5 (rarement 4), inonguiculés. Disque cupuliforme ou scutelliforme, souvent partagé en crénelures alternes avec les étamines. Étamines

5 (rarement 4, ou 10), isométres : filets libres ; anthères cordiformes ou suborbiculaires , didymes , souvent mucronées au sommet. Ovaire 1-loculaire, ovale - pyramidal, 3-gone, rétréci en col vers son sommet ; placentaires 5 (rarement 2 ou 4), basilaires, ou un peu prolongés sur le milieu des valves , multiovulés ; ovules ascendants. Stigmates 5 ou 4, linéaires-spathulés, soudés par la base en annule articulé au sommet de l'ovaire. Capsule trigone , 3-valve (rarement 2-angulaire et 2-valve, ou 4-gone et 4-valve), 1-loculaire, polysperme. Graines couronnées d'une houppe de poils sessile.

Arbres ou arbrisseaux à gemmes nues et peu apparentes. Feuilles ponctuées, plus ou moins adnées inférieurement, semi-amplexicaules, ou quelquefois engaînantes, imbriquées sur les jeunes ramules. Grappes latérales et terminales, spiciformes, cylindriques, très-denses à l'époque de la floraison. Fleurs roses, ou carnées, ou blanchâtres.

L'écorce des *Tamarics* est astringente ; les médecins anciens lui attribuaient des propriétés diurétiques et apéritives ; dans les pays chauds, la piqûre d'un insecte y fait souvent naître des galles, dont on pourrait probablement tirer parti dans les arts. Une espèce (*Tamarix gallica mannifera* Ehrenb.) indigène dans l'Arabie Pétrée, exsude une substance sucrée, laquelle, suivant quelques commentateurs de la Bible, serait la manne dont se nourrirent les Hébreux pendant leur séjour nomade dans les déserts.

Les espèces de ce genre sont extrêmement difficiles à distinguer , et par cette raison fort mal connues. M. Ehrenberg, dans sa revue des Tamariscinées, publiée en 1827, n'admet que douze espèces ; mais cet auteur n'a fait qu'ajouter à la confusion déjà existante, en réunissant comme variétés plusieurs des espèces les mieux caractérisées. Nous devons ajouter qu'en outre les caractères de quelques-unes de ses sections sont ou faux, ou ne se rapportent qu'à la moindre partie des espèces qu'il y range. M. de Candolle, dans le 5e volume de son *Prodrome*, publié en 1828, énumère dix-huit espèces ; mais le travail antérieur de M. Ehrenberg, qui renferme cinq ou six espèces nouvelles, n'y est point compris.

Nous ne pouvons traiter ici que de quelques espèces, cultivées communément comme plantes d'agrément.

SECTION I.

Fleurs 5-andres. Disque à 5 larges crénelures (entières ou échancrées) alternes chacune avec une étamine. Filets des étamines non-élargis à leur base. Stigmates 3.

Anthères jaunâtres, très-petites, supra-médifixes (bourses divergentes, libres de la base jusque près du sommet). Ovaire écarlate. Disque d'un pourpre noirâtre.

TAMARISC ÉLÉGANT. — *Tamarix elegans* Spach, ined. — *Tamarix indica* Hort. Par.

Feuilles très-glauques, semi-amplexicaules, adnées par la base, apprimées, glabres comme toute la plante, planes antérieurement, convexes et subcarénées postérieurement : les raméaires triangulaires-ovales ou subtrapézoïdes, lancéolées ou subulées au sommet; les ramulaires-ovales-lancéolées, ou ovales, pointues. Bractées triangulaires-subulées, un peu plus longues que les pédicelles. Pétales 2 fois plus longs que le calice, à peine plus courts que les étamines. Anthères subapiculées. Stigmates 2 fois plus courts que l'ovaire.

Buisson haut de 5 à 8 pieds. Écorce luisante, rougeâtre. Tiges droites, très-rameuses. Rameaux effilés, inclinés. Ramules de l'année très-grêles : les stériles plus ou moins composés; les florifères indivisés, disposés en panicule vers l'extrémité des plus jeunes rameaux. Feuilles longues de ¹/₃ de ligne à 2 ¹/₂ lignes. Grappes longues d'environ 1 pouce, subsessiles, horizontales, alternes et assez rapprochées le long des ramules florifères. Fleurs lâchement imbriquées sur 4 ou 5 rangs. Sépales ovales, pointus, dressés. Pétales longs à peine de 1 ligne, oblongs, obtus, quelquefois échancrés, imbriqués par les bords, d'un rose pâle. Ovaire à peu près aussi long que les pétales. Capsule.......

Cette espèce, qu'on cultive assez fréquemment dans les jardins, est sans doute originaire de l'Europe méridionale (peut-être de France), où elle aura été confondue soit avec le *Tamarix gallica*, soit avec le *Tamarix africana;* la conformation de son disque ainsi que ses grappes grêles et un peu lâches, la font distinguer sans peine de ces deux espèces. Elle fleurit (au Jardin du Roi) en août et septembre.

SECTION II.

Fleurs 5-andres. Disque non-crénelé, confondu avec la base élargie des filets. Stigmates 3.

A. *Fleurs courtement pédicellées. Calice très-petit, presque 3 fois plus court que la corolle. Étamines saillantes; anthères cuspidées-mucronées.*

TAMARISC DE FRANCE. — *Tamarix gallica* Linn. — De Cand. Fl. Franç. — Lobel. Ic. tab. 262, fig. 2. — Guimp. et Hayn. Deutsch. Holz. tab. 37. — Engl. Bot. tab. 1318. — *Tamariscus pentandra* Lamk. (non Tamarix pentandra Pallas.)

Feuilles très-glabres (comme toute la plante), un peu glauques, apprimées, subcarénées, semi-amplexicaules, adnées inférieurement, acérées : les raméaires triangulaires-ovales ou trapéziformes; les ramulaires ovales-lancéolées ou oblongues-lancéolées. Bractées ovales ou triangulaires à la base, subulées au sommet, à peine débordées par le calice. Pétales de moitié plus courts que les filets. Styles de moitié plus courts que l'ovaire.

Buisson haut de 5 à 10 pieds. Écorce rougeâtre, luisante. Tiges très-rameuses, effilées de même que les rameaux. Rameaux inclinés. Ramules très-grêles : les stériles paniculés; les florifères peu rameux, disposés vers l'extrémité supérieure des plus jeunes rameaux. Feuilles longues de $\frac{3}{7}$ de ligne à 2 $\frac{1}{2}$ lignes. Grappes rapprochées, nombreuses, subsessiles, presque dressées, très-denses, cylindriques, longues de 1 à 2 pouces. Fleurs imbriquées sur 5 rangs. Sépales ovales ou ovales-lancéolés, pointus. Pétales longs de 1 ligne, elliptiques ou oblongs, obtus, d'un blanc carné. Anthères cordiformes-elliptiques, médifixes, d'un

rosc pâle : bourses disjointes de la base jusqu'au milieu. Ovaire
d'un rose pâle. Disque rougeâtre. Capsule oblongue-conique,
obtuse, trigone, mince, scarieuse, d'un brun jaunâtre, luisante
en dedans, longue de 2 lignes.

Cette espèce croît sur les côtes de presque toute la France, mais
surtout sur celles de la Méditerranée.

B. *Fleurs subsessiles. Calice de moitié seulement plus court
que la corolle. Étamines à peine aussi longues que les pétales; anthères obtuses.*

TAMARISC D'AFRIQUE. — *Tamarix africana* Desfont. Flor.
Atlant.

Feuilles glabres (comme toute la plante), un peu glauques, subcarénées, semi-amplexicaules, adnées par la base, acérées : les
raméaires et celles des ramules florifères subscarieuses, presque
étalées, triangulaires, ou subtrapéziformes; celles des ramules
stériles apprimées, membraneuses aux bords, oblongues-lancéolées, ou ovales-lancéolées. Bractées ovales, ou ovales-oblongues,
ou triangulaires, scarieuses, un peu plus longues que les pédicelles. Stigmates presque aussi longs que l'ovaire.

Buisson ayant le port du *Tamarix gallica.* Écorce d'un brun
de Châtaigne. Rameaux roides, paniculés. Ramules très-grêles :
les stériles paniculés; les florifères indivisés. Feuilles de la grandeur de celles du *Tamarix gallica.* Grappes longues d'environ
1 pouce, plus épaisses que celles des espèces précédentes, naissant presque tout le long des plus jeunes ramules, ainsi que vers
l'extrémité des rameaux de l'année précédente, subsessiles, subhorizontales. Sépales longs de $^2/_3$ de ligne, ovales, obtus (quelquefois submucronés), presque scarieux. Pétales de moitié plus longs
que les sépales, elliptiques, obtus, d'un rose pâle. Capsule longue d'environ 3 lignes, ovale, rétrécie en long col.

Cette espèce croît sur les bords de la Méditerranée.

Genre MYRICARIA. — *Myricaria* Desv.

Calice 5-parti. Pétales 5, courtement onguiculés. Disque nul. Étamines 10, monadelphes : 5 correspondantes aux pétales, plus courtes; 5 correspondantes aux sépales, plus longues; androphore cupuliforme, membraneux, engaînant l'ovaire; filets élargis à la base; anthères didymes : bourses obtuses. Ovaire pyramidal, trigone, 1-loculaire : placentaires 5, pariétaux, oblitérés supérieurement, multiovulés. Stigmate pelté, 5-lobé. Capsule 1-loculaire, 5-valve, polysperme. Graines terminées en long fil roide, plumeux supérieurement; cotylédons souvent verticillés-ternés.

Sous-arbrisseaux. Tiges et rameaux effilés. Feuilles sessiles, ponctuées, imbriquées sur les jeunes ramules. Rameaux florifères disposés en panicule vers l'extrémité des tiges. Grappes longues, spiciformes, terminales, rarement rameuses. Fleurs d'un blanc carné.

Ce genre renferme quatre ou cinq espèces, dont voici la plus notable :

Myricaria d'Allemagne. — *Myricaria germanica* Desv. in Ann. des Sciences Nat. v. 4, p. 349. — *Tamarix germanica* Linn. — Mill. Ic. tab. 262, fig. 2. — Schk. Handb. tab. 35. — Guimp. et Hayn. Deutsch. Holz. tab. 38. — Flor. Dan. tab. 234. — *Tamariscus decandrus* Lamk. — *Tamariscus germanicus* Scopol.

Tiges cylindriques, brunâtres, suffrutescentes inférieurement, très-rameuses, hautes de 4 à 6 pieds. Feuilles planes, sublinéaires, ou linéaires-lancéolées, obtuses, glabres, glauques, longues de 1 à 4 lignes, parsemées de glandules blanchâtres non-persistantes, lesquelles, après leur chute, laissent une empreinte ponctiforme. Grappes dressées, d'abord courtes et denses, après la floraison lâches et longues de 4 à 8 pouces. Bractées ovales-lancéolées ou oblongues-lancéolées, pointues, membraneuses aux bords. Pédicelles dressés, un peu plus longs que le calice. Sépales longs d'environ 2 lignes, linéaires-lancéolés, subobtus, membraneux aux bords, dressés après l'anthèse. Pétales obovales ou oblongs-obovales, obtus, un peu plus longs que les sépales. Étamines un peu plus courtes que le calice ; anthères roses. Capsule oblongue-pyramidale, obtuse, 3-gone, glauque en dehors, brunâtre et luisante en dedans, longue de près de 6 lignes. Graines petites, oblongues, pointues aux 2 bouts, brunâtres : aigrette presque aussi longue que la capsule.

Cette plante croît dans presque toute l'Europe, aux bords des torrents et des rivières, surtout dans les montagnes. On la cultive souvent comme arbuste d'agrément, à cause de l'élégance de son feuillage.

QUATRE-VINGT-QUATRIÈME FAMILLE.

LES DROSÉRACÉES. — *DROSERACEÆ*.

(*Droseraceæ* De Cand. Théor. Élem. ed. 1, p. 214; Prodr. 1, p. 317
(exclus. Parnassia). — Bartl. Ord. Nat. p. 285. — *Drosereæ* Salisb.
Parad.—*Cistinearum* sect. 1 (*Drosereæ*), Reichenb. Conspect. exclus.
Parnassia.)

Ce groupe appartient presque en totalité aux contrées tempérées de l'un et de l'autre hémisphère; on en
connaît environ cinquante espèces, presque toutes herbes acaules, et croissant ordinairement dans les terrains tourbeux.

Les *Droséracées* ont un aspect fort particulier, dû à
leurs feuilles hérissées de longs poils colorés, lesquels
se terminent par une vésicule remplie d'un liquide transparent, de sorte qu'à toute heure elles paraissent couvertes d'une abondante rosée; ces feuilles jouissent de
la propriété de faire cailler le lait, et, dans certaines
espèces, elles offrent des phénomènes très-curieux d'irritabilité.

CARACTÈRES DE LA FAMILLE.

Herbes, ou *sous-arbrisseaux*. Tiges ou hampes cylindriques.

Feuilles éparses, ou en rosettes radicales, le plus souvent hérissées (surtout aux bords) de poils glandulifères, rétrécies en pétiole (souvent très-long), ou peltées,
très-entières, ou bifides, ou pédatifides, avant l'épanouissement roulées en crosse du sommet jusqu'à la base, ou
moins souvent condupliquées. Stipules nulles, mais

souvent remplacées par des cils garnissant la base dila-
tée des pétioles.

Fleurs hermaphrodites, régulières, méridiennes, solitaires-terminales, ou plus souvent disposées en grappes unilatérales, terminales, et roulées en crosse avant
l'épanouissement. Bractées nulles, ou petites et opposées aux pédicelles (rarement foliacées).

Calice inadhérent, persistant, à 5 sépales égaux, imbriqués en préfloraison.

Disque inapparent.

Pétales 5, hypogynes, interpositifs, égaux, rétrécis à
la base, marcescents.

Étamines hypogynes, libres, en même nombre que
les pétales et interpositives, ou moins souvent en nombre soit double, soit triple, soit quadruple des pétales.
Anthères innées, dressées, supra-médifixes, à 2 bourses
disjointes inférieurement, chacune déhiscente par une
fente longitudinale ou moins souvent par un pore apicilaire.

Pistil : Ovaire non-stipité, 1-loculaire (par exception
3-loculaire); placentaires 3-5 (rarement 2), pariétaux,
multi-ovulés. Styles en même nombre que les placentaires, libres, ou soudés par la base, souvent bifides ou
plurifides.

Péricarpe : Capsule 1-loculaire, ou incomplètement
3-5-loculaire à la base par le rentrement des bords des
valves (par exception complètement 3-loculaire), 3-5-
valve (par exception 2-valve) de haut en bas; placentaires nerviformes, adnés au milieu des valves, polyspermes et prolongés jusqu'au sommet de celles-ci, ou
soit oligospermes, soit monospermes et raccourcis.

Graines le plus souvent bisériées ou plurisériées sur
chaque placentaire, subsessiles, attachées par l'un des

bouts, ovoïdes, luisantes, quelquefois recouvertes d'une enveloppe lâche (arille ?) membraneuse, réticulée et prolongée au-delà des 2 bouts. Périsperme cartilagineux ou charnu, conforme à la graine. Embryon rectiligne, axile : radicule obtuse, appointante; cotylédons un peu épais, entiers, foliacés en germination.

La famille des Droséracées se compose des genres suivants :

Byblis Salisb. — *Aldrovanda* Monti. — *Drosera* Linn. — *Roridula* Linn. — *Drosophyllum* Link. — *Dionœa* Ellis.

Genre ALDROVANDA. — *Aldrovanda* Mont.

Calice 5-parti, campanulé : sépales ovales, concaves. Pétales 5, courts, oblongs, connivents. Étamines 5. Ovaire 1-loculaire. Styles 5, courts, filiformes. Stigmates obtus: Capsule globuleuse, 1-loculaire, 5-valve, 10-sperme. Graines pariétales.

Herbe aquatique flottante. Tige simple ou peu rameuse. Feuilles verticillées; pétiole cunéiforme-spathulé, cilié au sommet de longs poils; lame arrondie, courte, condupliquée, renflée en vésicule subglobuleuse. Pédoncules axillaires, solitaires, 1-flores. Fleurs petites, d'un blanc verdâtre.

L'espèce dont nous allons faire mention constitue à elle seule le genre.

ALDROVANDA A VÉSICULES. — *Aldrovanda vesiculosa* Linn. — Monti, Act. Bonon. ii, tab. 12. — Lamk. Ill. tab. 220 (mala). — Pluck. tab. 41, fig. 6.

Tige menue, herbacée, longue de 4 à 6 pouces. Verticilles 5-9-phylles, très-rapprochés. Pétioles longs de 4 à 5 lignes, membraneux, semi-diaphanes, d'un vert pâle, couronnés par une vésicule de même consistance et du volume d'un gros Pois. Pédoncules subhorizontaux, plus longs que les pétioles. Pétales à peine aussi longs que le calice. Étamines incluses.

Cette plante, qui par la singulière structure de ses feuilles a beaucoup d'analogie avec le *Dionæa*, croît dans les étangs et les lacs du Piémont, ainsi que dans quelques localités du midi de la France. On assure qu'à l'approche de la floraison, sa tige se détache spontanément du collet de la racine; on la trouve flottante à la surface de l'eau, où elle se maintient à l'aide de ses vésicules remplies d'air.

Genre DROSÉRA. — *Drosera* Linn.

Calice 5-parti. Pétales 5, obovales, courtement onguiculés. Étamines 5 : filets filiformes-spathulés; anthères suborbiculaires. Ovaire 1-loculaire. Styles 3-5, 2- ou 3-partis, soudés par la base. Stigmates claviformes et très-entiers, ou obovales et échancrés, ou pénicilliformes. Capsule 3-5-valve, 1-loculaire, polysperme; placentaires nerviformes, pariétaux. Graines suspendues, recouvertes d'une enveloppe (arille?) lâche, membraneuse, subréticulée, prolongée au-delà des 2 bouts de l'amande. Embryon minime : cotylédons tronqués.

Herbes acaules ou caulescentes. Feuilles très-entières, ou rarement soit biparties, soit pédatiparties, longuement pétiolées (du moins les radicales), quelquefois peltées, toujours ciliées ou hérissées de longs poils rouges glandulifères. Pédoncules axillaires ou radicaux; pédicelles en grappe. Fleurs rouges ou blanches.

Les gouttelettes limpides et brillantes qui suintent des glandules dont sont couronnés les poils des *Drosera*, ont fait donner à ces plantes les noms vulgaires de *Rosée du soleil*, *Herbe à la rosée*, *Rossolis*. Le nom scientifique du genre a la même signification, car il dérive du mot grec δροσος : rosée. La plupart des Droséra croissent dans les tourbières. Leurs propriétés sont assez suspectes. Le genre renferme environ cinquante espèces; nous ne parlerons que de quelques-unes des plus notables.

DROSÉRA A FEUILLES RONDES. — *Drosera rotundifolia* Linn.

— Engl. Bot. tab. 868.— Flor. Dan. tab. 1028. — Bull. Herb. tab. 181.—Schk. Handb. tab. 87.—Hook. Flor. Lond. tab. 189.

Acaule. Feuilles roselées, étalées sur terre, très-longuement pétiolées : lame orbiculaire ou transversalement elliptique. Hampes dressées, 3 fois plus longues que les feuilles. Styles 2-fides. Stigmates claviformes, indivisés.

Herbe vivace. Racine pivotante, fibrilleuse. Feuilles longues de 6 à 15 lignes (y compris le pétiole), fragiles, un peu succulentes : lame large de 2 à 4 lignes, ciliée de longues soies pourpres, hérissée en dessus de soies blanchâtres ou jaunâtres, dressées, plus courtes que les cils; pétiole linéaire, poilu en dessus, fimbrié à la base, cilié au sommet de poils glandulifères. Hampes simples, ou bifurquées au sommet, très-grêles, longues de 3 à 6 pouces. Fleurs petites, blanches. Calice profondément 5-fide. Sépales linéaires, obtus, subdenticulés.

Droséra intermédiaire. — *Drosera intermedia* Hayn. — *Drosera longifolia* Smith, Engl. Bot. tab. 867.

Acaule. Feuilles roselées, dressées, longuement pétiolées, obovales-spathulées. Hampes ascendantes, plus longues que les feuilles. Styles bifides. Stigmates obovales, échancrés.

Souche oblique, rampante, grêle, vivace. Feuilles longues de 1 à 2 pouces (y compris le pétiole); lame longue de 4 à 6 lignes, large de 1 ½ à 2 lignes, longuement ciliée, à peu près glabre en dessus, glanduleuse en dessous; pétiole glabre, linéaire, élargi au sommet. Hampe au commencement de la floraison à peine plus longue ou un peu plus courte que les feuilles, plus tard plus ou moins débordante, ordinairement bifurquée. Fleurs petites, blanches. Calice profondément 5-fide.

Droséra a longues feuilles. — *Drosera longifolia* Linn. — Bull. Herb. tab. 181, B. — Hook. Flor. Lond. tab. 183. — Flor. Dan. tab. 93. — Drev. et Hayn. Plant. Europ. 1, tab. 3. — *Drosera anglica* Huds. — Smith, Engl. Bot. tab. 869. — Hayn. Arzn. III, tab. 29.

Acaule. Feuilles roselées, dressées, spathulées-oblongues, lon-

guement pétiolées. Hampes dressées, 3 à 4 fois plus longues que
les feuilles. Styles bifides. Stigmates claviformes, entiers.

Feuilles longues d'environ 2 pouces (y compris le pétiole);
lame large d'environ 1 ¼ ligne, longuement ciliée, glabre en
dessous, glanduleuse en dessus; pétiole linéaire, élargi au sommet, glabre, fimbrié à la base. Hampes filiformes, ordinairement
solitaires, bifurquées au sommet, hautes de 4 à 6 pouces. Fleurs
roses, un peu plus grandes que celles des espèces précédentes.
Calice profondément 5-fide. Sépales linéaires, obtus.

Cette espèce, et les deux précédentes, croissent dans les prairies tourbeuses. Elles sont âcres et amères; il paraît certain
qu'elles deviennent souvent funestes aux moutons qui les mangent fraîches. Malgré ces propriétés suspectes, on les préconisait
autrefois comme pectorales.

DROSÉRA VULGAIRE. — *Drosera communis* Aug. Saint-Hil.
Plantes Usuelles des Brasiliens, tab. 14.

Feuilles spathulées-obovales, très-obtuses, ciliées en dessus et
aux bords, subglabres en dessous. Hampes subascendantes, beaucoup plus longues que les feuilles, glabres ou velues à la base.
Calice 5-parti, glanduleux. Styles 2-fides.

Herbe fort variable dans ses dimensions. Feuilles longues de
6 à 12 lignes (y compris le pétiole); pétiole aplati, fimbrié à la
base, à peu près 2 fois plus long que la lame. Hampes solitaires
ou au nombre de 2 ou 3, longues de 5 à 8 pouces, 3-8-flores.
Fleurs roses ou couleur de chair, larges d'environ 2 lignes. Sépales linéaires, pointus, glanduleux.

Cette plante croît au Brésil, dans les marais des provinces des
Mines et de Saint-Paul. M. Aug. de Saint-Hilaire assure qu'elle
est nuisible au bétail.

DROSÉRA A FEUILLES BIPARTIES. — *Drosera binata* Labill.
Nov. Holl. 1, tab. 105. — Hook. in Bot. Mag. tab. 3082.

Feuilles longuement pétiolées, 2-parties : lobes divergents, linéaires, acuminés, fimbriés. Hampe cylindrique, glabre, plus

longue que les feuilles. Cyme 2-fide, pauciflore. Pétales obovales. Style aspergilliforme.

Feuilles longues de ½ pied et plus (y compris le pétiole qui
est beaucoup plus long que la lame). Corolle blanche, large
de ½ pouce.

Cette espèce, remarquable par ses feuilles fourchues, croît à la
terre de Diémen.

Genre DIONÉA. — *Dionœa* Ellis.

Calice 5-parti. Pétales 5, étalés, striés. Étamines 10-20;
filets subulés; anthères suborbiculaires. Ovaire 1-loculaire.
Style filiforme. Stigmate fimbrié. Capsule renflée, 1-locu-
laire, 5-valve, polysperme. Graines menues, presque enfon-
cées dans des placentaires basilaires celluleux.

Herbe vivace, acaule. Feuilles radicales, roselées : pétiole
cunéiforme, ailé, glabre; lame articulée au pétiole, carénée,
obcordiforme-bilobée, ciliée de poils roides, glanduleuse et
hérissée en dessus, irritable (se condupliquant) au contact.
Hampe corymbifère au sommet. Fleurs blanches.

L'espèce dont nous allons parler constitue à elle seule le
genre.

DIONÉA ATTRAPE-MOUCHE. — *Dionœa muscipula* Linn. —
Ellis, in Nov. Act. Upsal. v. 1, p. 98, tab. 8.—Vent. Malm. tab.
29. — Bot. Reg. tab. 785. — Herb. de l'Amat. tab. 349. —
Lamk. Ill. tab. 362.

Racine écailleuse, un peu fibreuse. Feuilles longues d'environ
2 pouces (y compris le pétiole), étalées sur terre, un peu succulentes; pétiole aussi long que la lame ou plus long, glabre,
assez semblable de forme à celui de l'Oranger; lame à 2 lobes
semi-ovales, ciliés de 3 ou 4 soies courtes et très-roides, en outre
armée en dessus de 3 ou 4 spinules sétiformes, insérées entre des
glandules noires. Hampe nue, grêle, dressée, haute de 5 à 8
pouces. Corymbe 5-7-flore. Bractéoles petites, pointues. Fleurs
larges d'environ 8 lignes. Sépales oblongs-linéaires, pointus. Pé-

tales ovales-oblongs, obtus, concaves, marqués de 5 ou 7 stries longitudinales. Étamines plus courtes que la corolle. Capsule subglobuleuse.

Cette plante, à laquelle le curieux phénomène qu'offrent ses feuilles a valu le nom vulgaire d'*Attrape-mouche*, croît dans les terrains tourbeux de la Caroline ; mais les localités dans lesquelles on la rencontre sont assez rares.

Au moindre attouchement, les deux moitiés de la lame des feuilles du Dionéa, écartées l'une de l'autre dans l'état naturel de la plante, rapprochent brusquement leurs bords, et les cils roides dont ils sont bordés s'entrecroisent ; c'est ainsi que les insectes qui viennent sucer la liqueur distillée par les glandes, se trouvent renfermés à l'instant comme dans une cage ; les lobes de la feuille ne se rouvrent que lorsque, épuisé de fatigue ou privé de vie, l'insecte cesse de se débattre.

La culture du Dionéa a été tentée par beaucoup d'amateurs, mais elle réussit difficilement. Il faut tenir la plante en serre tempérée, dans un pot rempli de terrain tourbeux et plongé dans de l'eau par sa base.

QUATRE-VINGT-CINQUIÈME FAMILLE.

LES VIOLARIÉES. — *VIOLARIEÆ.*

(Genera Cistis affinia Juss. Gen. — *Jonidia* Vent. Malm. p. 27. — *Violaceæ* Juss. in Ann. du Mus. v. 18 , p. 476. — *Violeæ* R. Br. in Tuck. Cong. p. 440. — *Violarieæ* Ging. in De Cand. Prodr. 1 , p. 287. — Bartl. Ord. Nat. p. 285. — *Violacearum* trib. I (*Violeæ*) et II (*Alsodineæ*) Reichenb. Consp.)

LaViolette est envisagée comme type de ce groupe, qui renferme environ deux cents espèces, distribuées entre toutes les contrées du globe. La plupart des *Violariées* sont remarquables par des fleurs de formes gracieuses et souvent très-odorantes ; leurs racines jouissent de propriétés émétiques et purgatives plus ou moins prononcées : quelques sortes d'Ipépacuanha proviennent de plantes de cette famille.

Caractères de la famille.

Herbes, ou *sous - arbrisseaux*, ou *arbrisseaux*.

Feuilles alternes, ou rarement opposées, simples, pétiolées : vernation involutive. Stipules scarieuses ou foliacées, inadhérentes, ou adhérentes inférieurement , le plus souvent persistantes.

Fleurs hermaphrodites , irrégulières , ou régulières , hétéromorphes dans beaucoup d'espèces (c'est-à-dire les unes normales, plus précoces, irrégulières, pentandres, très-souvent stériles ; les autres anomales , plus tardives, régulières, diandres, fertiles, très-petites, ordinairement apétales). Pédoncules solitaires ou moins souvent fasciculés, axillaires, ou rarément terminaux, 1-flores, ou quelquefois racémiflores; pédicelles (ainsi que les pédoncules 1-flores) dibractéolés soit vers leur sommet, soit plus ou moins bas; bractéoles opposées ou alternes.

Calice inadhérent, 5-parti : sépales inégaux ou quelquefois égaux (souvent prolongés au-delà de leur base): 3 extérieurs (l'un supérieur, les 2 autres inférieurs), et 2 intérieurs (latéraux); éstivation imbricative.

Réceptacle confondu avec la base du calice.

Disque laminaire, adné au fond du calice, subpérigyne.

Pétales 5 (nuls dans les fleurs anomales), insérés au disque, alternes avec les sépales, marcescents, ou caducs, onguiculés, ou subonguiculés, égaux, ou plus souvent inégaux et dissemblables : l'inférieur (ordinairement plus grand que les autres) prolongé postérieurement en éperon ou en bosse.

Étamines 5 (2 dans les fleurs anomales), insérées au disque, alternes avec les pétales, marcescentes, ou caduques. Filets presque nuls ou très-courts, libres, ou rarement monadelphes. Anthères adnées, conniventes en gaîne autour de l'ovaire (quelquefois syngénèses), à 2 bourses introrses, longitudinalement déhiscentes, prolongées au sommet en languette membraneuse; connectif large, un peu charnu : celui des 2 anthères inférieures très-souvent prolongé postérieurement en crête, ou en appendice allongé plongé dans l'éperon du pétale inférieur.

Pistil: Ovaire 1-loculaire; placentaires 3, pariétaux, opposés aux 3 sépales extérieurs, multiovulés (rarement pauci- ou uni-ovulés); ovules horizontaux ou rarement suspendus, anatropes. Style tubuleux, subpersistant, indivisé, curviligne, plus ou moins dilaté ou épaissi supé-

rieurement. Stigmate continu (quelquefois non-distinct
du style), de forme variée, terminal, ou subterminal,
toujours muni antérieurement d'une perforation (apicilaire, ou basilaire, ou faciale) circulaire ou ponctiforme,
et formant l'embouchure du canal du style.

Péricarpe : Capsule 1-loculaire, 3-valve (valves déhiscentes soit avec élasticité lors de la maturité, soit
longtemps avant la maturité), polysperme, ou oligosperme, ou par exception monosperme; placentaires
nerviformes, persistants, adnés au milieu des valves.

Graines horizontales ou obliques, subovoïdes, ordinairement 2- ou pluri-sériées sur chaque placentaire;
funicule presque nul; hile subbasilaire (à l'extrémité la
moins grosse de la graine), ordinairement caronculé.
Épisperme double : l'extérieur crustacé ou testacé, fragile, quelquefois ponctué ou finement scrobiculé; l'intérieur pelliculaire, adhérent. Raphé filiforme. Chalaze
orbiculaire, terminale. Périsperme charnu. Embryon
rectiligne, axile, presque aussi long que le périsperme;
radicule centripète ou supère, aussi longue que les cotylédons ou plus longue; cotylédons planes, foliacés en
germination; plumule imperceptible.

La famille des Violariées renferme les genres suivants :

A. *Fleurs (du moins les normales) irrégulières.*

Violeæ De Cand. Kunth.

Corynostylis Martius. (Calyptrion Ging. ex parte.) —
Anchietea Aug. Saint-Hil. — *Noisettia* Kunth. — *Glossarrhen* Martius (Schweiggeria Spreng.)—*Viola* (Linn.)
Spach. — *Chrysion* Spach. — *Mnemion* Spach. — *Lophion* Spach. — *Erpetion* Sweet. — *Ionidium* Vent.

(Pombalia Vandell.)—*Pigea* De Cand.—*Solea* Spreng.
— *Hybanthus* Jacq.

B. *Fleurs toutes régulières.*

ALSODINEÆ R. Br.

Spathularia Aug. Saint-Hil. — *Conoria* Kunth. (Also-
deia Petit-Thou. Conohoria, Passoura, Riana et Rino-
rea Aubl. Ceranthera Beauv. Passalia Soland. Penta-
loba Lour. Physiphora Soland.)

C. *Genres voisins des Violariées.*

Piparea Aubl. — *Hymenanthera* R. Br. — *Tackibota*
Aubl. (Salmasia Schreb.)

Genre CORYNOSTYLE. — *Corynostylis* Martius.

Sépales 5, presque égaux, inappendiculés. Pétales 5 : les
2 supérieurs minimes, obovales, redressés, connivents; les
2 latéraux moins petits, horizontaux, divergents, oblongs-
rhomboïdaux; l'inférieur très-grand, cordiforme-ovale,
prolongé en éperon conique et recourbé. Étamines 5, conniventes : la supérieure libre, inappendiculée; les 4 autres
appendiculées à la base et soudées par paires; filets courts,
dilatés à la base. Style claviforme, ascendant. Stigmate sublatéral, cilié. Capsule grosse, coriace, ovoïde, trivalve. Graines imbriquées, comprimées, anguleuses.

Arbrisseaux. Tiges radicantes. Feuilles pétiolées, dentelées, glabres, coriaces. Stipules caduques. Pédoncules rapprochés en grappe terminale. Pétale inférieur barbu en dedans.

L'espèce dont nous allons parler constitue à elle seule le
genre. La singularité de la forme de ses fleurs, qui ressemblent à celles de la Balsamine, en ferait une belle acquisition
pour les collections de serre.

CORYNOSTYLE HYBANTHÉ. — *Corynostylis Hybanthus* Mart.
et Zuccar. Plant. Brasil. 1, tab. 17 et 18. — *Viola Hybanthus*
Aubl. Guian. 2, tab. 319 (pessima). — *Calyptrion Aubletii*
Ging. in De Cand. Prodr.

Tronc radicant, atteignant 3 à 4 pieds de haut, sur 3 pouces de
diamétre; écorce roussâtre. Rameaux grêles, flexibles, volubiles.
Jeunes pousses velues. Feuilles longues d'environ 6 pouces, sur
2 1/2 pouces de large (beaucoup plus petites sur les jeunes rameaux), vertes, ovales, ou ovales-oblongues, pointues, courtement
pétiolées. Stipules ovales-oblongues, pointues. Pédoncules filiformes, plus longs que les feuilles, dibractéolés vers leur milieu. Sépales ovales, pointus, légèrement ciliés. Corolle jaune (blanche
au moment de l'épanouissement), odorante, de la forme et de la
grandeur de celle de la Balsamine. Pétale inférieur barbu en dedans, cuculliforme, échancré au sommet, involuté aux bords, prolongé en éperon comprimé, obtus, conique, long de près de
1 pouce. Pétales latéraux obtus, onguiculés.

Cette plante, d'abord observée à Cayenne par Aublet, croît suivant M. de Martius, dans toute la partie orientale de l'Amérique
méridionale, depuis le 10ᵉ degré de Lat. N., jusqu'au 10ᵉ de
Lat. S.

Genre ANCHIÉTÉA. — *Anchietea* Aug. Saint-Hil.

Sépales 5, inégaux, inappendiculés. Pétales 5, non-per-
sis'ants: les 2 supérieurs minimes; les 2 latéraux moins petits; l'inférieur très-grand, onguiculé, éperonné. Étamines
5: les 2 inférieures appendiculées; anthères subsessiles. Style
court, claviforme. Stigmate oblique. Capsule très-grosse,
vésiculeuse, polysperme, déhiscente longtemps avant la maturité. Graines bisériées, bordées d'une large aile membraneuse échancrée vers le hile.

Arbrisseaux. Feuilles pétiolées, penninervées. Stipules
petites, caduques. Pédoncules courts, fasciculés. Fleurs
blanches.

Ce genre ne renferme que les deux espèces suivantes :

AnchiÉTÉa officinal. — *Anchietea salutaris* Aug. Saint-Hil. Plant. Us. des Bras. tab. 19.

Tige dressée. Feuilles ovales, ou ovales-oblongues, ou ovales-elliptiques, pointues, ou obtuses, glabres, irrégulièrement denticulées. Sépales ovales ou oblongs, pointus, ciliolés. Lame du pétale inférieur subrhomboïdale.

Tige très-grêle, rameuse. Feuilles longues de 8 à 22 lignes : pétiole long de 2 à 4 lignes. Fleurs très-petites. Pétales très-obtus : les supérieurs elliptiques, un peu plus longs que le calice ; les latéraux 2 fois plus longs, linéaires-spathulés. Capsule longue de 2 à 3 pouces, vésiculeuse, obtuse. Graines larges d'environ 6 lignes (y compris l'aile).

« Cette plante, dit M. Aug. de Saint-Hilaire, est commune au
» voisinage de Rio-Janéiro. Sa racine est employée comme pur-
» gatif par les cultivateurs des environs ; mais peut-être mérite-
» t-elle moins d'attention sous ce rapport, qu'à cause de la pro-
» priété qu'on lui attribue de guérir les maladies de la peau. »

AnchiÉTÉa a feuilles de Poirier. — *Anchietea pyrifolia* Aug. Saint-Hil. l. c. — *Noisettia pyrifolia* Mart. et Zuccar. Plant. Brasil. 1, tab. 16.

Tige volubile. Feuilles ovales, acuminées, crénelées, glabres. Sépales ovales, acuminés. Lame du pétale inférieur spathulée, entière.

Cette espèce croît dans les mêmes contrées que la précédente ; ses fleurs sont assez belles et ressemblent à celles de la Balsamine. D'après les observations de M. Aug. de Saint-Hilaire, les valves de sa capsule se séparent peu de temps après la floraison ; les graines y restent attachées et accomplissent leur maturation à l'air libre.

Genre NOISETTIA. — *Noisettia* Kunth.

Sépales 5, inégaux, inappendiculés à la base. Pétales 5, persistants : les 2 supérieurs minimes, dressés, connivents ; les 2 latéraux moins petits, appliqués sur l'inférieur ; l'in-

férieur très-grand, longuement éperonné. Étamines 5, persistantes, libres : les 2 inférieures longuement appendiculées;
filets très-courts. Style claviforme, ascendant. Stigmate
concave. Capsule membranacée, 5-gone, 5-valve, polysperme, déhiscente avant la maturité. Graines ovales-globuleuses.

Arbrisseaux le plus souvent volubiles, ou herbes. Feuilles
pétiolées, dentelées, penninervées. Pédoncules solitaires ou
fasciculés, 1-flores, ou racémiflores. Pédicelles dibractéolés
vers leur milieu. Fleurs jaunâtres, ou blanchâtres, ou violettes.

Les *Noisettia* sont remarquables par des fleurs semblables
à celles des *Orchis*. Ce genre est propre à l'Amérique
méridionale. On n'en connaît encore que quatre espèces dont
voici les plus notables :

NOISETTIA A LONGUES FEUILLES.— *Noisettia longifolia* Kunth,
in Humb. et Bonpl. Nov. Gen. 5, tab. 499, *b.*— *Viola longifolia* Poir.— *Viola orchidiflora* Rudg. Plant. Guian. Rar. 1, tab.
10. — *Noisettia longifolia* et *Noisettia orchidiflora* Ging. in
De Cand. Prodr.

Tige simple ou rameuse, suffrutescente. Feuilles oblongues-
lancéolées, acuminées, très-pointues, finement dentelées. Fleurs
fasciculées. Capsule polysperme.

Sous-arbrisseau peu rameux, très-glabre, haut d'environ
1 pied. Feuilles longues de 3 à 4 pouces, sur 1 pouce de large. Stipules minimes, scarieuses, subulées. Fleurs petites, blanchâtres.
Pétale supérieur onguiculé, rhomboïdal-arrondi, cuspidé, verdâtre; éperon subulé, plus long que la lame. Capsule ovoïde, 3-
gone.

Cette plante habite la Guiane et le Brésil.

NOISETTIA A FEUILLES DE GALÉOPSIS. — *Noisettia galeopsi-
folia* Aug. Saint-Hil. Plant. Rem. du Brés. — *Noisettia longifolia* Nees et Mart. (non Kunth).

Tige herbacée, triptère. Feuilles lancéolées, subacuminées,

pointues, dentelées. Fleurs en grappe. Capsule sub-1 5-sperme.

Herbe vivace, très-glabre, haute d'environ 1 pied. Feuilles longues de 3 à 4 pouces, sur 8 lignes de large. Stipules petites, ovales-lancéolées, scarieuses. Pétale inférieur onguiculé, rhomboïdal, arrondi, cuspidé : éperon à peu près aussi long que la lame.

Cette espèce croît au Brésil.

Genre GLOSSARHÈNE. — *Glossarrhen* Martius.

Sépales 5, très-inégaux : les 3 extérieurs grands, ovales-cordiformes, réfléchis, souvent biappendiculés à la base; les 2 intérieurs petits, étroits, dressés. Pétales 5 : l'inférieur grand, obcordiforme, calleux vers le sommet, éperonné; les 4 autres très-petits. Étamines 5, libres : les 2 inférieures appendiculées postérieurement : filets très-courts. Style ascendant. Stigmate bicorne. Capsule polysperme, 3-valve.

Arbrisseaux très-rameux. Feuilles pétiolées, dentelées, non-persistantes. Pédoncules solitaires, 2-bractéolés. Fleurs penchées. Appendices basilaires des anthères filiformes.

Ce genre, propre au Brésil, ne renferme que deux espèces dont voici la plus remarquable :

GLOSSARHÈNE MULTIFLORE. — *Glossarrhen floribundus* Mart. et Zuccar. Plant. Rar. Brasil. 1, tab. 15. — *Schweiggeria floribunda* Aug. Saint-Hil. Plant. Rem. du Bras. tab. 56.

Arbrisseau haut de 3 à 5 pieds. Feuilles longues de 12 à 18 lignes, nombreuses, ovales-oblongues, pointues, cunéiformes à la base, dentelées vers leur sommet. Pédoncules pubescents, plus courts que les feuilles. Fleurs semblables à celles de la *Violette odorante*. Pétale inférieur 3 fois plus long que le calice. Capsule ovoïde, pointue, 3-sulquée, à valves cymbiformes.

Cette espèce croît dans les montagnes des environs de Rio-Janéiro.

Genre VIOLETTE. — *Viola* (Linn.) Spach.

Sépales 5, inégaux, appendiculés à la base. Pétales 5, dissemblables : les 2 supérieurs réfléchis ou redressés, divergents ; les 2 latéraux subhorizontaux, divergents, plus ou moins arqués, un peu plus larges mais moins longs que les supérieurs, ordinairement barbus d'un côté au-dessus de leur base ; l'inférieur décliné, éperonné, caréné à la base, le plus souvent plus large que les supérieurs. Étamines 5 : anthères sessiles, oblongues : les 2 inférieures éperonnées. Ovaire ovale-pyramidal, à 6 ou 9 angles plus ou moins saillants. Style étranglé et géniculé au-dessus de sa base, subré-supiné, aplati des 2 côtés, ou subtrigone, claviforme, ou en forme de trompe. Stigmate de forme variée : perforation souvent marginée ou appendiculée. Capsule trigone ou hexagone, 5-valve, polysperme. Graines lisses, obovées : caroncule assez grosse.

Herbes vivaces soit caulescentes, soit acaules ou munies seulement de tiges flagelliformes radicantes. Tiges ou stolons aplatis et bimarginés d'un côté, convexes de l'autre. Feuilles crénelées, ou incisées, ou palmati-lobées, longuement pétiolées (du moins les inférieures) : pétiole conformé comme les tiges et stolons; stipules ciliées ou fimbriées, adhérentes par la base. Pédoncules longs, solitaires, axillaires, 4-gones, 1-flores, 2-bractéolés soit au-dessus du milieu, soit au-dessous : les florifères toujours dressés, un peu recourbés au sommet; les fructifères soit dressés, soit décombants. Bractéoles alternes ou subopposées, ordinairement denticulées-ciliolées. Floraison hétérogène. Fleurs verticales, souvent très-odorantes. Sépales étalés ou recourbés après la floraison : le supérieur ascendant ou réfléchi; les latéraux horizontaux, plus ou moins divergents, un peu plus longs que le supérieur; les inférieurs parallèles, un peu déclinés, plus larges mais un peu moins longs que les latéraux; appendices entiers ou dentés. Pétales violets, ou bleus, ou lilas, ou blancs, ou panachés : le pétale inférieur strié de veines plus foncées. Appendice apicilaire des anthères pointu, de couleur orange; appendice basilaire des anthères inférieures comprimé ou 3-gone. Capsule mince ou fongueuse. Cotylédons suborbiculaires, aussi longs que la radicule ou plus courts.

Les caractères que nous assignons à ce genre s'appliquent seulement à un certain nombre d'espèces que nous avons eu l'occasion d'examiner vivantes. Malgré les nouveaux genres que nous avons cru à propos d'établir aux dépens des *Viola*, une révision complète de la famille donnerait sans doute lieu à d'autres démembrements.

La direction horizontale et non verticale des pétales latéraux fait distinguer très-facilement les vrais *Viola* des *Mnemion*, des *Lophion*, ainsi que des *Chrysion*. Ces deux derniers genres en diffèrent en outre par leurs sépales inappendiculés, ainsi que par la brièveté de l'appendice postérieur des anthères. Les *Erpetion*, dont la corolle est assez semblable à celle des *Viola*, diffèrent de ces derniers par des sépales égaux et inappendiculés, ainsi que par les anthères inférieures dépourvues d'éperon de même que le pétale inférieur.

Voici les espèces dont nous devons traiter de préférence dans ce recueil :

SECTION I.

Plantes acaules ou subacaules, le plus souvent stolonifères. Souches non-tubéreuses. Pédoncules fructifères décombants. Pétale inférieur plus large que les pétales supérieurs. Anthères glabres. Style aplati des 2 côtés, presque en forme de trompe, terminé en crochet incliné. Stigmate non-distinct du style : perforation petite, terminale, immarginée. Capsule grosse, fongueuse, subglobuleuse.

Souches très-feuillues, formant le plus souvent des gazons très-serrés. Feuilles indivisées, crénelées, très-longuement pétiolées : les primordiales (des souches) réniformes ; les autres profondément cordiformes à la base ; les estivales beaucoup plus grandes que les vernales. Stipules membranacées, ciliolées. Pédoncules à peu près aussi longs que les pétales. Fleurs le plus souvent odorantes. Sépales larges, obtus. Pétales latéraux faiblement barbus, ou quelquefois imberbes. Capsule livide, enfouie (lorsque le terrain est assez meuble).

A. *Souches produisant des stolons radicants garnis de feuilles plus ou moins rapprochées, à l'aisselle de chacune desquelles il se développe une nouvelle souche. Fleurs odorantes.*

VIOLETTE ODORANTE. — *Viola odorata* Linn. — Engl. Bot. tab. 619. — Flor. Dan. tab. 309. — Bull. Herb. tab. 169.

Feuilles cordiformes ou cordiformes-orbiculaires. Pétales échancrés : les supérieurs obovales-oblongs, presque de moitié moins larges que l'inférieur (cunéiforme-obovale) ; éperon très-obtus, plus long que les appendices calicinaux. Appendices basilaires des anthères comprimés, pubérules. Capsule pubescente, hexagone, sexsulquée.

Racine ou rhizome oblique, peu épaisse, noueuse, garnie d'une multitude de fibres filiformes. Feuilles obtuses, ou subacuminées, pubérules aux 2 faces ou rarement presque glabres : les jeunes d'un vert gai; les adultes d'un vert foncé, atteignant jusqu'à 4 pouces de long, sur 3 à 4 pouces de large; pétiole pubescent, long de 6 à 12 pouces; stipules lancéolées, ou lancéolées-linéaires, acuminées, bordées d'une pubescence glandulifère. Pédoncules longs de 2 à 6 pouces, dibractéolés soit au-dessus soit au-dessous du milieu : bractéoles petites, linéaires-lancéolées. Sépales ovales-oblongs, longs d'environ 4 lignes. Pétales d'un violet plus ou moins foncé, ou quelquefois soit blancs, soit lilas, soit panachés : onglets blanchâtres ou d'un bleu pâle; éperon rectiligne, au moins 2 fois plus court que la lame du pétale inférieur. Ovaire ennéaédre. Capsule globuleuse, ou ovale-globuleuse, ou ellipsoïde, souvent déprimée, marbrée de vert et de violet, creusée de 6 sillons larges et profonds. Graines testacées.

Cette espèce, à laquelle s'applique plus spécialement le nom de *Violette* ou *Violette de mars*, est commune dans les bois, les buissons et sur les pelouses; ses variétés à fleurs doubles soit violettes, soit rougeâtres, soit roses, soit panachées, se cultivent fréquemment dans les jardins. Sa floraison commence dès la fin de l'hiver, et les fleurs normales se succèdent jusque vers le milieu ou la fin d'avril; plus tard elle ne produit que des fleurs apétales, lesquelles toutefois donnent plus fréquemment des fruits que les

autres. Il n'est pas rare que les souches développées par les stolons dans le courant de l'été, fleurissent depuis la fin de septembre jusqu'aux premières gelées.

Les fleurs de la *Violette odorante* s'emploient en pharmacie à
la préparation d'un sirop adoucissant; prises en poudre, elles deviennent purgatives à la dose d'un gros environ; leur infusion
ainsi que celle des feuilles de la plante est émolliente. Les racines, à forte dose, sont émétiques et purgatives; mais l'introduction de l'Ipépacuanha les a fait tomber en désuétude.

B. *Souches non-stolonifères. Fleurs inodores.*

Violette hérissée. — *Viola hirta* Linn. — Engl. Bot. tab.
894. — Flor. Dan. tab. 618. — Reichenb. Plant. Crit. 1, fig.
95.

Feuilles cordiformes, ou cordiformes-oblongues : les jeunes
hérissées aux 2 faces ainsi que les pétioles. Pétales échancrés : les
supérieurs obovales, presque aussi larges que l'inférieur (cunéiforme-obovale); éperon très-obtus, un peu recourbé au sommet.
Capsule subglobuleuse, trisulquée, pubescente.

Rhizomes assez épais, rameux au sommet. Feuilles adultes atteignant jusqu'à 2 pouces de long, sur 1 $^1/_2$ pouce à 2 pouces de
large, ordinairement plus ou moins hérissées aux 2 faces, quelquefois glabrescentes; pétiole long de 2 à 4 pouces. Stipules ovales-lancéolées, ou ovales, acuminées, denticulées-ciliolées : denticules glandulifères. Pédoncules débordant les feuilles à l'époque
de la floraison, glabres ou pubescents, dibractéolés vers leur milieu ou au dessous; bractéoles lancéolées, ciliolées. Sépales ovales ou ovales-oblongs, obtus, ciliolés. Pétales d'un bleu pâle,
longs d'environ 4 lignes; éperon au moins 2 fois plus court que
la lame.

Cette espèce abonde dans les prairies sèches et les buissons;
elle fleurit également dès le commencement du printemps. Ses
propriétés médicales sont les mêmes que celles de la Violette
odorante, à laquelle elle ressemble beaucoup par le port et la
forme des fleurs.

Section II.

Tiges touffues, non-radicantes, plus ou moins rameuses (du moins les adultes). Pédoncules toujours dressés. Pétale inférieur un peu plus large que les pétales supérieurs. Anthères glabres. Style 3-gone, subclaviforme. Stigmate sub-capitellé, barbellulé, prolongé antérieurement en petit bec horizontal; perforation terminale, marginée, appendiculée inférieurement. Capsule mince, oblongue, mucronée, nutante.

Feuilles indivisées, crénelées, plus ou moins profondément cordiformes à la base; pétiole des inférieures très-long. Stipules (du moins celles des feuilles inférieures) incisées ou fimbriées. Pédoncules des fleurs normales plus longs que les feuilles. Fleurs bleues ou blanchâtres, inodores. Sépales linéaires-lancéolés, pointus. Pétales latéraux fortement barbus.

Violette canine. — *Viola canina* Linn. — Engl. Bot. tab. 620. — Flor. Dan. tab. 1453. — *Viola canina, Viola sylvestris* et *Viola Riviniana* Reichenb. Plant. Crit. fig. 75, 150, 151, 152, 200, 201, 202, 203 et 822.

Glabre ou pubérule. Feuilles cordiformes ou cordiformes-oblongues (les inférieures cordiformes-orbiculaires ou subréniformes): pétiole aptère. Pétales échancrés ou arrondis; éperon échancré ou obtus et entier, 2 à 4 fois plus long que les appendices des sépales.

Racine grêle, oblique, très-fibreuse. Tiges tantôt très-basses, tantôt longues de 1 à 15 pouces, ascendantes, ou diffuses, ou presque dressées. Feuilles longues de 6 à 15 lignes, rarement aussi larges que longues. Stipules lancéolées, ou linéaires-lancéolées. Calice 2 à 3 fois plus court que la corolle. Corolle large de 9 à 12 lignes, d'un bleu clair, tirant soit sur le lilas, soit sur le violet. Pétales supérieurs et latéraux obovales-oblongs; pétale inférieur cunéiforme-oblong.

Cette plante, nommée vulgairement *Violette de chien*, est

commune dans les clairières des bois, surtout dans les terrains sablonneux. Elle participe aux vertus légèrement purgatives et émétiques de la plupart de ses congénères.

Section III.

Souches très-courtes, non-stolonifères. Rhizome horizontal,
charnu, tuberculeux, tronqué. Pédoncules dressés pendant
la floraison. Pétale inférieur plus étroit que les supérieurs;
pétales latéraux ascendants, divariqués de même que les
supérieurs. Anthères pubérules aux bords. Style comprimé des 2 côtés, subclaviforme. Stigmate en triangle renversé, aplati antérieurement, très-obtus aux 5 bouts, glabre : perforation supra-basilaire, marginée, prolongée
inférieurement en petite lèvre.

Feuilles crénelées, ou incisées, ou palmatilobées, très-
longuement pétiolées, cordiformes à la base, ou réniformes. Stipules étroites, subciliolées, inadhérentes. Pédoncules longs, dibractéolés au-dessous du milieu. Fleurs
inodores ou légèrement odorantes. Sépales suboblongs,
un peu pointus : appendices basilaires larges, tronqués.
Pétales d'un bleu clair, ou violets, souvent panachés
de blanc : les latéraux fortement barbus; onglets courts,
concaves, carénés; éperon court, très-obtus. Capsule
mince, nutante. Graines finement chagrinées : cotylédons orbiculaires, presque aussi longs que la radicule.

A. *Feuilles subhastiformes ou palmatifides (excepté les plus
inférieures) : lobes laciniés ou incisés-dentés.*

Violette palmée.—*Viola palmata* Linn.—Bot. Mag. tab.
535.

Feuilles pubescentes, pédatinervées : les inférieures réniformes,
incisées-crénelées, irrégulièrement lobées au sommet; les autres
subhastiformes, ou cordiformes-3-lobées, irrégulièrement incisées
ou sinuées-lobées. Sépales lancéolés-oblongs, glabres, membra-

neux aux bords. Pétales obtus ou échancrés : les supérieurs obo-vales-oblongs, plus larges que les latéraux ; l'inférieur cunéifor-me-oblong.

Feuilles d'un vert foncé, souvent marbrées de rouge : les éstivales atteignant jusqu'à 18 pouces de long (y compris le pétiole) : lame longue de 1 à 4 pouces, ordinairement moins large que longue, le plus souvent très-profondément cordiforme à la base : lobes et lanières obtus ou pointus, très-inégaux, polymorphes. Stipules lancéolées-linéaires, subulées au sommet. Pédoncules ordinairement moins longs que les pétioles. Bractéoles petites, denticulées. Pétales longs de 6 à 8 lignes, sur 2 ¹/₂ à 3 lignes de large, d'un beau bleu : barbe et onglets blancs ; le pétale inférieur blanc presque jusqu'au milieu et strié de veines d'un bleu foncé; éperon blanchâtre, à peine long de 2 lignes.

Cette espèce, qui se cultive souvent comme plante d'agrément, est indigène aux États-Unis.

VIOLETTE POTAGÈRE. — *Viola edulis* Elliot, Sketch. (in adnot.) — *Viola palmata* var. *heterophylla* ejusd. l. c. — *Viola heterophylla* Muhlenb. (ex Elliot.)

«Feuilles glabres, rugueuses, crénelées : les vernales cordifor-» mes; les éstivales hastiformes : lobes latéraux souvent laciniés;
» lobe terminal très-grand. » Elliot.

Cette espèce croît dans le midi des États-Unis, où les nègres, suivant Elliot, en font un usage très-fréquent comme herbe potagère; les feuilles sont très-mucilagineuses ; on les emploie aussi comme remède émollient.

B. *Feuilles non-lobées, crénelées.*

VIOLETTE A FEUILLES CUCULLIFORMES. — *Viola cucullata* Ait. Hort. Kew. — Bot. Mag. tab. 1795. — *Viola obliqua* Pio, Diss. p. 12, tab. 3, fig. 1.

Feuilles glabres, crénelées : les inférieures réniformes ou réniformes-orbiculaires, très-obtuses; les supérieures cordiformes ou cordiformes-orbiculaires, acuminées. Pédoncules dibractéolés au-dessous du milieu. Sépales oblongs, ou ovales-oblongs, obtus, glabres. Pétales supérieurs obovales, de moitié plus larges que l'inférieur (cunéiforme-oblong).

Feuilles lisses, d'un vert gai; les estivales atteignant jusqu'à 1 pied de long (y compris le pétiole) : lame longue de 1 à 5 pouces, souvent aussi large que longue. Stipules linéaires ou linéaires-lancéolées, subdenticulées, ou entières. Pédoncules pendant la floraison plus longs que les feuilles. Bractéoles petites, entières. Pétales d'un bleu clair, blancs à la base, longs de 5 à 7 lignes.

Cette espèce, qu'on cultive aussi comme plante d'agrément, croît aux États-Unis.

Genre CHRYSIONE. — *Chrysion* Spach.

Sépales 5, un peu inégaux, inappendiculés mais légèrement gibbeux à la base. Pétales 5, tous imberbes : les supérieurs et les latéraux obovales-oblongs, presque égaux, redressés ; l'inférieur décliné, un peu plus large, cunéiforme-oblong, courtement éperonné. Étamines 5 ; anthères subsessiles, elliptiques, glabres : les 2 inférieures très-courtement éperonnées. Ovaire oblong, 5-gone. Style géniculé au-dessus de sa base, ascendant, subclaviforme, aplati des 2 côtés. Stigmate obtriangulaire, glabre, très-obtus et un peu aplati à la base, subbilobé au sommet, légèrement concave antérieurement ; perforation petite, supra-basilaire, marginée. Capsule oblongue, 3-gone : placentaires oligospermes. Graines comme marbrées : caroncule petite.

Herbes à tiges subsolitaires, grêles, simples, 1- ou 2-flores. Rhizomes un peu charnus, rampants, noueux, écailleux. Feuilles réniformes ou cordiformes, crénelées, peu nombreuses : les inférieures longuement pétiolées ; les florales courtement pétiolées ; stipules entières, ou à peine denticulées vers leur sommet. Floraison homogène. Pédoncules solitaires, axillaires, 1-flores, filiformes, plus longs que les feuilles, toujours dressés, un peu recourbés au sommet ; bractéoles minimes. Fleurs verticales. Pétales jaunes, striés de veines brunâtres. Appendices apicilaires des anthères

ovales, obtus, d'un jaune orange, aussi longs que les bourses ; bourses subparallèles. Capsule mince, nutante.

Outre l'espèce que nous allons décrire, ce genre renferme
encore le *Viola Wallichiana* Ging.

CHRYSIONE BIFLORE. — *Chrysion biflorum* Spach. — *Viola
biflora* Linn. — Flor. Dan. tab. 46. — Bot. Mag. tab. 289. —
Sturm, Deutschl. Flor. fasc. 46.

Tige dressée ou ascendante, grêle, débile, glabre, haute de
3 à 9 lignes, nue inférieurement, subtriphylle, 1- ou 2-flore vers
son sommet. Feuilles très-minces, d'un vert gai, larges de 6 à
12 lignes, pubérules surtout en-dessus : les radicales très-longuement pétiolées, réniformes; les caulinaires réniformes, ou
cordiformes-orbiculaires, ou cordiformes, arrondies au sommet
ou subacuminées : la supérieure ordinairement plus courte que
le   doncule. Stipules ovales-oblongues ou oblongues, acuminées,
petites. Sépales linéaires, pointus, pubérules aux bords. Fleurs
larges d'environ 6 lignes.

Cette plante croît dans les bois humides des Alpes.

Genre MNÉMIONE. — *Mnemion* Spach.

Sépales 5, inégaux, appendiculés à la base. Pétales 5, diversiformes, inégaux : les 2 supérieurs redressés ou réfléchis, plus grands que les 3 autres ; les 2 latéraux ascendants,
plus ou moins divergents, barbus d'un côté au sommet de
l'onglet; pétale inférieur flabelliforme, décliné, plus large
que les latéraux : onglet concave, barbu en dessus, éperonné
postérieurement. Étamines 5 : filets très-courts; anthères elliptiques, cotonneuses aux bords : les 2 inférieures prolongées en appendice subclaviforme. Ovaire parabolique, hexagone. Style court, ascendant, subcylindrique, claviforme.
Stigmate capitellé, aplati et triangulaire antérieurement,
finement papilleux : perforation grande, submédiane, circulaire, marginée inférieurement. Capsule ellipsoïde ou subglo-

bulcuse, obtuse, 5-gone,5-valve, polysperme. Graines lisses,
subglobuleuses.

Herbes annuelles ou vivaces. Tiges anguleuses , flexueuses, quelquefois très-courtes. Feuilles longuement pétiolées , profondément crénelées : pétiole presque aplati,
plus ou moins marginé par la décurrence de la lame.
Stipules incisées , ou pennatifides , ou palmatifides, grandes , foliacées , inadhérentes (par exception adhérentes).
Floraison homogène. Fleurs inodores ou légèrement odorantes, verticales. Pédoncules solitaires, axillaires, 1-flores ,
roides, très-longs , anguleux, dibractéolés au-dessus du milieu ou vers leur sommet, un peu recourbés au sommet,
dressés pendant la floraison, plus tard défléchis ou divariqués. Bractéoles opposées ou alternes, petites, membranacées , denticulées. Sépale supérieur redressé ou réfléchi;
sépales latéraux horizontaux ou ascendants, plus ou moins
divariqués; sépales inférieurs plus longs que les supérieurs ,
parallèles, un peu déclinés, dentés : appendices incisés-
dentés. Pétales comme veloutés, panachés (le plus souvent de violet, de jaune ou de blanc, et de bleu), ou moins
souvent subunicolores (violets, ou bleus, ou blanchâtres,
ou jaunes) : les 5 inférieurs striés de lignes noirâtres ou
brunâtres; l'impair toujours marqué au dessus de l'onglet
d'une tache jaunâtre plus ou moins grande. Appendice
apicilaire des anthères obtus, d'un jaune orange; bourses
parallèles. Capsule un peu fongueuse, nutante. Cotylédons
oblongs , presque aussi longs que la radicule. Radicule cylindrique, un peu pointue.

Les *Mnémiones* , connus vulgairement sous le nom de
Pensées sont, comme tout le monde sait, des plantes d'a-
grément très-recherchées. Ce genre, que la conformation de
sa corolle éloigne de la plupart des autres Violariées, et
qui surtout ne peut pas être confondu avec les Violettes pro-
prement dites, renferme environ quinze espèces, en grande
partie indigènes dans les régions subalpines de l'ancien continent. En voici les plus notables :

A. *Éperon du pétale inférieur grêle, presque aussi long que la lame, plus long que les sépales.*

MNÉMIONE CORNU. — *Mnemion cornutum* Spach. — *Viola cornuta* Linn. — Bot. Mag. tab. 791. — Reichenb. Plant. Crit. v. 3, fig. 429. — Jaume Saint-Hil. Flor. et Pom. Franç. tab. 203.

Racine vivace, rampante. Tiges diffuses, rameuses, glabres. Feuilles profondément crénelées, pubérules aux bords, cordiformes à la base, un peu pointues : les inférieures suborbiculaires, ou subréniformes; les supérieures ovales ou ovales - oblongues. Stipules ovales ou ovales - lancéolées, incisées - dentées. Pétale inférieur flabelliforme, subacuminé.

Tiges très-touffues, grêles, ascendantes au sommet, longues seulement de quelques pouces, ou jusqu'à 1 pied et plus, quelquefois radicantes. Feuilles longues de 1 à 2 pouces (y compris le pétiole), larges de 6 à 12 lignes, molles, d'un vert gai, très-rapprochées, rugueuses. Stipules souvent aussi longues que le pétiole, et presque aussi larges que la feuille. Pédoncules grêles, longs de 2 à 4 pouces. Sépales linéaires - lancéolés : appendices échancrés ou dentés, étroits. Corolle atteignant 1 pouce de diamétre, d'un bleu tirant sur le lilas; pétales supérieurs oblongs-obovales; éperon long de 5 à 6 lignes.

Cette espèce, qui se cultive assez fréquemment comme plante d'agrément, croît dans les Pyrénées; elle se plaît dans les lieux humides et ombragés.

MNÉMIONE A LONG ÉPÉRON. — *Mnemion calcaratum* Spach. — *Viola calcarata* Linn. — Hall. Hist. tab. 17. — Jaume Saint-Hil. Flor. et Pom. Franç. tab. 204.—*Viola Zoysii* Wulff. in Jacq. Collect. 4, tab. 11, fig. 1. — Sturm, Deutschl. Flor. fasc. 22.

Racine vivace, rampante. Tiges simples, très - courtes, ou presque nulles. Feuilles glabres, légèrement crénelées : les inférieures ovales; les supérieures ovales-oblongues, ou lancéolées-

oblongues, ou oblongues-spathulées. Stipules étroites. Pétale inférieur obcordiforme.

Tiges longues de 1 à 3 pouces, ascendantes, rarement un peu
rameuses. Feuilles longues de 6 à 24 lignes, larges de 2 à 4 lignes. Stipules linéaires et entières, ou lancéolées et pennatifides,
ou incisées - dentées. Pédoncules longs de 2 à 4 pouces. Sépales
lancéolés - oblongs. Corolle jaune ou violette, large de 12 à 18
lignes.

Cette espèce croît dans les hauts pâturages des Alpes.

B. *Éperon du pétale inférieur jamais plus long que les
sépales.*

MNÉMIONE ÉLÉGANT. — *Mnemion elegans* Spach. — *Viola
grandiflora* Vill. — Reichenb. Plant. Crit. v. 2, fig. 302. —
Viola lutea Smith, Engl. Bot. tab. 721. — *Viola sudetica*
Willd.

Racine vivace, rampante. Tiges ascendantes, triédres. Feuilles
crénelées ou dentelées : les inférieures suborbiculaires ou ovales-
elliptiques; les supérieures oblongues, ou lancéolées-oblongues,
ou lancéolées. Pétale inférieur flabelliforme ou subréniforme :
éperon plus long que les appendices du calice, souvent presque
aussi long que les sépales.

Tiges grêles, longues de 2 à 6 pouces, pauciflores, ou multiflores, glabres, ou pubescentes. Feuilles longues de 4 à 12 lignes,
larges de 1 à 4 lignes, souvent pubérules aux bords. Stipules
palmatifides ou pennatifides : segments latéraux linéaires; segment terminal conforme aux segments latéraux ou beaucoup plus
grand. Pédoncules grêles, longs de 2 à 4 pouces. Sépales linéaires-lancéolés, pointus, entiers, ou denticulés, membraneux aux
bords : appendices tronqués, incisés - dentés au sommet. Corolle
large de 10 à 20 lignes. Pétales tous jaunes, ou bleus, ou violets,
ou bien les 2 supérieurs soit bleus, soit violets, soit panachés,
et les 3 inférieurs jaunes, ou bien tous panachés de 2 ou de plusieurs couleurs; pétales supérieurs suborbiculaires, ou obovales,
ou obovales-orbiculaires, ou oblongs-obovales.

Cette espèce croît dans les pâturages des régions subalpines de presque toute l'Europe.

MNÉMIONE A GRANDES FLEURS. — *Mnemion grandiflorum* Spach. — *Viola grandiflora* Linn. — *Viola altaica* Pallas. — Bot. Reg. tab. 54. — Bot. Mag. tab. 1776. — *Viola Pallasii* Fisch. — *Viola speciosa* Schrad.

Racine vivace, rampante. Tiges ascendantes. Feuilles glabres, luisantes, profondément crénelées : les inférieures suborbiculaires, ou ovales-orbiculaires, ou ovales-elliptiques, subcordiformes à la base ; les supérieures ovales-oblongues, ou oblongues. Pétale inférieur flabelliforme ou cunéiforme-orbiculaire, souvent échancré : éperon un peu plus court que les appendices des sépales.

Plante touffue, subacaule à l'état spontané, plus ou moins rameuse dans les jardins, et atteignant ½ pied de haut. Tiges et rameaux fermes, assez épais. Feuilles longues de 1 à 2 pouces (y compris le pétiole), larges de 6 à 12 lignes. Stipules lancéolées-oblongues ou lancéolées, pennatifides, ou pennatiparties, ou lyrées, ou incisées-dentées : segments latéraux étroits, pointus ; segment terminal ordinairement très-grand, cunéiforme. Sépales oblongs ou oblongs-lancéolés, pointus, souvent denticulés : appendices arrondis, ou tronqués, ou échancrés, plus ou moins dentés ou crénelés. Corolle atteignant jusqu'à 2 pouces de diamétre, très-variable quant à ses couleurs. Pétales supérieurs suborbiculaires, ou obovales-orbiculaires, ou cunéiformes-obovales.

Cette espèce, qu'on cultive très-fréquemment en bordures dans les parterres, est indigène dans l'Altaï.

MNÉMIONE HÉRISSÉ. — *Mnemion hirsutum* Spach. — *Viola rothomagensis* Thuil. Flor. Paris. — Bot. Mag. tab. 1498. — *Viola hirsuta* Lamk.

Racine vivace. Tiges diffuses, très-rameuses, courtement hérissées ainsi que les feuilles et les stipules. Feuilles profondément crénelées : les inférieures suborbiculaires, ou cordiformes ; les supérieures elliptiques, ou oblongues, ou ovales-oblongues. Lanières des stipules très-longues, linéaires-spathulées. Pétale inférieur cunéiforme, échancré : éperon un peu plus long que les appendices des sépales.

Tiges grêles, touffues, longues de 3 à 8 pouces. Feuilles longues de 10 à 40 lignes (y compris le pétiole), larges de 2 à 6 lignes, d'un vert tirant sur le glauque, un peu charnues. Stipules pennatifides ou pennatiparties : lobe terminal longuement pétiolulé, oblong, ou lancéolé-oblong, ou oblong-obovale, obtus. Sépales linéaires-lancéolés, pointus, un peu membraneux aux bords, subdenticulés : appendices incisés-dentés. Corolle atteignant 1 pouce de diamètre, d'un bleu clair, panachée de blanc. Pétales supérieurs obovales ou oblongs-obovales, ordinairement distants.

Cette espèce, indigène dans le nord de la France et de l'Allemagne, se cultive aussi comme plante d'agrément.

MNÉMIONE TRICOLORE. — *Mnemion tricolor* Spach. — *Viola tricolor* Linn. — Engl. Bot. tab. 1287. — Jaume Saint-Hil. Flor. et Pom. Franç., tab. 202, *a*. — Flor. Dan. tab. 623. — *Viola arvensis* Murr. (var. parviflora.)

Racine fibreuse, annuelle. Tiges ascendantes. Feuilles profondément crénelées, glabres : les inférieures orbiculaires, ou elliptiques, ou ovales, cordiformes à la base; les supérieures ovales-oblongues, ou oblongues. Lanières latérales des stipules linéaires ou oblongues, pointues. Pétale inférieur obcordiforme ou cunéiforme : éperon plus court que les sépales, un peu plus long que les appendices.

Tiges longues de 3 à 10 pouces, fermes, ordinairement touffues, plus ou moins rameuses. Feuilles longues de 1 à 3 pouces (y compris le pétiole), larges de 3 à 12 lignes, d'un vert foncé. Stipules grandes, pennatifides, ou pennatiparties, ou incisées-dentées : lobe terminal le plus souvent très-grand, pétiolulé, crénelé, ou entier, lancéolé-oblong, ou ovale-oblong. Sépales linéaires-lancéolés, ou oblongs-lancéolés, pointus, membraneux aux bords, souvent denticulés, quelquefois aussi longs que les pétales. Corolle large de 2 à 18 lignes, de couleurs très-variées, uni-bi- ou tri-colore. Pétales supérieurs obovales, le plus souvent imbriqués par les bords.

Cette espèce, connue sous les noms vulgaires de *Pensée*, *Pensée tricolore*, ou *Pensée sauvage*, n'est pas rare dans les champs sablonneux; on en cultive aussi plusieurs variétés dans les parterres. Beaucoup de médecins la considèrent comme un excellent remède dépuratif.

Genre LOPHIONE. — *Lophion* Spach.

Sépales 5, presque égaux, divergents, inappendiculés. Disque peu apparent. Pétales 5, diversiformes : les 2 supérieurs redressés; les 2 latéraux horizontaux, divariqués, à peu près conformes aux supérieurs mais un peu plus grands, barbus au-dessus de l'onglet; l'inférieur décliné, flabelliforme, caréné et gibbeux à la base. Étamines 5 : filets très-courts; anthères pubérules aux bords : les 2 inférieures munies postérieurement d'une crête 3-angulaire charnue; bourses divergentes. Ovaire ennéagone. Style peu saillant, claviforme, comprimé des 2 côtés. Stigmate subglobuleux, déprimé, muni antérieurement de chaque côté d'une houppe de papilles: perforation apicilaire, orbiculaire, immarginée. Capsule 3-gone, 3-sulquée. Graines lisses, obovées : caroncule très-petite.

Herbes vivaces. Tiges simples, anguleuses (aplaties et bimarginées d'un côté, subtrigones de l'autre). Feuilles cordiformes, dentelées : les inférieures longuement petiolées; les supérieures subsessiles. Stipules grandes, membraneuses, entières. Pédoncules solitaires, axillaires, 1-flores, roides, toujours dressés, 2-bractéolés au-dessus du milieu. Bractées petites, entières. Sépales supérieurs réfléchis ou redressés; sépales latéraux ascendants; sépales inférieurs déclinés, divariqués, un peu plus larges que les supérieurs. Pétales jaunes ou blanchâtres, striés de veines d'un pourpre noirâtre; onglet des pétales supérieurs et latéraux presque planes; onglet du pétale inférieur concave, caréné au dos. Anthères ovales-

oblongues : appendices apicilaires ovales, obtus, de couleur
orange. Capsule mince.

Outre l'espèce que nous allons décrire, ce genre comprend
aussi le *Viola pubescens* Ait., et probablement plusieurs autres des Violettes de l'Amérique septentrionale.

LOPHIONE DU CANADA. — *Lophion canadense* Spach, ined.
— *Viola canadensis* Linn. — Sweet, Brit. Flow. Gard. ser. 2,
v. 1, tab. 62.

Tiges ascendantes, glabres. Feuilles cordiformes, acuminées,
légèrement pubérules aux bords et en-dessous aux nervures. Stipules ovales-lancéolées ou oblongues-lancéolées, acuminées, plus
longues que le pétiole. Sépales linéaires-lancéolés, subulés au
sommet, élargis à la base, subfalciformes, ciliolés. Pétale inférieur flabelliforme, échancré, de moitié plus large que les pétales latéraux. Capsule glabre.

Souches rampantes. Tiges touffues, ascendantes, hautes de 6
à 12 pouces. Feuilles d'un vert gai, inégalement dentelées, longues de 1 à 2 pouces : pétiole des inférieures long de 6 à 8 pouces.
Stipules longues de 3 à 6 lignes. Pédoncules ordinairement plus
courts que les feuilles. Sépales longs de 4 à 5 lignes, trinervés.
Corolle large d'environ 8 lignes : pétales d'un blanc tirant sur
le rose : les supérieurs obovales; les latéraux elliptiques-obovales,
jaunâtres à la base et munis d'un côté d'une barbe de papilles
claviformes blanchâtres; appendice du pétale inférieur sacci-
forme, très-obtus. Capsule brunâtre, à peu près aussi longue
que le calice.

Cette plante élégante, qui mérite d'être cultivée dans les parterres, croît dans le nord des États-Unis et au Canada; elle
fleurit depuis le printemps jusqu'en automne.

Genre ERPÉTIONE. — *Erpetion* Sweet.

Sépales 5, presque égaux, très-divergents, à peine appendiculés. Disque peu apparent. Pétales 5, diversiformes : les 2 supérieurs redressés, petits, imberbes; les 2 latéraux un peu plus

grands, horizontaux, divergents, barbus d'un côté au-dessus
de la base; l'inférieur plus grand que les 4 autres, décliné,
imberbe, un peu gibbeux à la base. Étamines 5; anthères
subsessiles, dissemblables, ciliolées : les 3 supérieures planes,
linéaires, terminées en languette oblongue; les 2 inférieures
triangulaires, carénées au dos, terminées en languette linéaire. Ovaire subcylindracé. Style ascendant, géniculé à
la base, grêle, aplati des 2 côtés, tronqué au sommet. Stigmate inapparent. Capsule polysperme. Graines ovoïdes, non-
caronculées.

Herbes vivaces. Tiges flagelliformes, radicantes. Feuilles
roselées aux entrenœuds, longuement pétiolées, réniformes,
ou cordiformes, sinuolées-crénelées, un peu charnues, décurrentes sur le pétiole. Stipules petites, subulées, subdenticulées. Floraison homogène. Pédoncules longs, axillaires, solitaires, dressés, 1-flores, 2-bractéolés vers leur milieu. Fleurs
nútantes, panachées de bleu et de blanc. Sépales échancrés à
la base : les 3 supérieurs ascendants, presque égaux; les 2 inférieurs déclinés, un peu plus longs que les supérieurs. Appendices apicilaires des anthères pointus. Capsule élasti-
quement 3-valve. Embryon subcylindrique : cotylédons
elliptiques, 5 fois plus courts que la radicule.

Ce genre, propre à la Nouvelle-Hollande, renferme deux
ou trois espèces, dont la suivante se cultive comme plante
d'agrément, en serre tempérée.

ERPÉTIONE A FEUILLES RÉNIFORMES. — *Erpetion reniforme*
Sweet, Brit. Flow. Gard. tab. 170. — *Viola reniformis* R.
Br. ined. — *Viola hederacea* Labill. ?

Plante glabre. Stolons grêles, très-longs, très-rameux, renflés aux entrenœuds, cylindriques. Feuilles d'un vert foncé, un
peu charnues, larges de 4 à 12 lignes, réniformes, sinuolées-
dentelées, décurrentes sur le pétiole; dentelures apprimées, mucronées par une glandule; pétiole grêle, long de 6 à 18 lignes.
Pédoncules ordinairement 2 fois plus longs que le pétiole. Sépales
linéaires-lancéolés, très-entiers, un peu membraneux aux bords,

obscurément 3-nervés, échancrés à la base, 3 fois plus courts
que la corolle. Corolle large d'environ 6 lignes; pétales obtus,
panachés de violet et de blanc : les 2 supérieurs obovales; les 2
latéraux oblongs, subinéquilatéraux, munis d'une barbe blanchâtre composée de courtes papilles claviformes; pétale inférieur
ovale-elliptique, échancré, marqué d'une tache jaune à sa base.
Appendice apicilaire des 2 anthères inférieures presque aussi
long que les bourses. Graines petites, lisses.

Genre IONIDE. — *Ionidium* Vent.

Sépales 5, presque égaux, inappendiculés. Pétales 5, persistants : l'inférieur grand, onguiculé, caréné, non-éperon-
né; les 4 autres beaucoup plus petits. Étamines 5 : les 2 inférieures appendiculées ou gibbeuses postérieurement; filets
libres ou monadelphes, courts, ou quelquefois nuls. Style
claviforme, ascendant. Stigmate onciné ou tronqué. Capsule oligosperme, ou moins souvent polysperme, 3-gone,
3-valve. Graines ovales-globuleuses, caronculées : cotylédons subréniformes, plus courts que la radicule.

[Herbes, ou sous-arbrisseaux, ou moins souvent arbrisseaux. Feuilles toutes ou alternes ou opposées, ou bien alternes et opposées sur la même tige, très-entières, ou dentelées. Stipules ordinairement entières. Pédoncules axillaires ou rarement terminaux, solitaires, ou rarement fasciculés, 1-flores, ordinairement 2-bractéolés vers leur sommet.
Fleurs petites, penchées.

Ce genre, presque entièrement propre à la zone équatoriale, est important pour la matière médicale, car plusieurs
espèces fournissent de l'*Ipépacuanha*. D'ailleurs les racines
de la plupart des *Ionides* jouissent de propriétés émétiques
et purgatives très-prononcées.

Le genre (qui sans doute est à sous-diviser) renferme environ cinquante espèces, dont voici les plus remarquables :

IONIDE FAUX-IPÉPACUANHA. — *Ionidium Ipepacuanha* Aug.

Saint-Hil. Plant. Us. des Brasil. tab. 11.—Bot. Mag. tab. 2453.
— *Viola Itoubou* Aubl. Guian. 2 , tab. 318.—*Ionidium Ipe-
pacuanha.* Vent. Malm. tab. 27. — *Ionidium Calceolaria*
Vent. Malm. tab. 28. — *Ionidium Itubu* Kunth, in Humb. et
Bonpl. v. 5, tab. 496. — *Pombalia Itubu* Ging. in De Cand.
Prodr. — *Pombalia Ipepacuanha* Vandell. — *Viola Ipepa-
cuanha*, et *Viola Calceolaria* Linn. (Synonyma omnia relata
auctoritate cl. Aug. Saint-Hil.)

Tiges suffrutescentes. Feuilles alternes, subsessiles, dentées,
ovales-lancéolées, ou moins souvent soit oblongues, soit ovales-
oblongues, pointues, rétrécies à la base. Stipules acuminées,
membraneuses, unicostées. Fleurs solitaires, subsessiles. Sépales
semi-pennatifides. Pétale inférieur transversalement elliptique.

Sous-arbrisseau plus ou moins velu. Racines atteignant environ
la grosseur d'une plume d'oie, blanchâtres en dedans. Tiges
ascendantes ou étalées en rosette, nombreuses, plus ou moins
tortueuses, longues de 6 à 24 pouces. Feuilles longues de 7 à
14 lignes, presque glabres, ou plus ou moins cotonneuses, ou
pubescentes. Sépales linéaires, pointus. Corolle blanche ou bleue:
pétale inférieur long d'environ 1 pouce. Capsule ovoïde, trigone,
velue, 9-12-sperme. Graines marbrées de noir et de blanc.

Cette plante habite la Guiane et presque tout le Brésil. Dans
ce dernier pays on la désigne sous le nom de *Poaya* (mot qui
s'applique à plusieurs autres végétaux doués des mêmes propriétés); les naturels de la Guiane l'appellent *Ipécaca*. Ses racines
sont émétiques, et il paraît qu'elles entrent souvent dans le commerce pour le véritable Ipécacuanha (*Cephaelis Ipepacuanha*,
de la famille des Rubiacées). A Fernambouc, à ce qu'assure
M. Aug. de Saint-Hilaire, on les regarde comme le meilleur
remède qu'on puisse employer dans les dyssenteries; et, dans
quelques parties du Brésil, on prétend même qu'elles sont très-
efficaces contre la goutte : assertion que M. Aug. de Saint-Hilaire
ne regarde pas comme prouvée.

IONIDE POAYA. — *Ionidium Poaya* Aug. Saint-Hil. Plant. Us. des Brasil.

Feuilles sessiles, cordiformes-ovales, pointues, dentées. Stipules sétacées. Pédoncules solitaires, 1-flores, plus longs que les feuilles, ou moins longs. Sépales lancéolés-linéaires, acuminés. Pétale inférieur obréniforme. Filets barbus au sommet.

Sous-arbrisseau hérissé de longs poils d'un vert jaunâtre. Racines blanches. Tiges simples ou peu rameuses, longues de 6 à 18 pouces. Feuilles longues de 6 à 12 lignes, sur 3 à 7 lignes de large. Pétale inférieur beaucoup plus grand que le calice : lame large d'environ 1 pouce. Pétales latéraux obovales, 2 fois plus grands que le calice. Pétales supérieurs oblongs-linéaires, obtus. Ovaire 5-9-ovulé, velu.

Cette plante est commune dans les Savanes ou *campos* du Brésil méridional, dans les provinces des Mines et de Goyaz. » Les habitants de ces contrées, dit M. Aug. de Saint-Hilaire, » la substituent avec succès à l'*Ipépacuanha,* qui ne croît point » chez eux. Tantôt ils emploient sa racine sans la mélanger, et » tantôt ils la mêlent au tartrate de potasse et d'antimoine, comme » on fait ailleurs pour l'Ipépacuanha véritable ; mais ce n'est pas » seulement comme émétique qu'on l'administre ; à d'autres doses » il devient un évacuant, et 12 *vintems* ou 0,000,340 de kilo., » purgent un adulte. »

IONIDE A PETITES FLEURS. — *Ionidium parviflorum* Vent. Malm. p. 27. — Aug. Saint-Hil. Plantes Usuelles des Bras. tab. 20. — *Viola parviflora* Linn. — Cavan. Ic. Rar. v. 6, p. 21.

Feuilles ovales, ou lancéolées-oblongues, subobtuses, glabres, dentées : les inférieures opposées ; les supérieures alternes. Stipules minimes, linéaires, très-entières. Pédoncules capillaires, solitaires, plus longs que les feuilles. Sépales oblongs-lancéolés, acuminés. Pétale inférieur obréniforme, 3 fois plus long que le calice.

Racine cylindrique, jaunâtre, de la grosseur d'une plume de corbeau. Tiges suffrutescentes, très-rameuses, grêles, faibles, subdiffuses, pubescentes : rameaux filiformes, étalés. Feuilles longues de 4 à 9 lignes, larges de 2 à 3 lignes, rapprochées, subsessiles, glabres, membranacées. Fleurs blanchâtres, petites. Pétales latéraux oblongs, obtus, de moitié plus courts que les supérieurs. Pétales supérieurs oblongs, obtus, à peu près aussi longs que le calice. Capsule subglobuleuse, glabre, lisse, blanchâtre, de la grosseur d'un grain de Chanvre.

Cette plante croît dans presque toute l'Amérique équatoriale. Ses racines ont des propriétés analogues à celles de l'Ipépacuanha, et les Espagnols d'Amérique les emploient souvent en guise de ce médicament.

Genre SPATHULARIA. — *Spathularia* Aug. Saint-Hil.]

Sépales 5, petits, inégaux, inappendiculés. Pétales 5, presque égaux, caducs, longuement onguiculés, spathulés : onglets connivents en tube un peu oblique. Étamines 5, libres, toutes inappendiculées postérieurement; filets filiformes; anthères cordiformes, apiculées. Style grêle, subcylindracé. Stigmate tronqué, denticulé, inapparent. Ovaire multiovulé. (Fruit inconnu.)

L'espèce suivante constitue à elle seule ce genre :

SPATHULARIA A LONGUES FEUILLES. — *Spathularia longifolia* Aug. Saint-Hil. Plant. Rem. du Brésil et du Parag. p. 318 (cum icone.)

Arbrisseau rameux, très-glabre. Feuilles longues de 4 à 7 pouces, larges de 10 à 18 lignes, alternes et opposées, lancéolées, subobtuses, sinuolées-denticulées. Stipules petites, membranacées, caduques. Pédoncules ternés ou quaternés, terminaux, pauciflores; pédicelles 2-ou 3-bractéolés, disposés en corymbe. Sépales violets, ovales, obtus : les extérieurs plus courts. Pétales longs de près de 1 pouce, blancs, ou d'un violet clair : le supérieur un peu plus grand que les autres, quelquefois échancré.

Cette plante, remarquable par la beauté de ses fleurs, a été

trouvée par M. Aug. de Saint - Hilaire, au Paraguay, près de
Saint-Paul.

Genre CONORIA. — *Conoria* Kunth.

Sépales 5, presque égaux, inappendiculés. Pétales 5, persistants, égaux, dressés, révolutés au sommet. Étamines 5,
toutes inappendiculées postérieurement; filets libres ou monadelphes, courts; bourses des anthères corniculées ou mutiques. Style onciné. Stigmate inapparent. Ovaire triédre,
3-9-ovulé. Capsule membraneuse ou coriace, 3-9-sperme, 3-
valve, souvent renflée. Graines ovales-globuleuses.

Arbres ou arbrisseaux. Feuilles alternes, ou rarement soit
opposées, soit alternes et opposées, entières, ou dentées, ou
dentelées. Fleurs axillaires et terminales, solitaires, ou fasciculées, ou en grappes, ou en panicules, bractéolées.

Ce genre, propre à la région équatoriale, renferme environ seize espèces, dont voici les plus remarquables :

CONORIA LOBOLOBO. — *Conohoria Lobolobo* Aug. Saint-Hil.
Plant. Us. des Brasil. tab. 10. — *Alsodea physophora* Mart.
et Zuccar. Plant. Brasil. 1, tab. 19.

Feuilles alternes et subopposées, lancéolées, ou oblongueslancéolées, pointues, légèrement dentées, courtement pétiolées.
Grappes axillaires et terminales, simples, unilatérales, solitaires,
ou fasciculées. Filets barbus, presque libres. Anthères mutiques,
subincluses. Ovaire velu : placentaires ovulifères à la base.

Arbrisseau, ou quelquefois arbre s'élevant jusqu'à 3o pieds.
Rameaux touffus, étalés. Feuilles longues de 18 à 36 lignes,
larges de 6 à 12 lignes, très - rapprochées vers l'extrémité des
ramules. Stipules minimes, scarieuses. Grappes subsessiles,
spiciformes, longues de 3 à 4 pouces; pédicelles courts, penchés. Fleurs très-petites, blanches, comme campanulées. Sépales
ovales, pointus. Pétales ovales - lancéolés. Capsule globuleuse,
trigone, renflée.

CONORIA A FEUILLES DE CHATAIGNIER. — *Conohoria casta-nexfolia* Aug. Saint-Hil. l. c.

Feuilles alternes et opposées, oblongues-lancéolées, dentelées, mucronulées. Grappes axillaires et terminales, simples, unilatérales. Ovaire très-velu. Ovules suspendus au sommet des placentaires.

Arbrisseau semblable au précédent par le port. Fleurs plus grandes, odorantes.

Cette espèce et la précédente sont communes aux environs de Rio-Janéiro, dans les endroits ombragés. M. Aug. de Saint-Hilaire les recommande aux Brasiliens comme plantes potagères, qui mériteraient d'être cultivées. Leurs feuilles crues n'ont qu'une saveur herbacée, mais cuites elles deviennent mucilagineuses, et les nègres de plusieurs cantons des environs de Rio-Janéiro les mangent avec leurs aliments.

CONORIA A FEUILLES D'ORME. — *Conoria ulmifolia* Kunth, in Humb. et Bonpl. v. 5, p. 387; tab. 491.

Feuilles opposées ou ternées, subsessiles, oblongues, ou lancéolées-oblongues, ou oblongues-lancéolées, acuminées, dentelées, glabres et luisantes en dessus, pubescentes en dessous aux nervures et à la côte. Grappes terminales, solitaires, subpaniculées, 2 ou 3 fois plus courtes que les feuilles. Filets libres, glabres. Anthères mutiques. Ovaire triovulé, pubescent. Ovules attachés à l'angle interne.

Arbrisseau : rameaux cylindriques, lisses, glabres. Feuilles longues de 3 à 4 pouces, larges de 12 à 18 lignes. Stipules lancéolées-subulées, glabres, à peine plus longues que le pétiole. Grappes pubescentes, multiflores. Sépales lancéolés, pointus, trinervés, ciliés. Pétales longs de 4 lignes, blanchâtres, oblongs, subobtus. Capsule coriace, obovée, trigone, brunâtre, du volume d'un gros Pois. Graines lisses, subglobuleuses.

Cette espèce a été trouvée par MM. de Humboldt et Bonpland, dans la Nouvelle-Grenade.

FIN DU TOME CINQUIÈME DES PHANÉROGAMES.

COLLABORATEURS.

MM.

AUDINET-SERVILLE, *ex-président de la Société Entomologique, Membre de plusieurs Sociétés savantes, nationales et étrangères.* (ORTHOPTÈRES. NÉVROPTÈRES ET HÉMIPTÈRES).

AUDOUIN, *Professeur-Administrateur du Muséum, Membre de plusieurs Sociétés savantes nationales et étrangères.* (ANNÉLIDES).

BIBRON, *Aide-Naturaliste au Muséum,* collaborateur de M. Duméril pour les Reptiles.

BOISDUVAL, *Membre de plusieurs Sociétés savantes, nationales et étrangères, auteur de* l'Entomologie de l'Astrolabe, *de l'*Icones des Lépidoptères d'Europe, *de la* Faune de Madagascar, *etc. etc.* (LÉPIDOPTÈRES).

DE BLAINVILLE, *Membre de l'Institut, Professeur-Administrateur du Muséum d'Histoire Naturelle, Professeur à la Faculté des Sciences, etc.* (MOLLUSQUES).

DE BREBISSON, *Membre de plusieurs Sociétés savantes, auteur des* Mousses *et de la* Flore de Normandie. (PLANTES CRYPTOGAMES).

A. DE CANDOLLE, de Genève. (BOTANIQUE).

CUVIER (Fr.), *Membre de l'Institut.* (CÉTACÉS).

DEJEAN (le comte) *Lieut. général, Pair de France.* (COLÉOPTÈRES).

DESMAREST, *Membre correspondant de l'Institut, Professeur de Zoologie à l'École vétérinaire d'Alfort.* (POISSONS).

MM.

DUMÉRIL, *Membre de l'Institut, Professeur-Administrateur du Muséum d'Histoire Naturelle, Professeur à l'École de Médecine, etc. etc.* (REPTILES).

LACORDAIRE, *Naturaliste-voyageur, Membre de la Société Entomologique, etc.* (INTRODUCTION A L'ENTOMOLOGIE).

SANDER-RANG, *Officier au corps Royal de la Marine* (ZOOPHYTES ET VERS) *avec M. Lesson.*

LESSON, *Membre correspondant de l'Institut, Professeur à Rochefort, etc.* (ZOOPHYTES ET VERS).

MACQUART, *Directeur du Muséum de Lille, auteur des* Diptères du Nord de la France, *etc. etc.* (DIPTÈRES).

MILNE-EDWARS, *Professeur d'Histoire Naturelle, Membre de diverses Sociétés savantes, etc. etc.* (CRUSTACÉS).

LE PELETIER DE SAINT FARGEAU, *Président de la Société Entomologique, auteur de la* Monographie des Tenthrédines, *etc. etc.* (HYMÉNOPTÈRES).

SPACH, *Aide-Naturaliste au Muséum,* (PLANTES PHANÉROGAMES).

WALCKENAER, *Membre de l'Institut, travaux sur les Arachnides, etc. etc.* (ARACHNIDES ET INSECTES APTÈRES).

CONDITIONS DE LA SOUSCRIPTION.

Les Suites à Buffon *formeront 45 volumes in-8° environ, imprimés avec le plus grand soin et sur beau papier; ce nombre paraît suffisant pour donner à cet ensemble toute l'étendue convenable. Chaque auteur s'occupant depuis long-temps de la partie qui lui est confiée, l'éditeur sera à même de publier en peu de temps la totalité des traités dont se composera cette utile collection.*

A partir de janvier 1834, il paraîtra au moins tous les mois un volume in-8° accompagné de livraisons d'environ 10 planches noires ou coloriées.

Prix du texte, chaque volume (1), ... 5 f. 50 c.

Prix de chaque livraison { noire . . . . 3.
coloriée . . . . 6.

N.ª Les personnes qui souscriront pour des parties séparées paieront chaque volume 6 fr. 50

Un petit nombre d'exemplaires seront imprimés sur grand papier vélin, dont le prix sera double.

ON SOUSCRIT, SANS RIEN PAYER D'AVANCE,
A LA LIBRAIRIE ENCYCLOPÉDIQUE DE RORET,
RUE HAUTEFEUILLE, N° 10 BIS, A PARIS,
AU COIN DE CELLE DU BATTOIR.

(1) *L'Éditeur ayant à payer pour cette collection des honoraires aux auteurs, le prix des volumes ne peut être comparé à celui des réimpressions d'ouvrages appartenant au domaine public et exempts de droits d'auteur, tels que Buffon, Voltaire, etc. etc.*